AF856313

J.-F. Lièvre
Professeur de
mathématiques

L'épreuve de mathématiques au concours ENSEA

Banque d'épreuves DUT-BTS

DUT, BTS en vue du concours ENSEA
Classes préparatoires ATS, licence L3

DELAGRAVE

A la mémoire de mon père
A ma mère

Chez le même éditeur :

Mathématiques BTS industriels
Groupements B, C et D
A.Benzidia, E. Daniel, S. Groetz,
J.-L. Olivier, D. Pavkovic,
E. Sebert-Cuvillier, L. Legry

Couverture : les PAOistes

ISBN : 978.2.206.10231.3

Site Internet : http://www.editions-delagrave.fr

Préface

La banque d'épreuves DUT-BTS du concours ENSEA est destinée à sélectionner des candidats à l'entrée en écoles d'ingénieurs (ENS Cachan, ENSAM, ENSEA, ESTP, ...) parmi les étudiants titulaires d'un DUT ou d'un BTS. Ceux-ci peuvent être, au moment de l'inscription, en cours de préparation de l'un de ces diplômes ou engagés en poursuite d'études (Maths spé ATS, licence L3, ...).
L'épreuve de mathématiques est constituée de questions de plusieurs items chacune, formant ainsi des petits exercices indépendants. Une partie des questions est commune à toutes les options du concours (génie électrique, génie civil et génie mécanique) alors que l'autre est spécifique à la filière dont provient le candidat.
Pour réussir l'épreuve, il faut essayer de traiter complètement une partie significative des questions tout en évitant les réponses au hasard. En effet, le système de notation tient le plus grand compte de la cohérence des réponses.

Les exigences de ce concours dépassent largement le niveau de mathématiques nécessaire à l'obtention d'un DUT.
Aussi, conseillons-nous aux futurs candidats de se préparer le plus tôt possible par un travail personnel sérieux et régulier. Pour pouvoir suivre sans difficultés une scolarité en école d'ingénieurs, il leur incombe de, tout d'abord combler leurs lacunes, puis de compléter leurs connaissances mathématiques.
Cet ouvrage se veut être un outil efficace qui accompagnera les étudiants vers cet objectif.
A cet effet, il est organisé en deux parties :

- La première est constituée d'un cours couvrant l'essentiel des notions mathématiques du premier cycle de la plupart des études supérieures scientifiques et techniques.
  Ce cours développe l'ensemble des connaissances considérées comme prérequis en écoles d'ingénieurs.
- Les annales corrigées des cinq dernières années composent la seconde partie. Ainsi, les candidats pourront s'exercer régulièrement.

Nous espérons que ce livre permettra aux étudiants de préparer efficacement leur entrée en école d'ingénieurs et d'acquérir des connaissances et pratiques qu'ils pourront réinvestir.
Nous remercions également tous les lecteurs de bien vouloir nous faire part de leurs observations et de nous signaler les inévitables erreurs et coquilles.

L'auteur

Table des matières

Partie I ELEMENTS DE COURS

Chapitre 1
NOMBRES COMPLEXES **2**
1. Introduction 3
2. Différentes écritures d'un nombre complexe 3
   2A. Forme algébrique – conjugué – module 3
   2B. Interprétation géométrique – forme trigonométrique – forme exponentielle 4
   2C. Passage d'une forme à l'autre 6
3. Calculs élémentaires dans ℂ 6
   3A. Forme algébrique 6
   3B. Forme trigonométrique ou exponentielle 6
4. Racines d'un nombre complexe 7
   4A. Racines carrées d'un nombre complexe 7
   4B. Racines $n^{\text{ièmes}}$ de l'unité 8
   4C. Racines $n^{\text{ièmes}}$ d'un nombre complexe 8
5. Equations du second degré 9
6. Géométrie et nombres complexes 9
7. Transformations du plan complexe 10
   7A. Similitudes planes directes 10
   7B. Similitudes planes indirectes 11
   7C. Inversions 11
   7D. Transformations homographiques 12

Chapitre 2
POLYNOMES ET FRACTIONS RATIONNELLES **15**
1. Polynômes 16
   1A. Généralités 16
   1B. Division euclidienne 16
   1C. Division par $(x-a)$ – racine – ordre de multiplicité 16
   1D. Relations entre les coefficients d'un polynôme et ses racines 17
   1E. Rappels des résultats sur les problèmes du second degré et s'y ramenant 18
2. Fractions rationnelles 19
   2A. Définitions 19
   2B. Décomposition en éléments simples 19
   2C. Techniques de décomposition 20

Chapitre 3
FONCTIONS D'UNE VARIABLE REELLE **23**
1. Généralités 24
2. Limites 26
   2A. Notion de limite en un réel a 26
   2B. Notion de limite en l'infini 26
   2C. Branches infinies 27
   2D. Limite d'une fonction composée 28
   2E. Majoration et encadrement 28
   2F. Opérations sur les limites 28
   2G. Limites de référence 29
   2H. Equivalence de deux fonctions 29
   2I. Fonction négligeable devant une autre 30
3. Continuité 30
   3A. Définitions 30
   3B. Opérations sur les fonctions continues 30
   3C. Prolongement par continuité 30
   3D. Résultats 31
4. Dérivabilité 31
   4A. Définitions 31
   4B. Interprétation graphique 31
   4C. Fonction dérivée et dérivées successives 32
   4D. Résultats et définitions 32
   4E. Opérations sur les dérivées 32
   4F. Propriétés et applications des fonctions dérivables 33
   4G. Dérivation des fonctions de $\mathbb{R}$ dans $\mathbb{C}$ 34
5. Développements limités 35
   5A. Définitions 35
   5B. Développements limités usuels au voisinage de 0 35
   5C. Méthodes d'obtention de développements limités 36
   5D. Applications 37
6. Catalogue des fonctions usuelles 39

Chapitre 4
INTEGRALES **45**
1. Primitives 46
   1A. Définition 46
   1B. Existence 46
   1C. Cas des fonctions à valeurs complexes 46
   1D. Primitives usuelles 46
2. Notion d'intégrale 47
   2A. Cas des fonctions continues 47
   2B. Cas des fonctions continues par morceaux 48
3. Propriétés de l'intégrale 48

4. Techniques de calcul d'une intégrale d'une fonction continue 50
4A. Par détermination d'une primitive 50
4B. Intégration par parties 50
4C. Changement de variable 50
4D. Primitives de quelques fonctions particulières 51
5. Intégrales généralisées 52
5A. Notion de fonction localement intégrable 52
5B. Intégrale convergente – intégrale divergente 53
5C. Propriété de linéarité 53
5D. Calculs des intégrales généralisées 53
5E. Cas particulier 54
5F. Intégrales de fonctions de référence 54
5G. Cas des fonctions positives 55
5H. Cas d'une fonction de signe non constant : convergence absolue 56

Chapitre 5
SUITES NUMERIQUES **57**
1. Suites réelles : généralités 58
1A. Définition et notation 58
1B. Vocabulaire 58
1C. Suite extraite 58
2. Convergence des suites réelles 59
2A. Définitions 59
2B. Résultats 59
3. Comparaison de suites 61
3A. Relation de domination 61
3B. Relation de prépondérance 61
3C. Equivalence 61
4. Suites complexes 62
5. Etude de quelques suites particulières 63
5A. Suites arithmétiques 63
5B. Suites géométriques 63
5C. Suites du type $u_{n+1} = au_n + b$ 63
5D. Suites du type $u_{n+2} = au_{n+1} + bu_n$ 64
5E. Suites récurrentes du type $u_{n+1} = f(u_n)$ 64

Chapitre 6
SERIES NUMERIQUES **67**
1. Eléments de base 68
1A. Définitions 68
1B. Premières propriétés 69

2. Etude des séries réelles à termes positifs 70
2A. Condition nécessaire et suffisante de convergence 70
2B. Critères de convergence 70
3. Etude des séries à termes quelconques 71
3A. Introduction 71
3B. Convergence absolue 72
3C. Cas des séries alternées 72
4. Séries de référence 73
4A. Série géométrique 73
4B. Séries de Riemann 73
4C. Séries de Riemann alternées 73
4D. Séries télescopiques 73
4E. Séries de Bertrand 74
5. Calcul de sommes de séries 74
5A. Calcul exact 74
5B. Calcul approché 75

Chapitre 7
SERIES ENTIERES 77
1. Premières notions 78
1A. Définition d'une série entière 78
1B. Lemme d'Abel 78
1C. Convergence d'une série entière 78
1D. Recherche pratique du rayon de convergence 79
2. Opérations sur les séries entières 80
2A. Somme de deux séries entières 80
2B. Produit par un scalaire 80
3. Séries entières de la variable réelle 80
3A. Continuité 80
3B. Dérivabilité 81
3C. Intégration 81
4. Développement en série entière 82
4A. Définition d'une fonction développable en série entière 82
4B. Condition nécessaire 82
4C. Développements en série entière en 0 des fonctions usuelles 83

Chapitre 8
SERIES DE FOURIER 85
1. Séries trigonométriques 86
1A. Définition 86
1B. Théorème de convergence 86
2. Séries de Fourier 87
2A. Définitions : série de Fourier – coefficients de Fourier 87
2B. Convergence d'une série de Fourier 88

2C. Formule de Parseval 89
2D. Quelques résultats utiles 90

Chapitre 9
ALGEBRE LINEAIRE 91

1. Espaces vectoriels 92
1A. Définition – exemples 92
1B. Sous-espace vectoriel 92
1C. Combinaison linéaire 93
1D. Famille génératrice 93
1E. Base 93
2. Applications linéaires 94
2A. Définition 94
2B. Noyau et image 94
2C. Caractérisation des applications linéaires injectives, surjectives 95
2D. Projecteurs et symétries 95
2E. Théorème du rang 95
3. Matrices 96
3A. Généralités 96
3B. Matrices particulières 96
3C. Matrice d'une application linéaire 97
3D. Calculs matriciels 98
3E. Rang d'une matrice 99
3F. Matrice de projections, de symétries 100
4. Déterminant d'une matrice carrée 100
4A. Cas particuliers 100
4B. Cas général 100
4C. Propriétés 101
4D. Applications 101
5. Diagonalisation 103
5A. Changement de bases 103
5B. Eléments propres 103
5C. Polynôme caractéristique 104
5D. Diagonalisabilité 105
5E. Compléments 106
6. Trigonalisation 107
6A. Définition 107
6B. Condition nécessaire et suffisante 107
6C. Réduite de Jordan 107

Chapitre 10
ELEMENTS DE GEOMETRIE 109

1. Les différents cadres de la géométrie 110

2. Géométrie vectorielle 110
2A. Géométrie vectorielle dans le plan 110
2B. Géométrie vectorielle dans l'espace 112
3. Géométrie dans le plan affine 114
3A. Repère cartésien – coordonnées 114
3B. Barycentre 114
3C. Plan affine euclidien 116
3D. Droites dans le plan affine 116
3E. Relations métriques dans le triangle 118
3F. Coniques 118
4. Géométrie dans l'espace affine 122
4A. Extension des notions du plan 122
4B. Espace affine euclidien 123
4C. Plans dans l'espace affine 123
4D. Droites dans l'espace affine 124
4E. Sphère dans l'espace 126

Chapitre 11
EQUATIONS DIFFERENTIELLES – SYSTEMES DIFFERENTIELS 127
1. Généralités sur les équations différentielles 128
2. Equations différentielles linéaires du premier ordre 128
2A. Généralités 128
2B. Résolution de l'équation homogène $y'(x)+a(x)y(x)=0$ 129
2C. Résolution de l'équation $y'(x)+a(x)y(x)=b(x)$ 129
2D. Problème de Cauchy 130
3. Equations différentielles non linéaires du premier ordre 130
3A. Equations à variables séparables 130
3B. Equations homogènes 131
3C. Equation de Bernoulli 131
3D. Equation de Riccati 132
4. Systèmes différentiels linéaires du premier ordre 132
4A. Définition 132
4B. Théorème 132
4C. Remarque 133
4D. Système différentiel linéaire du premier ordre à coefficients constants 133
5. Equations différentielles linéaires du second ordre 134
5A. Généralités 134
5B. Résolution de l'équation homogène $y''(x)+a(x)y'(x)+b(x)y(x)=0$ 135
5C. Résolution de l'équation $y''(x)+a(x)y'(x)+b(x)y(x)=c(x)$ 135
5D. Problème de Cauchy 136

6. Equations différentielles linéaires du second ordre à coefficients constants 136
6A. Définition 136
6B. Résolution de l'équation homogène $y''(x)+ay'(x)+by(x)=0$ 137
6C. Résolution de l'équation $y''(x)+ay'(x)+by(x)=c(x)$ 137

Chapitre 12
FONCTIONS DE PLUSIEURS VARIABLES REELLES 139
1. Eléments de topologie 140
1A. Norme – distance associée à une norme 140
1B. Notion de boule 140
1C. Voisinage d'un point – partie ouverte – partie fermée – partie bornée 141
1D. Intérieur – adhérence 142
2. Fonctions de $\mathbb{R}^n$ dans $\mathbb{R}$ 142
2A. Définitions 142
2B. Dérivées partielles 144
2C. Différentiabilité 145
2D. Théorème des fonctions implicites 146
3. Fonctions de $\mathbb{R}^n$ dans $\mathbb{R}^p$ 146
3A. Généralités 146
3B. Matrice jacobienne 147
3C. Différentiabilité de la composée 147
4. Analyse vectorielle 148
4A. Champ de scalaires – champ de vecteurs 148
4B. Gradient 148
4C. Laplacien 148
4D. Divergence 148
4E. Rotationnel 149
4F. Quelques formules 149

Chapitre 13
COURBES PLANES 151
1. Rappels sur les fonctions vectorielles 152
2. Courbes paramétrées et courbes 153
2A. Définitions 153
2B. Etude locale d'une courbe paramétrée plane 154
2C. Branches infinies 156
2D. Points multiples 157
2E. Plan d'étude d'une courbe paramétrée plane 157
3. Courbes en coordonnées polaires 158
3A. Coordonnées polaires 158
3B. Courbe 159
3C. Repère mobile 160

3D. Etude locale 160
3E. Branches infinies 161
3F. Plan d'étude d'une courbe en coordonnées polaires 162
4. Etude métrique 162
4A. Longueur d'un arc de courbe 162
4B. Abscisse curviligne 163
4C. Repère de Frenet 163
4D. Courbure 164

Chapitre 14
PROBABILITES **167**
1. Dénombrements 168
1A. Définitions 168
1B. Carré "magique" 169
2. Probabilités 169
2A. Vocabulaire 169
2B. Définition d'une probabilité 170
2C. Equiprobabilité 170
2D. Probabilité conditionnelle 170
2E. Evénements indépendants 172
3. Variables aléatoires discrètes 172
3A. Définition 172
3B. Loi de probabilité 172
3C. Fonction de répartition 173
3D. Couple de variables aléatoires discrètes 173
3E. Espérance – variance – écart-type 174
3F. Principales lois discrètes 175
4. Variables aléatoires continues 176
4A. Définition 176
4B. Densité de probabilité 176
4C. Fonction de répartition 177
4D. Variables aléatoires indépendantes 177
4E. Espérance – variance – écart-type 177
4F. Loi normale 178
5. Convergence 179
5A. Loi faible des grands nombres 179
5B. Théorème de la limite centrée et applications 179
6. Notion de fiabilité 180
6A. Définition de la fiabilité 180
6B. Vocabulaire 180
6C. Modèles mathématiques 181

FORMULAIRE DE TRIGONOMETRIE **183**
1. Trigonométrie circulaire 184
2. Trigonométrie hyperbolique 186

TABLES NUMERIQUES **189**
1. Loi de Poisson 190
2. Loi normale centrée réduite 191

Partie II ANNALES

Enoncé sujet 2016 **195**
Corrigé sujet 2016 **203**

Enoncé sujet 2015 **231**
Corrigé sujet 2015 **239**

Enoncé sujet 2014 **261**
Corrigé sujet 2014 **269**

Enoncé sujet 2013 **293**
Corrigé sujet 2013 **301**

Enoncé sujet 2012 **323**
Corrigé sujet 2012 **331**

Partie I

ELEMENTS DE COURS

Chapitre 1

NOMBRES COMPLEXES

1. Introduction

2. Différentes écritures d'un nombre complexe

2A. Forme algébrique – conjugué – module

2B. Interprétation géométrique – forme trigonométrique – forme exponentielle

2C. Passage d'une forme à l'autre

3. Calculs élémentaires dans $\mathbb{C}$

3A. Forme algébrique

3B. Forme trigonométrique ou exponentielle

4. Racines d'un nombre complexe

4A. Racines carrées d'un nombre complexe

4B. Racines $n^{\text{ièmes}}$ de l'unité

4C. Racines $n^{\text{ièmes}}$ d'un nombre complexe

5. Equations du second degré

6. Géométrie et nombres complexes

7. Transformations du plan complexe

7A. Similitudes planes directes

7B. Similitudes planes indirectes

7C. Inversions

7D. Transformations homographiques

1. INTRODUCTION

L'ensemble $\mathbb{R}^2$ muni des deux lois suivantes :

- loi d'addition interne (+) définie par :
  $\forall(a\,;\,b)\in\mathbb{R}^2,\ \forall(a'\,;\,b')\in\mathbb{R}^2,\ (a\,;\,b)+(a'\,;\,b')=(a+a'\,;\,b+b')$
- loi de multiplication interne (×) définie par :
  $\forall(a\,;\,b)\in\mathbb{R}^2,\ \forall(a'\,;\,b')\in\mathbb{R}^2,\ (a\,;\,b)\times(a'\,;\,b')=(aa'-bb'\,;\,ab'+a'b)$

possède une structure qu'on appelle de corps commutatif.
Ce corps est appelé **corps des nombres complexes** et est noté $\mathbb{C}$.
En tenant compte des lois définies ci-dessus, on peut écrire :
$(a\,;\,b)=(a\,;0)+(0\,;b)=(a\,;0)+(0\,;1)\times(b\,;0)$
En notant alors $i=(0\,;1)$ et en identifiant les couples $(a\,;0)$ et $(b\,;0)$ avec les réels a et b, on obtient : $(a\,;\,b)=a+ib$.
L'élément i vérifie en outre : $i^2=(0\,;1)\times(0\,;1)=(-1\,;0)=-1$.

2. DIFFERENTES ECRITURES D'UN NOMBRE COMPLEXE

2A. Forme algébrique – conjugué – module

- L'écriture $z=(a\,;\,b)=a+ib$ où i est tel que $i^2=-1$ est appelé **forme algébrique** du nombre complexe z.
  - Le réel a est appelé **partie réelle** de z et est noté $Re(z)$.
    Si $Re(z)=0$, on dit que z est un nombre imaginaire pur.
  - Le réel b est appelé **partie imaginaire** de z et est noté $Im(z)$.
    Si $Im(z)=0$, z est un nombre réel.
- Le nombre complexe $a-ib$ est appelé nombre complexe **conjugué** de $z=a+ib$ et est noté $\overline{z}$.
  - Pour tous nombres complexes z et z', on a :

$$\overline{z+z'}=\overline{z}+\overline{z'}$$

$$\overline{zz'}=\overline{z}\,\overline{z'}$$

$$\overline{\left(\frac{1}{z}\right)}=\frac{1}{\overline{z}}$$

$$\overline{\overline{z}}=z.$$

  - **Autres propriétés :**
    $z+\overline{z}=2Re(z)$
    $z-\overline{z}=2iIm(z)$
    z est réel $\Leftrightarrow z=\overline{z}$
    z est imaginaire pur $\Leftrightarrow z=-\overline{z}$.

- Le nombre réel positif $\sqrt{a^2+b^2}$ est appelé **module** du nombre complexe $z = a+ib$ et est noté $|z|$.
  - Pour tous nombres complexes z et z', on a :
    $|z| = 0 \Leftrightarrow z = 0$
    $|zz'| = |z||z'|$
    $|Re(z)| \leqslant |z|$; $|Im(z)| \leqslant |z|$
    $||z|-|z'|| \leqslant |z+z'| \leqslant |z|+|z'|$ (**inégalité triangulaire**)
    si z est non nul, $\left|\dfrac{1}{z}\right| = \dfrac{1}{|z|}$.
  - *Remarques* :
    - On a le résultat très important suivant : $\boxed{z\bar{z} = |z|^2}$.
    - Si z est réel, le module de z est aussi la valeur absolue de z.
    - L'ensemble U des nombres complexes de module 1 muni de la multiplication $\times$ possède une structure de groupe.
- Tout nombre complexe z non nul admet un inverse pour la multiplication, noté z^{-1} ou $\dfrac{1}{z}$; cet inverse peut être calculé par la formule : $\dfrac{1}{z} = \dfrac{\bar{z}}{|z|^2}$.

  Exemple : $\dfrac{1}{3-i} = \dfrac{3+i}{(3-i)(3+i)} = \dfrac{3+i}{|3-i|^2} = \dfrac{3+i}{10} = \dfrac{3}{10} + \dfrac{1}{10}i$.

2B. Interprétation géométrique – forme trigonométrique – forme exponentielle

- Soit $(O\,;\vec{u},\vec{v})$ un repère orthonormé direct du plan.
  A tout nombre complexe $z = a+ib$, on associe le point M de coordonnées $(a\,;b)$.
  M s'appelle l'**image** de z et inversement z s'appelle l'**affixe** de M.
  Le module de z est alors : $|z| = OM$.
  Plus généralement, si M a pour affixe z et M' a pour affixe z', la distance de M à M' est donnée par $MM' = |z'-z|$.
- Soit z un nombre complexe non nul.
  On appelle **argument** de z toute mesure (à 2π près) de l'angle de vecteurs $(\vec{u},\overrightarrow{OM})$ et on le note $\arg(z)$.
  Plus généralement, si M a pour affixe z et M' a pour affixe z' et si $z \neq z'$, $\arg(z-z')$ est la mesure de l'angle de vecteurs $(\vec{u},\overrightarrow{MM'})$.

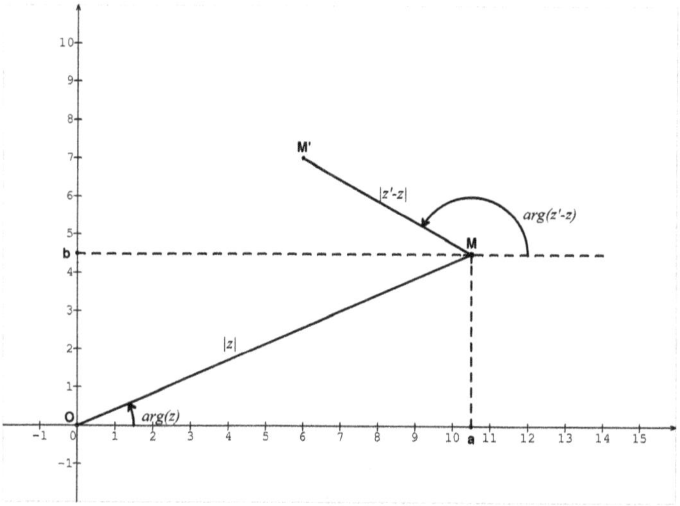

Notons $\theta = \arg(z)$ avec $z = a + ib$. On a facilement :

$$\begin{cases} \cos(\theta) = \dfrac{a}{|z|} \\ \sin(\theta) = \dfrac{b}{|z|} \end{cases} \quad \text{et} \quad \boxed{z = |z|(\cos(\theta) + i\sin(\theta))}.$$

Cette dernière écriture de z représente z écrit sous **forme trigonométrique**. On note également $z = [|z| \,;\, \theta]$.

- Exponentielle complexe – forme exponentielle d'un nombre complexe
  - Tout nombre complexe de module 1 et d'argument θ ($\theta \in \mathbb{R}$) s'écrit : $\cos(\theta) + i\sin(\theta) = \exp(i\theta) = e^{i\theta}$.

    On a les **formules d'Euler** : $\boxed{\begin{cases} \cos(\theta) = \dfrac{e^{i\theta} + e^{-i\theta}}{2} \\ \sin(\theta) = \dfrac{e^{i\theta} - e^{-i\theta}}{2i} \end{cases}}$
  - Ainsi, tout nombre complexe non nul peut s'écrire sous la **forme exponentielle** : $\boxed{z = |z|e^{i\theta}}$.
  - Les calculs avec les exponentielles complexes obéissent aux mêmes règles que dans le cas réel ; en particulier : pour $n \in \mathbb{Z}$, $(e^{i\theta})^n = e^{in\theta}$. Cette dernière relation est appelée **formule de De Moivre** : c'est la forme condensée de $\boxed{(\cos(\theta) + i\sin(\theta))^n = \cos(n\theta) + i\sin(n\theta)}$.
  - Un résultat fort utile : $1 + e^{i\theta} = e^{i\frac{\theta}{2}}\left(e^{-i\frac{\theta}{2}} + e^{i\frac{\theta}{2}}\right) = 2e^{i\frac{\theta}{2}}\cos\left(\frac{\theta}{2}\right)$

    et $1 - e^{i\theta} = e^{i\frac{\theta}{2}}\left(e^{-i\frac{\theta}{2}} - e^{i\frac{\theta}{2}}\right) = -2ie^{i\frac{\theta}{2}}\sin\left(\frac{\theta}{2}\right)$

2C. Passage d'une forme à l'autre

- **Passage forme algébrique→forme trigonométrique, exponentielle**

$$\begin{cases} z = a+ib \\ a^2+b^2 \neq 0 \end{cases} \rightarrow \begin{cases} |z| = \sqrt{a^2+b^2} \\ \cos(\theta) = \dfrac{a}{|z|} \\ \sin(\theta) = \dfrac{b}{|z|} \end{cases}$$

et on obtient : $z = |z|(\cos(\theta)+i\sin(\theta)) = [|z|\ ;\ \theta] = |z|e^{i\theta}$.

- **Passage forme trigonométrique, exponentielle→forme algébrique**

$$z = |z|e^{i\theta} \rightarrow \begin{cases} a = |z|\cos(\theta) \\ b = |z|\sin(\theta) \end{cases}$$ et on obtient : $z = a+ib$.

3. CALCULS ELEMENTAIRES DANS $\mathbb{C}$

3A. Forme algébrique

Soient $z = a+ib$ et $z' = a'+ib'$ deux nombres complexes quelconques.
La plupart des résultats résumés ci-dessous n'est pas à retenir par cœur mais à savoir retrouver si nécessaire.

$-z$	$-a-ib$
$\bar{z}$	$a-ib$
$z+z'$	$(a+a')+i(b+b')$
$z\times z'$	$(aa'-bb')+i(ab'+a'b)$
si $z\neq 0$, $\dfrac{1}{z}$	$\dfrac{\bar{z}}{\lvert z\rvert^2} = \dfrac{a-ib}{a^2+b^2}$
si $z'\neq 0$, $\dfrac{z}{z'}$	$\dfrac{z\,\overline{z'}}{\lvert z'\rvert^2} = \dfrac{(aa'+bb')+i(a'b-ab')}{a'^2+b'^2}$

3B. Forme trigonométrique ou exponentielle

Soient z et z' deux nombres complexes non nuls.
On a $z = r(\cos(\theta)+i\sin(\theta)) = re^{i\theta}$ avec θ réel et r réel strictement positif
et $z' = r'(\cos(\theta')+i\sin(\theta')) = r'e^{i\theta'}$ avec θ' réel et r' réel strictement positif.

Le tableau suivant résume les principaux résultats à connaître.

nombre complexe	module	argument	forme trigonométrique	forme exponentielle
$\bar{z}$	r	$-\theta\ (2\pi)$	$r(\cos(\theta)-i\sin(\theta))$	$re^{-i\theta}$
$-z$	r	$\theta+\pi\ (2\pi)$	$r(-\cos(\theta)-i\sin(\theta))$	$re^{i(\theta+\pi)}$
$\dfrac{1}{z}$	$\dfrac{1}{r}$	$-\theta\ (2\pi)$	$\dfrac{1}{r}(\cos(\theta)-i\sin(\theta))$	$\dfrac{1}{r}e^{-i\theta}$
zz'	rr'	$\theta+\theta'\ (2\pi)$	$rr'(\cos(\theta+\theta')+i\sin(\theta+\theta'))$	$rr'e^{i(\theta+\theta')}$
$z^n\ (n\in\mathbb{N})$	r^n	$n\theta\ (2\pi)$	$r^n(\cos(n\theta)+i\sin(n\theta))$	$r^ne^{in\theta}$
$\dfrac{z}{z'}$	$\dfrac{r}{r'}$	$\theta-\theta'\ (2\pi)$	$\dfrac{r}{r'}(\cos(\theta-\theta')+i\sin(\theta-\theta'))$	$\dfrac{r}{r'}e^{i(\theta-\theta')}$

4. RACINES D'UN NOMBRE COMPLEXE

4A. Racines carrées d'un nombre complexe

Tout nombre complexe $Z=a+ib$ (a et b réels), non nul, admet exactement deux racines carrées. Autrement dit, il existe deux nombres complexes opposés z et $-z$ vérifiant : $z^2=(-z)^2=Z$.
Pour déterminer ces racines carrées, il existe deux méthodes :

- **En utilisant les formes algébriques**
  En posant $z=x+iy$, on a : $z^2=Z\Leftrightarrow\begin{cases}x^2-y^2=a\ (1)\\ 2xy=b\ (2)\end{cases}$.
  Dans la pratique, on ajoute à ce système l'équation supplémentaire :
  $|z|^2=|Z|$ soit $x^2+y^2=\sqrt{a^2+b^2}$ (3).
  On résout alors le système constitué par (1) et (3) ce qui fournit x^2 et y^2 ; l'équation (2) permet ensuite de coupler correctement les signes de x et y.

- **En utilisant les formes trigonométriques**
  Si $Z=[R\ ;\alpha]$ et si $z=[r\ ;\theta]$ alors $z^2=Z\Leftrightarrow[r^2\,;2\theta]=[R\ ;\alpha]$ d'où
  $z=\left[\sqrt{R}\ ;\ \dfrac{\alpha}{2}\right]$. L'autre racine carrée est alors $-z=\left[\sqrt{R}\ ;\ \dfrac{\alpha}{2}+\pi\right]$.

Remarque :
Dans la pratique, on privilégie la méthode utilisant la forme trigonométrique si cela est possible c'est-à-dire si un argument de Z est un angle usuel.

4B. Racines $n^{\text{ièmes}}$ de l'unité

- Soit $n \in \mathbb{N}^*$. L'équation $z^n = 1$ d'inconnue z admet dans $\mathbb{C}$ n racines complexes distinctes, appelées **racines $n^{\text{ièmes}}$ de l'unité**. Ce sont les nombres complexes :

$$\boxed{z_k = \cos\left(k\frac{2\pi}{n}\right) + i\sin\left(k\frac{2\pi}{n}\right) = e^{ik\frac{2\pi}{n}}} \quad \text{avec } k \in \{0\,;1\,;2\,;\ldots\,;n-1\}.$$

- **Propriétés :**
  - On a : $\forall k,\ z_k = (z_1)^k$: les racines $n^{\text{ièmes}}$ de 1 sont donc les puissances successives de la racine $n^{\text{ième}}$ particulière $z_1 = e^{i\frac{2\pi}{n}}$.
  - On a : $\forall k,\ \dfrac{1}{z_k} = \overline{z_k} = z_{n-k}$.
  - On a : pour $z_k \neq 1$, $1 + z_k + (z_k)^2 + \ldots + (z_k)^{n-1} = 0$.
  - On a : $1 + z_1 + z_2 + \ldots + z_{n-1} = 0$
  - Dans le plan complexe, les points d'affixes $(z_k)_{0 \leqslant k \leqslant n-1}$ sont les n sommets d'un **polygone régulier** à n côtés inscrit dans un cercle de rayon 1 et centré sur l'origine du repère.

- **Théorème :** groupe des racines $n^{\text{ièmes}}$ de l'unité
  Soit $n \in \mathbb{N}^*$. L'ensemble des racines $n^{\text{ièmes}}$ de l'unité est un sous-groupe du groupe $(U, \times)$ des nombres complexes de module 1. Ce groupe comporte n éléments.
- **Exemples classiques :**
  - Les racines carrées de 1 sont : 1 et -1.
  - Les racines cubiques de 1 sont : $1, j = e^{i\frac{2\pi}{3}}$ et $\overline{j} = e^{-i\frac{2\pi}{3}} = j^2$.
    Elles vérifient la relation : $1 + j + j^2 = 0$.
  - Les racines quatrièmes de 1 sont : 1, i, -1 et $-i$.

4C. Racines $n^{\text{ièmes}}$ d'un nombre complexe

- Soit $n \in \mathbb{N}^*$. Tout nombre complexe non nul $Z = [r\,;\theta] = re^{i\theta}$ admet exactement n racines $n^{\text{ièmes}}$ distinctes, c'est-à-dire qu'il existe n nombres complexes distincts solutions de l'équation $z^n = Z$ d'inconnue z. Ce sont les nombres complexes :

$$\boxed{z_k = \left[\sqrt[n]{r}\,;\ \frac{\theta}{n} + k\frac{2\pi}{n}\right] = \sqrt[n]{r}\,e^{i\left(\frac{\theta}{n} + k\frac{2\pi}{n}\right)}}, \text{ avec } k \in \{0\,;1\,;2\,;\ldots\,;n-1\}.$$

- **Propriétés :**
  - Les racines $n^{\text{ièmes}}$ d'un nombre complexe Z s'obtiennent en multipliant une racine $n^{\text{ième}}$ particulière de Z par les racines $n^{\text{ièmes}}$ de l'unité.

- Dans le plan complexe, les points d'affixes $z_k = \sqrt[n]{r}\, e^{i\left(\frac{\theta}{n}+k\frac{2\pi}{n}\right)}$ avec $k \in \{0 ; 1 ; 2 ; \dots ; n-1\}$ sont les sommets d'un **polygone régulier** à n côtés inscrit dans un cercle de rayon $\sqrt[n]{r}$ et centré à l'origine.

5. EQUATIONS DU SECOND DEGRE

- Toute équation du second degré à coefficients complexes $az^2+bz+c=0$ avec $a \neq 0$ admet deux racines complexes. Soit $\boxed{\Delta = b^2-4ac}$ le discriminant.
  - **Si $\Delta = 0$**, l'équation admet une racine double $\frac{-b}{2a}$
  - **Si $\Delta \neq 0$**, Δ admet deux racines carrées complexes distinctes δ et $-\delta$.

    Les racines de l'équation $az^2+bz+c=0$ sont $\frac{-b-\delta}{2a}$ et $\frac{-b+\delta}{2a}$.
- Plus généralement, tout polynôme à coefficients complexes de degré n ($n \neq 0$) admet n racines dans $\mathbb{C}$. C'est le **théorème de D'Alembert** évoqué également dans le chapitre sur les polynômes.

6. GEOMETRIE ET NOMBRES COMPLEXES

Dans ce paragraphe, nous allons rappeler les principaux résultats pour utiliser les nombres complexes afin de résoudre des problèmes de géométrie plane.
Le plan est muni d'un repère orthonormé direct $(O ; \vec{u}, \vec{v})$ du plan.

- Soient deux points A et B d'affixes respectives z_A et z_B.

  Le point C milieu du segment $[AB]$ a pour affixe $\boxed{z_C = \frac{z_A+z_B}{2}}$.
- Soient deux points A et B d'affixes respectives z_A et z_B.
  L'affixe du vecteur $\overrightarrow{AB}$ est le nombre complexe $\boxed{z_{\overrightarrow{AB}} = z_B - z_A}$.

  On rappelle que $AB = |z_B - z_A|$ et qu'une mesure de l'angle $(\vec{u} ; \overrightarrow{AB})$ est $\arg(z_B - z_A)$ à 2π près.
- Soient A, B, C et D quatre points du plan complexe tels que $A \neq B$ et $C \neq D$.

  Alors $\boxed{\frac{CD}{AB} = \left|\frac{z_D - z_C}{z_B - z_A}\right|}$

  et une mesure de l'angle $(\overrightarrow{AB} ; \overrightarrow{CD})$ est $\boxed{\arg\left(\frac{z_D - z_C}{z_B - z_A}\right)}$ à 2π près.

On en déduit les deux résultats suivants :

- Soient A, B, C et D quatre points du plan complexe tels que $A \neq B$ et $C \neq D$. Alors les droites (AB) et (CD) sont perpendiculaires si et seulement si $\frac{z_D - z_C}{z_B - z_A}$ est imaginaire pur.
- Soient A, B et C trois points du plan complexe tels que $A \neq B$. Alors $C \in (AB)$ si et seulement si $\frac{z_C - z_A}{z_B - z_A}$ est réel.

7. TRANSFORMATIONS DU PLAN COMPLEXE

Le plan P est muni d'un repère orthonormé $(O\,;\vec{u},\vec{v})$.
Une **transformation** T du plan est une application :

$$T : \begin{cases} P \to P \\ M(z) \mapsto M'(f(z)) \end{cases} \quad \text{où } f \text{ est une fonction de } \mathbb{C} \text{ dans } \mathbb{C}.$$

Selon la nature de f, on distingue plusieurs transformations.

7A. Similitudes planes directes

- Soit f l'application définie par : $\boxed{z \mapsto f(z) = az + b}$ avec $a \in \mathbb{C}^*$ et $b \in \mathbb{C}$.
  La transformation T correspondante s'appelle **similitude plane directe**.
- **Principales propriétés géométriques :**
  - conservation des angles et de l'orientation
  - conservation du parallélisme, de l'orthogonalité et des notions de milieu et de barycentre
  - les distances ne sont, en général, pas conservées.
- **Si $a = 1$** alors f est définie par : $z \mapsto f(z) = z + b$ et la transformation T est alors la **translation** de vecteur $\vec{u}$ d'affixe b. On a $\overrightarrow{MM'} = \vec{u}$.
  Dans le cas particulier où $b = 0$, T est l'application identique.
- **Si $|a| = 1$** et $a \neq 1$ alors T est la **rotation** de centre le point invariant Ω d'affixe $\omega = \frac{b}{1-a}$ et d'angle $\theta = \arg(a)$.
  Dans le cas particulier où $a = -1$, T est la symétrie centrale de centre le point invariant Ω d'affixe $\omega = \frac{b}{2}$.
- **Si $|a| \neq 1$** alors T est la **composée**, dans n'importe quel ordre, d'une **homothétie** de rapport $|a|$ et de centre le point invariant Ω d'affixe $\omega = \frac{b}{1-a}$, et d'une **rotation** de même centre et d'angle $\arg(a)$.
  Dans le cas particulier où a est un réel, T se résume à une homothétie.

7B. Similitudes planes indirectes

- Soit f l'application définie par : $\boxed{z \mapsto f(z) = a\overline{z} + b}$ avec $a \in \mathbb{C}^*$ et $b \in \mathbb{C}$.
  La transformation T correspondante s'appelle **similitude plane indirecte**.
- **Principales propriétés géométriques :** elle possède les mêmes propriétés que les similitudes planes directes mais renverse l'orientation.
- **Cas particulier :** f est définie par $\boxed{f(z) = \overline{z}}$.
  La transformation T correspondante est la **symétrie orthogonale** par rapport à l'axe $(O\,;\vec{u})$.
- **Cas particulier :** f est définie par $\boxed{f(z) = e^{i\theta}\overline{z}}$.
  La transformation T correspondante est la **symétrie orthogonale** par rapport à la droite passant par l'origine O du repère et faisant un angle $\frac{\theta}{2}$ avec l'axe $(O\,;\vec{u})$.
- **Cas général :** f est définie par $\boxed{f(z) = a\overline{z} + b}$ avec $a \in \mathbb{C}^*$ et $b \in \mathbb{C}$.
  Pour étudier f, il suffit de décomposer :
  $z \mapsto g(z) = \overline{z} \mapsto h(\overline{z}) = a\overline{z} + b$ avec $\begin{cases} g(z) = \overline{z} \\ h(z) = az + b \end{cases}$.

7C. Inversions

- **Inversion géométrique**
  - Soit f l'application définie sur $\mathbb{C}^*$ par $\boxed{f(z) = \frac{1}{\overline{z}}}$.
    La transformation T correspondante s'appelle **inversion géométrique** de centre O et de rapport 1.
  - Les points du cercle de centre O sont invariants.
    Dans le cas général, O, $M(z)$ et $M'(f(z))$ sont alignés et $OM \times OM' = 1$.
  - **Principales propriétés :**
    - l'image d'une droite passant par O est elle-même.
    - l'image d'une droite ne passant pas par O est un cercle passant par O.
    - l'image d'un cercle passant par O est une droite ne passant pas par O.
    - l'image d'un cercle ne passant pas par O est un cercle ne passant pas par O.

- **Inversion complexe**
  - Soit f l'application définie sur $\mathbb{C}$ par $\boxed{f(z)=\frac{1}{z}}$.

    La transformation T correspondante s'appelle **inversion complexe.**
  - On a : $(\vec{u}\,;\overrightarrow{OM'})=-(\vec{u}\,;\overrightarrow{OM})$ et $OM'=\frac{1}{OM}$ avec $M(z)$ et $M'(f(z))$.
  - On peut décomposer $f(z)$ de la manière suivante :

    $z\mapsto g(z)=\frac{1}{\overline{z}}\mapsto h\left(\frac{1}{\overline{z}}\right)=\frac{1}{z}$ avec $g(z)=\frac{1}{\overline{z}}$ (inversion géométrique de centre O et de rapport 1) et $h(z)=\overline{z}$ (symétrie par rapport à l'axe $(O\,;\vec{u})$.
  - **Principales propriétés :**
    - l'image d'une droite ne passant pas par O est un cercle passant par O.

      En particulier, l'image de la droite d'équation $x = a$ (avec $a \neq 0$) est le cercle de centre le point d'affixe $\frac{1}{2a}$ et de rayon $\frac{1}{2|a|}$ privé de O.
    - l'image d'une droite passant par O est la droite symétrique par rapport à $(O\,;\vec{u})$.
    - l'image d'un cercle passant par O est une droite qui ne passe pas par O.
    - l'image d'un cercle ne passant pas par O est un cercle ne passant pas par O.

7D. Transformations homographiques

- Soit f l'application définie par $\boxed{f(z)=\frac{az+b}{cz+d}}$.

  On appelle f une **homographie**.

  Nous n'en ferons pas d'étude systématique ; nous allons voir qu'il est possible, par décomposition, de se ramener aux cas précédents.
- **Si c=0** ($d \neq 0$)

  On a alors $f(z)=\frac{a}{d}z+\frac{b}{d}$. On retrouve la **similitude** directe.
- **Si c≠0**

  On décompose $f(z)$.

Exemple : Soit $f(z) = \frac{2iz+4}{z-i}$.

On peut écrire $f(z) = \frac{2i(z-i)+2}{z-i} = 2i + \frac{2}{z-i}$.

puis décomposer f :

$z \mapsto z-i \mapsto \frac{1}{z-i} \mapsto \frac{2}{z-i} \mapsto \frac{2}{z-i} + 2i$.

Donc f est la composée de quatre transformations $f_4 o f_3 o f_2 o f_1$:

f_1 correspond à la translation de vecteur d'affixe $-i$

f_2 correspond à l'inversion complexe

f_3 correspond à l'homothétie de centre l'origine O du repère et de rapport 2

f_4 correspond à la translation de vecteur d'affixe $2i$.

Chapitre 2

POLYNOMES ET FRACTIONS RATIONNELLES

1. **Polynômes**
   1A. Généralités
   1B. Division euclidienne
   1C. Division par $(x-a)$ – racine – ordre de multiplicité
   1D. Relations entre les coefficients d'un polynôme et ses racines
   1E. Rappels des résultats sur les problèmes du second degré et s'y ramenant
2. **Fractions rationnelles**
   2A. Définitions
   2B. Décomposition en éléments simples
   2C. Techniques de décomposition

1. POLYNOMES

1A. Généralités

- On appelle **polynôme** à coefficients complexes la fonction P définie sur $\mathbb{C}$ par :

$$\boxed{P(x) = a_n x^n + a_{n-1}x^{n-1} + \ldots + a_2x^2 + a_1x + a_0}$$

- n est un entier naturel ; si $a_n \neq 0$, n est le **degré** du polynôme, noté deg P et le coefficient a_n s'appelle **coefficient dominant** de P.
- x désigne une variable complexe
- Un polynôme est nul si et seulement si tous ses coefficients sont nuls
- Un polynôme non nul dont le coefficient dominant est égal à 1 est appelé polynôme **unitaire** ou **normalisé.**
- Deux polynômes P et Q sont égaux si et seulement si :
  deg P = deg Q et les termes de même degré ont les mêmes coefficients.

1B. Division euclidienne

Etant donnés deux polynômes A et B non nuls, il existe un unique couple de polynômes (Q,R) tels que :

$$\boxed{A = BQ + R} \text{ avec } \deg R < \deg B.$$

Le polynôme Q est le **quotient** de A par B et R est le **reste**.
A est **divisible** par B (ou B divise A) si et seulement si $R = 0$.

1C. Division par $(x-a)$ – racine – ordre de multiplicité

- Un polynôme est dit **scindé** si et seulement si il est factorisable en produits d'expressions du 1er degré.
  Sur $\mathbb{C}$, un polynôme est toujours scindé.
  Sur $\mathbb{R}$, il faut et il suffit qu'il n'ait pas de racines complexes non réelles.
- Un polynôme P est divisible par $(x-a)$ si et seulement si $P(a) = 0$.
  Le nombre a est appelé **racine** du polynôme P.
- Soit m un entier naturel. a est racine d'ordre m du polynôme P si et seulement si il existe un polynôme Q tel que $P(x) = (x-a)^m Q(x)$ avec $Q(a) \neq 0$. m s'appelle **l'ordre de multiplicité** de a.
  (P est alors divisible par $(x-a)^m$ et non divisible par $(x-a)^{m+1}$).
- **Théorème de D'Alembert**
  Tout polynôme complexe de degré $n > 0$ admet exactement n racines complexes, chacune étant comptée avec son ordre de multiplicité.

- Soit P un polynôme à coefficients réels. Si a est racine multiple d'ordre de multiplicité m alors $\bar{a}$ est racine multiple de même ordre de multiplicité.

1D. Relations entre les coefficients d'un polynôme et ses racines

- **Cas du degré 2**
  Soit $P(x) = a_2x^2 + a_1x + a_0 = a_2(x - x_1)(x - x_2)$ où x_1 et x_2 sont les racines de P.
  On a $\sigma_1 = x_1 + x_2 = -\dfrac{a_1}{a_2}$ et $\sigma_2 = x_1x_2 = \dfrac{a_0}{a_2}$.
  x_1 et x_2 sont racines de l'équation $\boxed{x^2 - \sigma_1x + \sigma_2 = 0}$.

- **Cas du degré 3**
  Soit $P(x) = a_3x^3 + a_2x^2 + a_1x + a_0 = a_3(x - x_1)(x - x_2)(x - x_3)$ où x_1, x_2 et x_3 sont les racines de P.
  On a :
  $$\sigma_1 = x_1 + x_2 + x_3 = -\frac{a_2}{a_3}$$
  $$\sigma_2 = x_1x_2 + x_1x_3 + x_2x_3 = \frac{a_1}{a_3}$$
  $$\sigma_3 = x_1x_2x_3 = -\frac{a_0}{a_3}.$$

- **Généralisation à un polynôme de degré n**
  On généralise facilement à un polynôme de degré n pour obtenir les relations entre coefficients et racines :
  Soit $P(x) = a_nx^n + a_{n-1}x^{n-1} + \ldots + a_2x^2 + a_1x + a_0$ de racines $x_1, x_2, \ldots, x_n$.

  En notant σ_k la somme de tous les produits possibles des racines prises k à k, on a : pour $1 \leqslant k \leqslant n$, $\boxed{\sigma_k = (-1)^k \dfrac{a_{n-k}}{a_n}}$.
  Ainsi, on obtient notamment :
  $$\sigma_1 = x_1 + x_2 + \ldots + x_n = -\frac{a_{n-1}}{a_n}$$
  $$\sigma_n = x_1x_2 \ldots x_n = (-1)^n \frac{a_0}{a_n}.$$

1E. Rappels des résultats sur les problèmes du second degré et s'y ramenant

- Soit $P(x) = ax^2 + bx + c$ avec $a \neq 0$.
  Le discriminant est $\Delta = b^2 - 4ac$.

  On a les résultats suivants :

	Résolution dans $\mathbb{C}$ de l'équation $P(x)=0$	**Factorisation dans $\mathbb{C}$ de $P(x)$**	**Signe dans $\mathbb{R}$ de $P(x)$**
$\Delta=0$	Une solution réelle : $x_1 = -\dfrac{b}{2a}$	$P(x) = a(x - x_1)^2$	$P(x_1) = 0$ si $x \neq x_1$, $P(x)$ est du signe de a
$\Delta>0$	Deux solutions réelles : $x_1 = \dfrac{-b-\sqrt{\Delta}}{2a}$ $x_2 = \dfrac{-b+\sqrt{\Delta}}{2a}$	$P(x)$ $= a(x - x_1)(x - x_2)$	$P(x_1) = P(x_2) = 0$ si $x \neq x_1$ et $x \neq x_2$, $P(x)$ est du signe de a "à l'extérieur des racines" et du signe de $-a$ "entre les racines"
$\Delta<0$	Deux solutions complexes : $x_1 = \dfrac{-b-i\sqrt{-\Delta}}{2a}$ $x_2 = \dfrac{-b+i\sqrt{-\Delta}}{2a}$	$P(x)$ $= a(x - x_1)(x - x_2)$	Pour tout $x \in \mathbb{R}$, $P(x)$ est du signe de a

- **Cas de la résolution dans $\mathbb{R}$ des équations bicarrées :**
  $ax^4 + bx^2 + c = 0$ avec $a \neq 0$
  On pose $X = x^2$. L'équation devient : $aX^2 + bX + c = 0$.
  On résout dans $\mathbb{R}$ l'équation $aX^2 + bX + c = 0$ pour obtenir les solutions en X.
  Et enfin, on revient à l'inconnue de départ x à l'aide de la relation $X = x^2$.

  Exemple : résolution dans $\mathbb{R}$ de l'équation $x^4 - 4x^2 + 3 = 0$.
  On pose $X = x^2$.
  L'équation devient : $X^2 - 4X + 3 = 0$.
  Le discriminant est $\Delta = 4$. L'équation admet donc dans $\mathbb{R}$ deux solutions : $X_1 = 3$ et $X_2 = 1$.
  On revient à l'inconnue de départ : on a $x^2 = 3$ ou $x^2 = 1$.

Ainsi, l'équation bicarrée $x^4-4x^2+3=0$ a pour ensemble solution $S=\{-\sqrt{3}\,;\sqrt{3}\,;-1\,;1\}$.

2. FRACTIONS RATIONNELLES

2A. Définitions

- On appelle **fraction rationnelle** toute fonction de la forme $\boxed{F(x)=\dfrac{P(x)}{Q(x)}}$ où P et Q sont deux polynômes à coefficients complexes avec $Q(x)\neq 0$.
- F est **irréductible** si P et Q n'ont pas de racines communes.

2B. Décomposition en éléments simples

- $\dfrac{P}{Q}$ peut se mettre de façon unique sous la forme $\dfrac{P}{Q}=E+\dfrac{R}{Q}$ avec $\deg R<\deg Q$.
  E est la **partie entière** (ou polynomiale) de $\dfrac{P}{Q}$; $\dfrac{R}{Q}$ est la **partie fractionnaire** de $\dfrac{P}{Q}$.
  Si $\deg P<\deg Q$ alors $E=0$.
- Les **pôles** d'une fraction rationnelle sont les racines du dénominateur.
- **Décomposition en éléments simples dans $\mathbb{C}$:**
  Dans $\mathbb{C}$, toute fraction rationnelle irréductible dont la partie entière est nulle peut s'écrire de façon unique en somme d'éléments simples de 1ère espèce : $\dfrac{A}{(x-a)^n}$ où A et a sont des complexes.
- **Décomposition en éléments simples dans $\mathbb{R}$:**
  Dans $\mathbb{R}$, toute fraction rationnelle irréductible dont la partie entière est nulle peut s'écrire de façon unique en somme d'éléments simples de 1ère espèce : $\dfrac{A}{(x-a)^n}$ ou de 2nde espèce : $\dfrac{Ax+B}{(x^2+ax+b)^n}$ où A, B, a et b sont des réels.
- La décomposition en éléments simples d'une fraction rationnelle permet de calculer certaines primitives de fractions rationnelles. Ce qui suit n'est pas à connaître par cœur mais à retrouver chaque fois que nécessaire :
  - les termes en $\dfrac{1}{x-a}$ s'intègrent en $\ln|x-a|$.

- les termes en $\frac{1}{(x-a)^n}$ s'intègrent en $\frac{1}{1-n}\frac{1}{(x-a)^{n-1}}$
- les termes en $\frac{Ax+B}{x^2+ax+b}$ avec $\Delta<0$ s'intègrent en écrivant :

$$\frac{Ax+B}{x^2+ax+b}=\frac{\frac{A}{2}(2x+a)}{x^2+ax+b}+\frac{B-\frac{A}{2}a}{x^2+ax+b}.$$

Le terme $\frac{\frac{A}{2}(2x+a)}{x^2+ax+b}$ s'intègre sous la forme de $\ln(x^2+ax+b)$.

Le terme $\frac{B-\frac{A}{2}a}{x^2+ax+b}$ s'intègre sous la forme de $Arc\tan$.

2C. Techniques de décomposition

1er cas : deg P > deg Q

La partie entière E sera déterminée à l'aide d'une division euclidienne. Ensuite, il faudra décomposer la fraction rationnelle restante.

2ème cas : deg P < deg Q

- **1ère étape :** factoriser le dénominateur Q
  Dans $\mathbb{C}$, on obtiendra Q sous la forme $Q(x)=\lambda(x-a_0)^{\alpha_0}\dots(x-a_p)^{\alpha_p}$.
  Dans $\mathbb{R}$, on obtiendra Q sous la forme :
  $Q(x)=\lambda(x-a_0)^{\alpha_0}\dots(x-a_r)^{\alpha_r}(x^2+p_0x+q_0)^{\beta_0}\dots(x^2+p_mx+q_m)^{\beta_m}$

- **2ème étape :** écrire la forme générale de la décomposition
  Dans $\mathbb{C}$, si par exemple, $Q(x)=(x-1)(x-3)^2$ alors
  $\frac{P(x)}{Q(x)}=\frac{A}{x-1}+\frac{B}{x-3}+\frac{C}{(x-3)^2}$.
  Dans $\mathbb{R}$, par exemple si $Q(x)=(x-4)(x^2+x+1)$ alors
  $\frac{P(x)}{Q(x)}=\frac{A}{x-4}+\frac{Bx+C}{x^2+x+1}$.

- **3ème étape :** déterminer les coefficients intervenant dans la décomposition
  Il faudra adapter la méthode utilisée au cas particulier dans lequel on se place. La liste des méthodes données n'est pas exhaustive.

1) Si la fonction est paire ou impaire, on obtiendra une relation entre les coefficients (certains coefficients seront égaux ou opposés) qui permettra de simplifier les calculs.
2) Si a est un pôle d'ordre n, on multiplie la fraction par $(x-a)^n$ puis on donne la valeur a à la variable x.

Exemple : $\dfrac{P(x)}{Q(x)} = \dfrac{1}{x(x+1)^2}$.

La forme générale de la décomposition est : $\dfrac{1}{x(x+1)^2} = \dfrac{A}{x} + \dfrac{B}{x+1} + \dfrac{C}{(x+1)^2}$.

En multipliant les deux membres de la décomposition par $(x+1)^2$ puis en donnant la valeur -1 à x, on obtient : $\dfrac{1}{-1} = C$ d'où $C = -1$.

En multipliant les deux membres de la décomposition par $(x+1)$ puis en faisant tendre x vers $+\infty$, on obtient : $0 = A + B$ d'où $A = -B$.

En multipliant la fraction par x puis en donnant la valeur 0 à x, on obtient : $1 = A$.

En conclusion, on a $\begin{cases} A = 1 \\ B = -1 \\ C = -1 \end{cases}$ et $\dfrac{P(x)}{Q(x)} = \dfrac{1}{x} - \dfrac{1}{x+1} - \dfrac{1}{(x+1)^2}$.

Chapitre 3

FONCTIONS D'UNE VARIABLE REELLE

1. Généralités
2. Limites
2A. Notion de limite en un réel a
2B. Notion de limite en l'infini
2C. Branches infinies
2D. Limite d'une fonction composée
2E. Majoration et encadrement
2F. Opérations sur les limites
2G. Limites de référence
2H. Equivalence de deux fonctions
2I. Fonction négligeable devant une autre
3. Continuité
3A. Définitions
3B. Opérations sur les fonctions continues
3C. Prolongement par continuité
3D. Résultats
4. Dérivabilité
4A. Définitions
4B. Interprétation graphique
4C. Fonction dérivée et dérivées successives
4D. Résultats et définitions
4E. Opérations sur les dérivées
4F. Propriétés et applications des fonctions dérivables
4G. Dérivation des fonctions de $\mathbb{R}$ dans $\mathbb{C}$
5. Développements limités
5A. Définitions
5B. Développements limités usuels au voisinage de 0
5C. Méthodes d'obtention de développements limités
5D. Applications
6. Catalogue des fonctions usuelles

1. GENERALITES

- f est une **fonction** numérique définie sur l'ensemble $D\subset\mathbb{R}$ si à tout réel x de D, on associe un **unique** nombre réel $f(x)$ appelé **image** de x par f.
  La courbe représentative $\mathscr{C}$ de la fonction f dans un repère $(O\,;\vec{i},\vec{j})$ donné du plan est l'ensemble des points M de coordonnées $(x\,;f(x))$.
- **Parité-périodicité**
  - La fonction f, définie sur D, est une fonction **paire** si et seulement si :
    $$\boxed{\forall x\in D,\ -x\in D \textbf{ et } f(-x)=f(x)}.$$
    Alors $\mathscr{C}$ est symétrique par rapport à l'axe des ordonnées.
  - La fonction f, définie sur D, est une fonction **impaire** si et seulement si :
    $$\boxed{\forall x\in D,\ -x\in D \textbf{ et } f(-x)=-f(x)}.$$
    Alors $\mathscr{C}$ est symétrique par rapport à l'origine O du repère.
  - La fonction f, définie sur D, est **périodique**, de période T, si et seulement si :
    $$\boxed{\forall x\in D,\ x+T\in D \textbf{ et } f(x+T)=f(x)}.$$
    Alors la courbe $\mathscr{C}$ est invariante par toute translation de vecteur $kT\vec{i}$ où $k\in\mathbb{Z}$.
- **Fonction bornée**
  Soit f une fonction définie sur D.
  - La fonction f est **majorée** sur D s'il existe un réel A tel que :
    $$\forall x\in D, f(x)\leqslant A.$$
  - La fonction f est **minorée** sur D s'il existe un réel B tel que :
    $$\forall x\in D, f(x)\geqslant B.$$
  - La fonction f est **bornée** sur D si f est à la fois majorée et minorée sur D. Il existe un réel positif C tel que :
    $$\forall x\in D, |f(x)|\leqslant C.$$
- **Sens de variation**
  Soit f une fonction définie sur un intervalle I et soient x_1 et x_2 deux éléments quelconques de I.
  La fonction f est :
  croissante si $x_1<x_2\Rightarrow f(x_1)\leqslant f(x_2)$
  strictement croissante si $x_1<x_2\Rightarrow f(x_1)<f(x_2)$
  décroissante si $x_1<x_2\Rightarrow f(x_1)\geqslant f(x_2)$
  strictement décroissante si $x_1<x_2\Rightarrow f(x_1)>f(x_2)$.
  Une fonction croissante sur I ou décroissante sur I est **monotone** sur I.

- Fonction composée

  Soit f une fonction définie sur D_f et g une fonction définie sur D_g.

  Si $f(D_f) \subset D_g$, on peut définir la **composée** des deux fonctions f et g par :

$$\forall x \in D_f, \ \boxed{g o f(x) = g[f(x)]}.$$

- Fonction surjective, injective, bijective

  Soit f une fonction de E dans F.

  - f est dite **surjective** si tout élément y de F admet au moins un antécédent x dans E.

    Autrement dit, pour tout y donné dans F, l'équation $f(x) = y$ d'inconnue x dans E admet au moins une solution.

  - f est dite **injective** si tout élément y de F admet au plus un antécédent x dans E.

    Autrement dit, pour tout y donné dans F, l'équation $f(x) = y$ d'inconnue x dans E admet au plus une solution.

  - f est dite **bijective** si elle est à la fois injective et surjective c'est-à-dire si tout élément y de F admet exactement un antécédent x dans E.

    Autrement dit, pour tout y donné dans F, l'équation $f(x) = y$ d'inconnue x dans E admet une unique solution.

  Remarques :

  - Une fonction f n'est pas surjective si et seulement s'il existe un élément de F sans antécédent dans E.
  - Une fonction f n'est pas injective si et seulement s'il existe deux éléments de E ayant la même image.

- **Fonction réciproque**

  Si f est une bijection de E dans F alors f admet une fonction réciproque, notée f^{-1}, qui est une bijection de F vers E.

  f^{-1} fait correspondre à tout élément y de F son antécédent x dans E.

  Si f est strictement monotone sur un intervalle I alors f^{-1} est strictement monotone sur $f(I)$ et de même sens de variation que f.

  Dans un repère orthonormé, les courbes représentatives de f et f^{-1} sont symétriques par rapport à la droite d'équation $y = x$.

2. LIMITES

2A. Notion de limite en un réel a

- La fonction f définie sur un intervalle I admet une limite finie l quand x tend vers a signifie que, quand le réel x se rapproche de a, le réel $f(x)$ se rapproche de l.
  Plus rigoureusement : f admet en a la limite l si :
  $$\forall \varepsilon > 0,\ \exists \alpha > 0 \text{ tel que } \forall x \in I,\ |x-a| \leqslant \alpha \Rightarrow |f(x)-l| \leqslant \varepsilon$$
  On note $\lim_{x \to a} f(x) = l$.
  Remarques :
  - $\lim_{x \to a} f(x)$ peut exister même si f n'est pas définie en a. Mais si f est définie en a et si $\lim_{x \to a} f(x)$ existe alors $\lim_{x \to a} f(x) = f(a)$.
  - Si une fonction admet une limite en a, cette limite est unique.
  - On peut définir la limite de f à droite de a en travaillant avec la restriction de f à $I \cap]a\ ;+\infty[$ et la limite de f à gauche de a en travaillant avec la restriction de f à $I \cap]-\infty\ ; a[$.
- La fonction f définie sur un intervalle I admet une limite égale à $+\infty$ quand x tend vers a signifie que $f(x)$ peut être aussi grand que l'on veut quand x est suffisamment proche de a.
  Plus rigoureusement : f tend vers $+\infty$ quand x tend vers a si :
  $$\forall A > 0,\ \exists \alpha > 0 \text{ tel que } \forall x \in I,\ |x-a| \leqslant \alpha \Rightarrow f(x) \geqslant A$$
  On note $\lim_{x \to a} f(x) = +\infty$.
- La fonction f admet une limite égale à $-\infty$ quand x tend vers a signifie que $f(x)$ peut être aussi petit que l'on veut quand x est suffisamment proche de a.
  Plus rigoureusement : f tend vers $-\infty$ quand x tend vers a si :
  $$\forall A > 0,\ \exists \alpha > 0 \text{ tel que } \forall x \in I,\ |x-a| \leqslant \alpha \Rightarrow f(x) \leqslant -A$$
  On note $\lim_{x \to a} f(x) = -\infty$.

2B. Notion de limite en l'infini

- De même que ci-dessus, on peut définir la limite d'une fonction en $+\infty$ ou en $-\infty$:
  - On dit que f définie sur I a pour limite l quand x tend vers $+\infty$ si :
    $$\forall \varepsilon > 0,\ \exists A > 0 \text{ tel que } \forall x \in I,\ x \geqslant A \Rightarrow |f(x)-l| \leqslant \varepsilon$$
    On note $\lim_{x \to +\infty} f(x) = l$.

- On dit que f tend vers $+\infty$ quand x tend vers $+\infty$ si :

$$\forall B,\ \exists A > 0 \text{ tel que } \forall x \in I,\ x \geqslant A \Rightarrow f(x) > B$$

On note $\lim_{x \to +\infty} f(x) = +\infty$.

- On définit de même $\lim_{x \to +\infty} f(x) = -\infty$, $\lim_{x \to -\infty} f(x) = l$, $\lim_{x \to -\infty} f(x) = +\infty$

et $\lim_{x \to -\infty} f(x) = -\infty$.

- **Cas particulier des fonctions polynômes en l'infini**
  La limite en l'infini d'une fonction polynôme est égale à la limite en l'infini de son terme de plus haut degré.
- **Cas particulier des fonctions rationnelles en l'infini**
  La limite en l'infini d'une fonction rationnelle (quotient de deux fonctions polynômes) est égale à la limite en l'infini du rapport des termes de plus haut degré du numérateur et du dénominateur.

2C. Branches infinies

- Si $\lim_{x \to \pm\infty} f(x) = a$ alors la droite d'équation $y = a$ est **asymptote horizontale** à la courbe $\mathscr{C}$ représentative de f, en $\pm\infty$.
- Si $\lim_{x \to b} f(x) = \pm\infty$ alors la droite d'équation $x = b$ est **asymptote verticale** à la courbe $\mathscr{C}$ représentative de f.
- Si $\lim_{x \to \pm\infty} (f(x) - (mx + p)) = 0$ alors la droite d'équation $y = mx + p$ est **asymptote oblique** à la courbe $\mathscr{C}$ représentative de f, en $\pm\infty$.
- Si $\lim_{x \to \pm\infty} (f(x) - g(x)) = 0$ alors $\mathscr{C}_f$ la courbe représentative de f est asymptote à $\mathscr{C}_g$ la courbe représentative de g, en $\pm\infty$.
- **Recherche pratique des branches infinies dans le cas où $\lim_{x \to \pm\infty} f(x) = \pm\infty$:**

  On étudie $\lim_{x \to \pm\infty} \frac{f(x)}{x}$.

  - Si $\lim_{x \to \pm\infty} \frac{f(x)}{x} = \pm\infty$ alors la courbe $\mathscr{C}$ représentative de f présente une **branche parabolique** dans la direction (Oy).
  - Si $\lim_{x \to \pm\infty} \frac{f(x)}{x} = 0$ alors la courbe $\mathscr{C}$ représentative de f présente une **branche parabolique** dans la direction (Ox).

- Si $\lim\limits_{x \to \pm\infty} \frac{f(x)}{x} = m$ où $m \in \mathbb{R}^*$ alors on étudie $\lim\limits_{x \to \pm\infty} (f(x) - mx)$.
  - Si $\lim\limits_{x \to \pm\infty} (f(x) - mx) = p$ où $p \in \mathbb{R}$ alors la courbe $\mathscr{C}$ représentative de f admet en $\pm\infty$ une **asymptote oblique** d'équation $y = mx + p$.
  - Si $\lim\limits_{x \to \pm\infty} (f(x) - mx) = \pm\infty$ alors la courbe $\mathscr{C}$ représentative de f admet en $\pm\infty$ une **branche parabolique** dans la direction de pente m c'est-à-dire selon la droite d'équation $y = mx$.

2D. Limite d'une fonction composée

a, b et l désignent des réels, ou $+\infty$ ou $-\infty$.
Soient deux fonctions f et g.

$$\text{Si } \begin{cases} \lim\limits_{x \to a} f(x) = b \\ \lim\limits_{x \to b} g(x) = l \end{cases} \quad \text{alors } \lim\limits_{x \to a} gof(x) = \lim\limits_{x \to a} g(f(x)) = l.$$

2E. Majoration et encadrement

a désigne un réel, b désigne un réel ou $+\infty$.
Soient trois fonctions u, v et f.
Si pour tout réel x de $[a\,;\,b[$:

$u(x) \leqslant f(x)$ et $\lim\limits_{x \to b} u(x) = +\infty$ alors $\lim\limits_{x \to b} f(x) = +\infty$

$u(x) \geqslant f(x)$ et $\lim\limits_{x \to b} u(x) = -\infty$ alors $\lim\limits_{x \to b} f(x) = -\infty$

$u(x) \leqslant f(x) \leqslant v(x)$ et $\lim\limits_{x \to b} u(x) = \lim\limits_{x \to b} v(x) = L$ avec $L \in \mathbb{R}$ alors $\lim\limits_{x \to b} f(x) = L$.

2F. Opérations sur les limites

Lors d'opérations sur les limites, les cas où il est impossible de conclure directement sont : "$\infty - \infty$", "$\frac{\infty}{\infty}$", "$0 \times \infty$", "$\frac{0}{0}$" et "1^{∞}".

On les appelle "**formes indéterminées**".
Pour ôter une indétermination, il est possible de transformer l'expression algébrique de la fonction, d'utiliser les résultats sur les fonctions polynômes ou rationnelles, d'utiliser une limite de référence, ...

2G. Limites de référence

- $\lim\limits_{x \to 0} \frac{\sin(x)}{x} = 1$; $\lim\limits_{x \to 0} \frac{\cos(x)-1}{x^2} = -\frac{1}{2}$; $\lim\limits_{x \to 0} \frac{\tan(x)}{x} = 1$
- $\lim\limits_{\substack{x \to 0 \\ x>0}} \ln(x) = -\infty$; $\lim\limits_{x \to +\infty} \ln(x) = +\infty$; $\lim\limits_{x \to 0} \frac{\ln(1+x)}{x} = 1$

  $\lim\limits_{x \to +\infty} \frac{\ln(x)}{x^\alpha} = 0$; $\lim\limits_{\substack{x \to 0 \\ x>0}} x^\alpha \ln(x) = 0$ (quel que soit le réel $\alpha > 0$)
- $\lim\limits_{x \to -\infty} e^x = 0$; $\lim\limits_{x \to +\infty} e^x = +\infty$; $\lim\limits_{x \to 0} \frac{e^x - 1}{x} = 1$

  $\lim\limits_{x \to +\infty} \frac{e^x}{x^\alpha} = +\infty$; $\lim\limits_{x \to -\infty} |x|^\alpha e^x = 0$ (quel que soit le réel α)

2H. Equivalence de deux fonctions

- Soit g une fonction ne s'annulant pas au voisinage de a (ici, a est fini ou infini).

  Si $\lim\limits_{x \to a} \frac{f(x)}{g(x)} = 1$, on dit que f et g sont deux **fonctions équivalentes** en a et on note $\boxed{f(x) \sim g(x)}$.
- Deux fonctions équivalentes en a ont même limite en a.
- Si au voisinage de a, $f_1 \sim g_1$ et $f_2 \sim g_2$ alors, au voisinage de a, $f_1 f_2 \sim g_1 g_2$ et $\frac{f_1}{f_2} \sim \frac{g_1}{g_2}$.
- **Equivalents usuels en l'infini**
  - En l'infini, un polynôme est équivalent à son terme de plus haut degré
  - En l'infini, une fonction rationnelle est équivalente au quotient des monômes de plus haut degré du numérateur et du dénominateur.
- **Equivalents usuels en 0**
  - En 0, un polynôme est équivalent à son terme de plus bas degré
  - Liste d'équivalents en 0 à connaître :
    - $e^x \sim 1+x$; $(1+x)^\alpha \sim 1+\alpha x$; $\sqrt{1+x} \sim 1+\frac{x}{2}$; $\frac{1}{\sqrt{1+x}} \sim 1-\frac{x}{2}$
    - $a^x \sim 1+x\ln(a)$; $\ln(1+x) \sim x$; $\sin(x) \sim x$; $\tan(x) \sim x$; $\cos(x) \sim 1-\frac{x^2}{2}$
    - $\arctan(x) \sim x$; $\arcsin(x) \sim x$; $\text{sh}(x) \sim x$; $\text{ch}(x) \sim 1+\frac{x^2}{2}$; $\text{th}(x) \sim x$

2I. Fonction négligeable devant une autre

Soit g une fonction ne s'annulant pas au voisinage de a (ici, a est fini ou infini).
Si $\lim\limits_{x \to a} \frac{f(x)}{g(x)} = 0$, on dit que f est **négligeable** devant g au voisinage de a et on note $\boxed{f(x) = o(g(x))}$.

Exemple : $x^2 = o(x^3)$ en $+\infty$.

3. CONTINUITE

3A. Définitions

- Si f est une fonction définie sur un intervalle I et a un point intérieur à I, on dit que f est **continue** au point a lorsque $\lim\limits_{x \to a} f(x) = f(a)$.
- Lorsque a est borne inférieure (resp. supérieure) de l'intervalle I et que $\lim\limits_{\substack{x \to a \\ x > a}} f(x) = f(a)$ (resp. $\lim\limits_{\substack{x \to a \\ x < a}} f(x) = f(a)$), on dit que f est continue à droite (resp. à gauche) en a.
- Une fonction f est continue sur un intervalle I, lorsqu'elle est continue en tout point a intérieur à I, et continue à droite ou/et à gauche en ses bornes si l'intervalle I est semi-fermé ou fermé.
- Si f est définie sur $I = [a\,;\,b]$ avec $a_0 = a < a_1 < a_2 < \ldots < a_n = b$ et si f est continue sur tous les intervalles $]a_{i-1}\,;\,a_i[$ pour $i \in \{1\,;\,\ldots\,;\,n\}$, on dit que f est **continue par morceaux** sur I.

3B. Opérations sur les fonctions continues

Une somme, un produit, une combinaison linéaire, une composée, un quotient (s'il est défini) de fonctions continues sur un intervalle I sont continues sur cet intervalle I.

3C. Prolongement par continuité

Si f est continue sur $I - \{x_0\}$ et si $\lim\limits_{x \to x_0} f(x) = L$ avec $L \in \mathbb{R}$ alors la fonction g telle que $\begin{cases} g(x) = f(x) \text{ si } x \neq x_0 \\ g(x) = L \text{ si } x = x_0 \end{cases}$ est continue sur I.
On dit que g est le **prolongement par continuité** de f sur I.

3D. Résultats

- L'image d'un intervalle par une fonction continue est un intervalle ; en particulier, si f est continue sur l'intervalle I et s'il existe deux réels a et b de I tels que : $a < b$ et $f(a)f(b) < 0$, il existe un point c de $]a\ ;\ b[$ tel que $f(c) = 0$. Ce résultat est connu sous le nom de **théorème des valeurs intermédiaires**.
- Toute fonction continue sur un intervalle $[a\ ;\ b]$ est bornée et atteint ses bornes, c'est-à-dire qu'il existe deux réels c et d de $[a\ ;\ b]$ tels que $f(c) = \min(f(x))$ et $f(d) = \max(f(x))$.
- Soit f une fonction continue et strictement monotone sur l'intervalle I, alors f est une **bijection** de I sur $J = f(I)$. Elle admet donc une fonction réciproque f^{-1} qui est une bijection de J sur I. De plus f^{-1} est continue sur J et strictement monotone (de même sens de variation que f).

4. DERIVABILITE

4A. Définitions

- Soit f une fonction définie au voisinage de x_0.
  On dit que f est **dérivable** en x_0 si :
  - le taux d'accroissement $\dfrac{f(x)-f(x_0)}{x-x_0}$ admet une limite finie en x_0
  - ou ce qui revient au même, s'il existe un réel A et une fonction ε tels que $f(x) = f(x_0) + A(x-x_0) + (x-x_0)\varepsilon(x)$ avec $\lim\limits_{x \to x_0} \varepsilon(x) = 0$.
- La limite $\lim\limits_{x \to x_0} \dfrac{f(x)-f(x_0)}{x-x_0}$ correspond au réel A de la relation $f(x) = f(x_0) + A(x-x_0) + (x-x_0)\varepsilon(x)$. Ce nombre est appelé **nombre dérivé** de f en x_0 et est noté $f'(x_0)$. Ainsi, $\boxed{f'(x_0) = \lim\limits_{x \to x_0} \dfrac{f(x)-f(x_0)}{x-x_0}}$.

  Si seule la limite à gauche (resp. à droite) existe, on dit que f est dérivable à gauche (resp. à droite) en x_0.

4B. Interprétation graphique

- Si la fonction f est dérivable en x_0, la courbe représentative de f admet au point $(x_0\ ;\ f(x_0))$ une **tangente** d'équation : $\boxed{y = f'(x_0)(x-x_0) + f(x_0)}$.

- Il se peut que la fonction ne soit pas dérivable en x_0 et que la courbe admette une tangente ou demi-tangente verticale ; le taux d'accroissement $\dfrac{f(x)-f(x_0)}{x-x_0}$ tend alors vers l'infini. C'est le cas, par exemple, pour la fonction f définie par $f(x)=\sqrt{x}$ si $x \geqslant 0$ en $x_0=0$.

4C. Fonction dérivée et dérivées successives

- Si f est dérivable en tout point d'un intervalle I, la **fonction dérivée** de f, notée f', associe à tout réel x de I la valeur $f'(x)$. On la note aussi $\dfrac{\mathrm{d}f}{\mathrm{d}x}$.
- Si f' est encore dérivable sur I, sa dérivée, appelée **dérivée seconde** de f, se note f'' ou $\dfrac{\mathrm{d}^2 f}{\mathrm{d}x^2}$.
- En itérant ce principe, on définit pour tout entier naturel non nul n, la dérivée d'ordre $n+1$ de f comme dérivée de sa dérivée d'ordre n. Autrement dit, on pose : $f^{(0)}=f$; $f^{(1)}=f'$ et $\forall n \in \mathbb{N}^*, f^{(n+1)}=\left(f^{(n)}\right)'$.

4D. Résultats et définitions

- Si f est dérivable en x_0 alors f est continue en x_0.
  Attention ! La réciproque de ce résultat est faux.
- f est dite de **classe C^n** sur I si f est n fois dérivable sur I et si la dérivée d'ordre n, $f^{(n)}$ est de plus continue sur I.
  C_I^0 désigne la classe des fonctions continues sur l'intervalle I.
  C_I^∞ désigne la classe des fonctions indéfiniment dérivables sur l'intervalle I
  En particulier, f est de classe C^1 sur $[a\,;\,b]$ si elle est dérivable sur $]a\,;\,b[$, dérivable à droite en a et à gauche en b, et si la fonction dérivée f' est continue sur $[a\,;\,b]$.
- Une fonction f est de **classe C^1 par morceaux** sur un intervalle $[a\,;\,b]$ s'il existe $a_0=a<a_1<\ldots<a_n=b$ tels que f soit prolongeable en une fonction de classe C^1 sur tous les intervalles $\left[a_{i-1}\,;\,a_i\right]$ pour $i \in \{1\,;\,2\,;\,\ldots\,;\,n\}$.
  Graphiquement, il faut que la courbe représentative de f n'aille pas à l'infini et n'admette pas de tangente verticale.

4E. Opérations sur les dérivées

- Soient f et g deux fonctions dérivables en un point ou sur un intervalle.
  $(f+g)'=f'+g'$; $(fg)'=f'g+fg'$.
  $\left(\dfrac{1}{g}\right)'=-\dfrac{g'}{g^2}$ en un point où g ne s'annule pas.

$\left(\frac{f}{g}\right)' = \frac{f'g - fg'}{g^2}$ en un point où g ne s'annule pas.

- Si f et g sont n fois dérivables, $\boxed{(fg)^{(n)} = \sum_{k=0}^{n} C_n^k f^{(k)} g^{(n-k)}}$ avec $C_n^k = \frac{n!}{k!(n-k)!}$.
- Si u est dérivable sur un intervalle I et f dérivable sur l'intervalle $u(I)$, la fonction fou est dérivable sur I et : $\boxed{(fou)' = u' \times (f'ou)}$.
- Soit f une bijection continue et strictement monotone de l'intervalle I dans l'intervalle $J = f(I)$.

  Si f' ne s'annule pas sur I, f^{-1} est dérivable sur J et : $\boxed{(f^{-1})' = \frac{1}{f'of^{-1}}}$.

4F. Propriétés et applications des fonctions dérivables

- **Théorème de Rolle**
  Soit f une fonction définie sur l'intervalle $[a\,;b]$, continue sur $[a\,;b]$, dérivable sur $]a\,;b[$ et telle que $f(a) = f(b)$.
  Il existe au moins un point c de l'intervalle $]a\,;b[$ tel que $f'(c) = 0$.
  Interprétation graphique :
  Si en deux points a et b, une fonction dérivable f prend la même valeur, il existe au moins un point de l'intervalle $]a\,;b[$ en lequel la courbe représentative de f admet une tangente horizontale.
- **Théorème des accroissements finis**
  Soit f une fonction définie sur l'intervalle $[a\,;b]$, continue sur $[a\,;b]$, dérivable sur $]a\,;b[$.
  Il existe un point c de l'intervalle $]a\,;b[$ tel que $f(b) - f(a) = (b - a)f'(c)$
  Interprétation graphique :
  Soient deux points A et B d'abscisses a et b et une fonction dérivable f dont la courbe représentative passe par A et B ; il existe un point C d'abscisse c avec $c \in]a\,;b[$, tel que la tangente en C à la courbe soit parallèle à la droite (AB).
- **Inégalité des accroissements finis**
  Soit une fonction f dérivable sur un intervalle I et telle qu'il existe un réel positif M vérifiant : $\forall x \in I,\ |f'(x)| \leqslant M$.
  Alors, pour tout couple $(a\,;b)$ de points de I, on a : $|f(b) - f(a)| \leqslant M|b - a|$.
- Soit f une fonction dérivable sur un intervalle I
  - si $f' \geqslant 0$ sur I alors f est croissante sur I
  - si $f' > 0$ sur I alors f est strictement croissante sur I
  - si $f' \leqslant 0$ sur I alors f est décroissante sur I
  - si $f' < 0$ sur I alors f est strictement décroissante sur I
  - si $f' = 0$ sur I alors f est constante sur I

- **Condition suffisante d'extremum**
  Soit f une fonction dérivable sur un intervalle I et x_0 un point intérieur à I.
  Si f' s'annule et change de signe en x_0 alors f admet un extremum relatif en x_0.
  Cet extremum est un minimum (resp. un maximum) si f' passe du négatif au positif (resp. du positif au négatif).
- **Fonction convexe, fonction concave**
  - Une fonction f est dite convexe sur I si :
    $\forall(x\,;y)\in I^2,\ \forall\lambda\in[0\,;1],\ f(\lambda x+(1-\lambda)y)\leqslant\lambda f(x)+(1-\lambda)f(y)$.
  - Une fonction f est dite concave sur I si $(-f)$ est convexe sur I.
  - Pour savoir si une fonction est convexe ou concave, on a le critère suivant :
    - si f est deux fois dérivable sur I et si $f''(x)\geqslant 0$ pour tout x de I alors la fonction f est convexe sur I
    - si f est deux fois dérivable sur I et si $f''(x)\leqslant 0$ pour tout x de I alors la fonction f est concave sur I
  - La courbe représentative d'une fonction convexe dérivable sur un intervalle I est au-dessus de chacune de ses tangentes et la courbe représentative d'une fonction concave dérivable sur un intervalle I est en-dessous de chacune de ses tangentes.
  - Si f'' s'annule en $x_0\in I$ et change de signe de part et d'autre de x_0, le point d'abscisse x_0 est un **point d'inflexion** à la courbe représentative de f (la tangente en un point d'inflexion traverse la courbe).

4G. Dérivation des fonctions de $\mathbb{R}$ dans $\mathbb{C}$

On peut étendre la définition de la dérivabilité au cas d'une fonction d'une variable réelle à valeurs dans $\mathbb{C}$.

- Soit f une fonction de $\mathbb{R}$ dans $\mathbb{C}$.
  La dérivabilité de f est équivalente à la dérivabilité de sa partie réelle et de sa partie imaginaire.
  Et si $f(t)=x(t)+iy(t)$ avec x et y fonctions de $\mathbb{R}$ dans $\mathbb{R}$ alors
  $$\boxed{f'(t)=x'(t)+iy'(t)}.$$
- **Cas de l'exponentielle complexe :**
  Soit $\lambda\in\mathbb{C}$ et f la fonction de $\mathbb{R}$ dans $\mathbb{C}$ définie par $f(t)=e^{\lambda t}$.
  f est dérivable sur $\mathbb{R}$ et $\forall t\in\mathbb{R}, f'(t)=\lambda e^{\lambda t}$.
  En particulier, pour $\lambda=i$, on a $f(t)=e^{it}$ et $f'(t)=ie^{it}$
- *Remarque* :
  La notion d'extremum local n'a plus de sens pour les fonctions à valeurs complexes ; le théorème de Rolle et l'égalité des accroissements finis ne sont pas vérifiés pour les fonctions à valeurs complexes ; seule l'inégalité des accroissements finis est conservée.

5. DEVELOPPEMENTS LIMITES

5A. Définitions

- Etant donné un entier naturel n, on dit qu'une fonction f admet un **développement limité** à l'ordre n au voisinage de 0 ($DL_n(0)$) s'il existe
  - une fonction polynôme P_n de degré inférieur ou égal à n,
  - une fonction ε définie sur un voisinage V de 0,

  telles que :
  1) $\forall x \in V, f(x) = P_n(x) + x^n\varepsilon(x) = a_0 + a_1x + a_2x^2 + \ldots + a_nx^n + x^n\varepsilon(x)$
  2) $\lim\limits_{x \to 0} \varepsilon(x) = 0$
- La partie polynomiale P_n est appelée **partie régulière** du développement limité et $x^n\varepsilon(x)$ est le **reste** d'ordre n. On le note également $o(x^n)$.
- *Remarques* :
  - Le changement de variable $u = x - a$ permet de définir le développement limité à l'ordre n d'une fonction f au voisinage de a, à partir du développement limité à l'ordre n de la fonction définie par $f(a+u)$ au voisinage de 0.
  - Le développement limité de f à l'ordre n est unique.
  - Si f admet un développement limité à l'ordre n en a alors f admet un développement limité à un ordre $k < n$ en a obtenu par troncature de la partie polynomiale (on supprime dans le polynôme P_n les monômes dont le degré dépasse l'entier k).
  - Si une fonction paire (resp. impaire) admet un développement limité, ce développement limité est pair (resp. impair).
  - f admet un $DL_0(0)$ si et seulement si f est **continue** en 0
    f admet un $DL_1(0)$ si et seulement si f est **dérivable** en 0
    mais on ne peut pas généraliser à un $DL_n(0)$...

5B. Développements limités usuels au voisinage de 0

$$(1+x)^\alpha = 1 + \alpha x + \frac{\alpha(\alpha-1)}{2!}x^2 + \ldots + \frac{\alpha(\alpha-1)(\alpha-2)\ldots(\alpha-n+1)}{n!}x^n + x^n\varepsilon(x)$$

$$\frac{1}{1+x} = 1 - x + x^2 - \ldots + (-1)^n x^n + x^n\varepsilon(x) \quad ; \quad \frac{1}{1-x} = 1 + x + x^2 + \ldots + x^n\varepsilon(x)$$

$$\ln(1+x) = x - \frac{x^2}{2} + \frac{x^3}{3} - \ldots + (-1)^{n-1}\frac{x^n}{n} + x^n\varepsilon(x)$$

$$\ln(1-x) = -x - \frac{x^2}{2} - \frac{x^3}{3} - \ldots - \frac{x^n}{n} + x^n\varepsilon(x)$$

$$e^x = 1 + \frac{x}{1!} + \frac{x^2}{2!} + \ldots + \frac{x^n}{n!} + x^n\varepsilon(x)$$

$$\sin(x) = x - \frac{x^3}{3!} + \frac{x^5}{5!} - \ldots + (-1)^p \frac{x^{2p+1}}{(2p+1)!} + x^{2p+1}\varepsilon(x)$$

$$\cos(x) = 1 - \frac{x^2}{2!} + \frac{x^4}{4!} - \ldots + (-1)^p \frac{x^{2p}}{(2p)!} + x^{2p}\varepsilon(x)$$

$$\tan(x) = x + \frac{x^3}{3} + \frac{2x^5}{15} + x^5\varepsilon(x)$$

$$\text{Arcsin}(x) = x + \frac{1}{2}\frac{x^3}{3} + \frac{1}{2}\frac{3}{4}\frac{x^5}{5} + \ldots + \frac{1.3.5\ldots(2p-1)}{2.4.6\ldots 2p}\frac{x^{2p+1}}{2p+1} + x^{2p+1}\varepsilon(x)$$

$$\text{Arccos}(x) = \frac{\pi}{2} - \text{Arcsin}(x)$$

$$\text{Arctan}(x) = x - \frac{x^3}{3} + \frac{x^5}{5} + \ldots + (-1)^p \frac{x^{2p+1}}{2p+1} + x^{2p+1}\varepsilon(x)$$

$$\text{sh}(x) = x + \frac{x^3}{3!} + \frac{x^5}{5!} + \ldots + \frac{x^{2p+1}}{(2p+1)!} + x^{2p+1}\varepsilon(x)$$

$$\text{ch}(x) = 1 + \frac{x^2}{2!} + \frac{x^4}{4!} + \ldots + \frac{x^{2p}}{(2p)!} + x^{2p}\varepsilon(x)$$

$$\text{th}(x) = x - \frac{x^3}{3} + \frac{2x^5}{15} + x^5\varepsilon(x)$$

$$\text{Argsh}(x) = x - \frac{1}{2}\frac{x^3}{3} + \ldots + (-1)^p \frac{1.3.5\ldots(2p-1)}{2.4.6\ldots 2p}\frac{x^{2p+1}}{2p+1} + x^{2p+1}\varepsilon(x)$$

$$\text{Argth}(x) = \frac{1}{2}\ln\left(\frac{1+x}{1-x}\right) = x + \frac{x^3}{3} + \frac{x^5}{5} + \ldots + \frac{x^{2p+1}}{2p+1} + x^{2p+1}\varepsilon(x)$$

5C. Méthodes d'obtention de développements limités

- **Formule de Taylor-Young**
  Si f est n fois dérivable en a alors f admet un développement limité à l'ordre n au voisinage de a déterminé par la formule de Taylor-Young :

$$\boxed{f(x) = f(a) + (x-a)f'(a) + \frac{(x-a)^2}{2!}f''(a) + \ldots + \frac{(x-a)^n}{n!}f^{(n)}(a) + (x-a)^n\varepsilon(x)}$$

  avec $\lim_{x \to a} \varepsilon(x) = 0$.

- **Somme et produit de développements limités**
  - Si les fonctions f et g admettent des développements limités à l'ordre n au voisinage de a, il en est de même pour les fonctions $f+g$ et fg.
  - La partie régulière du développement de $f+g$ est la somme de celles de f et de g.
  - La partie régulière du développement de fg est formée des termes de degré inférieur ou égal à n du produit des parties régulières de f et de g.

- **Composition de développements limités**
  - Si f et g admettent des développements limités à l'ordre n au voisinage de 0 et si $g(0) = 0$ alors fog admet un développement limité à l'ordre n au voisinage de 0.
  - La partie régulière du développement de fog est obtenue comme suit :
    - on pose $u = g(x)$ à condition que ce soit licite c'est-à-dire que $\lim_{x \to 0} g(x) = 0$ et on effectue le $DL_n(0)$ de f. Sa partie régulière est de la forme $a_0 + a_1 u + \ldots + a_n u^n$
    - ensuite, on effectue le $DL_n(0)$ de g et on remplace dans la partie régulière précédente en tronquant à l'ordre n
- **Dérivation d'un développement limité**
  Si la fonction f est de classe C^{n+1} sur un voisinage de 0, alors :
  - sa fonction dérivée f' est de classe C^n sur ce voisinage
  - la fonction f admet un $DL_{n+1}(0)$
  - sa dérivée f' admet un $DL_n(0)$

  De plus, si $f(x) = P_{n+1}(x) + x^{n+1}\varepsilon(x)$ avec $\lim_{x \to 0} \varepsilon(x) = 0$

  alors $f'(x) = P'_{n+1}(x) + x^n \gamma(x)$ avec $\lim_{x \to 0} \gamma(x) = 0$.
- **Intégration d'un développement limité**
  Si une fonction f admet pour développement limité à l'ordre n en 0 :

  $f(x) = P_n(x) + x^n \varepsilon(x)$ avec $\lim_{x \to 0} \varepsilon(x) = 0$

  alors, toute primitive F de f dans un voisinage de 0 admet un développement limité à l'ordre $n+1$ en 0 de la forme :

  $F(x) = F(0) + P_{n+1}(x) + x^{n+1}\gamma(x)$ avec $\lim_{x \to 0} \gamma(x) = 0$ où P_{n+1} désigne la primitive du polynôme P_n qui s'annule en 0.

5D. Applications

- **Recherche de limites**
  Si $f = \frac{u}{v}$ avec $\lim_{x \to 0} u(x) = 0$ et $\lim_{x \to 0} v(x) = 0$, on détermine des DL de u et v dont la partie polynomiale se réduit à un monôme non nul. Après factorisation et réduction des puissances, on peut déterminer la limite de f en 0.

Remarque :
Lorsqu'on rencontre un problème identique pour une limite en a (resp. $+\infty$ ou $-\infty$), on procède au changement de variable $t = x - a$ (resp. $t = \frac{1}{x}$) pour se ramener au cas précédent.

- **Recherche de fonctions équivalentes**
Si une fonction f admet un $DL_n(0)$ dont la partie régulière P_n est non nulle, alors f est équivalente au monôme de plus bas degré de P_n au voisinage de 0.
- **Etude locale de fonctions**
  - au voisinage d'un point
    Soit f une fonction définie sur l'intervalle I et $\mathscr{C}$ sa courbe représentative dans le plan muni d'un repère orthonormal.
    Si f possède en a un développement limité de la forme :
    $f(x) = a_0 + a_1(x-a) + \ldots + a_p(x-a)^p + (x-a)^p\varepsilon(x)$ avec $p \geqslant 2$ et $a_p \neq 0$
    alors :
    - la tangente T à $\mathscr{C}$ au point A d'abscisse a est la droite d'équation : $y = a_0 + a_1(x-a)$
    - supposons p pair, la courbe $\mathscr{C}$ est située localement au-dessus de T si $a_p > 0$ et au-dessous si $a_p < 0$
    - supposons p impair, alors la courbe traverse sa tangente T en A. Autrement dit, f présente un point d'inflexion en a.
  - à l'infini : développement asymptotique
    - On dit que la fonction f admet un **développement généralisé** à l'ordre n au voisinage de 0 lorsqu'on peut trouver un entier naturel p pour lequel la fonction g définie par $g(x) = x^p f(x)$ admet un $DL_{n+p}(0)$.
      Si le développement de g est :
      $g(x) = a_0 + a_1x + \ldots + a_px^p + a_{p+1}x^{p+1} + \ldots + a_{n+p}x^{n+p} + x^{n+p}\varepsilon(x)$
      avec $\lim_{x \to 0} \varepsilon(x) = 0$, alors le développement généralisé de f s'écrit :
      $$f(x) = \frac{a_0}{x^p} + \frac{a_1}{x^{p-1}} + \ldots a_p + a_{p+1}x + \ldots + a_{n+p}x^n + x^n\varepsilon(x)$$
      avec $\lim_{x \to 0} \varepsilon(x) = 0$.
    - *Application* :
      Si on peut obtenir pour la fonction f un développement asymptotique de la forme $f(x) = ax + b + \frac{c}{x^m} + \frac{1}{x^m}\varepsilon(x)$ avec $c \in \mathbb{R}^*$, $m \in \mathbb{N}^*$ et $\lim_{x \to \pm\infty} \varepsilon(x) = 0$, on peut conclure que la droite D d'équation $y = ax + b$ est asymptote à la courbe $\mathscr{C}$

représentative de f au voisinage de $\pm\infty$. La position relative locale de $\mathscr{C}$ et D est donnée par le signe de $\frac{c}{x^m}$.

6. CATALOGUE DES FONCTIONS USUELLES

- **Fonction logarithme népérien**
  - La fonction logarithme népérien, notée ln est définie sur $]0\,;+\infty[$ à valeurs dans $\mathbb{R}$. C'est la primitive sur $]0\,;+\infty[$ de la fonction $x \mapsto \frac{1}{x}$ qui s'annule au point 1.
  - $\forall x \in]0\,;+\infty[,\ \ln(x) = \int_1^x \frac{1}{t}\,\mathrm{d}t$
  - $\forall x \in]0\,;+\infty[,\ \ln'(x) = \frac{1}{x}$
  - Principales propriétés :
    - $\forall a > 0,\ \forall b > 0$:
      $\ln(ab) = \ln(a) + \ln(b)$;
      $\ln\left(\frac{a}{b}\right) = \ln(a) - \ln(b)$
    - $\forall a > 0,\ \forall \alpha \in \mathbb{R} : \ln(a^\alpha) = \alpha \ln(a)$
    - $\ln(1) = 0$; $\ln(e) = 1$
  - Une primitive de ln sur $]0\,;+\infty[$ est la fonction $x \mapsto x\ln(x) - x$
  - Limites à connaître :
    - $\lim\limits_{\substack{x\to 0\\ x>0}} \ln(x) = -\infty$; $\lim\limits_{x\to+\infty} \ln(x) = +\infty$; $\lim\limits_{x\to 0} \frac{\ln(1+x)}{x} = 1$
    - si $\alpha > 0$: $\lim\limits_{\substack{x\to 0\\ x>0}} x^\alpha \ln(x) = 0$; $\lim\limits_{x\to+\infty} \frac{\ln(x)}{x^\alpha} = 0$
  - Inégalité classique : $\forall x \in]0\,;+\infty[,\ \ln(x) \leqslant x - 1$
  - Courbe représentative :

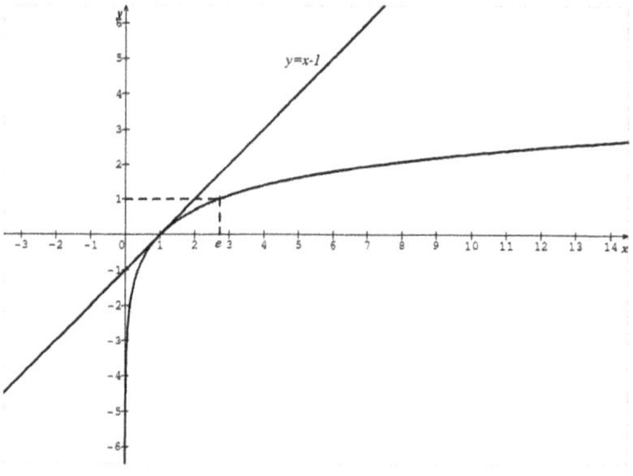

- Fonction logarithme de base a : pour $a \in \mathbb{R}_+^* - \{1\}$, on définit sur $]0\,;+\infty[$ le logarithme de base a, $\log_a$: $\log_a(x) = \dfrac{\ln(x)}{\ln(a)}$.

- **Fonction exponentielle**
  - L'exponentielle de base e, notée exp est la fonction réciproque du logarithme népérien, définie et C^∞ sur $\mathbb{R}$, à valeurs dans $]0\,;+\infty[$.
  - $\forall x \in \mathbb{R}, \forall y \in]0\,;+\infty[, \left(\exp(x) = e^x = y\right) \Leftrightarrow (x = \ln(y))$
  - $\forall x \in \mathbb{R}, \exp'(x) = \exp(x)$
  - Principales propriétés :
    - $\forall a \in \mathbb{R}, \forall b \in \mathbb{R} : e^{a+b} = e^a e^b\,;\ e^{a-b} = \dfrac{e^a}{e^b}\,;\ \left(e^a\right)^b = e^{ab}$
    - $\exp(0) = 1\,;\ \exp(1) = e$
  - Limites à connaître :
    - $\lim\limits_{x \to -\infty} e^x = 0\,;\ \lim\limits_{x \to +\infty} e^x = +\infty\,;\ \lim\limits_{x \to 0} \dfrac{e^x - 1}{x} = 1$
    - $\forall \alpha \in \mathbb{R} : \lim\limits_{x \to +\infty} \dfrac{e^x}{x^\alpha} = +\infty\,;\ \lim\limits_{x \to -\infty} |x|^\alpha e^x = 0$
  - Inégalité classique : $\forall x \in \mathbb{R}, e^x \geqslant x + 1$
  - Courbe représentative :

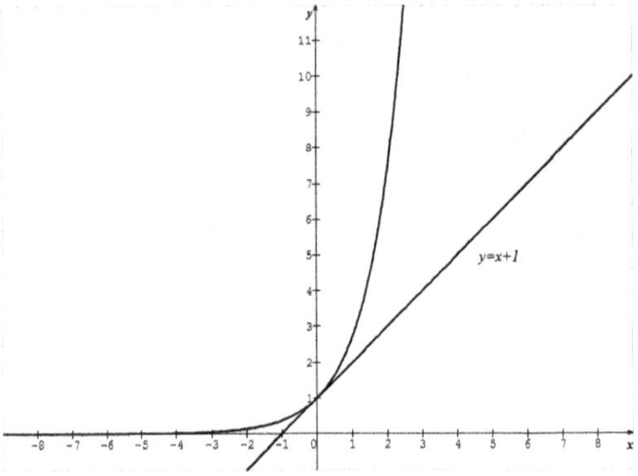

  - Fonction exponentielle de base a : pour $a \in \mathbb{R}_+^* - \{1\}$, on définit sur $\mathbb{R}$ l'exponentielle de base a, $\exp_a$: $\exp_a(x) = a^x = e^{x\ln(a)}$. Cette fonction est la fonction réciproque de la fonction $\log_a$.

- **Fonctions puissances**
  - <u>Les fonctions puissances entières et leurs réciproques</u> :
    - par récurrence, on définit sur $\mathbb{R}$ les fonctions $x \mapsto x^n$ pour $n \in \mathbb{N}$ de la manière suivante :
      $\forall x \in \mathbb{R}$, $x^0 = 1$ et $\forall n \in \mathbb{N}$, $x^{n+1} = x^n x$.

      Puis, pour $x \neq 0$, on définit $x \mapsto x^{-n}$ pour $n \in \mathbb{N}$ par $x^{-n} = \dfrac{1}{x^n}$.

      Si n est pair (resp. impair), la fonction est paire (resp. impaire).
    - fonctions réciproques des fonctions puissances entières :
      Si n est pair et non nul, la fonction $x \mapsto x^n$ est une bijection de $]0\,;+\infty[$ sur $]0\,;+\infty[$
      Si n est impair, la fonction $x \mapsto x^n$ est une bijection de $\mathbb{R}^*$ sur $\mathbb{R}^*$.

      Les fonctions réciproques sont notées $x \mapsto \sqrt[n]{x}$ et prolongées en $x = 0$, elles sont continues sur $[0\,;+\infty[$ si n est pair et sur $\mathbb{R}$ si n est impair.
  - <u>Cas général</u> :
    - pour $\alpha \in \mathbb{R}$, on appelle fonction puissance α l'application définie sur $]0\,;+\infty[$ par : $x^\alpha = e^{\alpha \ln(x)}$.
    - propriétés : sur leurs domaines de définitions, ces fonctions vérifient les mêmes règles de calcul que les fonctions puissances entières.
    - sur $]0\,;+\infty[$, la fonction puissance est C^∞ et $\dfrac{\mathrm{d}(x^\alpha)}{\mathrm{d}x} = \alpha x^{\alpha-1}$
  - Courbes représentatives :

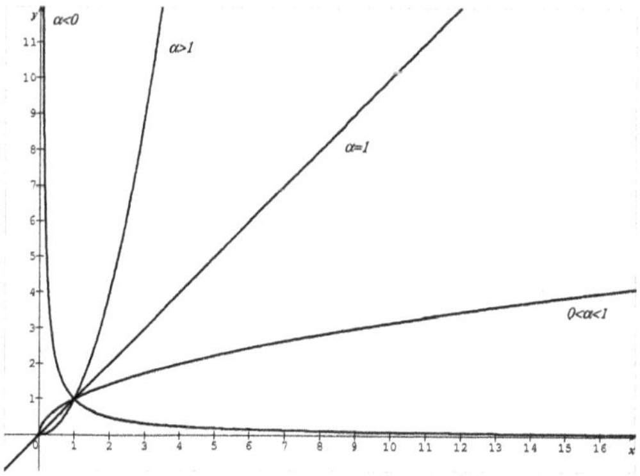

  - *Remarque* :

Les fonctions $f : x \mapsto \sqrt[3]{x}$ et $g : x \mapsto x^{\frac{1}{3}}$ ne doivent pas être confondues. f est la fonction réciproque de la fonction $x \mapsto x^3$, elle est donc définie et continue sur $\mathbb{R}$ alors que g est définie sur

]0 ; +∞[, prolongeable par continuité en $x = 0$. En définitive, f et g coïncident sur]0 ; +∞[.

- **Fonctions hyperboliques**
  - Les fonctions sinus, cosinus et tangente hyperboliques sont définies sur $\mathbb{R}$ par :
    - $\text{ch} : x \mapsto \dfrac{e^x + e^{-x}}{2}$, ch est la partie paire de la fonction exp
    - $\text{sh} : x \mapsto \dfrac{e^x - e^{-x}}{2}$, sh est la partie impaire de la fonction exp
    - $\text{th} : x \mapsto \dfrac{\text{sh}(x)}{\text{ch}(x)} = \dfrac{e^{2x}-1}{e^{2x}+1}$.
  - ch, sh et th sont C^∞ sur $\mathbb{R}$ et $\forall x \in \mathbb{R}$, $\text{sh}'(x) = \text{ch}(x)$; $\text{ch}'(x) = \text{sh}(x)$ et $\text{th}'(x) = \dfrac{1}{\text{ch}^2}(x) = 1 - \text{th}^2(x)$.
  - Propriétés :
    - la fonction ch est paire, et les fonctions sh et th sont impaires.
    - $\forall x \in \mathbb{R}$, $\text{ch}^2(x) - \text{sh}^2(x) = 1$; $\text{ch}(x) \geqslant 1$; $-1 < \text{th}(x) < 1$
  - Courbes représentatives :

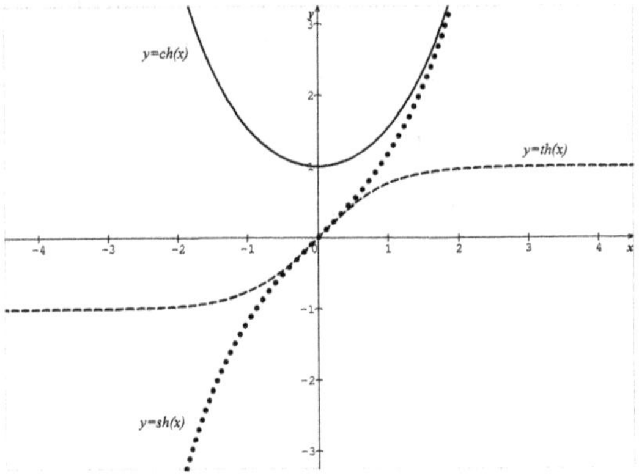

- **Fonctions hyperboliques réciproques**
  - Les fonctions $\begin{cases} \mathbb{R} \to \mathbb{R} \\ x \mapsto \text{sh}(x) \end{cases}$, $\begin{cases} \mathbb{R}^+ \to [1 ; +\infty[\\ x \mapsto \text{ch}(x) \end{cases}$ et $\begin{cases} \mathbb{R} \to]-1 ; 1[\\ x \mapsto \text{th}(x) \end{cases}$ sont des bijections croissantes. Les bijections réciproques sont notées respectivement argsh, argch et argth.
  - argsh est dérivable sur $\mathbb{R}$ et $\forall x \in \mathbb{R}$, $\text{argsh}'(x) = \dfrac{1}{\sqrt{1+x^2}}$

- argch est dérivable sur $]1\,;+\infty[$ et $\forall x \in]1\,;+\infty[$, $\text{argch}'(x) = \dfrac{1}{\sqrt{x^2-1}}$
- argth est dérivable sur $]-1\,;1[$ et $\forall x \in]-1\,;1[$, $\text{argth}'(x) = \dfrac{1}{1-x^2}$
- Ces différentes fonctions peuvent s'exprimer à l'aide de la fonction logarithme népérien :
  - $\forall x \in \mathbb{R}$, $\text{argsh}(x) = \ln\left(x+\sqrt{1+x^2}\right)$
  - $\forall x \in [1\,;+\infty[$, $\text{argch}(x) = \ln\left(x+\sqrt{x^2-1}\right)$
  - $\forall x \in]-1\,;1[$, $\text{argth}(x) = \dfrac{1}{2}\ln\left(\dfrac{1+x}{1-x}\right)$
- Courbes représentatives :

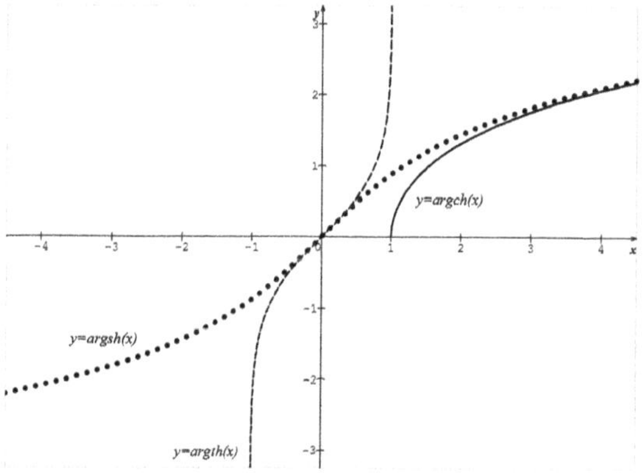

- **Fonctions trigonométriques réciproques**
  - Fonctions arcsinus et arccosinus
    - la fonction $\begin{cases}\left[-\dfrac{\pi}{2}\,;\dfrac{\pi}{2}\right] \to [-1\,;1] \\ x \mapsto \sin(x)\end{cases}$ est une bijection strictement croissante. Par définition, la bijection réciproque est la fonction arcsinus, notée arcsin.
      arcsin est continue sur $[-1\,;1]$, dérivable sur $]-1\,;1[$ et $\forall x \in]-1\,;1[$, $\arcsin'(x) = \dfrac{1}{\sqrt{1-x^2}}$.
    - la fonction $\begin{cases}[0,\pi] \to [-1\,;1] \\ x \mapsto \cos(x)\end{cases}$ est une bijection strictement décroissante. Par définition, la bijection réciproque est la fonction arccosinus, notée arccos.
      arccos est continue sur $[-1\,;1]$, dérivable sur $]-1\,;1[$ et $\forall x \in]-1\,;1[$, $\arccos'(x) = -\dfrac{1}{\sqrt{1-x^2}}$.

- propriété :

  $\forall x \in [-1\ ;\ 1],\ \arcsin(x)+\arccos(x) = \dfrac{\pi}{2}$

- courbes représentatives :

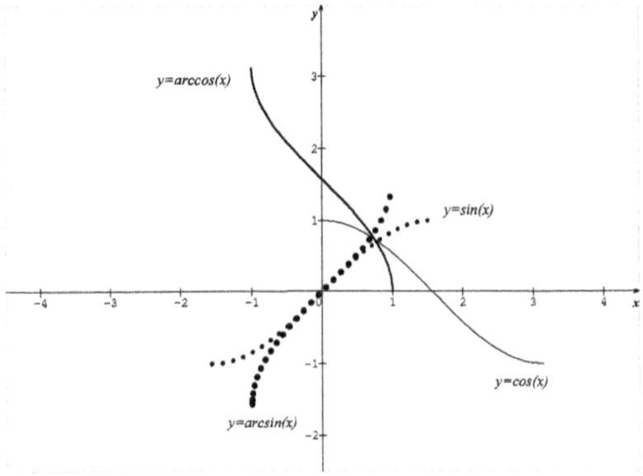

- <u>Fonction arctangente</u>

  - la fonction $\begin{cases} \left]-\dfrac{\pi}{2}\ ;\ \dfrac{\pi}{2}\right[\to \mathbb{R} \\ x \mapsto \tan(x) \end{cases}$ est une bijection strictement croissante. Par définition, la bijection réciproque est la fonction arctangente, notée arctan.
    arctan est continue et dérivable sur $\mathbb{R}$
    et $\forall x \in \mathbb{R},\ \arctan'(x) = \dfrac{1}{1+x^2}$.
  - propriété : $\forall x \in]0\ ;\ +\infty[,\ \arctan(x)+\arctan\left(\dfrac{1}{x}\right) = \dfrac{\pi}{2}$

    et $\forall x \in]-\infty\ ;\ 0[,\ \arctan(x)+\arctan\left(\dfrac{1}{x}\right) = -\dfrac{\pi}{2}$
  - courbe représentative :

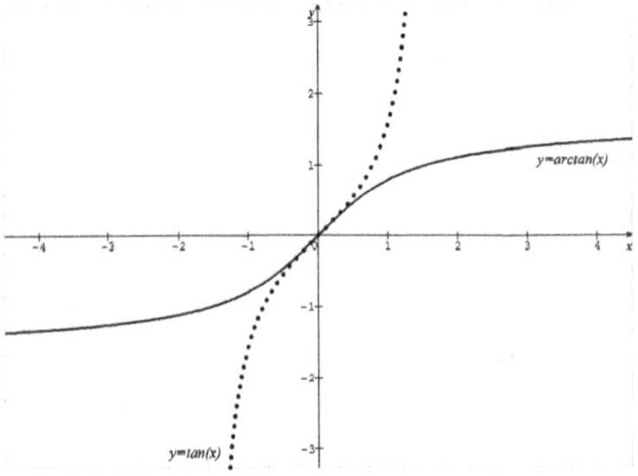

Chapitre 4

INTEGRALES

1. **Primitives**
   1A. Définition
   1B. Existence
   1C. Cas des fonctions à valeurs complexes
   1D. Primitives usuelles
2. **Notion d'intégrale**
   2A. Cas des fonctions continues
   2B. Cas des fonctions continues par morceaux
3. **Propriétés de l'intégrale**
4. **Techniques de calcul d'une intégrale d'une fonction continue**
   4A. Par détermination d'une primitive
   4B. Intégration par parties
   4C. Changement de variable
   4D. Primitives de quelques fonctions particulières
5. **Intégrales généralisées**
   5A. Notion de fonction localement intégrable
   5B. Intégrale convergente – intégrale divergente
   5C. Propriété de linéarité
   5D. Calculs des intégrales généralisées
   5E. Cas particulier
   5F. Intégrales de fonctions de référence
   5G. Cas des fonctions positives
   5H. Cas d'une fonction de signe non constant : convergence absolue

1. PRIMITIVES

1A. Définition

- Soit f une fonction définie sur un intervalle I de $\mathbb{R}$ et à valeurs dans $\mathbb{R}$.
  On dit que F est une **primitive** de f sur I si et seulement si F est dérivable sur I et $\boxed{F' = f}$.
- **Propriété :** si la fonction f admet une primitive F sur I alors elle en possède une infinité qui sont toutes de la forme $x \mapsto F(x) + C$ où C est une constante quelconque.
- **Conséquence :** $\forall a \in I$, $\forall b \in \mathbb{R}$, il existe une et une seule primitive G de f vérifiant $G(a) = b$.

1B. Existence

- **Théorème :** toute fonction <u>continue</u> f sur un intervalle I admet une primitive F sur I.
- *Remarque* :
  On ne sait pas toujours exprimer cette primitive F à l'aide de fonctions usuelles ; c'est le cas, par exemple, de la fonction $f : x \mapsto e^{-\frac{x^2}{2}}$.

1C. Cas des fonctions à valeurs complexes

Les résultats ci-dessus s'étendent au cas des fonctions définies sur un intervalle I de $\mathbb{R}$ et à valeurs dans $\mathbb{C}$.

Exemple : une primitive sur $\mathbb{R}$ de $x \mapsto e^{ix}$ est $x \mapsto \frac{1}{i} e^{ix}$.

1D. Primitives usuelles

fonction	primitives	fonction	primitives
x^a $(a \neq -1)$	$\frac{x^{a+1}}{a+1} + C$	$\text{sh}(x)$	$\text{ch}(x) + C$
$\frac{1}{x}$	$\ln\lvert x\rvert + C$	$\text{ch}(x)$	$\text{sh}(x) + C$
$\cos(x)$	$\sin(x) + C$	$\text{th}(x)$	$\ln(\text{ch}(x)) + C$
$\sin(x)$	$-\cos(x) + C$	$\frac{1}{x^2 + a^2}$ $(a \neq 0)$	$\frac{1}{a} \arctan\left(\frac{x}{a}\right) + C$
$\tan(x)$	$-\ln\lvert\cos(x)\rvert + C$	$\frac{1}{\sqrt{1 - x^2}}$	$\arcsin(x) + C_1 = -\arccos(x) + C_2$

fonction	primitives	fonction	primitives
$\frac{1}{\sin^2(x)}$	$-\text{cotan}(x)+C$	$\frac{1}{\sqrt{x^2-1}}$	$\text{argch}(x)+C$
$\frac{1}{\cos^2(x)}$	$\tan(x)+C$	$\frac{1}{\sqrt{1+x^2}}$	$\text{argsh}(x)+C$
e^{ax} $(a \neq 0)$	$\frac{1}{a}e^{ax}+C$	$\frac{1}{1-x^2}$	$\text{argth}(x)+C$

2. NOTION D'INTEGRALE

2A. Cas des fonctions continues

- Soit f une fonction définie et continue sur un intervalle I et F une primitive quelconque de f sur I. Pour tous réels a et b de I, le nombre réel $F(b)-F(a)$ ne dépend pas du choix de la primitive F. Ce réel s'appelle **intégrale** de f sur le segment $[a\,;\,b]$ et on note :

$$\boxed{\int_a^b f(x)\,\mathrm{d}x = \Big[F(x)\Big]_a^b = F(b)-F(a)}.$$

- *Remarques* :
  - Dans l'écriture, $\int_a^b f(x)\,\mathrm{d}x$, la variable x est dite "muette", c'est-à-dire qu'on peut la remplacer par toute autre lettre :
    $\int_a^b f(x)\,\mathrm{d}x = \int_a^b f(t)\,\mathrm{d}t = \int_a^b f(u)\,\mathrm{d}u = \ldots$
  - Le calcul d'intégrales de fonctions continues se ramène donc à la recherche d'une primitive
- **Interprétation géométrique**
  - Si f est positive sur $[a\,;\,b]$, $\int_a^b f(x)\,\mathrm{d}x$ représente l'aire du domaine $\mathscr{D}$ du plan limité par la courbe représentative de f dans un repère $(O\,;\vec{\imath},\vec{\jmath})$, l'axe (Ox) et les droites d'équations $x=a$ et $x=b$.
  - Si f n'est plus supposée positive, $\int_a^b f(x)\,\mathrm{d}x$ représente l'aire algébrique de $\mathscr{D}$.
- **Intégrale fonction de ses bornes**
  - Si f est continue sur I et si $a \in I$, alors la fonction F définie sur I par $F(x) = \int_a^x f(t)\,\mathrm{d}t$ est de classe C^1 sur I.
    F est l'unique primitive de f sur I qui s'annule en $x=a$.
    En particulier, F est dérivable sur I, de dérivée $F'(x)=f(x)$.

- Si f est continue sur I et si u et v sont deux fonctions définies et de classe C^1 sur J telles que $u(J)\subset I$ et $v(J)\subset I$, alors la fonction F définie sur I par $F(x)=\int_{u(x)}^{v(x)} f(t)\,dt$ est de classe C^1 sur I et $\forall x\in I,\ F'(x)=f(v(x))\times v'(x)-f(u(x))\times u'(x)$.

2B. Cas des fonctions continues par morceaux

Soit f une fonction continue par morceaux sur un segment $[a\ ;\ b]$ et soit $a_0=a<a_1<a_2<\ldots<a_n=b$ une subdivision de $[a\ ;\ b]$.
L'**intégrale** de f sur $[a\ ;\ b]$ est le réel, indépendant de la subdivision choisie,

$$\int_a^b f(x)\,dx=\sum_{k=0}^{n-1}\left(\int_{a_k}^{a_{k+1}} f(x)\,dx\right).$$

3. PROPRIETES DE L'INTEGRALE

f et g sont deux fonctions définies et continues par morceaux sur l'intervalle I.

- La valeur de l'intégrale $\int_a^b f(x)\,dx$ ne change pas si l'on modifie la valeur de f sur $[a\ ;\ b]$ en un nombre fini de points.
- $\forall a\in I,\ \int_a^a f(x)\,dx=0$.
- $\forall a\in I,\ \forall b\in I,\ \int_a^b f(x)\,dx=-\int_b^a f(x)\,dx$.
- **Relation de Chasles :**
$\forall a\in I,\ \forall b\in I,\ \forall c\in I,\ \int_a^b f(x)\,dx=\int_a^c f(x)\,dx+\int_c^b f(x)\,dx$
- **Linéarité :** soient α et β deux scalaires, a et b deux éléments de I :
$$\int_a^b(\alpha f+\beta g)(x)\,dx=\alpha\int_a^b f(x)\,dx+\beta\int_a^b g(x)\,dx.$$
- **Relation d'ordre :**
  - Si $a\leqslant b$ et si : $\forall x\in[a\ ;\ b],f(x)\leqslant g(x)$ alors : $\int_a^b f(x)\,dx\leqslant\int_a^b g(x)\,dx$
  - Si $a\leqslant b$ et si : $\forall x\in[a\ ;\ b],f(x)\geqslant 0$ alors : $\int_a^b f(x)\,dx\geqslant 0$
  - Si $\begin{cases}\forall x\in[a\ ;\ b],f(x)\geqslant 0\\ f \text{ est continue sur } [a\ ;\ b]\\ \int_a^b f(x)\,dx=0\end{cases}$ alors $\forall x\in[a\ ;\ b],f(x)=0$.

- **Majoration de l'intégrale :**
  Si $a < b$ alors $\left|\int_a^b f(x)\,\mathrm{d}x\right| \leqslant \int_a^b |f(x)|\,\mathrm{d}x \leqslant (b-a)\sup|f(x)|$.
- **Inégalité de Cauchy-Schwarz :**
  - Pour f et g fonctions à valeurs dans $\mathbb{R}$:
  $$\left(\int_a^b f(x)g(x)\,\mathrm{d}x\right)^2 \leqslant \int_a^b f^2(x)\,\mathrm{d}x \times \int_a^b g^2(x)\,\mathrm{d}x.$$
  - Pour f et g fonctions à valeurs dans $\mathbb{C}$:
  $$\left|\int_a^b f(x)g(x)\,\mathrm{d}x\right|^2 \leqslant \int_a^b |f(x)|^2\mathrm{d}x \times \int_a^b |g(x)|^2\mathrm{d}x.$$
- **Valeur moyenne :**
  - Si f est continue sur $[a\,;\,b]$, il existe des réels m et M tels que $\forall x \in [a\,;\,b] : m \leqslant f(x) \leqslant M$. On a alors :
  $$m(b-a) \leqslant \int_a^b f(x)\,\mathrm{d}x \leqslant M(b-a).$$
  - Le réel $\dfrac{1}{b-a}\displaystyle\int_a^b f(x)\,\mathrm{d}x$ est appelé la valeur moyenne de f sur $[a\,;\,b]$.
  - **Théorèmes de la moyenne :**
    - Théorème 1 : si f est continue sur $[a\,;\,b]$ alors il existe $c \in]a\,;\,b[$ tel que : $\int_a^b f(x)\,\mathrm{d}x = (b-a)f(c)$.
    - Théorème 2 : si f est continue sur $[a\,;\,b]$ et si g est continue et de signe constant sur $[a\,;\,b]$ alors il existe $c \in [a\,;\,b]$ tel que : $\int_a^b f(x)g(x)\,\mathrm{d}x = f(c)\int_a^b g(x)\,\mathrm{d}x$.
- **Symétries – périodicité :**
  - Si f est paire alors $\int_{-a}^0 f(x)\,\mathrm{d}x = \int_0^a f(x)\,\mathrm{d}x$ et donc $\int_{-a}^a f(x)\,\mathrm{d}x = 2\int_0^a f(x)\,\mathrm{d}x$.
  - Si f est impaire alors $\int_{-a}^0 f(x)\,\mathrm{d}x = -\int_0^a f(x)\,\mathrm{d}x$ et donc $\int_{-a}^a f(x)\,\mathrm{d}x = 0$.
  - Si f est périodique de période T alors $\int_a^{a+T} f(x)\,\mathrm{d}x$ est indépendante de a.

4. TECHNIQUES DE CALCUL D'UNE INTEGRALE D'UNE FONCTION CONTINUE

4A. Par détermination d'une primitive

Soit f une fonction continue sur $[a\ ;\ b]$.
A l'aide du tableau des primitives usuelles, on détermine une primitive F de la fonction f et alors : $\int_a^b f(x)\,\mathrm{d}x = F(b) - F(a)$.

4B. Intégration par parties

- Si f et g sont deux fonctions de classe C^1 sur $[a\ ;\ b]$ alors :

$$\boxed{\int_a^b f'(x)g(x)\,\mathrm{d}x = \Big[f(x)g(x)\Big]_a^b - \int_a^b f(x)g'(x)\,\mathrm{d}x}.$$

- *Remarques* :
  - Cette méthode est avantageuse si le choix des fonctions est tel que la deuxième intégrale $\int_a^b f(x)g'(x)\,\mathrm{d}x$ est plus simple que celle de départ.
  - Il est parfois nécessaire d'enchaîner plusieurs intégrations par parties successives.

4C. Changement de variable

- Si f est continue sur $[a\ ;\ b]$ et si φ est une fonction de classe C^1 sur $[t_1\ ;\ t_2]$ telle que $\varphi(t_1) = a$ et $\varphi(t_2) = b$ alors en posant $x = \varphi(t)$, on a :

$$\boxed{\int_a^b f(x)\,\mathrm{d}x = \int_{t_1}^{t_2} f(\varphi(t))\varphi'(t)\,\mathrm{d}t}.$$

- *Remarque* :
  Dans la pratique, il y a donc trois éléments à transformer :
  - les bornes de l'intégrale,
  - l'expression de la fonction,
  - l'élément différentiel.

4D. Primitives de quelques fonctions particulières

- **Fraction rationnelle en x**

  Pour trouver les primitives d'une fraction rationnelle, on commence par la décomposer en éléments simples (voir chapitre Polynômes – Fractions rationnelles).

  On rappelle les éléments déjà énoncés dans le chapitre en question ; ce qui suit n'est pas à connaître par cœur mais à retrouver chaque fois que nécessaire :
  - la partie entière est un polynôme qui s'intègre donc sans problème.
  - les termes en $\frac{1}{x-a}$ s'intègrent en $\ln|x-a|$.
  - les termes en $\frac{1}{(x-a)^n}$ s'intègrent en $\frac{1}{1-n}\frac{1}{(x-a)^{n-1}}$
  - les termes en $\frac{Ax+B}{x^2+ax+b}$ avec $\Delta < 0$ s'intègrent en écrivant :

  $$\frac{Ax+B}{x^2+ax+b} = \frac{\frac{A}{2}(2x+a)}{x^2+ax+b} + \frac{B-\frac{A}{2}a}{x^2+ax+b}.$$

  Le terme $\frac{\frac{A}{2}(2x+a)}{x^2+ax+b}$ s'intègre sous la forme de $\ln(x^2+ax+b)$.

  Le terme $\frac{B-\frac{A}{2}a}{x^2+ax+b}$ s'intègre sous la forme de $Arc\tan$.

- **Fraction rationnelle en e^x, ch(x), sh(x)**

  On pose $u = e^x$ et on se ramène à une fraction rationnelle en u.

- **Fraction rationnelle en x et $\sqrt[n]{\frac{ax+b}{cx+d}}$**

  On pose $u = \sqrt[n]{\frac{ax+b}{cx+d}}$ et on se ramène à une fraction rationnelle en u.

- **Fraction rationnelle en sin(x) et cos(x)**
  - <u>Règles de Bioche</u> :
    - Si $f(x)\mathrm{d}x$ est invariant quand on change x en $-x$, on pose $u = \cos(x)$.
    - Si $f(x)\mathrm{d}x$ est invariant quand on change x en $\pi - x$, on pose $u = \sin(x)$.
    - Si $f(x)\mathrm{d}x$ est invariant quand on change x en $\pi + x$, on pose $u = \tan(x)$ sur des intervalles ne contenant pas de valeur de la forme $\frac{\pi}{2} + k\pi$.

- En cas d'échec, on peut poser $u = \tan\left(\frac{x}{2}\right)$ sur des intervalles ne contenant pas de valeur de la forme $\pi + k2\pi$ et utiliser les relations suivantes :

$$\boxed{\tan(x) = \frac{2u}{1-u^2} \ ; \ \sin(x) = \frac{2u}{1+u^2} \ ; \ \cos(x) = \frac{1-u^2}{1+u^2} \ ; \ \mathrm{d}x = \frac{2\mathrm{d}u}{1+u^2}}.$$

- **Fraction rationnelle en x et $\sqrt{ax^2+bx+c}$**
  On écrit le polynôme ax^2+bx+c sous sa forme canonique et on se ramène par un changement de variable à l'une des formes suivantes :
  - Forme $\sqrt{1-u^2}$: on pose $u = \cos(t)$ avec $t \in [0 ; \pi]$.
  - Forme $\sqrt{u^2-1}$: on pose $u = \mathrm{ch}(t)$ avec $t \in \mathbb{R}^+$.
  - Forme $\sqrt{u^2+1}$: on pose $u = \mathrm{sh}(t)$ avec $t \in \mathbb{R}$.
- **Polynôme×exponentielle**
  On peut :
  - intégrer par parties en diminuant le degré du polynôme,
  - chercher une primitive de la même forme avec un polynôme du même degré.
- **Polynômes trigonométriques**
  Une primitive d'une fonction polynomiale du type $\cos^p(x)\sin^q(x)$ peut être obtenue en procédant comme suit :
  - en posant $t = \sin(x)$ si p est impair,
  - en posant $t = \cos(x)$ si q est impair,
  - en linéarisant l'expression si p et q sont pairs. Il s'agit de transformer les produits en sommes à l'aide notamment des formules d'Euler.

5. INTEGRALES GENERALISEES

Dans tout ce paragraphe et sauf indication contraire, $a \in \mathbb{R}$ et $b \in \mathbb{R} \cup \{+\infty\}$ avec $a < b$.

5A. Notion de fonction localement intégrable

Soit f une fonction définie sur un intervalle I.
On dit que f est **localement intégrable** sur I si f est continue ou continue par morceaux sur tout segment inclus dans I.

Dans la suite, f et g sont deux fonctions localement intégrables sur $[a ; b[$.

On définit la fonction F sur $[a\ ;\ b[$ par : $\forall x \in [a\ ;\ b[$, $\boxed{F(x) = \int_a^x f(t)\,\mathrm{d}t}$.

Remarque :
Si f est continue sur $[a\ ;\ b[$, F est une primitive de f sur $[a\ ;\ b[$.

5B. Intégrale convergente – intégrale divergente

- Si $\lim\limits_{\substack{x \to b \\ x < b}} F(x)$ existe, on dit que l'**intégrale généralisée** $\int_a^b f(x)\,\mathrm{d}x$ est **convergente** et on note : $\boxed{\int_a^b f(x)\,\mathrm{d}x = \lim\limits_{\substack{x \to b \\ x < b}} \int_a^x f(t)\,\mathrm{d}t}$.
- Sinon, on dit que l'**intégrale généralisée** $\int_a^b f(x)\,\mathrm{d}x$ est **divergente**.
- *Remarques* :
  - On définit de la même manière la convergence ou la divergence des intégrales généralisées sur $]-\infty\ ;\ b]$ ou sur $]a\ ;\ b]$.
  - Si l'intégrale est généralisée à chacune de ses bornes, on décompose l'intégrale en deux et on étudie séparément chaque intégrale obtenue. Si elles sont toutes deux convergentes, l'intégrale initiale converge, sinon elle diverge.
  - Les résultats suivants sont écrits dans le cas d'une fonction f localement intégrable sur $[a\ ;\ b[$ mais ils sont adaptables aux autres intervalles.

5C. Propriété de linéarité

Si les intégrales de f et g sur $[a\ ;\ b[$ sont toutes deux convergentes, alors pour tous scalaires α et β, l'intégrale de $\alpha f + \beta g$ sur $[a\ ;\ b[$ est convergente et :

$$\int_a^b (\alpha f + \beta g)(t)\,\mathrm{d}t = \alpha \int_a^b f(t)\,\mathrm{d}t + \beta \int_a^b g(t)\,\mathrm{d}t.$$

5D. Calculs des intégrales généralisées

- **Intégration par parties**
  Pour calculer des intégrales généralisées, on peut utiliser l'intégration par parties mais il faut effectuer cette intégration par parties sur des intégrales définies.

Si u et v sont de classe C^1 sur $[a\ ;\ b[$, la formule d'intégration par parties sur tout segment $[a\ ;\ x]\subset[a\ ;\ b[$ donne :

$$\int_a^x u(t)v'(t)\mathrm{d}t = \Big[u(t)v(t)\Big]_a^x - \int_a^x u'(t)v(t)\mathrm{d}t.$$

Si deux des trois termes de l'égalité ci-dessus admettent une limite quand $x \to b$ alors le troisième admet lui aussi une limite en b et :

$$\int_a^b u(t)v'(t)\mathrm{d}t = u(t)v(t)_a^b - \int_a^b u'(t)v(t)\mathrm{d}t.$$

- **Changement de variable**

  Pour calculer $\int_a^b f(t)\mathrm{d}t$, il est possible d'effectuer un changement de variable sur tout segment $[a\ ;\ x]$ inclus dans $[a\ ;\ b[$.
  Si une des intégrales admet une limite en b, il en est de même de l'autre et dans ce cas, l'intégrale de départ $\int_a^b f(t)\mathrm{d}t$ peut être calculée à partir de l'intégrale obtenue après le changement de variable.

5E. Cas particulier

- Soit f définie et continue sur $[a\ ;\ b[$ avec b réel.
  Si f est prolongeable par continuité en b (c'est-à-dire si f admet une limite finie en b) alors le problème de la convergence de $\int_a^b f(t)\mathrm{d}t$ ne se pose pas.
- *Remarques* :
  - On dit que le problème à la borne b est un faux problème
  - **Attention !** Ce résultat n'est pas applicable à l'infini.

5F. Intégrales de fonctions de référence

- **Fonction logarithme :**
  - En 0 : soit $a \in \mathbb{R}_+^*$ et $I = \int_0^a \ln(t)\mathrm{d}t$.

    I est convergente.
  - En $+\infty$: soit $a \in \mathbb{R}_+^*$ et $I = \int_a^{+\infty} \ln(t)\mathrm{d}t$

    I est divergente.
- **Fonction exponentielle :**
  - En $-\infty$: soit $a \in \mathbb{R}$, $\alpha \in \mathbb{R}$ et $I = \int_{-\infty}^a e^{\alpha t}\mathrm{d}t$.
    - Si $\alpha > 0$ alors I est convergente.
    - Si $\alpha \leqslant 0$ alors I est divergente.

- <u>En $+\infty$</u> : soit $a \in \mathbb{R}$, $\alpha \in \mathbb{R}$ et $I = \int_a^{+\infty} e^{-\alpha t} \mathrm{d}t$.
  - Si $\alpha > 0$ alors I est convergente.
  - Si $\alpha \leqslant 0$ alors I est divergente.

- **Fonction de Riemann :**
  - <u>En $+\infty$</u> : soit $a \in \mathbb{R}_+^*$, $\alpha \in \mathbb{R}$ et $I = \int_a^{+\infty} \frac{1}{t^\alpha} \mathrm{d}t$.
    - Si $\alpha > 1$ alors I est convergente.
    - Si $\alpha \leqslant 1$ alors I est divergente.

    Remarque :

    Ce résultat s'étend sans difficulté à la fonction $t \mapsto \frac{1}{(-t)^\alpha}$ définie sur $]-\infty\ ;\ a]$ avec $a \in \mathbb{R}_-^*$.
  - <u>En une borne finie</u> : soit $a \in \mathbb{R}$, $b \in \mathbb{R}$ tels que $a < b$, soit $\alpha \in \mathbb{R}$ et $I = \int_a^b \frac{1}{(b-t)^\alpha} \mathrm{d}t$.
    - Si $\alpha < 1$ alors I est convergente.
    - Si $\alpha \geqslant 1$ alors I est divergente.

    Remarque :

    Ce résultat s'étend sans difficulté à la fonction $t \mapsto \frac{1}{(t-a)^\alpha}$ définie sur $]a\ ;\ b]$ avec $a < b$.

5G. Cas des fonctions positives

- **Condition nécessaire et suffisante de convergence**

  Soit f une fonction définie, continue par morceaux et <u>positive</u> sur $[a\ ;\ b[$.

  La fonction F définie par $F(x) = \int_a^x f(t)\mathrm{d}t$ est alors une fonction croissante sur $[a\ ;\ b[$.

  Donc : $\lim\limits_{\substack{x \to b \\ x < b}} F(x)$ existe (et est finie) $\Leftrightarrow$ F est majorée sur $[a\ ;\ b[$.

- **Critère de comparaison 1 (inégalité)**

  Si f et g sont deux fonctions localement intégrables, positives sur $[a\ ;\ b[$ et vérifient :

  $$\forall t \in [a\ ;\ b[,\ 0 \leqslant f(t) \leqslant g(t).$$

  Alors :

  $$\int_a^b g(t)\mathrm{d}t \text{ converge} \Rightarrow \int_a^b f(t)\mathrm{d}t \text{ converge.}$$

  $$\int_a^b f(t)\mathrm{d}t \text{ diverge} \Rightarrow \int_a^b g(t)\mathrm{d}t \text{ diverge.}$$

Remarques :

- Ces résultats restent valables lorsque la condition $0 \leqslant f \leqslant g$ est réalisée sur un voisinage de b.
- On peut adapter ces résultats aux cas de fonctions négatives.
- Les réciproques de ces résultats sont fausses.

- **Critère de comparaison 2 (équivalence)**
  Si f et g sont deux fonctions localement intégrables, positives sur $[a\,;\,b[$ et qui vérifient :

  $$\text{au voisinage de } b,\ f(t) \sim g(t).$$

  Alors :
  $\int_a^b f(t)\,\mathrm{d}t$ et $\int_a^b g(t)\,\mathrm{d}t$ sont de même nature (toutes deux convergentes ou toutes deux divergentes).
  Remarques :
  - La réciproque de ce résultat est fausse.
  - Ce résultat s'applique aussi à des fonctions négatives.

5H. Cas d'une fonction de signe non constant : convergence absolue

Si f n'est pas de signe constant sur $[a\,;\,b[$, on ne peut plus appliquer les résultats précédents car alors la fonction F n'est plus croissante.
Cependant, on dispose des résultats suivants :

Soit f définie et continue par morceaux sur $[a\,;\,b[$.

- Si $\int_a^b |f(t)|\,\mathrm{d}t$ est convergente alors $\int_a^b f(t)\,\mathrm{d}t$ est convergente et de plus : $\left|\int_a^b f(t)\,\mathrm{d}t\right| \leqslant \int_a^b |f(t)|\,\mathrm{d}t$.

  On dit dans ce cas que $\int_a^b f(t)\,\mathrm{d}t$ est **absolument convergente**.

- Si $\int_a^b f(t)\,\mathrm{d}t$ est convergente et $\int_a^b |f(t)|\,\mathrm{d}t$ est divergente, on dit que $\int_a^b f(t)\,\mathrm{d}t$ est **semi-convergente**.

Chapitre 5

SUITES NUMERIQUES

1. **Suites réelles : généralités**
   1A. Définition et notation
   1B. Vocabulaire
   1C. Suite extraite
2. **Convergence des suites réelles**
   2A. Définitions
   2B. Résultats
3. **Comparaison de suites**
   3A. Relation de domination
   3B. Relation de prépondérance
   3C. Equivalence
4. **Suites complexes**
5. **Etude de quelques suites particulières**
   5A. Suites arithmétiques
   5B. Suites géométriques
   5C. Suites du type $u_{n+1} = au_n + b$
   5D. Suites du type $u_{n+2} = au_{n+1} + bu_n$
   5E. Suites récurrentes du type $u_{n+1} = f(u_n)$

1. SUITES REELLES : GENERALITES

1A. Définition et notation

- On appelle **suite réelle** toute application u d'une partie I de $\mathbb{N}$ dans $\mathbb{R}$ qui à l'entier n associe le réel u_n.
- Elle est notée u ou (u_n).
- La représentation graphique d'une suite réelle est un ensemble de points correspondant aux couples $(n\ ;\ u_n)$.

  Remarque :

  L'ensemble de définition étant $\mathbb{N}$, il ne faut surtout pas relier entre eux les différents points du graphique.

1B. Vocabulaire

- Suite **majorée** : il existe un réel M tel que : $\forall n \in \mathbb{N},\ u_n \leqslant M$.
- Suite **minorée** : il existe un réel m tel que : $\forall n \in \mathbb{N},\ u_n \geqslant m$.
- Suite **bornée** : suite à la fois majorée et minorée. u est bornée si et seulement si il existe $A \in \mathbb{R}$ tel que : $\forall n \in \mathbb{N},\ |u_n| \leqslant A$.
- Suite **constante** : $\forall n \in \mathbb{N},\ u_{n+1} = u_n$.
- Suite **stationnaire** : suite constante à partir d'un certain rang.
- Suite **croissante** : $\forall n \in \mathbb{N},\ u_n \leqslant u_{n+1}$.
- Suite **décroissante** : $\forall n \in \mathbb{N},\ u_{n+1} \leqslant u_n$.
- Suite **strictement croissante** : $\forall n \in \mathbb{N},\ u_n < u_{n+1}$.
- Suite **strictement décroissante** : $\forall n \in \mathbb{N},\ u_{n+1} < u_n$.
- Suite **monotone** (resp. **strictement monotone**) : suite soit croissante soit décroissante (resp. soit strictement croissante soit strictement décroissante).
- Suite **périodique** : il existe un entier non nul p tel que : $\forall n \in \mathbb{N},\ u_{n+p} = u_n$.

1C. Suite extraite

- On dit que la suite v est une **suite extraite** de la suite u si et seulement si il existe une application φ strictement croissante de $\mathbb{N}$ dans $\mathbb{N}$ telle que :

$$\forall n \in \mathbb{N},\ v_n = u_{\varphi(n)}.$$

- *Exemples* :

  (u_{2n}), (u_{2n+1}) sont des suites extraites de (u_n).

2. CONVERGENCE DES SUITES REELLES

2A. Définitions

- On dit qu'une suite (u_n) est **convergente** s'il existe un réel l tel que :
  $\forall \varepsilon > 0$, il existe $n_0 \in \mathbb{N}$ tel que pour $n > n_0$ on a : $|u_n - l| < \varepsilon$.

  l s'appelle **limite** de la suite et on note : $l = \lim\limits_{n \to +\infty} u_n$.

  Remarques :
  - Cette définition signifie qu'à partir du rang $n_0 + 1$, tous les termes de la suite sont contenus dans l'intervalle $]l - \varepsilon\ ;\ l + \varepsilon[$.
  - Si une suite possède une limite l, cette limite est unique.
  - Les résultats concernant les opérations sur les limites de suites sont identiques à ceux déjà énoncés pour les fonctions dans le chapitre "Fonctions d'une variable réelle".
- On dit qu'une suite est **divergente** si et seulement si elle n'est pas convergente.
  Remarque :
  Une suite réelle diverge dans trois cas : $u_n \to +\infty$; $u_n \to -\infty$ ou u_n n'a pas de limite.

2B. Résultats

- **Encadrement d'une suite convergente**
  - Toute suite convergente est bornée.
    Attention ! La réciproque est fausse.
  - Soit u une suite convergente de limite l et deux nombres réels a et b tels que : $a < l < b$, alors à partir d'un certain rang, $a \leqslant u_n \leqslant b$.
- **Convergence des suites extraites**
  - Toute suite (v_n) extraite d'une suite convergente (u_n) est convergente et $\lim\limits_{n \to +\infty} v_n = \lim\limits_{n \to +\infty} u_n$.
  - Si les suites extraites (u_{2n}) et (u_{2n+1}) convergent vers la même limite l alors la suite (u_n) converge vers l.
- **Image d'une suite par une fonction continue**
  Si (u_n) converge vers l et si f est une fonction continue en l alors la suite $(f(u_n))$ converge vers $f(l)$.

- **Convergence et relation d'ordre**
  - Soit u une suite convergente de limite l.
    Si à partir d'un certain rang, on a : $u_n \geqslant 0$ alors $l \geqslant 0$.
  - Soient u et v deux suites convergentes de limites respectives l et l'.
    Si à partir d'un certain rang, on a : $u_n \leqslant v_n$ alors $l \leqslant l'$.
    Remarque :
    Même si $\forall n \in \mathbb{N}$, $u_n < v_n$, on a seulement : $l \leqslant l'$.
    Autrement dit, l'inégalité stricte ne se transmet pas par passage à la limite.
  - Théorème d'encadrement (ou des gendarmes)
    Soient trois suites u, v et w.
    Si à partir d'un certain rang, on a : $u_n \leqslant v_n \leqslant w_n$ et si u et w sont convergentes de même limite l alors v est convergente de limite l.
  - Suites monotones
    - Soit u une suite monotone croissante.
      La suite u est convergente si et seulement si la suite u est majorée.
    - Soit u une suite monotone décroissante.
      La suite u est convergente si et seulement si la suite u est minorée.
  - Suites adjacentes
    - **Définition**
      Les suites u et v sont dites adjacentes si et seulement si les propriétés suivantes sont vérifiées :
      1) l'une des suites est croissante et l'autre décroissante,
      2) la suite $u - v$ est convergente de limite 0.
    - **Convergence des suites adjacentes**
      Si deux suites u et v sont adjacentes alors les suites u et v sont convergentes de même limite.
- **Théorème de Bolzano-Weierstrass**
  De toute suite réelle bornée, on peut extraire une suite convergente.
- **Suite de Cauchy**
  - Définition
    On dit qu'une suite (u_n) est une suite de Cauchy si :
    $$\forall \varepsilon > 0,\ \exists N \in \mathbb{N} \text{ tel que } p > q > N \Rightarrow |u_p - u_q| \leqslant \varepsilon.$$
    Autrement dit, la distance entre deux termes quelconques est inférieure à ε.
  - Théorème
    Pour qu'une suite de réels soit convergente, il faut et il suffit qu'elle soit une suite de Cauchy.

- *Remarque* :
  Comme la propriété de Cauchy ne fait pas intervenir la limite de la suite, on peut ainsi montrer qu'une suite est convergente sans connaître à l'avance sa limite éventuelle.

3. COMPARAISON DE SUITES

3A. Relation de domination

- Soit (v_n) une suite de réels non nuls.
  On dit que (u_n) est **dominée** par (v_n) et on note $u_n = O(v_n)$ (ce qu'on lit : u_n est un grand O de v_n) si la suite $\left(\frac{u_n}{v_n}\right)$ est bornée.
- *Remarque* :
  $u_n = O(1)$ signifie que la suite (u_n) est bornée.

3B. Relation de prépondérance

- Soit (v_n) une suite de réels non nuls.
  On dit que (u_n) est **négligeable** devant (v_n) (ou encore (v_n) est prépondérante devant (u_n)) et on note $u_n = o(v_n)$ (ce qu'on lit : u_n est un petit o de v_n) si la suite $\left(\frac{u_n}{v_n}\right)$ converge vers 0.
- *Remarques* :
  - La relation $u_n = o(1)$ signifie que la suite (u_n) converge vers 0.
  - Si $u_n = o(v_n)$ alors $u_n = O(v_n)$.

3C. Equivalence

- Soit (v_n) une suite de réels non nuls.
  On dit que (u_n) est **équivalente** à (v_n) et on note $u_n \sim v_n$ si la suite $\left(\frac{u_n}{v_n}\right)$ converge vers 1.
- *Remarques* :
  - On a l'équivalence : $u_n \sim v_n \Leftrightarrow u_n - v_n = o(v_n)$.
  - Si deux suites sont équivalentes, elles sont de même signe à partir d'un certain rang.

- Si $u_n \sim v_n$ alors :
  - (u_n) et (v_n) sont toutes deux convergentes ou toutes deux divergentes ;
  - si $\lim_{n \to +\infty} u_n = l$ avec $l \in \mathbb{R} \cup \{-\infty ; +\infty\}$ alors $\lim_{n \to +\infty} v_n = l$.
- Si $\lim_{n \to +\infty} u_n = L$ avec $L \neq 0$, on a $u_n \sim L$.
- **Attention !** Ecrire $u_n \sim 0$ est la plupart du temps faux car cela signifie que u_n est nulle à partir d'un certain rang.

- **Equivalents classiques**
  - Toute suite polynomiale est équivalente à son monôme de plus haut degré.
  - Toute suite rationnelle (quotient de deux suites polynomiales) est équivalente au quotient des monômes de plus haut degré du numérateur et du dénominateur.
  - Soit (u_n) une suite vérifiant $\lim_{n \to +\infty} u_n = 0$:

$$\sin(u_n) \sim u_n \ ; \ \tan(u_n) \sim u_n \ ; \ e^{u_n} - 1 \sim u_n \ ; \ \ln(1+u_n) \sim u_n \ ; \ 1 - \cos(u_n) \sim \frac{u_n^2}{2}$$

$$\forall \alpha \in \mathbb{R}^*, \ (1+u_n)^\alpha \sim 1 + \alpha u_n \ ; \ \text{Arctan}(u_n) \sim u_n \ ; \ \text{Arcsin}(u_n) \sim u_n.$$

4. SUITES COMPLEXES

- Une **suite complexe** est une application d'une partie de $\mathbb{N}$ dans $\mathbb{C}$.
- On dit qu'une suite (u_n) converge vers $l \in \mathbb{C}$ si et seulement si $\lim_{n \to +\infty} |u_n - l| = 0$ où $|u_n - l|$ est le <u>module</u> du complexe $u_n - l$.
- La suite complexe $(a_n + ib_n)$ converge vers $l = a + ib$ si et seulement si (a_n) converge vers a et (b_n) converge vers b.
- On peut étendre aux suites complexes toutes les propriétés des suites réelles qui ne font pas référence à la relation d'ordre de $\mathbb{R}$ (les notions de suite croissante, décroissante, majorée, minorée, ...n'ont plus de sens) en remplaçant la valeur absolue par le module.
  Citons les principaux résultats qui restent valables :
  - Toute suite convergente est bornée.
  - Toute suite extraite d'une suite convergente converge vers la même limite.
  - Les relations de domination, prépondérance et d'équivalence peuvent être étendues.
  - Le théorème de Bolzano-Weierstrass.
  - Le théorème de Cauchy.

5. ETUDE DE QUELQUES SUITES PARTICULIERES

5A. Suites arithmétiques

- **Définition**
  (u_n) est une suite arithmétique de raison $r \in \mathbb{C}$:
  $\forall n \in \mathbb{N},\ u_{n+1} = u_n + r$ (définition récurrente)
  $\forall n \in \mathbb{N},\ u_n = u_0 + nr$ (définition explicite)
  Et plus généralement, $\forall n \in \mathbb{N},\ \forall p \in \mathbb{N},\ u_n = u_p + (n-p)r$.
- **Somme de termes consécutifs**
  $S = (\text{nombre de termes}) \times \dfrac{\text{premier terme + dernier terme}}{2}$.
- **Convergence**
  Si $r \neq 0$, la suite u est divergente.

5B. Suites géométriques

- **Définition**
  (u_n) est une suite géométrique de raison $q \in \mathbb{C}$:
  $\forall n \in \mathbb{N},\ u_{n+1} = q u_n$ (définition récurrente)
  $\forall n \in \mathbb{N},\ u_n = u_0 q^n$ (définition explicite)
  Et plus généralement, pour $q \neq 0$: $\forall n \in \mathbb{N},\ \forall p \in \mathbb{N},\ u_n = u_p q^{n-p}$.
- **Somme de termes consécutifs**
  $S = \text{nombre de termes} \times \text{premier terme}$ si $q = 1$.
  $S = \text{premier terme} \times \dfrac{\text{1-raison}^{\text{nombre de termes}}}{\text{1-raison}}$ si $q \neq 1$.
- Convergence
  - Si $|q| < 1$, la suite u est convergente de limite 0,
  - Si $q = 1$, la suite u est constante,
  - Si $|q| \geqslant 1$, $q \neq 1$ et si $u_0 \neq 0$, la suite u est divergente.

5C. Suites du type $u_{n+1} = au_n + b$

- La relation : $\forall n \in \mathbb{N},\ u_{n+1} = au_n + b$ est une **relation de récurrence affine du premier ordre**.
- Si $a = 1$, u est une suite arithmétique.
- Si $a \neq 1$, l'étude de ce type de suite se ramène à l'étude d'une suite géométrique en posant $v_n = u_n - \alpha$ où α est le point fixe de la suite u (α est solution de l'équation $x = ax + b$).

5D. Suites du type $u_{n+2} = au_{n+1} + bu_n$

- La relation : $\forall n \in \mathbb{N},\ u_{n+2} = au_{n+1} + bu_n$ est une **relation de récurrence du second ordre**.
- L'équation $r^2 - ar - b = 0$ s'appelle **équation caractéristique** associée à la suite.
- Soit $\Delta = a^2 + 4b$ le discriminant de cette équation caractéristique.
  - Si $\Delta \neq 0$, l'équation caractéristique admet deux racines r_1 et r_2.
    Alors il existe deux scalaires α et β tels que :
    $$\boxed{\forall n \in \mathbb{N},\ u_n = \alpha r_1{}^n + \beta r_2{}^n}.$$
    Les scalaires α et β sont déterminés à partir des valeurs de u_0 et u_1.
  - Si $\Delta = 0$, l'équation caractéristique admet une racine double r.
    Alors il existe deux scalaires α et β tels que :
    $$\boxed{\forall n \in \mathbb{N},\ u_n = (\alpha + \beta n) r^n}.$$
    Les scalaires α et β sont déterminés à partir des valeurs de u_0 et u_1.
  - *Remarque* :
    Si $\Delta < 0$, l'équation caractéristique admet deux racines complexes conjuguées $r_1 = \rho e^{i\theta}$ et $r_2 = \rho e^{-i\theta}$. Il existe alors deux scalaires α et β tels que : $\boxed{\forall n \in \mathbb{N},\ u_n = \rho^n(\alpha\cos(n\theta) + \beta\sin(n\theta))}$.

5E. Suites récurrentes du type $u_{n+1} = f(u_n)$

Les suites considérées ici sont des suites réelles.
Soit f une application définie sur un intervalle I tel que $f(I) \subset I$.
Soit u_0 un élément de I. La valeur de u_0 et la relation de récurrence $u_{n+1} = f(u_n)$ définissent une suite d'éléments de I.
Avec certaines hypothèses sur f, on peut donner quelques résultats généraux sur la suite (u_n).

- ***f* est croissante sur *I***
  - Dans ce cas, la suite (u_n) est monotone.
    Elle est croissante si $u_1 \geqslant u_0$ et décroissante si $u_1 \leqslant u_0$.
  - On peut alors rechercher si la suite (u_n) est majorée ou minorée et utiliser le théorème de convergence des suites monotones.
- ***f* est décroissante sur *I***
  - Dans ce cas, les suites extraites (u_{2n}) et (u_{2n+1}) sont monotones et de sens contraire.

- On peut donc étudier séparément la convergence des suites (u_{2n}) et (u_{2n+1}) : la suite (u_n) est convergente si et seulement si les suites (u_{2n}) et (u_{2n+1}) sont convergentes de même limite.

- ***f* est continue sur *I***

Dans ce cas, si la suite (u_n) est convergente, sa limite l vérifie $l = f(l)$.

- Si l'équation $x = f(x)$ n'a pas de racine, la suite (u_n) est divergente.
- Si l'équation $x = f(x)$ a une ou plusieurs racines, il peut être intéressant de former, pour une racine α donnée, la différence $u_n - \alpha$.
  Il y a deux cas particuliers assez fréquents :
  - Si f est croissante, $u_n - \alpha$ est du signe de $u_0 - \alpha$.
    La suite (u_n) est donc selon le cas majorée ou minorée.
  - S'il existe $k \in]0\,;1[$ tel que :
    $\forall x \in I,\ \forall x' \in I,\ |f(x) - f(x')| \leqslant k|x - x'|$
    alors α est l'unique racine de l'équation $x = f(x)$.
    En outre : $\forall n \in \mathbb{N},\ |u_{n+1} - \alpha| = |f(u_n) - f(\alpha)| \leqslant k|u_n - \alpha|$
    et : $\forall n \in \mathbb{N},\ |u_n - \alpha| \leqslant k^n |u_0 - \alpha|$,
    ce qui permet de conclure que la suite est convergente de limite α.

Chapitre 6

SERIES NUMERIQUES

1. **Eléments de base**
   1A. Définitions
   1B. Premières propriétés
2. **Etude des séries réelles à termes positifs**
   2A. Condition nécessaire et suffisante de convergence
   2B. Critères de convergence
3. **Etude des séries à termes quelconques**
   3A. Introduction
   3B. Convergence absolue
   3C. Cas des séries alternées
4. **Séries de référence**
   4A. Série géométrique
   4B. Séries de Riemann
   4C. Séries de Riemann alternées
   4D. Séries télescopiques
   4E. Séries de Bertrand
5. **Calcul de sommes de séries**
   5A. Calcul exact
   5B. Calcul approché

1. ELEMENTS DE BASE

1A. Définitions

- Soit (u_n) une suite réelle ou complexe.
  On peut lui associer la suite (S_n) définie par :
  $$S_n = u_0 + u_1 + \ldots + u_n = \sum_{k=0}^{n} u_k.$$
  Cette suite (S_n) s'appelle **série de terme général u_n** et se note $\sum u_n$.

- Le nombre $S_n = \sum_{k=0}^{n} u_k$ est appelé **somme partielle** d'indice n de la série $\sum u_n$.

- Si la suite (S_n) est convergente de limite S, on dit que la série $\sum u_n$ est convergente de **somme** S et on écrit $S = \lim_{n \to +\infty} S_n = \sum_{k=0}^{+\infty} u_k$.
  Dans tous les autres cas, on dit que la série de terme général u_n est divergente.

- On appelle **reste** de rang n de la série $\sum u_n$ la différence $S - S_n$ entre la somme S et la somme partielle S_n, que l'on note : $R_n = \sum_{k=n+1}^{+\infty} u_k$.
- Etudier la nature d'une série, c'est déterminer si elle est convergente ou divergente.
- *Remarque* :
  Si la suite (u_n) n'est définie qu'à partir d'un certain rang n_0, on définit la série de la même façon.
  Dans ce cas, $S_n = \sum_{k=n_0}^{n} u_k$ et si la série converge : $S = \sum_{k=n_0}^{+\infty} u_k$.

1B. Premières propriétés

- Si les suites (u_n) et (v_n) ne diffèrent que par un nombre fini de termes alors les séries $\sum u_n$ et $\sum v_n$ sont de même nature (toutes deux convergentes ou toutes deux divergentes).
  Mais en cas de convergence, les sommes de ces séries ne sont pas identiques.

- Si les séries $\sum u_n$ et $\sum v_n$ sont convergentes de sommes respectives S et T alors, pour tous scalaires α et β, la série $\sum(\alpha u_n + \beta v_n)$ est convergente et sa somme est $\alpha S + \beta T$.

- **Condition nécessaire de convergence**

  Si la série $\sum u_n$ est convergente alors $\lim\limits_{n \to +\infty} u_n = 0$.

  Remarques :

  - **Attention !** La condition $\lim\limits_{n \to +\infty} u_n = 0$ n'est pas suffisante pour affirmer que la série $\sum u_n$ converge.
  - Par contre, si $\lim\limits_{n \to +\infty} u_n \neq 0$ alors la série $\sum u_n$ diverge.
  - Une condition nécessaire et suffisante de convergence peut être donnée à l'aide du théorème de Cauchy (voir chapitre "Suites numériques") :

    La série $\sum u_n$ est convergente si et seulement si la suite (S_n) est de Cauchy.

- Si la série $\sum u_n$ converge alors la suite (R_n) des restes converge vers 0.

2. ETUDE DES SERIES REELLES A TERMES POSITIFS

2A. Condition nécessaire et suffisante de convergence

Soit (u_n) une série réelle, positive à partir d'un certain rang.
Dans ce cas, la suite (S_n) est croissante à partir d'un certain rang et d'après le théorème de convergence des suites monotones (voir chapitre "Suites numériques"), on peut énoncer le théorème suivant :

La série $\sum u_n$ est convergente si et seulement si la suite (S_n) est majorée.

2B. Critères de convergence

- **Comparaison avec une autre série (inégalité)**
  Supposons que $0 \leqslant u_n \leqslant v_n$ à partir d'un certain rang.
  - Si la série $\sum v_n$ converge alors la série $\sum u_n$ converge.
  - Si la série $\sum u_n$ diverge alors la série $\sum v_n$ diverge.
- **Comparaison avec une autre série (équivalence)**
  Si les suites (u_n) et (v_n) positives à partir d'un certain rang vérifient $u_n \sim v_n$ alors les séries $\sum u_n$ et $\sum v_n$ sont de même nature.
- **Comparaison avec une intégrale**
  Soient n_0 un entier naturel et f une fonction positive et décroissante sur $[n_0\,;+\infty[$.
  Alors la série de terme général $f(n)$ et l'intégrale $\int_{n_0}^{+\infty} f(t)\,\mathrm{d}t$ sont de même nature.
  Et en cas de convergence, on peut encadrer le reste $R_n = \sum_{k=n+1}^{+\infty} u_k$:
  $$\int_{n+1}^{+\infty} f(t)\,\mathrm{d}t \leqslant R_n \leqslant \int_{n}^{+\infty} f(t)\,\mathrm{d}t.$$

- **Critère de D'Alembert**

Soit $\sum u_n$ une série à termes strictement positifs et soit $l = \lim_{n \to +\infty} \frac{u_{n+1}}{u_n}$.

- Si $l < 1$, la série converge.
- Si $l > 1$, la série diverge.
- Si $l = 1$, on ne peut conclure sauf si $\frac{u_{n+1}}{u_n}$ tend vers 1 par valeurs supérieures auquel cas la série diverge.

- **Critère de Cauchy**

Soit $\sum u_n$ une série à termes positifs et soit $l = \lim_{n \to +\infty} \sqrt[n]{u_n}$.

- Si $l < 1$, la série converge.
- Si $l > 1$, la série diverge.
- Si $l = 1$, on ne peut conclure sauf si $\sqrt[n]{u_n}$ tend vers 1 par valeurs supérieures auquel cas la série diverge.

- **Remarques sur les critères de D'Alembert et de Cauchy**
  - Le critère de D'Alembert est à utiliser de préférence lorsque u_n contient des produits ou des factorielles alors que le critère de Cauchy est à utiliser de préférence lorsque u_n contient des puissances $n^{\text{ièmes}}$.
  - Ces critères ne permettent pas de trouver la somme de la série en cas de convergence.
  - Le critère de Cauchy est plus général que le critère de D'Alembert :

    Si $\lim_{n \to +\infty} \frac{u_{n+1}}{u_n}$ existe alors $\lim_{n \to +\infty} \sqrt[n]{u_n}$ existe et $\lim_{n \to +\infty} \frac{u_{n+1}}{u_n} = \lim_{n \to +\infty} \sqrt[n]{u_n}$.

    Il se peut que le critère de D'Alembert ne permette pas de conclure et que le critère de Cauchy le permette.

3. ETUDE DES SERIES A TERMES QUELCONQUES

3A. Introduction

- Si $\sum u_n$ est une série où tous les termes sont négatifs, les résultats mis en place dans le paragraphe précédent s'étendent de manière immédiate en étudiant $\sum(-u_n)$.

- Si $\sum u_n$ est une série à termes complexes, les critères de convergence étudiés dans le paragraphe précédent ne veulent rien dire car ils reposent sur la relation d'ordre dans $\mathbb{R}$ qui n'existe pas dans $\mathbb{C}$.
- Nous allons traiter dans cette partie les séries à termes réels de signe quelconque ($|x|$ désigne alors la valeur absolue du réel x) ou à termes complexes ($|x|$ désigne alors le module du complexe x).

3B. Convergence absolue

Soit (u_n) une suite réelle ou complexe.

- **Série absolument convergente, série semi-convergente**
  - Si la série $\sum |u_n|$ converge alors la série $\sum u_n$ converge.

    On dit que la série $\sum u_n$ est absolument convergente.

    De plus, $\left|\sum_{k=0}^{+\infty} u_k\right| \leqslant \sum_{k=0}^{+\infty} |u_k|$.
  - Si la série $\sum |u_n|$ diverge et si la série $\sum u_n$ converge, on dit que la série $\sum u_n$ est semi-convergente.

- *Remarque* :
  Pour justifier la convergence absolue d'une série, on peut appliquer les critères concernant les séries à termes positifs à la suite $(|u_n|)$.

3C. Cas des séries alternées

Soit (v_n) une suite réelle, positive, décroissante et de limite nulle.
La série dite **alternée** de terme général $u_n = (-1)^n v_n$ est convergente.
De plus :

- les suites (S_{2n}) et (S_{2n+1}) sont adjacentes, de limite $S = \sum_{k=0}^{+\infty} u_k$.

- le reste $R_n = \sum_{k=n+1}^{+\infty} u_k$ est du signe de son premier terme u_{n+1} et vérifie : $|R_n| \leqslant |u_{n+1}|$.

4. SERIES DE REFERENCE

4A. Série géométrique

La série géométrique est la série de terme général q^n avec $q \in \mathbb{R}$ ou $\mathbb{C}$.

- Si $|q| < 1$, la série converge et $\sum_{n=0}^{+\infty} q^n = \frac{1}{1-q}$.
- Si $|q| \geqslant 1$, la série diverge.

4B. Séries de Riemann

Les séries de Riemann sont les séries de terme général $\frac{1}{n^\alpha}$ avec $\alpha \in \mathbb{R}$.

- Si $\alpha > 1$, la série converge.
- Si $\alpha \leqslant 1$, la série diverge.
- Cas particulier : la série $\sum \frac{1}{n}$ appelée **série harmonique** diverge.

4C. Séries de Riemann alternées

Les séries de Riemann alternées sont les séries de terme général $\frac{(-1)^n}{n^\alpha}$ avec $\alpha \in \mathbb{R}$.

- Si $\alpha > 1$, la série est absolument convergente.
- Si $0 < \alpha \leqslant 1$, la série est semi-convergente.
- Si $\alpha \leqslant 0$, la série est divergente.
- Cas particulier : la série $\sum \frac{(-1)^n}{n}$ appelée **série harmonique alternée** est semi-convergente et sa somme est ln(2).

4D. Séries télescopiques

Les séries télescopiques sont les séries de terme général u_n défini pour $n \geqslant n_0$ par $u_n = a_{n+1} - a_n$ où (a_n) est une suite.

- La série $\sum u_n$ et la suite (a_n) sont de même nature.

- En cas de convergence, la somme de la série est $S = \lim_{n \to +\infty} (a_n) - a_{n_0}$.

4E. Séries de Bertrand

Les séries de Bertrand sont les séries de terme général $u_n = \dfrac{1}{n^\alpha (\ln n)^\beta}$ avec $\alpha \in \mathbb{R}$ et $\beta \in \mathbb{R}$. Elles sont définies pour $n \geqslant 2$.

- Si $\alpha > 1$, la série converge.
- Si $\alpha < 1$, la série diverge.
- Si $\alpha = 1$:
  - Si $\beta > 1$, la série converge.
  - Si $\beta \leqslant 1$, la série diverge.

5. CALCUL DE SOMMES DE SERIES

5A. Calcul exact

- $\sum u_n$ étant une série convergente, il n'est pas toujours aisé de calculer

  exactement sa somme $S = \sum_{k=0}^{+\infty} u_k$.

  Cependant, il existe deux cas où la valeur de S est connue :
  - le cas de la série géométrique,
  - le cas d'une série télescopique.
- **Cas de la série géométrique**

  Nous avons déjà vu que pour $|q| < 1$, $\boxed{\sum_{n=0}^{+\infty} q^n = \dfrac{1}{1-q}}$.

- **Cas d'une série téléscopique**

  Nous avons déjà vu que si u_n peut, pour $n \geqslant n_0$, s'écrire sous la forme

  $u_n = a_{n+1} - a_n$ où (a_n) est une suite alors, on a : $S_n = \sum_{k=n_0}^{n} u_k = a_{n+1} - a_{n_0}$.

  En cas de convergence, $\boxed{S = \sum_{k=n_0}^{+\infty} u_k = \lim_{n \to +\infty} (a_n) - a_{n_0}}$.

- Il existe d'autres techniques pour calculer des sommes exactes de séries numériques :
  - l'utilisation de séries entières par leur valeur en un point,
  - l'utilisation de séries de Fourier par leur valeur en un point ou par la formule de Parseval.

  Remarque :
  Les séries entières et les séries de Fourier sont étudiées dans les prochains chapitres.

5B. Calcul approché

- Soit $\sum u_n$ une série convergente.

  Dans le cas général, on se contente pour approximer $S = \sum_{k=0}^{+\infty} u_k$ d'une expression de $S_n = \sum_{k=0}^{n} u_k$ d'autant plus proche de S que n est grand.
  L'erreur ainsi commise est mesurée par le reste de rang n :
  $$R_n = |S - S_n| = \sum_{k=n+1}^{+\infty} u_k.$$
  Pour évaluer cette erreur, on peut remarquer que :
  $$|R_n| = |u_{n+1} + u_{n+2} + \dots| \leqslant \sum_{k=1}^{+\infty} |u_{n+k}|.$$
  L'évaluation d'un majorant de R_n dépend du critère utilisé pour conclure à la convergence de $\sum u_n$. Voici les résultats dans trois cas :

- **Série relevant du critère de D'Alembert**
  Il existe alors $a \in [0\,;1[$ tel qu'à partir d'un certain rang n_0, $\left|\frac{u_{n+1}}{u_n}\right| \leqslant a$.

  Dans ce cas, on a : $\boxed{|R_n| \leqslant |u_n| \frac{a}{1-a}}$ pour $n \geqslant n_0$.

- **Série relevant du critère de Cauchy**
  Il existe alors $a \in [0\,;1[$ tel qu'à partir d'un certain rang n_0, $\sqrt[n]{|u_n|} \leqslant a$.

  Dans ce cas, on a : $\boxed{|R_n| \leqslant \frac{a^{n+1}}{1-a}}$ pour $n \geqslant n_0$.

- **Série relevant du théorème des séries alternées**
  On a déjà vu que dans ce cas que : $|R_n| \leqslant |u_{n+1}|$.

Chapitre 7

SERIES ENTIERES

1. **Premières notions**
   1A. Définition d'une série entière
   1B. Lemme d'Abel
   1C. Convergence d'une série entière
   1D. Recherche pratique du rayon de convergence
2. **Opérations sur les séries entières**
   2A. Somme de deux séries entières
   2B. Produit par un scalaire
3. **Séries entières de la variable réelle**
   3A. Continuité
   3B. Dérivabilité
   3C. Intégration
4. **Développement en série entière**
   4A. Définition d'une fonction développable en série entière
   4B. Condition nécessaire
   4C. Développements en série entière en 0 des fonctions usuelles

1. PREMIERES NOTIONS

1A. Définition d'une série entière

- Soit (f_n) une suite de fonctions définies sur un intervalle I de $\mathbb{R}$ et à valeurs dans $\mathbb{R}$ ou $\mathbb{C}$.
  La série dont les éléments sont les fonctions f_n est appelée **série de fonctions** de terme général f_n et est notée $\sum f_n$.

  Nous allons étudier dans ce chapitre un cas particulier de séries de fonctions : les séries entières. Dans le prochain chapitre, nous étudierons un autre cas particulier de séries de fonctions : les séries de Fourier.
- On appelle **série entière** de la variable complexe z toute série de fonctions dont le terme général f_n est de la forme $f_n : \begin{cases} \mathbb{C} \to \mathbb{C} \\ z \mapsto a_n z^n \end{cases}$ avec $a_n \in \mathbb{C}$.
  Les scalaires (a_n) s'appellent **coefficients de la série**.
- *Remarques* :
  - Les fonctions polynômes sont des cas particuliers de sommes de série entière, la suite (a_n) étant nulle à partir d'un certain rang.
  - Pour une valeur de z fixée à z_0, la série $\sum a_n {z_0}^n$ est une série numérique.

1B. Lemme d'Abel

Soit z_0 un élément non nul de $\mathbb{C}$ tel que la suite $(a_n {z_0}^n)$ soit bornée.

Pour tout complexe z tel que $|z| < |z_0|$, la série $\sum a_n z^n$ est <u>absolument convergente</u>.

1C. Convergence d'une série entière

- On appelle **rayon de convergence** de la série entière $\sum a_n z^n$ le réel positif, éventuellement égal à $+\infty$ tel que :
  $$R = \sup\{r \geqslant 0 \text{ tel que la suite } (a_n r^n) \text{ soit bornée}\}.$$

- **Théorème**

Soit une série entière $\sum a_n z^n$ de rayon de convergence R.

- Pour tout z tel que $|z| < R$, la série $\sum a_n z^n$ est <u>absolument convergente</u>.
- Pour tout z tel que $|z| > R$, la série $\sum a_n z^n$ est <u>divergente</u>.

Remarque :
Lorsque $|z| = R$, la série peut aussi bien diverger que converger.

- L'ensemble $\{z \in \mathbb{C} \text{ tel que } |z| < R\}$ s'appelle **disque de convergence** de la série entière $\sum a_n z^n$.

Dans le cas où la variable est réelle, l'intervalle $]-R\,;R[$ s'appelle **intervalle de convergence** de la série entière.

1D. Recherche pratique du rayon de convergence

- S'il existe un réel $R > 0$ tel que la série diverge pour $|z| > R$ et converge si $|z| < R$ alors le rayon de convergence est égal à R.
- On peut également déterminer le rayon de convergence R à l'aide des critères de D'Alembert et de Cauchy appliqués à la série $\sum |a_n z^n|$.

- **Critère de D'Alembert**

Si $\lim\limits_{n\to+\infty} \left| \dfrac{a_{n+1}}{a_n} \right| = l$ alors $\boxed{R = \dfrac{1}{l}}$.

Remarque :
Par convention, si $l = 0$ alors $R = +\infty$ et si $l = +\infty$ alors $R = 0$.

- **Critère de Cauchy**

Si $\lim\limits_{n\to+\infty} \sqrt[n]{|a_n|} = l$ alors $\boxed{R = \dfrac{1}{l}}$.

Remarque :
Par convention, si $l = 0$ alors $R = +\infty$ et si $l = +\infty$ alors $R = 0$.

2. OPERATIONS SUR LES SERIES ENTIERES

2A. Somme de deux séries entières

Soient $\sum a_n z^n$ et $\sum b_n z^n$ deux séries entières de rayons de convergence respectifs R_a et R_b.

La somme des séries entières $\sum a_n z^n$ et $\sum b_n z^n$ est une série entière $\sum c_n z^n$ de rayon de convergence R_c.

- Si $R_a \neq R_b$ alors $R_c = \inf(R_a\ ;\ R_b)$.
- Si $R_a = R_b$ alors $R_c \geqslant R_a$.

2B. Produit par un scalaire

Soit $\sum a_n z^n$ une série entière de rayon de convergence R et α un scalaire non nul.

Alors $\sum \alpha a_n z^n$ est une série entière de même rayon de convergence R.

3. SERIES ENTIERES DE LA VARIABLE REELLE

Soit $\sum a_n x^n$ une série entière de rayon de convergence R non nul.

Pour tout x de l'intervalle de convergence $]-R\ ;\ R[$, on note $S(x)$ la somme de la série.
Les théorèmes ci-dessous précisent les principales propriétés de la fonction S.

3A. Continuité

- La fonction S est continue sur l'intervalle $]-R\ ;\ R[$.
- *Remarques* :
    - Si la série $\sum a_n x^n$ converge pour $x = R$ alors sa somme S est une fonction continue sur $]-R\ ;\ R]$.

- Si la série $\sum a_n x^n$ converge pour $x = -R$ alors sa somme S est une fonction continue sur $[-R\,;R[$.

3B. Dérivabilité

- La série entière $\sum a_n x^n$ a même rayon de convergence R que sa série dérivée $\sum n a_n x^{n-1}$.
- La fonction S est dérivable sur l'intervalle $]-R\,;R[$.
  Et : $\forall x \in]-R\,;R[,\ S'(x) = \sum_{n=1}^{+\infty} n a_n x^{n-1}$.
  Plus généralement :
  S est C^∞ sur $]-R\,;R[$ et : $\forall x \in]-R\,;R[,\ S^{(p)}(x) = \sum_{n=p}^{+\infty} \frac{n!}{(n-p)!} a_n x^{n-p}$ pour tout entier p.
  En d'autres termes, on peut permuter la dérivation et la somme.

3C. Intégration

- La série entière $\sum a_n x^n$ a même rayon de convergence que sa série primitive $\sum \frac{a_n}{n+1} x^{n+1}$.
- La fonction S est intégrable terme à terme et pour tous éléments a et b de l'intervalle $]-R\,;R[$, on a :

$$\int_a^b S(t)\,\mathrm{d}t = \sum_{n=0}^{+\infty} \int_a^b a_n t^n \,\mathrm{d}t.$$

En d'autres termes, on peut permuter l'intégration et la somme.

4. DEVELOPPEMENT EN SERIE ENTIERE

4A. Définition d'une fonction développable en série entière

- Une fonction f est **développable en série entière en 0** si et seulement si il existe un réel $r > 0$ et une série entière $\sum a_n x^n$ de rayon de convergence R non nul tels que l'on puisse écrire :

$$\forall x \in]-r\,;\,r[, f(x) = \sum_{n=0}^{+\infty} a_n x^n.$$

- *Remarque* :
L'intervalle $]-r\,;\,r[$ n'est, a priori, ni l'intervalle de convergence $]-R\,;\,R[$ de la série $\sum a_n x^n$ ni l'ensemble de définition de f, ni l'intersection des deux mais nécessairement $]-r\,;\,r[\subset[-R\,;\,R]$.

4B. Condition nécessaire

- Si f est développable en série entière en 0 alors, avec les notations précédentes, f est de classe C^∞ sur un voisinage de 0 et $f(x)$ est la somme de sa **série de Taylor** $\sum \frac{f^{(n)}(0)}{n!} x^n$.

- *Remarque* :
Le résultat précédent indique que si une fonction f est développable en série entière alors celle-ci est indéfiniment dérivable au voisinage de 0 et ce développement est nécessairement celui de Taylor (il est unique).

Mais cette condition nécessaire n'est pas suffisante. En effet, lorsqu'une fonction f est indéfiniment dérivable au voisinage de 0 :
- d'une part, la série de Taylor peut avoir un rayon de convergence nul auquel cas sa somme n'est définie qu'en un point ;
- d'autre part, même si le rayon de convergence de la série de Taylor n'est pas nul, sa somme peut différer de f.

4C. Développements en série entière en 0 des fonctions usuelles

Pour tout $x \in \mathbb{R}$:

$$e^{x} = \sum_{k=0}^{+\infty} \frac{x^k}{k!} \qquad e^{-x} = \sum_{k=0}^{+\infty} \frac{(-1)^k x^k}{k!}$$

$$\text{ch}(x) = \sum_{k=0}^{+\infty} \frac{x^{2k}}{(2k)!} \qquad \text{sh}(x) = \sum_{k=0}^{+\infty} \frac{x^{2k+1}}{(2k+1)!}$$

$$\cos(x) = \sum_{k=0}^{+\infty} \frac{(-1)^k x^{2k}}{(2k)!} \qquad \sin(x) = \sum_{k=0}^{+\infty} \frac{(-1)^k x^{2k+1}}{(2k+1)!}$$

Pour tout $x \in]-1\,;1[$:

$$\frac{1}{1-x} = \sum_{k=0}^{+\infty} x^k \qquad \frac{1}{1+x} = \sum_{k=0}^{+\infty} (-1)^k x^k$$

$$\ln(1+x) = \sum_{k=1}^{+\infty} \frac{(-1)^{k-1} x^k}{k} \qquad -\ln(1-x) = \sum_{k=1}^{+\infty} \frac{x^k}{k}$$

$$(1+x)^{\alpha} = \sum_{k=0}^{+\infty} \frac{\alpha(\alpha-1)\ldots(\alpha-k+1)}{k!} x^k \qquad (\alpha \in \mathbb{R})$$

En particulier :

$$(1+x)^{\frac{1}{2}} = \sum_{k=0}^{+\infty} (\;\;1)^{k-1} \frac{1.3\ldots(2k-3)}{2^k k!} x^k$$

$$(1+x)^{-\frac{1}{2}} = \sum_{k=0}^{+\infty} (-1)^{k} \frac{1.3\ldots(2k-1)}{2^k k!} x^k$$

Chapitre 8

SERIES DE FOURIER

1. Séries trigonométriques
1A. Définition
1B. Théorème de convergence
2. Séries de Fourier
2A. Définitions : série de Fourier – coefficients de Fourier
2B. Convergence d'une série de Fourier
2C. Formule de Parseval
2D. Quelques résultats utiles

1. SERIES TRIGONOMETRIQUES

1A. Définition

- On appelle **série trigonométrique** de la variable réelle x toute série de fonctions $\sum f_n$ telle que :
  - f_0 est une application constante : $f_0(x) = a_0$
  - si $n \in \mathbb{N}^*$, $f_n(x) = a_n\cos(nx) + b_n\sin(nx)$

  où $(a_n)_{n\in\mathbb{N}}$ et $(b_n)_{n\in\mathbb{N}^*}$ sont des suites complexes.

- En posant pour $n\in\mathbb{N}^*$, $\begin{cases} c_n = \dfrac{a_n - ib_n}{2} \\ c_{-n} = \dfrac{a_n + ib_n}{2} \end{cases}$ c'est-à-dire $\begin{cases} a_n = c_n + c_{-n} \\ b_n = i(c_n - c_{-n}) \end{cases}$

  et $c_0 = a_0$, les fonctions f_n sont aussi définies par :
  - f_0 est une application constante : $f_0(x) = c_0$
  - si $n\in\mathbb{N}^*$, $f_n(x) = c_n e^{inx} + c_{-n}e^{-inx}$

- En résumé, l'étude de la série $a_0 + \sum_{n=1}^{+\infty}(a_n\cos(nx) + b_n\sin(nx))$ (écriture de la série trigonométrique dite "en cosinus et sinus") revient à l'étude de la série $\sum_{-\infty}^{+\infty} c_n e^{inx}$ (écriture de la série trigonométrique dite "en exponentielle").

1B. Théorème de convergence

- **Théorème**
  - Version "cosinus et sinus" : si les séries numériques $\sum a_n$ et $\sum b_n$ sont absolument convergentes alors la série trigonométrique $a_0 + \sum_{n=1}^{+\infty}(a_n\cos(nx) + b_n\sin(nx))$ converge absolument sur tout intervalle de $\mathbb{R}$.
  - Version "exponentielle" : si les séries numériques $\sum c_n$ et $\sum c_{-n}$ sont absolument convergentes alors la série trigonométrique $\sum_{-\infty}^{+\infty} c_n e^{inx}$ est absolument convergente sur tout intervalle de $\mathbb{R}$.

Remarque :

La convergence des séries numériques $\sum a_n$ et $\sum b_n$ n'est pas nécessaire pour que la série trigonométrique $a_0 + \sum_{n=1}^{+\infty}(a_n \cos(nx) + b_n \sin(nx))$ converge.

En effet, on peut montrer que si (a_n) et (b_n) sont des suites réelles, positives, décroissantes et de limite nulle, alors la série trigonométrique converge pour $x \neq k2\pi$.

On peut adapter cette remarque aux séries trigonométriques sous forme exponentielle.

2. SERIES DE FOURIER

2A. Définitions : série de Fourier – coefficients de Fourier

Soit f une fonction de $\mathbb{R}$ dans $\mathbb{R}$ (ou $\mathbb{C}$), périodique de période T et continue par morceaux sur $\mathbb{R}$.

- On appelle **série de Fourier** associée à f :
  - la série trigonométrique (forme "cosinus et sinus") :

$$a_0 + \sum_{n=1}^{+\infty}(a_n \cos(n\omega x) + b_n \sin(n\omega x))$$

où :

$$a_0 = \frac{1}{T}\int_{\alpha}^{\alpha+T} f(x)\,\mathrm{d}x \quad (\alpha \text{ réel quelconque})$$

et pour $n \in \mathbb{N}^*$, $a_n = \dfrac{2}{T}\displaystyle\int_{\alpha}^{\alpha+T} f(x)\cos(n\omega x)\,\mathrm{d}x \quad (\alpha \in \mathbb{R} \text{ et } \omega = \dfrac{2\pi}{T})$

$$b_n = \frac{2}{T}\int_{\alpha}^{\alpha+T} f(x)\sin(n\omega x)\,\mathrm{d}x \quad (\alpha \in \mathbb{R} \text{ et } \omega = \frac{2\pi}{T})$$

  - ou encore la série trigonométrique (forme "exponentielle") :

$$\sum_{-\infty}^{+\infty} c_n e^{in\omega x}$$

où :

pour tout $n \in \mathbb{Z}$, $c_n = \dfrac{1}{T}\displaystyle\int_{\alpha}^{\alpha+T} f(x) e^{-in\omega x}\,\mathrm{d}x$ (α réel quelconque)

- Les réels ou complexes a_n, b_n sont appelés **coefficients de Fourier** associés à f, de même que les nombres c_n sous l'autre version.

- *Remarques* :
  - Le coefficient a_0 représente la valeur moyenne de f sur une période.
  - Le réel α présent dans les expressions des coefficients doit être choisi de façon à faciliter les calculs.
    En général, on prend $\alpha = 0$ ou $\alpha = -\frac{T}{2}$.
  - Si f est paire alors on peut écrire :
    - $a_0 = \frac{2}{T}\int_0^{\frac{T}{2}} f(x)\,\mathrm{d}x$
    - et $\forall n \geqslant 1,\ a_n = \frac{4}{T}\int_0^{\frac{T}{2}} f(x)\cos(n\omega x)\,\mathrm{d}x$ et $b_n = 0$.
  - Si f est impaire alors on peut écrire :
    - $\forall n \in \mathbb{N},\ a_n = 0$
    - et $\forall n \geqslant 1,\ b_n = \frac{4}{T}\int_0^{\frac{T}{2}} f(x)\sin(n\omega x)\,\mathrm{d}x$.
  - Si f est une fonction à valeurs dans $\mathbb{R}$ alors :
    - $\forall n \in \mathbb{N},\ a_n \in \mathbb{R}$ et $\forall n \in \mathbb{N}^*,\ b_n \in \mathbb{R}$
    - $c_0 \in \mathbb{R}$ et $\forall n \in \mathbb{N}^*,\ c_{-n} = \overline{c_n}$.
  - Les coefficients a_n, b_n et c_n sont liés entre eux par les relations :

$$c_0 = a_0 \text{ et } \forall n \in \mathbb{N}^*, \begin{cases} c_n = \dfrac{a_n - ib_n}{2} \\ c_{-n} = \dfrac{a_n + ib_n}{2} \end{cases}.$$

  - Les coefficients de Fourier tendent vers 0 à l'infini :

$$\lim_{n \to +\infty}(a_n) = \lim_{n \to +\infty}(b_n) = \lim_{n \to +\infty}(c_n) = \lim_{n \to -\infty}(c_n) = 0.$$

2B. Convergence d'une série de Fourier

Une fonction f périodique de période T, continue par morceaux sur $\mathbb{R}$ étant donnée, se posent les deux questions suivantes :
La série de Fourier de f est-elle convergente ?
Si la série de Fourier de f converge, sa somme est-elle égale à f ?
Les théorèmes suivants permettent de répondre à ces questions.

- **Théorème 1 : théorème de Dirichlet**
  Soit f une fonction périodique de période T et de classe C^1 par morceaux sur $\mathbb{R}$.
  Alors la série de Fourier de f converge en tout point x vers $\frac{f(x^+)+f(x^-)}{2}$.

Ainsi : $\boxed{\forall x \in \mathbb{R},\ a_0 + \sum_{n=1}^{+\infty}\left(a_n\cos(n\omega x) + b_n\sin(n\omega x)\right) = \frac{f(x^+)+f(x^-)}{2}}$.

En particulier, la série de Fourier de f converge vers $f(x)$ en tout point x où f est continue.

Remarque :

Avec la série de Fourier sous forme exponentielle, on a :

$$\sum_{-\infty}^{+\infty} c_n e^{in\omega x} = \frac{f(x^+)+f(x^-)}{2}.$$

- **Théorème 2**

  Soit f une fonction **continue**, périodique de période T et de classe C^1 par morceaux sur $\mathbb{R}$.

  Alors la série de Fourier de f converge en tout point x vers $f(x)$.

  Ainsi : $\boxed{\forall x \in \mathbb{R},\ a_0 + \sum_{n=1}^{+\infty}\left(a_n\cos(n\omega x) + b_n\sin(n\omega x)\right) = f(x)}$.

  De plus, les séries numériques $\sum |a_n|$ et $\sum |b_n|$ convergent.

  En outre, on peut calculer $\int_\alpha^\beta f(x)\,dx$ en intégrant terme à terme la série de Fourier de f.

2C. Formule de Parseval

- Soit f une fonction de $\mathbb{R}$ dans $\mathbb{R}$ (ou $\mathbb{C}$), périodique de période T et continue par morceaux sur $\mathbb{R}$.

  Alors : $\boxed{\frac{1}{T}\int_\alpha^{\alpha+T} |f^2(t)|\,dt = |a_0^2| + \frac{1}{2}\sum_{n=1}^{+\infty}\left(|a_n^2| + |b_n^2|\right) = \sum_{-\infty}^{+\infty}|c_n^2|}$ où $\alpha \in \mathbb{R}$.

  Dans le cas particulier où f est à <u>valeurs réelles</u>, la formule de Parseval s'écrit : $\boxed{\frac{1}{T}\int_\alpha^{\alpha+T} f^2(t)\,dt = a_0^2 + \frac{1}{2}\sum_{n=1}^{+\infty}(a_n^2 + b_n^2) = \sum_{-\infty}^{+\infty}|c_n^2|}$.

- **Interprétation physique**

  Le carré de la valeur efficace de f est égal à la somme des carrés des valeurs efficaces des termes de son développement en série de Fourier.

2D. Quelques résultats utiles

$\forall n \in \mathbb{Z}$, $\cos(n\pi) = (-1)^n$ et $\sin(n\pi) = 0$

$\forall p \in \mathbb{N}$, $\forall q \in \mathbb{N}$, $p \neq q \Rightarrow \int_{\alpha}^{\alpha+2\pi} \cos(px)\cos(qx)\,\mathrm{d}x = \int_{\alpha}^{\alpha+2\pi} \sin(px)\sin(qx)\,\mathrm{d}x = 0$

$\forall p \in \mathbb{N}$, $\forall q \in \mathbb{N}$, $\int_{\alpha}^{\alpha+2\pi} \cos(px)\sin(qx)\,\mathrm{d}x = 0$

$\forall p \in \mathbb{N}$, $p \neq 0 \Rightarrow \int_{\alpha}^{\alpha+2\pi} \cos^2(px)\,\mathrm{d}x = \int_{\alpha}^{\alpha+2\pi} \sin^2(px)\,\mathrm{d}x = \pi$.

Chapitre 9

ALGEBRE LINEAIRE

1. **Espaces vectoriels**
   1A. Définition – exemples
   1B. Sous-espace vectoriel
   1C. Combinaison linéaire
   1D. Famille génératrice
   1E. Base
2. **Applications linéaires**
   2A. Définition
   2B. Noyau et image
   2C. Caractérisation des applications linéaires injectives, surjectives
   2D. Projecteurs et symétries
   2E. Théorème du rang
3. **Matrices**
   3A. Généralités
   3B. Matrices particulières
   3C. Matrice d'une application linéaire
   3D. Calculs matriciels
   3E. Rang d'une matrice
   3F. Matrice de projections, de symétries
4. **Déterminant d'une matrice carrée**
   4A. Cas particuliers
   4B. Cas général
   4C. Propriétés
   4D. Applications
5. **Diagonalisation**
   5A. Changement de bases
   5B. Eléments propres
   5C. Polynôme caractéristique
   5D. Diagonalisabilité
   5E. Compléments
6. **Trigonalisation**
   6A. Définition
   6B. Condition nécessaire et suffisante
   6C. Réduite de Jordan

Dans tout le chapitre, K désigne $\mathbb{R}$ ou $\mathbb{C}$.

1. ESPACES VECTORIELS

1A. Définition – exemples

- Soit E un ensemble non vide.
  On dit que E est un **espace vectoriel** sur K (ou un K-espace vectoriel) si les opérations existant dans l'ensemble E sont :
  - l'addition de vecteurs
  - la multiplication d'un vecteur par un scalaire (c'est-à-dire un élément de K)

  et si ces opérations possèdent les propriétés suivantes :
  - propriétés de l'addition : $\forall(u,v,w)\in E^3$:
    - $u+v=v+u$ (commutativité)
    - $(u+v)+w=u+(v+w)$ (associativité)
    - $u+0=u$ (existence d'un élément neutre : le vecteur nul 0)
    - tout vecteur u a un opposé $-u$: $u+(-u)=(-u)+u=0$

    Remarque :
    On dit que l'ensemble E muni de la loi addition (que l'on note $(E,+)$) possède une structure de groupe commutatif.
  - propriétés de la multiplication par un scalaire :
    $\forall(u,v)\in E^2$, $\forall(\lambda,\mu)\in K^2$:
    - $\lambda(u+v)=\lambda u+\lambda v$
    - $(\lambda+\mu)u=\lambda u+\mu u$
    - $\lambda(\mu u)=(\lambda\mu)u$
    - $1u=u$
- **Exemples fondamentaux**
  - L'ensemble $\mathbb{R}^n$ des n-uplets de nombres réels est un espace vectoriel sur $\mathbb{R}$.
  - L'ensemble $\mathbb{C}^n$ des n-uplets de nombres complexes est un espace vectoriel sur $\mathbb{C}$.

1B. Sous-espace vectoriel

Soit $F\subset E$.
On dit que F est un **sous-espace vectoriel** de E si la restriction à F des opérations de E confère à F une structure d'espace vectoriel sur K.
Cette définition est équivalente à la suivante :

$$\boxed{\forall(\lambda,\mu)\in K^2,\ \forall(u,v)\in F^2,\ \lambda u+\mu v\in F}.$$

Remarque :
Le vecteur nul 0 appartient à tous les sous-espaces vectoriels de E.

Exemple :
Les vecteurs de l'espace $\mathbb{R}^3$, parallèles à un plan fixe, forment un sous-espace vectoriel de $\mathbb{R}^3$.

1C. Combinaison linéaire

- Soient $u_1,u_2,\ldots,u_n$ des éléments d'un espace vectoriel E et x un élément de E.
  On dit que x est **combinaison linéaire** de $u_1,u_2,\ldots,u_n$ s'il existe n scalaires $\lambda_1,\lambda_2,\ldots,\lambda_n$ tels que $x=\lambda_1 u_1+\lambda_2 u_2+\ldots+\lambda_n u_n$.
- L'ensemble des combinaisons linéaires des vecteurs $u_1,u_2,\ldots,u_n$ est un sous-espace vectoriel de E, on l'appelle **sous-espace engendré** par les vecteurs $u_1,u_2,\ldots,u_n$ et on le note $\text{Vect}\{u_1,u_2,\ldots,u_n\}$.
- Les vecteurs $u_1,u_2,\ldots,u_n$ de E sont dits **linéairement indépendants** ou **libres** si et seulement si :
  $$\lambda_1 u_1+\lambda_2 u_2+\ldots+\lambda_n u_n=0 \Rightarrow \lambda_1=\lambda_2=\ldots=\lambda_n=0.$$
  Dans le cas contraire, ils sont dits **linéairement dépendants** ou **liés** (l'un au moins des vecteurs s'exprime comme combinaison linéaire des autres).
  Remarque :
  Toute famille de vecteurs qui contient le vecteur nul est liée.

1D. Famille génératrice

Une famille $(u_1,u_2,\ldots,u_n)$ d'éléments d'un espace vectoriel E est dite **génératrice** de E si et seulement si tout vecteur de E est combinaison linéaire des vecteurs $u_1,u_2,\ldots,u_n$, autrement dit :

$$\forall x\in E,\ \exists(\lambda_1,\lambda_2,\ldots,\lambda_n)\in K^n\ ,\ x=\lambda_1 u_1+\lambda_2 u_2+\ldots+\lambda_n u_n.$$

1E. Base

- Une **base** d'un espace vectoriel E est une famille de vecteurs qui est à la fois libre et génératrice.
  Si $(u_1,u_2,\ldots,u_n)$ est une base de E alors pour tout x de E, il existe un <u>unique</u> n-uplet de scalaires $(\lambda_1,\lambda_2,\ldots,\lambda_n)$ tel que $x=\lambda_1 u_1+\lambda_2 u_2+\ldots+\lambda_n u_n$.
  Les scalaires $\lambda_1,\lambda_2,\ldots,\lambda_n$ s'appellent les **coordonnées** (ou les composantes) du vecteur x dans la base $(u_1,u_2,\ldots,u_n)$.
  Exemple :
  La base dite <u>canonique</u> de $\mathbb{R}^3$ est constituée des vecteurs $i=(1,0,0)$, $j=(0,1,0)$ et $k=(0,0,1)$.

- Il existe des espaces vectoriels dans lesquels la base est constituée par un nombre infini de vecteurs. Si au contraire, ils sont en nombre fini, l'espace vectoriel est dit de dimension finie et nous n'étudierons que ceux-ci.
- Toutes les bases d'un espace vectoriel E de dimension finie ont le même nombre d'éléments. Ce nombre est appelé la **dimension** de E et se note $\dim E$.

2. APPLICATIONS LINEAIRES

2A. Définition

- Soient E et F deux espaces vectoriels sur K et f une application de E dans F.
  On dit que f est une **application linéaire** ou un morphisme si et seulement si :
  $$\boxed{\forall(u,v)\in E^2,\ \forall(\lambda,\mu)\in K^2, f(\lambda u+\mu v)=\lambda f(u)+\mu f(v)}.$$
- $f: E\to E$ linéaire est appelée **endomorphisme**.
  $f: E\to F$ linéaire et bijective est appelée **isomorphisme**.
  $f: E\to E$ linéaire et bijective est appelée **automorphisme**.
  $f: E\to K$ linéaire est appelée **forme linéaire**.

2B. Noyau et image

Soit $f: E\to F$ une application linéaire.

- On appelle **noyau** de f et on note $\mathrm{Ker}f$, l'ensemble des vecteurs x de E tels que $f(x)=0_F$ (0_F désignant le vecteur nul de l'espace F).
  Ainsi, $\boxed{\mathrm{Ker}f=\{x\in E \mid f(x)=0_F\}}$.
  $\mathrm{Ker}f$ est un sous-espace vectoriel de E.
- On appelle **image** de f et on note $\mathrm{Im}f$, l'ensemble des vecteurs $f(x)$ de F où x parcourt l'ensemble E.
  Ainsi, $\boxed{\mathrm{Im}f=\{f(x) \mid x\in E\}}$.
  $\mathrm{Im}f$ est un sous-espace vectoriel de F.
  Remarque :
  Si $E=\mathrm{Vect}(u_1,u_2,\dots,u_n)$ alors $\mathrm{Im}f=\mathrm{Vect}\big(f(u_1),f(u_2),\dots,f(u_n)\big)$.
  Mais attention, certains vecteurs peuvent être superflus dans cette description de $\mathrm{Im}f$.

2C. Caractérisation des applications linéaires injectives, surjectives.

Soit $f : E \to F$ une application linéaire.

- f est **injective** si et seulement si : $\forall u_1 \in E,\ \forall u_2 \in E,\ u_1 \neq u_2 \Rightarrow f(u_1) \neq f(u_2)$.

  Ceci est équivalent à dire : $\boxed{f \text{ injective} \Leftrightarrow \text{Ker} f = \{0_E\}}$.
- f est **surjective** si et seulement si : $\forall v \in F,\ \exists u \in E, f(u) = v$.

  Ceci est équivalent à dire : $\boxed{f \text{ surjective} \Leftrightarrow \text{Im} f = F}$.

2D. Projecteurs et symétries

- Un endomorphisme p de E est un **projecteur** s'il vérifie $pop = p$.
  Si p est un projecteur de E alors p est la projection sur Imp de direction Ker$p$.
- Un endomorphisme s de E est une **symétrie** s'il vérifie $sos = id_E$ où id_E désigne l'application linéaire identité de E (c'est-à-dire telle que : $\forall x \in E,\ id_E(x) = x$).

  Si s est une symétrie de E alors s est la symétrie d'axe $\text{Ker}(s - id_E)$ et de direction $\text{Ker}(s + id_E)$.
- **Théorème**

  s est une symétrie $\Leftrightarrow p = \dfrac{s + id_E}{2}$ est un projecteur.

  p est un projecteur $\Leftrightarrow s = 2p - id_E$ est une symétrie.

2E. Théorème du rang

Soit $f : E \to F$ une application linéaire (E espace vectoriel de dimension finie).

- **Formule du rang**

  $\boxed{\dim E = \dim \text{Ker} f + \dim \text{Im} f}$.

  La dimension de Imf est aussi appelé le **rang** de f et est noté rg f :

  $$\text{rg} f = \dim \text{Im} f.$$

  La formule s'écrit alors : $\boxed{\dim E = \dim \text{Ker} f + \text{rg} f}$.
- **Cas particulier où dim E = dim F**

  Si dim E = dim F (donc notamment dans le cas où f est un endomorphisme en dimension finie), on a :

  f bijective $\Leftrightarrow f$ injective $\Leftrightarrow f$ surjective

  $\Leftrightarrow \text{Ker} f = \{0_E\} \Leftrightarrow \text{Im} f = F$.

3. MATRICES

3A. Généralités

- Soient n et p deux entiers non nuls. On appelle **matrice** à n lignes et p colonnes le tableau A de $n \times p$ éléments de K ($K = \mathbb{R}$ ou $\mathbb{C}$) noté :
$$A = \begin{pmatrix} a_{11} & a_{12} & \dots & a_{1p} \\ a_{21} & a_{22} & \dots & a_{2p} \\ . & . & . & . \\ a_{n1} & a_{n2} & \dots & a_{np} \end{pmatrix}.$$
La matrice A est dite de type (n,p).
- On note aussi $A = (a_{ij})$ avec $1 \leqslant i \leqslant n$ et $1 \leqslant j \leqslant p$: le premier indice est l'indice de ligne et le deuxième celui de colonne. On dit que a_{ij} est le **terme général** de la matrice A.
- L'ensemble des matrices à n lignes et p colonnes, à coefficients dans K, est noté $\mathcal{M}_{n,p}(K)$: $A \in \mathcal{M}_{n,p}(K)$.

3B. Matrices particulières

- Si $n = 1$, on dit que A est une **matrice ligne**.
Exemple : $A = \begin{pmatrix} 1 & 2 & 3 \end{pmatrix}$.
- Si $p = 1$, on dit que A est une **matrice colonne**.
Exemple : $A = \begin{pmatrix} 4 \\ 5 \\ 6 \end{pmatrix}$.
- La **matrice nulle** est la matrice dont tous les éléments sont nuls.
- Si $n = p$, on dit que A est une **matrice carrée** d'ordre n.
Dans ce cas, les réels $a_{11}, a_{22}, \dots, a_{ii}, \dots, a_{nn}$ forment la diagonale principale de A.
- Une **matrice diagonale** est une matrice carrée dont tous les éléments situés en dehors de la diagonale principale sont nuls.
La matrice diagonale qui ne comporte que des "1" sur la diagonale principale est appelée **matrice identité** et est noté I_n ou encore I s'il n'y a pas d'ambiguïté.
- Si les termes situés "au-dessous" de la diagonale principale sont nuls (c'est-à-dire si $a_{ij} = 0$ lorsque $i > j$), on dit que A est une **matrice triangulaire supérieure**.
- Si les termes situés "au-dessus" de la diagonale principale sont nuls (c'est-à-dire si $a_{ij} = 0$ lorsque $i < j$), on dit que A est **une matrice triangulaire inférieure**.

- On appelle **matrice transposée** de la matrice A de type (n,p) la matrice notée ${}^tA$ de type (p,n) obtenue en échangeant lignes et colonnes.
- Une **matrice symétrique** est une matrice carrée dont les éléments symétriques par rapport à la diagonale principale sont égaux (c'est-à-dire $a_{ij} = a_{ji}$ quels que soient i et j).
  A est symétrique $\Leftrightarrow {}^tA = A$.

3C. Matrice d'une application linéaire

- Soient E et F deux espaces vectoriels sur K de dimensions respectives p et n.
  Soit f une application linéaire de E dans F.
  Soit $\mathscr{B} = (u_1,u_2,\ldots,u_p)$ une base de E et soit $\mathscr{B}' = (v_1,v_2,\ldots,v_n)$ une base de F.
  Pour chaque vecteur u_i de $\mathscr{B}$, on peut écrire :
  $$f(u_i) = a_{1i}v_1 + a_{2i}v_2 + \ldots + a_{ni}v_n$$
  où $\begin{pmatrix} a_{1i} \\ a_{2i} \\ . \\ . \\ a_{ni} \end{pmatrix}$ sont les coordonnées de $f(u_i)$ dans la base $\mathscr{B}'$.
  Le tableau à n lignes et p colonnes, obtenu en reportant dans chaque colonne les coordonnées des vecteurs $f(u_1)$, ..., $f(u_p)$ est appelé **matrice de l'application linéaire** f relativement aux bases $\mathscr{B}$ et $\mathscr{B}'$.
  Exemple :
  Soit l'application linéaire f de $\mathbb{R}^3$ dans $\mathbb{R}^3$ définie dans la base canonique
  $\mathscr{B} = (i,j,k)$ par $\begin{cases} f(i) = 2i - j + k \\ f(j) = i + 3j - 4k \\ f(k) = -i + j + 2k \end{cases}$.
  La matrice de f relativement à la base canonique $\mathscr{B}$ est $M = \begin{pmatrix} 2 & 1 & -1 \\ -1 & 3 & 1 \\ 1 & -4 & 2 \end{pmatrix}$.
- Soit f une application linéaire de matrice M relativement aux bases $\mathscr{B}$ et $\mathscr{B}'$.
  La colonne Y des coordonnées de l'image y d'un vecteur x en base $\mathscr{B}'$ se déduit de la colonne X des coordonnées de x en base $\mathscr{B}$:
  $$\boxed{y = f(x) \text{ se traduit matriciellement par } Y = MX}.$$

3D. Calculs matriciels

Les matrices (n,p) peuvent toujours être considérées comme matrices d'une application linéaire d'un espace vectoriel E de dimension p dans un espace vectoriel de dimension n, par rapport aux bases $\mathcal{B}$ et $\mathcal{B}'$.

- **Addition de matrices**
  Soient $A=(a_{ij})$, $B=(b_{ij})$, $C=(c_{ij})$ trois matrices de type (n,p) associées aux applications linéaires f, g et h.
  Soit $C=A+B$. On additionne terme à terme : $c_{ij}=a_{ij}+b_{ij}$.
  $C=A+B$ est la matrice de $h=f+g$.
- **Multiplication d'une matrice par un scalaire**
  Soient $A=(a_{ij})$, $B=(b_{ij})$ deux matrices de type (n,p) associées aux applications linéaires f et g et λ une constante réelle ou complexe.
  Soit $B=\lambda A$.
  On multiplie tous les termes de la matrice A par le scalaire λ : $b_{ij}=\lambda a_{ij}$.
  $B=\lambda A$ est la matrice de λf.
- **Produit de deux matrices**
  Le produit de deux matrices n'est possible que si le nombre de colonnes de la première matrice est égal au nombre de lignes de la deuxième.
  Soit $A=(a_{ij})$ une matrice de type (n,p) et $B=(b_{ij})$ une matrice de type (p,q).
  Le produit AB est la matrice $C=(c_{ij})$ de type (n,q) où :
  $$c_{ij}=\sum_{k=1}^{p}a_{ik}b_{kj}$$
  L'élément de la $i^{\text{ème}}$ ligne et de la $j^{\text{ème}}$ colonne de AB s'obtient en multipliant terme à terme la $i^{\text{ème}}$ ligne de A par la $j^{\text{ème}}$ colonne de B et en sommant les produits obtenus.
  Si A et B sont les matrices des applications linéaires f et g dans la même base alors AB est la matrice de l'application linéaire fog.
  Attention ! Le produit de matrices n'est pas commutatif : dans le cas général, $AB \neq BA$.
- **Puissance d'une matrice carrée**
  - Soit A une matrice carrée d'ordre n.
    Les puissances de A sont définies par récurrence :
    $A^0=I_n$, $A^1=A$ et $\forall p \in \mathbb{N}$, $A^{p+1}=A^pA=AA^p$.
  - Si A et B commutent (c'est-à-dire si $AB=BA$), on peut appliquer la formule du binôme de Newton :
    $$\boxed{\forall n \in \mathbb{N}^*,\ (A+B)^n=\sum_{k=0}^{n}C_n^kA^kB^{n-k}=\sum_{k=0}^{n}C_n^kA^{n-k}B^k}.$$

Rappels :

- les coefficients binomiaux C_n^k sont définis par :
$$C_n^k = \frac{n!}{k!(n-k)!}.$$
- ils vérifient la formule du triangle de Pascal :
$$C_n^k = C_{n-1}^k + C_{n-1}^{k-1}.$$
- ils vérifient aussi une relation de symétrie :
$$C_n^k = C_n^{n-k}.$$

- **Inverse d'une matrice carrée**
  - Soit A une matrice carrée d'ordre n. S'il existe une matrice B carrée d'ordre n telle que $AB = BA = I_n$ alors A est dite inversible et B est appelée **inverse** de la matrice A. On la note A^{-1}.
  - A est inversible si et seulement si l'application linéaire associée f est inversible et alors la matrice A^{-1} est la matrice associée à f^{-1}.
  - Le produit de deux matrices inversibles est inversible et $(AB)^{-1} = B^{-1}A^{-1}$.
  - Si A est inversible alors $AB = C$ équivaut à $B = A^{-1}C$.
  - En pratique, pour calculer A^{-1}, on résout le système $AX = Y$ où X et Y sont des matrices colonnes à n lignes. La solution est donnée par : $X = A^{-1}Y$

3E. Rang d'une matrice

- Le **rang** d'une matrice A noté rg A est le rang de l'application linéaire associée, c'est la dimension de l'espace vectoriel engendré par les vecteurs colonnes.
- On a $\text{rg}\, A = \text{rg}\, {}^tA$.
- On ne change pas le rang :
  - en supprimant une ligne ou une colonne combinaison linéaire des autres lignes ou colonnes,
  - en supprimant une ligne ou une colonne nulle,
  - en ajoutant à une ligne ou une colonne une combinaison des autres lignes ou colonnes,
  - en multipliant une ligne ou une colonne par un scalaire non nul.
- *Remarques* :
  - Une matrice de rang nul est la matrice nulle.
  - Une matrice de rang 1 contient au moins un vecteur colonne C non nul. Les autres vecteurs colonnes sont tous colinéaires à C.

3F. Matrice de projections, de symétries

- La matrice A d'un projecteur relativement à une base $\mathscr{B}$ vérifie $A^2 = A$.
- La matrice A d'une symétrie relativement à une base $\mathscr{B}$ vérifie $A^2 = I_n$.

4. DETERMINANT D'UNE MATRICE CARREE

4A. Cas particuliers

- **Matrice carrée d'ordre 2**
  Le déterminant de $M = \begin{pmatrix} a & b \\ c & d \end{pmatrix}$ est : $\det(M) = \begin{vmatrix} a & b \\ c & d \end{vmatrix} = ad - bc$.
- **Matrice carrée d'ordre 3**
  Le déterminant de $M = \begin{pmatrix} a_{11} & a_{12} & a_{13} \\ a_{21} & a_{22} & a_{23} \\ a_{31} & a_{32} & a_{33} \end{pmatrix}$ est :
  $\det(M) = a_{11}a_{22}a_{33} + a_{21}a_{32}a_{13} + a_{31}a_{12}a_{23} - a_{31}a_{22}a_{13} - a_{21}a_{12}a_{33} - a_{11}a_{32}a_{23}$.
  Ce développement est connu sous le nom de **règle de Sarrus** : on effectue les produits en diagonale, ceux dans la même direction que la diagonale principale étant affectés d'un signe + et les autres d'un signe -.
  Attention ! La règle de Sarrus ne se généralise pas à des ordres supérieurs.
- **Matrice triangulaire**
  Le déterminant d'une matrice triangulaire est égal au produit des éléments qui sont sur la diagonale.

4B. Cas général

La règle de signes est $\begin{vmatrix} + & - & + & \cdots & \cdots \\ - & + & - & & \\ + & - & + & & \\ . & . & . & . & . \\ & & & & + \end{vmatrix}$.

On développe les déterminants d'ordre n suivant une ligne ou une colonne en tenant compte de la règle de signes.
On a ainsi une somme de termes $(-1)^{i+j}a_{ij}A_{ij}$ où a_{ij} est l'élément de la matrice en $i^{\text{ème}}$ ligne et $j^{\text{ème}}$ colonne et A_{ij} le déterminant d'ordre $(n-1)$ obtenu en barrant la $i^{\text{ème}}$ ligne et $j^{\text{ème}}$ colonne.

4C. Propriétés

- $\det I_n = 1$ et plus généralement : $\forall \alpha \in K$, $\det(\alpha I_n) = \alpha^n$.
- Pour toutes matrices A et B, $\det(AB) = \det A \times \det B = \det(BA)$.
- Pour toute matrice A, $\det {}^tA = \det A$.
- Pour toute matrice A :
  $\det A \neq 0$ est équivalent à l'une des propriétés :
  - la matrice A est inversible
  - les vecteurs colonnes de A sont linéairement indépendants
  - les vecteurs lignes de A sont linéairement indépendants

  et $\det(A^{-1}) = \dfrac{1}{\det A}$.
- **Théorème** : soit A une matrice carrée d'ordre n
  - Si une colonne (resp. ligne) est nulle alors $\det A = 0$.
  - Si deux colonnes (resp. lignes) sont égales alors $\det A = 0$.
  - Si on échange deux colonnes (resp. lignes), on multiplie $\det A$ par -1.
  - $\det A$ est linéaire par rapport à chaque colonne (resp. ligne).
  - $\det A$ ne change pas si on ajoute à une colonne (resp. ligne) une combinaison linéaire des autres.

4D. Applications

- **Application 1 : inversion d'une matrice carrée d'ordre 2**
  Soit $A = \begin{pmatrix} a & b \\ c & d \end{pmatrix}$.

  Si $\det A = ad - bc \neq 0$ alors $\boxed{A^{-1} = \dfrac{1}{\det A}\begin{pmatrix} d & -b \\ -c & a \end{pmatrix}}$.

  Remarque :
  Ce résultat permet d'obtenir très rapidement l'inverse d'une matrice carrée d'ordre 2 inversible.
- **Application 2 : rang d'une matrice**
  rg A est égal au plus grand ordre des sous-matrices carrées de A de déterminant non nul.
- **Application 3 : résolution de systèmes linéaires**
  - On appelle système linéaire de n équations à p inconnues un système de la forme :

$$\begin{cases} a_{11}x_1 + a_{12}x_2 + \ldots + a_{1p}x_p = b_1 \\ \ldots\ldots\ldots\ldots\ldots\ldots\ldots\ldots\ldots \\ a_{n1}x_1 + a_{n2}x_2 + \ldots + a_{np}x_p = b_n \end{cases}$$

  $A = (a_{ij})$ de type (n,p) est la matrice du système.

En désignant par X et B les matrices colonnes $X = \begin{pmatrix} x_1 \\ \cdot \\ x_p \end{pmatrix}$ et

$B = \begin{pmatrix} b_1 \\ \cdot \\ b_n \end{pmatrix}$, le système s'écrit matriciellement : $AX = B$.

- Dans le cas où la matrice A est carrée ($n = p$) et inversible, le système est dit de **Cramer**.
  Il admet une solution unique : $X = A^{-1}B$.
  Plus précisément, l'unique solution est le n-uplet $(x_1, x_2, \dots, x_n)$ tel que : $\boxed{x_i = \dfrac{\det A_i}{\det A}}$ où A_i est la matrice obtenue à partir de A en remplaçant sa $i^{\text{ème}}$ colonne par B.
- Dans les autres cas, le système peut être impossible (sans solution) ou indéterminé (admettant une infinité de solutions).
- *Remarque* :
  Dans la pratique, la méthode du pivot de Gauss est souvent utilisée pour résoudre un système linéaire.
  Elle consiste, par des combinaisons linéaires des équations, à se ramener à un système triangulaire.
  Détaillons sur un exemple :
  Soit à résoudre le système $\begin{cases} x + y + z = 4 \\ x - y + 2z = 3 \\ 2x + y - z = -3 \end{cases}$.
  Notons L_1, L_2 et L_3 les lignes de ce système.
  En remplaçant L_2 par $L_2 - L_1$ et L_3 par $L_3 - 2L_1$, on obtient le système équivalent :
  $\begin{cases} x + y + z = 4 \\ -2y + z = -1 \\ -y - 3z = -11 \end{cases}$.
  En remplaçant L_3 par $2L_3 - L_2$, on obtient le système équivalent :
  $\begin{cases} x + y + z = 4 \\ -2y + z = -1 \\ -7z = -21 \end{cases}$ d'où $z = 3$ puis $y = 2$ et $x = -1$.
  L'ensemble solution du système est $S = \{(-1\,;2\,;3)\}$.

5. DIAGONALISATION

5A. Changement de bases

- Soient E un espace vectoriel de dimension n, $\mathcal{B} = (u_1, u_2, \ldots, u_n)$ et $\mathcal{B}' = (u'_1, u'_2, \ldots, u'_n)$ deux bases de E.
  La **matrice de passage** P de la base $\mathcal{B}$ à la base $\mathcal{B}'$ est la matrice dont les colonnes sont formées des coordonnées des vecteurs de $\mathcal{B}'$ dans la base $\mathcal{B}$.
  P est toujours inversible et P^{-1} représente la matrice de passage de la base $\mathcal{B}'$ à la base $\mathcal{B}$.
- **Effet d'un changement de base sur les coordonnées d'un vecteur**
  Soit x un vecteur de E. Notons X le vecteur colonne des coordonnées de x dans l'ancienne base $\mathcal{B}$ et X' le vecteur colonne des coordonnées de x dans la nouvelle base $\mathcal{B}'$.
  On a la relation : $\boxed{X = PX'}$ où P est la matrice de passage de $\mathcal{B}$ à $\mathcal{B}'$.
- **Effet d'un changement de base sur la matrice d'un endomorphisme**
  Soit f un endomorphisme de E.
  Notons A la matrice de f dans l'ancienne base $\mathcal{B}$ et A' la matrice de f dans la nouvelle base $\mathcal{B}'$.
  On a la relation : $\boxed{A' = P^{-1}AP}$ où P est la matrice de passage de $\mathcal{B}$ à $\mathcal{B}'$.
  Remarque :
  Par définition, on dit que deux matrices A et A' sont **semblables** si et seulement si, il existe une matrice P inversible telle que $A' = P^{-1}AP$.
  Deux matrices semblables A et A' représentent le même endomorphisme dans deux bases différentes.

5B. Eléments propres

Soit f un endomorphisme de E représenté par la matrice A dans une base $\mathcal{B}$ de E.

- Un **vecteur propre** de f est un vecteur u, non nul, tel que $f(u) = \lambda u$ où $\lambda \in K$.
- Le scalaire λ est appelé **valeur propre** de f.
  L'ensemble des valeurs propres de f est appelé le **spectre** de f et est noté sp f.
  On peut également dire que u, vecteur propre de f, est tel que $AX = \lambda X$ si X est la matrice colonne représentant u.
  Le scalaire λ est alors appelé valeur propre de la matrice A.

Remarques :
- A un vecteur propre correspond une seule valeur propre,
- A une valeur propre peuvent correspondre plusieurs vecteurs propres.

- L'espace vectoriel $E_\lambda = \text{Ker}(f - \lambda id) = \text{Ker}(A - \lambda I)$ s'appelle **sous-espace vectoriel propre** associé à la valeur propre λ.
  Les éléments non nuls de E_λ sont les vecteurs propres associés à la valeur propre λ.
  Par application de la formule du rang, on a : $\boxed{\dim E_\lambda = n - \text{rg}\,(A - \lambda I)}$.
- **Propriétés**
  - Toute famille constituée de vecteurs propres (non nuls) associés à des valeurs propres deux à deux distinctes est une famille libre.
  - Si λ est une valeur propre de f (resp. de A) alors :
    - $\forall k \in \mathbb{N}$, λ^k est une valeur propre de f^k (resp. de A^k) et les vecteurs propres pour f (resp. A) sont vecteurs propres pour f^k (resp. A^k).
    - Si de plus, f est bijective (resp. A inversible) alors λ^{-1} est une valeur propre de f^{-1} (resp. A^{-1}) et les vecteurs propres pour f (resp. A) sont vecteurs propres pour f^{-1} (resp. A^{-1}).

5C. Polynôme caractéristique

- **Définition**
  Soit f un endomorphisme de E, espace vectoriel de dimension n et A sa matrice dans une base quelconque.
  Le polynôme caractéristique de f est $P_f(\lambda) = \det(f - \lambda id)$.
  Le polynôme caractéristique de A est $P_A(\lambda) = \det(A - \lambda I)$.
- **Propriétés**
  - Le polynôme caractéristique de A (ou de f) est un polynôme de degré n en λ.
  - Les valeurs propres de A (ou de f) sont les racines de son polynôme caractéristique.
  - L'ordre de multiplicité d'une racine λ du polynôme caractéristique de A (ou de f) s'appelle l'ordre de multiplicité de λ, valeur propre de A (ou de f).
  - Soient $\lambda_1, \ldots, \lambda_p$ les valeurs propres de A (ou de f) d'ordre de multiplicité $m_1, \ldots, m_p$ respectivement.
    On a : pour tout entier k compris entre 1 et p, $1 \leqslant \dim E_{\lambda_k} \leqslant m_k$.
    En particulier, on remarquera que le sous-espace propre associé à une valeur propre simple est toujours une droite vectorielle (c'est-à-dire un sous-espace de dimension 1).

5D. Diagonalisabilité

- **Définition**
  Un endomorphisme f ou sa matrice A dans une base $\mathcal{B}$ est diagonalisable si et seulement si il existe une base $\mathcal{B}'$ de E constituée de vecteurs propres. Dans ce cas, par définition, la matrice de f dans la base $\mathcal{B}'$ est une matrice diagonale.
  Autrement dit :
  S'il existe une base $\mathcal{B}'$ de E constituée de vecteurs propres alors la matrice D de f dans la base $\mathcal{B}'$ est diagonale et on a la relation : $A = PDP^{-1}$ où P est la matrice de passage de la base $\mathcal{B}$ à la base $\mathcal{B}'$ (A est semblable à une matrice diagonale).
  Les éléments de la diagonale de D sont les valeurs propres de A répétées autant de fois que leur ordre de multiplicité.
- **Théorème : critère de diagonalisation**
  Il y a équivalence entre :
  1) f (ou A) est diagonalisable.
  2) $\dim E = \sum \dim (E_\lambda)$.
  3) Le polynôme caractéristique P_f de f (ou P_A de A) est scindé **et** pour toute valeur propre λ, $\dim (E_\lambda) = m_\lambda$ où m_λ représente l'ordre de multiplicité de λ.
     Remarque :
     On rappelle qu'un polynôme scindé est un polynôme qui peut se factoriser en produit d'expressions du 1er degré (sur $\mathbb{C}$, tous les polynômes sont scindés).
- **Cas particuliers**
  - Cas de n valeurs propres distinctes dans un espace de dimension n
    Un endomorphisme f (ou une matrice A) admettant n valeurs propres distinctes est diagonalisable.
    Remarque :
    C'est une condition suffisante de diagonalisation.
  - Cas des matrices symétriques à coefficients réels
    Toute matrice symétrique à coefficients réels est diagonalisable.

5E. Compléments

- **Matrices carrées d'ordre 2**
  - Si $A = \begin{pmatrix} a & b \\ c & d \end{pmatrix}$ alors $P_A(\lambda) = \det(A - \lambda I) = \lambda^2 - \mathrm{tr}(A)\lambda + \det A$

  où :
    - $\mathrm{tr}(A) = a + d$ représente la **trace** de la matrice A (c'est la somme des termes situés sur la diagonale principale de A)
    - $\det A = ad - bc$.
  - Les valeurs propres λ_1, λ_2 de A (réelles ou complexes, distinctes ou confondues) vérifient donc :

$$\boxed{\lambda_1 + \lambda_2 = \mathrm{tr}(A)} \text{ et } \boxed{\lambda_1\lambda_2 = \det A}.$$

- **Matrices carrées d'ordre 3**
  - Si $A = \begin{pmatrix} a_{11} & a_{12} & a_{13} \\ a_{21} & a_{22} & a_{23} \\ a_{31} & a_{32} & a_{33} \end{pmatrix}$ alors

$$P_A(\lambda) = -\lambda^3 + \mathrm{tr}(A)\lambda^2 - \left[(a_{11}a_{22} - a_{21}a_{12}) + (a_{11}a_{33} - a_{31}a_{13}) + (a_{22}a_{33} - a_{32}a_{23})\right]\lambda + \det A.$$

  Le coefficient du terme en λ est l'opposé de la somme des trois déterminants d'ordre 2 obtenus à partir de A en supprimant une ligne et une colonne de même indice.
  - Les valeurs propres λ_1 , λ_2 et λ_3 de A (réelles ou complexes, simples ou multiples) vérifient donc :

$$\boxed{\lambda_1 + \lambda_2 + \lambda_3 = \mathrm{tr}(A)} \text{ et } \boxed{\lambda_1\lambda_2\lambda_3 = \det A}.$$

- **Matrices carrées d'ordre *n***
  - On démontre de même que, pour une matrice A carrée d'ordre n, on a :
  $P_A(\lambda) = (-1)^n\lambda^n - (-1)^n\mathrm{tr}(A)\lambda^{n-1} + \ldots + \det A$.
  - Les valeurs propres $\lambda_1, \lambda_2, \ldots, \lambda_n$ de A (réelles ou complexes, simples ou multiples) vérifient donc :

$$\boxed{\sum_{k=1}^{n} \lambda_k = \mathrm{tr}(A)} \text{ et } \boxed{\prod_{k=1}^{n} \lambda_k = \det A}.$$

6. TRIGONALISATION

6A. Définition

Soit f un endomorphisme de E représenté par la matrice A dans une base $\mathcal{B}$ de E.

- L'endomorphisme f est trigonalisable s'il existe une base $\mathcal{B}'$ dans laquelle sa matrice est triangulaire.
- La matrice A est trigonalisable si elle est semblable à une matrice triangulaire T. Les valeurs propres se trouvent sur la diagonale de T, chacune autant de fois que son ordre de multiplicité.

6B. Condition nécessaire et suffisante

L'endomorphisme f (resp. la matrice A) est trigonalisable si et seulement si son polynôme caractéristique $P_f(\lambda)$ (resp. $P_A(\lambda)$) est scindé.

Remarque :

Tout polynôme étant scindé sur $\mathbb{C}$, on en déduit que toute matrice carrée, réelle ou complexe, est trigonalisable dans $\mathbb{C}$.

6C. Réduite de Jordan

On va travailler en dimension $n = 3$ pour simplifier.
Soit A une matrice carrée d'ordre 3.
Si A n'est pas diagonalisable, il est possible d'obtenir dans $\mathbb{C}$ l'une des réductions suivantes :

- **Si A possède une valeur propre triple λ_1 :**
  - Si $\dim E_{\lambda_1} = 1$ alors A est semblable à $\begin{pmatrix} \lambda_1 & 1 & 0 \\ 0 & \lambda_1 & 1 \\ 0 & 0 & \lambda_1 \end{pmatrix}$.
  - Si $\dim E_{\lambda_1} = 2$ alors A est semblable à $\begin{pmatrix} \lambda_1 & 0 & 0 \\ 0 & \lambda_1 & 1 \\ 0 & 0 & \lambda_1 \end{pmatrix}$.
- **Si A possède une valeur double λ_1 et une valeur propre simple λ_2 :**

  A est semblable à $\begin{pmatrix} \lambda_1 & 1 & 0 \\ 0 & \lambda_1 & 0 \\ 0 & 0 & \lambda_2 \end{pmatrix}$.

Chapitre 10

ELEMENTS DE GEOMETRIE

1. Les différents cadres de la géométrie
2. Géométrie vectorielle
2A. Géométrie vectorielle dans le plan
2B. Géométrie vectorielle dans l'espace
3. Géométrie dans le plan affine
3A. Repère cartésien – coordonnées
3B. Barycentre
3C. Plan affine euclidien
3D. Droites dans le plan affine
3E. Relations métriques dans le triangle
3F. Coniques
4. Géométrie dans l'espace affine
4A. Extension des notions du plan
4B. Espace affine euclidien
4C. Plans dans l'espace affine
4D. Droites dans l'espace affine
4E. Sphère dans l'espace

1. LES DIFFERENTS CADRES DE LA GEOMETRIE

Il faut distinguer, que ce soit pour la géométrie dans le plan ou la géométrie dans l'espace, différents cadres :

- **la géométrie vectorielle**
  Dans ce cadre, les objets manipulés sont des vecteurs. On peut parler de vecteurs linéairement dépendants, indépendants, de bases, de déterminant de vecteurs, de droites vectorielles, ...
- **la géométrie vectorielle euclidienne**
  Par rapport au cadre précédent, on dispose de plus de la notion de produit scalaire qui permet de définir les notions de normes, de distance, d'orthogonalité, ...
- **la géométrie affine**
  Un espace affine est associé à un espace vectoriel : à une base de vecteurs, on "ajoute" un point ce qui permet de définir la notion de repère.
  Les objets manipulés peuvent être des points, des droites, des plans dans l'espace, ...
- **la géométrie affine euclidienne**
  Par rapport au cadre précédent, on dispose de la notion de produit scalaire permettant ainsi de s'intéresser notamment aux problèmes de distance entre un point et une droite, entre deux droites, ...

2. GEOMETRIE VECTORIELLE

2A. Géométrie vectorielle dans le plan

- Le **plan vectoriel** $\vec{\mathscr{P}}$ est un espace vectoriel de dimension 2.
  On retrouve donc les notions de famille libre, famille liée de vecteurs et de base étudiées dans le chapitre "Algèbre linéaire".
  Ainsi une **base** du plan vectoriel est une famille libre de deux vecteurs $(\vec{i},\vec{j})$ et tout vecteur $\vec{u}$ du plan s'exprime de manière unique en fonction des deux vecteurs de la base : $\vec{u} = x\vec{i} + y\vec{j}$ avec x et y réels.
  Les réels x et y sont appelés les **coordonnées** de $\vec{u}$ dans la base $(\vec{i},\vec{j})$.
- Deux vecteurs $\vec{u}$ et $\vec{v}$ forment une famille libre et donc une base si et seulement si leur **déterminant** dans la base $(\vec{i},\vec{j})$ est non nul.
  On rappelle que si $\vec{u}$ a pour coordonnées (x,y) et $\vec{v}$ a pour coordonnées (x',y') dans la base $(\vec{i},\vec{j})$ alors le déterminant de $\vec{u}$ et $\vec{v}$ en base $(\vec{i},\vec{j})$ est donné par : $\boxed{\det(\vec{u},\vec{v}) = \begin{vmatrix} x & x' \\ y & y' \end{vmatrix} = xy' - yx'}$.

- **Plan vectoriel euclidien**
  - On appelle **produit scalaire** une application de $\vec{\mathscr{P}} \times \vec{\mathscr{P}}$ dans $\mathbb{R}$ qui au couple de vecteurs $(\vec{u},\vec{v})$ associe un réel noté $\vec{u}\cdot\vec{v}$ vérifiant les propriétés suivantes :
    - $\forall(\vec{u},\vec{v}) \in \vec{\mathscr{P}} \times \vec{\mathscr{P}}$: $\vec{u}\cdot\vec{v} = \vec{v}\cdot\vec{u}$
    - $\forall(\vec{u},\vec{v},\vec{w}) \in \vec{\mathscr{P}}^3$, $\forall(\alpha,\beta) \in \mathbb{R}^2$: $(\alpha\vec{u} + \beta\vec{v})\cdot\vec{w} = \alpha(\vec{u}\cdot\vec{w}) + \beta(\vec{v}\cdot\vec{w})$
    - $\forall\,\vec{u} \in \vec{\mathscr{P}}$, $\vec{u}\cdot\vec{u} > 0$ si $\vec{u} \neq \vec{0}$.
  - Le plan vectoriel $\vec{\mathscr{P}}$ muni du produit scalaire ainsi défini est appelé **plan vectoriel euclidien**.
  - On peut maintenant définir la **norme euclidienne** d'un vecteur $\vec{u}$ notée $\|\vec{u}\|$, par : $\boxed{\|\vec{u}\| = \sqrt{\vec{u}\cdot\vec{u}} = \sqrt{\vec{u}^2}}$.

    Cette norme possède les propriétés de toute norme :
    - $\forall\vec{u} \in \vec{\mathscr{P}}$, $\|\vec{u}\| \geqslant 0$
    - $\|\vec{u}\| = 0 \Leftrightarrow \vec{u} = \vec{0}$
    - $\forall\,\alpha \in \mathbb{R}$, $\forall\,\vec{u} \in \vec{\mathscr{P}}$, $\|\alpha\vec{u}\| = |\alpha|\,\|\vec{u}\|$
    - $\forall(\vec{u},\vec{v}) \in \vec{\mathscr{P}} \times \vec{\mathscr{P}}$, $\|\vec{u} + \vec{v}\| \leqslant \|\vec{u}\| + \|\vec{v}\|$
  - Il existe des relations entre produit scalaire et norme euclidienne :
    - $\|\vec{u} + \vec{v}\|^2 = \|\vec{u}\|^2 + \|\vec{v}\|^2 + 2\vec{u}\cdot\vec{v}$.
    - $\|\vec{u} - \vec{v}\|^2 = \|\vec{u}\|^2 + \|\vec{v}\|^2 - 2\vec{u}\cdot\vec{v}$.
    - $\vec{u}\cdot\vec{v} = \dfrac{1}{4}\left(\|\vec{u} + \vec{v}\|^2 - \|\vec{u} - \vec{v}\|^2\right)$.
  - On appelle **vecteur unitaire** un vecteur de norme égale à 1
  - Deux vecteurs $\vec{u}$ et $\vec{v}$ sont **orthogonaux** si et seulement si $\vec{u}\cdot\vec{v} = 0$.
  - Deux vecteurs $\vec{u}$ et $\vec{v}$ sont orthogonaux si et seulement si $\|\vec{u} + \vec{v}\|^2 = \|\vec{u}\|^2 + \|\vec{v}\|^2$: c'est le **théorème de Pythagore**.
  - Un couple de vecteurs orthogonaux et unitaires forme une **base orthonormée** du plan vectoriel euclidien.
  - Soit $(\vec{i},\vec{j})$ une <u>base orthonormée</u> du plan vectoriel euclidien.

    Si dans la base $(\vec{i},\vec{j})$, $\vec{u}(x,y)$ et $\vec{v}(x',y')$ alors :

    $$\boxed{\vec{u}\cdot\vec{v} = xx' + yy'} \text{ et } \boxed{\|\vec{u}\| = \sqrt{x^2 + y^2}}.$$
  - Le produit scalaire permet de définir le cosinus de l'angle formé par les vecteurs $\vec{u}$ et $\vec{v}$ (non nuls) par la relation :

    $$\boxed{\vec{u}\cdot\vec{v} = \|\vec{u}\|\,\|\vec{v}\|\cos(\vec{u},\vec{v})}.$$

2B. Géométrie vectorielle dans l'espace

- Les notions de famille libre, famille liée de vecteurs et base s'appliquent de façon identique dans l'espace vectoriel $\vec{\mathcal{E}}$ de dimension 3.
- Le produit scalaire tel qu'il a été défini dans le plan se généralise en dimension 3.
  L'espace vectoriel muni du produit scalaire est appelé **espace vectoriel euclidien**.
  On donne ci-dessous uniquement les résultats essentiels :
  - Si l'espace $\vec{\mathcal{E}}$ est muni d'une base orthonormée $(\vec{i},\vec{j},\vec{k})$, le produit scalaire de deux vecteurs $\vec{u}(x,y,z)$ et $\vec{v}(x',y',z')$ est donné par :
    $$\boxed{\vec{u}\cdot\vec{v} = xx' + yy' + zz'} \text{ et } \boxed{\|\vec{u}\| = \sqrt{x^2+y^2+z^2}}.$$
  - Si l'angle $(\vec{u},\vec{v})$ est mesuré dans le plan contenant les vecteurs non nuls $\vec{u}$ et $\vec{v}$, on a aussi la relation :
    $$\boxed{\vec{u}\cdot\vec{v} = \|\vec{u}\|\,\|\vec{v}\|\cos(\vec{u},\vec{v})}.$$
- **Orientation dans l'espace $\vec{\mathcal{E}}$**
  Une <u>base orthonormée</u> de $\vec{\mathcal{E}}$ est dite **directe** lorsqu'elle est orientée arbitrairement à l'aide de la règle de la "main droite", du "tire-bouchon" ou du "bonhomme d'Ampère".
  Si une base n'est pas directe, elle est dite **indirecte** ou rétrograde.
- **Produit vectoriel**
  - **Définition**
    Le produit vectoriel de deux vecteurs $\vec{u}$ et $\vec{v}$ de $\vec{\mathcal{E}}$ est le vecteur noté $\boxed{\vec{u}\wedge\vec{v}}$ tel que :
    - si $\vec{u}$ et $\vec{v}$ sont colinéaires alors $\vec{u}\wedge\vec{v} = \vec{0}$
    - si $\vec{u}$ et $\vec{v}$ ne sont pas colinéaires alors :
      (1) $\vec{u}\wedge\vec{v}$ est orthogonal à $\vec{u}$ et à $\vec{v}$
      (2) le sens de $\vec{u}\wedge\vec{v}$ est tel que la base $(\vec{u},\vec{v},\vec{u}\wedge\vec{v})$ soit une base directe de $\vec{\mathcal{E}}$
      (3) $\|\vec{u}\wedge\vec{v}\| = \|\vec{u}\| \times \|\vec{v}\| \times |\sin(\vec{u},\vec{v})|$.

    Remarque :
    $\|\vec{u}\wedge\vec{v}\|$ est l'aire du parallélogramme construit sur $\vec{u}$ et $\vec{v}$.

- **Propriétés du produit vectoriel**
  - $\forall(\vec{u},\vec{v})\in\vec{\mathscr{E}}\times\vec{\mathscr{E}},\ \vec{u}\wedge\vec{v}=-\vec{v}\wedge\vec{u}$
  - $\forall(\vec{u},\vec{v},\vec{w})\in\vec{\mathscr{E}}^3,\ \vec{u}\wedge(\vec{v}+\vec{w})=(\vec{u}\wedge\vec{v})+(\vec{u}\wedge\vec{w})$
  - $\forall(\vec{u},\vec{v})\in\vec{\mathscr{E}}\times\vec{\mathscr{E}},\ \forall\alpha\in\mathbb{R},\ (\alpha\vec{u})\wedge\vec{v}=\alpha(\vec{u}\wedge\vec{v})$
  - $\forall(\vec{u},\vec{v},\vec{w})\in\vec{\mathscr{E}}^3,\ \vec{u}\wedge(\vec{v}\wedge\vec{w})=(\vec{u}\cdot\vec{w})\vec{v}-(\vec{u}\cdot\vec{v})\vec{w}.$
- **Produit vectoriel dans une base orthonormée directe**

  L'espace $\vec{\mathscr{E}}$ est rapporté à une base orthonormée <u>directe</u> $(\vec{i},\vec{j},\vec{k})$.
  Si $\vec{u}(x,y,z)$ et $\vec{v}(x',y',z')$ alors :

$$\boxed{\vec{u}\wedge\vec{v}=\begin{vmatrix} y & y' \\ z & z' \end{vmatrix}\vec{i}-\begin{vmatrix} x & x' \\ z & z' \end{vmatrix}\vec{j}+\begin{vmatrix} x & x' \\ y & y' \end{vmatrix}\vec{k}} \text{ soit } \boxed{\vec{u}\wedge\vec{v}\begin{pmatrix} yz'-zy' \\ zx'-xz' \\ xy'-yx' \end{pmatrix}}$$

- **Produit mixte (ou déterminant)**
  - **Définition**

    On appelle produit mixte de trois vecteurs $\vec{u}$, $\vec{v}$, $\vec{w}$ de $\vec{\mathscr{E}}$ le réel noté $[\vec{u},\vec{v},\vec{w}]$, défini par : $\boxed{[\vec{u},\vec{v},\vec{w}]=(\vec{u}\wedge\vec{v})\cdot\vec{w}}$.
  - **Produit mixte dans une base orthonormée directe**

    L'espace $\vec{\mathscr{E}}$ est rapporté à une base orthonormée directe $(\vec{i},\vec{j},\vec{k})$.
    Si $\vec{u}(x,y,z)$, $\vec{v}(x',y',z')$ et $\vec{w}(x'',y'',z'')$ alors

$$\boxed{[\vec{u},\vec{v},\vec{w}]=\begin{vmatrix} x & x' & x'' \\ y & y' & y'' \\ z & z' & z'' \end{vmatrix}=x\begin{vmatrix} y' & y'' \\ z' & z'' \end{vmatrix}-y\begin{vmatrix} x' & x'' \\ z' & z'' \end{vmatrix}+z\begin{vmatrix} x' & x'' \\ y' & y'' \end{vmatrix}}$$

  - **Propriétés du produit mixte**
    - Une permutation circulaire des vecteurs d'un produit mixte le laisse inchangé.
    - La permutation de deux vecteurs fait changer de signe le produit mixte.
    - $[\vec{u},\vec{v},\vec{w}]=0$ si et seulement si $\vec{u}$, $\vec{v}$ et $\vec{w}$ sont coplanaires.
    - $|[\vec{u},\vec{v},\vec{w}]|$ est le volume du parallélépipède construit sur $\vec{u}$, $\vec{v}$ et $\vec{w}$.

3. GEOMETRIE DANS LE PLAN AFFINE

Le plan affine $\mathscr{P}$ est l'ensemble $\mathbb{R}^2$ dont les éléments sont considérés comme des points.

3A. Repère cartésien – coordonnées

- Un **repère cartésien** du plan affine $\mathscr{P}$ est un couple de deux éléments :
  - un point de $\mathscr{P}$ qui est appelée origine,
  - une base $(\vec{i},\vec{j})$ du plan vectoriel $\vec{\mathscr{P}}$ associé.
- Dans un tel repère, un point M est repéré par ses coordonnées appelées **coordonnées cartésiennes** x et y grâce à l'égalité : $\overrightarrow{OM} = x\vec{i} + y\vec{j}$.
  Remarque :
  Un point M du plan affine $\mathscr{P}$ peut également être repéré à l'aide de ses coordonnées polaires. Celles-ci sont présentées dans le chapitre "Courbes planes".
- **Changement de repère**
  Soient $(O\,;\vec{i},\vec{j})$ le repère de départ et $(O'\,;\vec{i},\vec{j})$ un nouveau repère avec O' de coordonnées (a,b) dans $(O\,;\vec{i},\vec{j})$.
  En notant (x,y) les coordonnées d'un point M dans $(O\,;\vec{i},\vec{j})$ et (X,Y) les coordonnées de M dans le repère $(O'\,;\vec{i},\vec{j})$, on a les relations :
  $$X = x - a \text{ et } Y = y - b.$$
  Remarque :
  Ces résultats ne sont pas à connaître par cœur mais à savoir retrouver rapidement à partir de l'égalité vectorielle : $\overrightarrow{O'M} = \overrightarrow{O'O} + \overrightarrow{OM} = \overrightarrow{OM} - \overrightarrow{OO'}$.
- **Composantes d'un vecteur**
  Si $A(x_A,y_A)$ et $B(x_B,y_B)$ dans $(O\,;\vec{i},\vec{j})$ alors $\overrightarrow{AB} = (x_B - x_A)\vec{i} + (y_B - y_A)\vec{j}$.

3B. Barycentre

- **Définitions**
  On appelle **point pondéré** du plan affine $\mathscr{P}$ un couple $(A,\alpha)\in\mathscr{P}\times\mathbb{R}$.
  Le réel α est appelé **masse** ou **coefficient** affecté au point A.
  Soit le système de points pondérés $\{(A_1,\alpha_1)\,;(A_2,\alpha_2)\,;\ldots;(A_n,\alpha_n)\}$ où les coefficients $\alpha_1,\alpha_2,\ldots,\alpha_n$ sont tels que $\sum_{i=1}^{n}\alpha_i \neq 0$.

Alors :

- Il existe un unique point G tel que :

$$\sum_{i=1}^{n} \alpha_i \overrightarrow{GA_i} = \alpha_1 \overrightarrow{GA_1} + \alpha_2 \overrightarrow{GA_2} + \ldots + \alpha_n \overrightarrow{GA_n} = \vec{0} \qquad (1)$$

Ce point G est appelé **barycentre** du système de points pondérés $(A_i, \alpha_i)_{1 \leqslant i \leqslant n}$.

- $$\forall\, O \in \mathscr{P},\ \overrightarrow{OG} = \frac{\sum_{i=1}^{n} \alpha_i \overrightarrow{OA_i}}{\sum_{i=1}^{n} \alpha_i} = \frac{\alpha_1 \overrightarrow{OA_1} + \alpha_2 \overrightarrow{OA_2} + \ldots + \alpha_n \overrightarrow{OA_n}}{\alpha_1 + \alpha_2 + \ldots + \alpha_n} \qquad (2)$$

- $$\forall\, M \in \mathscr{P},\ \sum_{i=1}^{n} \alpha_i \overrightarrow{MA_i} = \left(\sum_{i=1}^{n} \alpha_i\right) \overrightarrow{MG} \qquad (3).$$

Remarques :

- La relation (1) est appelée relation de définition du barycentre.
- La relation (2) permet de positionner le barycentre G par rapport à un point O connu (qui peut d'ailleurs être un des points A_i).
  Elle donne également les coordonnées x_G et y_G de G, dans un repère d'origine O, en fonction des coordonnées x_i et y_i des points A_i :

$$\boxed{x_G = \frac{\sum_{i=1}^{n} \alpha_i x_i}{\sum_{i=1}^{n} \alpha_i}} \quad \text{et} \quad \boxed{y_G = \frac{\sum_{i=1}^{n} \alpha_i y_i}{\sum_{i=1}^{n} \alpha_i}}.$$

- La relation (3), identique à la relation (2), sert à transformer l'expression $\sum_{i=1}^{n} \alpha_i \overrightarrow{MA_i}$ dans laquelle le point M intervient n fois en une autre expression dans laquelle M n'intervient qu'une seule fois.

• **Propriétés**

- Le barycentre est inchangé si on remplace tous les coefficients α_i par des coefficients proportionnels : $\lambda \alpha_i$ avec λ réel non nul.
  Notamment, il est donc toujours possible de se ramener à des coefficients α_i dont la somme est égale à 1.
- Le barycentre est inchangé si on remplace un sous-système de points pondérés de masse totale non nulle par son barycentre affecté de cette masse.

- *Remarques* :
  - Le barycentre G d'un système de points A_i tous affectés du même coefficient non nul α est appelé isobarycentre de ces points. Il est indépendant de la valeur de α et est défini par
  $$\overrightarrow{OG} = \frac{\sum_{i=1}^{n} \overrightarrow{OA_i}}{n}.$$
  Dans le cas particulier d'un système formé uniquement de deux points A_1 et A_2, l'isobarycentre G est le milieu du segment $[A_1A_2]$.
  - On peut dire que $[AB]$ est l'ensemble des barycentres du système $\{(A,t)\,;(B,1-t)\}$ où $t \in [0\,;1]$.
  - On peut dire que (AB) est l'ensemble des barycentres du système $\{(A,t)\,;(B,1-t)\}$ où $t \in \mathbb{R}$.

3C. Plan affine euclidien

Ici, le plan affine $\mathscr{P}$ est muni du produit scalaire précédemment défini dans $\overrightarrow{\mathscr{P}}$.
On peut alors définir la notion de distance entre deux points A et B de $\mathscr{P}$ de la manière suivante : $d(A,B) = \|\overrightarrow{AB}\| = \sqrt{\overrightarrow{AB}^2}$.
Si de plus, le plan affine euclidien est rapporté à un repère orthonormé $(O\,;\vec{i},\vec{j})$ et si A a pour coordonnées (x_A,y_A) et B pour coordonnées (x_B,y_B) dans ce repère alors $d(A,B) = \sqrt{(x_B-x_A)^2+(y_B-y_A)^2}$.

3D. Droites dans le plan affine

- **Plan affine non nécessairement euclidien**
  - La droite D passant par le point A, de vecteur directeur $\vec{u}$ est l'ensemble des points $M \in \mathscr{P}$ tels que : $\overrightarrow{AM} = k\vec{u}$ avec $k \in \mathbb{R}$.

    Si de plus, le plan affine $\mathscr{P}$ est rapporté à un repère $(O\,;\vec{i},\vec{j})$ et si A a pour coordonnées (x_A,y_A) dans ce repère et si $\vec{u}$ a pour coordonnées (α,β) dans la base $(\vec{i},\vec{j})$ alors :

    $M(x,y) \in D \Leftrightarrow$ il existe $k \in \mathbb{R}$ tel que $\begin{cases} x = x_A + k\alpha \\ y = y_A + k\beta \end{cases}$.

    Le système $\boxed{\begin{cases} x = x_A + k\alpha \\ y = y_A + k\beta \end{cases}}$ avec $k \in \mathbb{R}$ est appelé **représentation paramétrique** de la droite D.

- En écrivant que les vecteurs $\overrightarrow{AM}$ et $\vec{u}$ sont liés ce qui équivaut à $\begin{vmatrix} x-x_A & \alpha \\ y-y_A & \beta \end{vmatrix} = 0$, on obtient **l'équation cartésienne** de D :

$$\boxed{\beta x - \alpha y + \alpha y_A - \beta x_A = 0}.$$

- Réciproquement, l'ensemble des points $M \in \mathscr{P}$ dont les coordonnées vérifient l'équation : $ax + by + c = 0$ avec $(a,b) \neq (0,0)$ est une droite de **vecteur directeur** $\boxed{\vec{u}(-b,a)}$.

  Si la droite n'est pas verticale, on peut mettre son **équation sous forme réduite** : $\boxed{y = mx + p}$ où le réel m représente le coefficient directeur (ou pente) de la droite.
- *Remarque* :

  Il est possible de passer de la représentation paramétrique d'une droite à son équation cartésienne et vice-versa.

- **Plan affine euclidien**

  Ici, le plan affine $\mathscr{P}$ est muni du produit scalaire précédemment défini.

  On dispose donc des notions de distance, d'orthogonalité, ...
  - Deux droites D et D' sont dites **perpendiculaires** si et seulement si leurs vecteurs directeurs sont orthogonaux.
  - Si le plan affine euclidien est rapporté à un repère orthonormé $(O\,;\vec{i},\vec{j})$, on peut énoncer les résultats suivants :
    - Si D a pour équation cartésienne $ax + by + c = 0$ alors le vecteur $\boxed{\vec{n}(a,b)}$ est un vecteur orthogonal à tout vecteur directeur de D. Le vecteur $\vec{n}$ est dit **vecteur normal** à D.
    - Deux droites D et D' d'équations réduites respectives $y = mx + p$ et $y = m'x + p'$ sont perpendiculaires si et seulement si $\boxed{mm' = -1}$.
    - Par définition, la **distance** d'un point A à une droite D notée $d(A,D)$ est égale à la distance AH où H est le pied de la perpendiculaire abaissée de A sur D.
    - Si D a pour équation cartésienne $ax + by + c = 0$ avec $(a,b) \neq (0,0)$ et si $A(x_A, y_A)$ alors :

$$\boxed{d(A,D) = \frac{|ax_A + by_A + c|}{\sqrt{a^2 + b^2}}}.$$

3E. Relations métriques dans le triangle

Nous nous plaçons ici dans le cadre du plan affine euclidien.
ABC est un triangle.
On note classiquement : $a = BC$, $b = AC$, $c = AB$
et $\hat{A} = (\overrightarrow{AB}, \overrightarrow{AC})$, $\hat{B} = (\overrightarrow{BC}, \overrightarrow{BA})$, $\hat{C} = (\overrightarrow{CA}, \overrightarrow{CB})$.
R est le rayon du cercle circonscrit et r le rayon du cercle inscrit.

- **Formule d'Al-Kashi** (relation de Pythagore généralisée)

$$\boxed{a^2 = b^2 + c^2 - 2bc\cos\hat{A}}$$

- **Formule des trois sinus**

$$\boxed{\frac{a}{\sin(\hat{A})} = \frac{b}{\sin(\hat{B})} = \frac{c}{\sin(\hat{C})} = 2R}.$$

- **Aire S du triangle**

$$\boxed{S = \frac{1}{2}bc\sin(\hat{A}) = \frac{1}{2}ac\sin(\hat{B}) = \frac{1}{2}ab\sin(\hat{C})}.$$

- **Formule de Héron**

$$\boxed{S = \sqrt{p(p-a)(p-b)(p-c)}}$$

où p désigne le demi-périmètre du triangle.

3F. Coniques

Nous nous plaçons ici dans le cadre du plan affine euclidien.

- **Définition**

  Le plan étant rapporté à un repère orthonormé $(O\,;\vec{\imath},\vec{\jmath})$, on appelle conique tout ensemble de points $M(x,y)$ défini par une équation de la forme : $Ax^2 + By^2 + 2Cx + 2Dy + E = 0$.
  Une conique peut être dégénérée, c'est-à-dire :
  - réduite à un point (exemple : $x^2 + y^2 = 0$)
  - réduite à une droite (exemple : $(x-y)^2 = 0$)
  - réduite à deux droites (exemple : $(x-y)(x+y) = 0$)
  - réduite à l'ensemble vide (exemple : $x^2 + y^2 + 1 = 0$).

  Parmi les coniques non dégénérées, on distingue les paraboles, les ellipses et les hyperboles. On présente ci-dessous les principaux résultats à retenir.

- **Parabole**

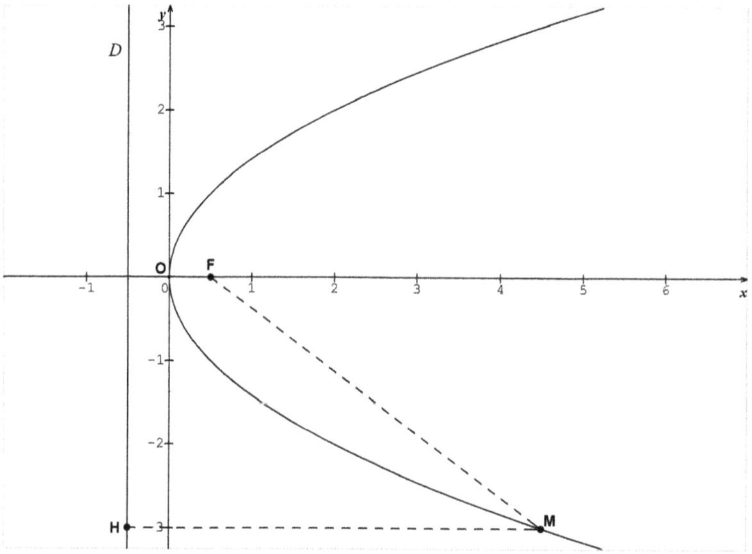

Equation dans le repère $(O;\vec{i},\vec{j})$	$y^2 = 2px$
Sommet	O
Foyer	$F\left(\frac{p}{2}\,;0\right)$
Excentricité $e = \frac{MF}{MH}$	1
Directrice	D : $x = -\frac{p}{2}$
Tangente en $M_0(x_0;y_0)$	$yy_0 = p(x + x_0)$
Représentation paramétrique possible	$\begin{cases} x(t) = 2pt^2 \\ y(t) = 2pt \end{cases}$
Remarque : Si l'équation est $x^2 = 2py$, on permute dans les résultats précédents abscisse et ordonnée.	

- **Ellipse**

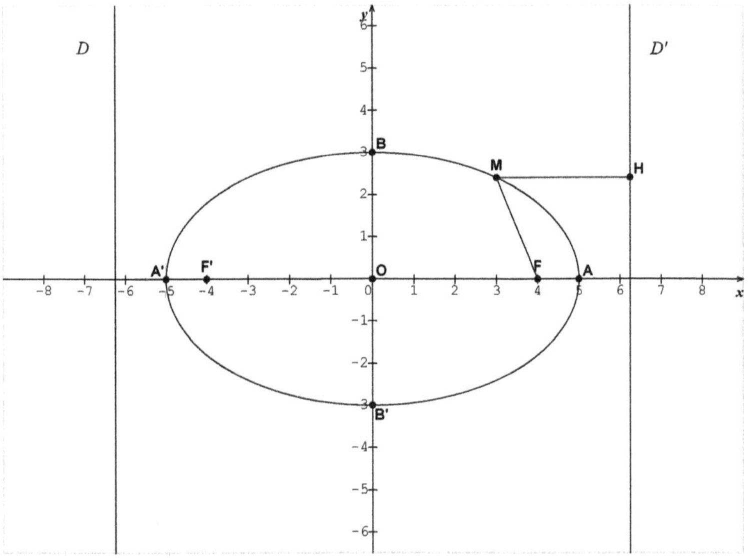

Equation dans le repère $(O;\vec{i},\vec{j})$	$\frac{x^2}{a^2}+\frac{y^2}{b^2}=1$ avec $a>b$
Sommets	$A(a\,;0)\ A'(-a\,;0)\ B(0\,;b)\ B'(0\,;-b)$
Foyers	$F(c\,;0)\ F'(-c\,;0)$ avec $c=\sqrt{a^2-b^2}$
Excentricité $e=\frac{MF}{MH}$	$e=\frac{c}{a}<1$
Directrices	$D:x=\frac{a^2}{c}\ \ D':x=-\frac{a^2}{c}$
Tangente en $M_0(x_0;y_0)$	$\frac{xx_0}{a^2}+\frac{yy_0}{b^2}=1$
Représentation paramétrique possible	$\begin{cases}x(t)=a\cos(t)\\y(t)=b\sin(t)\end{cases}$
Définition bifocale de l'ellipse E	$E=\{M, MF+MF'=2a\}$
Remarque : si $a<b$, on permute dans les résultats précédents a et b ainsi qu'abscisse et ordonnée.	

- **Hyperbole**

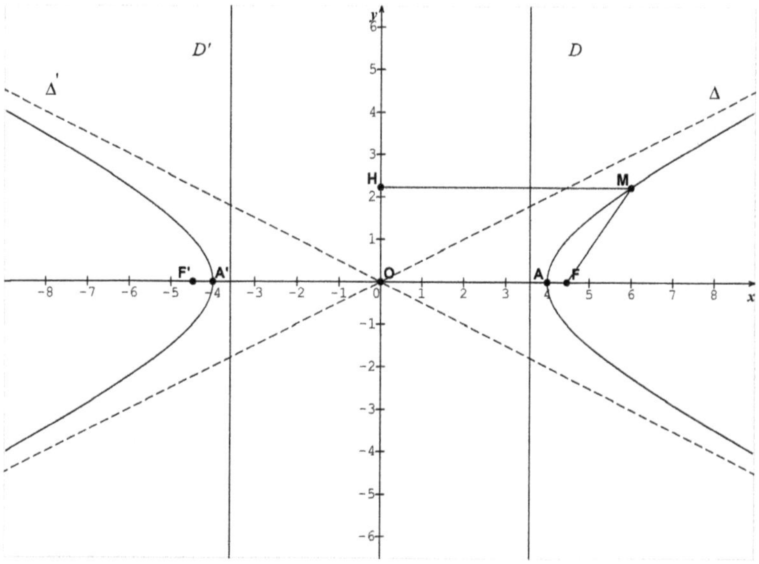

Equation dans le repère $(O;\vec{i},\vec{j})$	$\frac{x^2}{a^2} - \frac{y^2}{b^2} = 1$
Sommets	$A(a\,;0)\ A'(-a\,;0)$
Foyers	$F(c\,;0)\ F'(-c\,;0)$ avec $c = \sqrt{a^2 + b^2}$
Excentricité $e = \frac{MF}{MH}$	$e = \frac{c}{a} > 1$
Directrices	$D : x = \frac{a^2}{c}\ \ D' : x = -\frac{a^2}{c}$
Asymptotes	$\Delta : y = \frac{b}{a}x\ \ \Delta' : y = -\frac{b}{a}x$
Tangente en $M_0(x_0;y_0)$	$\frac{xx_0}{a^2} - \frac{yy_0}{b^2} = 1$
Représentation paramétrique possible	$\begin{cases} x(t) = a\mathrm{ch}(t) \\ y(t) = b\mathrm{sh}(t) \end{cases}$ $\begin{cases} x(t) = -a\mathrm{ch}(t) \\ y(t) = b\mathrm{sh}(t) \end{cases}$
Définition bifocale de l'hyperbole H	$H = \{M, \lvert MF - MF' \rvert = 2a\}$

Remarque : si l'équation est $\frac{y^2}{b^2} - \frac{x^2}{a^2} = 1$, on permute dans les résultats précédents a et b ainsi qu'abscisse et ordonnée.

- **Cercle**
  - **Définition**
    Le cercle peut être considéré comme une ellipse dont le foyer et le centre sont confondus (c'est-à-dire $e = 0$).
    Mais plus simplement, le cercle C de centre I et de rayon R est l'ensemble des points M du plan tels que $IM = R$.
  - **Equations dans un repère orthonormé**
    Si dans un repère orthonormé $(O\,;\vec{i},\vec{j})$, on a $I(x_I\,;y_I)$ alors le cercle de centre I et de rayon R a pour **équation cartésienne** :
    $$\boxed{(x-x_I)^2+(y-y_I)^2=R^2}.$$
    Réciproquement, l'ensemble des points M dont les coordonnées (x,y) vérifient l'équation $x^2+y^2-2ax-2by+c=0$ est :
    - un cercle de centre $I(a\,;b)$ si $a^2+b^2>c$
    - le point $I(a\,;b)$ si $a^2+b^2=c$
    - l'ensemble vide si $a^2+b^2<c$.

    Une **représentation paramétrique** du cercle de centre $I(x_I\,;y_I)$ et de rayon R est $\boxed{\begin{cases}x=x_I+R\cos(t)\\y=y_I+R\sin(t)\end{cases}}$ avec $t\in[0\,;2\pi[$.
  - **Caractérisation du cercle par le produit scalaire**
    L'ensemble des points M du plan vérifiant la relation $\overrightarrow{MA}\cdot\overrightarrow{MB}=0$ est le cercle de diamètre $[AB]$.
  - **Cercles et angles**
    - Si A, B et M sont trois points distincts d'un cercle de centre I alors $(\overrightarrow{IA},\overrightarrow{IB})=2(MA,MB)$.
      Attention ! L'angle (MA,MB) est un angle de droites, défini à $k\pi$ près alors que l'angle $(\overrightarrow{IA},\overrightarrow{IB})$ est un angle de vecteurs défini à $2k\pi$ près.
    - Quatre points A, B, C et D sont cocycliques ou alignés si et seulement si : $(CA,CB)=(DA,DB)$.

4. GEOMETRIE DANS L'ESPACE AFFINE

L'espace affine $\mathcal{E}$ est l'ensemble $\mathbb{R}^3$ dont les éléments sont considérés comme des points.

4A. Extension des notions du plan

On définit de manière similaire à ce qui a été fait en dimension deux les notions de repère cartésien et de coordonnées cartésiennes.

- Un **repère cartésien** de l'espace affine $\mathcal{E}$ est un couple de deux éléments :
  - un point de $\mathcal{E}$ qui est appelée origine,
  - une base $(\vec{i},\vec{j},\vec{k})$ de l'espace vectoriel $\vec{\mathcal{E}}$ associé.
- Dans un tel repère, un point M est repéré par ses coordonnées appelées **coordonnées cartésiennes** x, y et z grâce à l'égalité : $\overrightarrow{OM} = x\vec{i} + y\vec{j} + z\vec{k}$.
  Remarque :
  Un point M de l'espace $\mathcal{E}$ peut également être repéré par ses coordonnées cylindriques ou ses coordonnées sphériques.

La notion de barycentre se définit également comme en dimension deux.

4B. Espace affine euclidien

Ici, l'espace affine $\mathcal{E}$ est muni du produit scalaire précédemment défini dans $\vec{\mathcal{E}}$. On peut alors définir la notion de distance entre deux points A et B de $\mathcal{E}$ de la manière suivante : $d(A,B) = \|\overrightarrow{AB}\| = \sqrt{\overrightarrow{AB}^2}$.
Si l'espace affine euclidien est rapporté à un repère orthonormé $(O\,;\vec{i},\vec{j},\vec{k})$ et si A a pour coordonnées (x_A,y_A,z_A) et B pour coordonnées (x_B,y_B,z_B) dans ce repère alors $d(A,B) = \sqrt{(x_B - x_A)^2 + (y_B - y_A)^2 + (z_B - z_A)^2}$.

4C. Plans dans l'espace affine

- **Espace affine non nécessairement euclidien**
  - Le plan P passant par le point A et dirigé par les vecteurs $\vec{u}$ et $\vec{v}$ est l'ensemble des points $M \in \mathcal{E}$ tels que : $\overrightarrow{AM} = k\vec{u} + k'\vec{v}$ avec $(k,k') \in \mathbb{R}^2$.
    Si l'espace affine $\mathcal{E}$ est rapporté à un repère $(O\,;\vec{i},\vec{j},\vec{k})$ et si A a pour coordonnées (x_A,y_A,z_A) dans ce repère et si $\vec{u}$ et $\vec{v}$ ont pour coordonnées respectives (α,β,γ) et (α',β',γ') dans la base $(\vec{i},\vec{j},\vec{k})$ alors :
    $M(x,y,z) \in P \Leftrightarrow$ il existe k et k' réls tels que $\begin{cases} x = x_A + k\alpha + k'\alpha' \\ y = y_A + k\beta + k'\beta' \\ z = z_A + k\gamma + k'\gamma' \end{cases}$.

    Le système $\boxed{\begin{cases} x = x_A + k\alpha + k'\alpha' \\ y = y_A + k\beta + k'\beta' \\ z = z_A + k\gamma + k'\gamma' \end{cases}}$ avec $(k,k') \in \mathbb{R}^2$ est appelé

    représentation paramétrique du plan P.

- En écrivant que les vecteurs $\overrightarrow{AM}$, $\vec{u}$ et $\vec{v}$ sont liés ce qui équivaut à $\begin{vmatrix} x-x_A & \alpha & \alpha' \\ y-y_A & \beta & \beta' \\ z-z_A & \gamma & \gamma' \end{vmatrix} = 0$, on obtient l'**équation cartésienne** de P qui est une équation de la forme :

  $\boxed{ax+by+cz+d=0}$ avec a, b, c et d réels.
- Réciproquement, l'ensemble des points $M \in \mathcal{E}$ dont les coordonnées (x,y,z) vérifient l'équation : $ax+by+cz+d=0$ avec $(a,b,c) \neq (0,0,0)$ est un plan.

- **Espace affine euclidien**

  Ici, l'espace affine $\mathcal{E}$ est muni du produit scalaire précédemment défini.

  On dispose donc des notions de distance, d'orthogonalité, …

  Si l'espace affine euclidien est rapporté à un repère orthonormé $(O\,;\vec{i},\vec{j},\vec{k})$ que nous supposerons direct, on peut énoncer les résultats suivants :

  - Le vecteur $\boxed{\vec{n}(a,b,c)}$ est un **vecteur normal** au plan P d'équation $ax+by+cz+d=0$.

    L'équation d'un plan P passant par $A(x_A,y_A,z_A)$ peut être obtenue à l'aide de l'équivalence : $\boxed{M(x,y,z)\in P \Leftrightarrow \overrightarrow{AM}\cdot\vec{n}=0}$.
  - Soient deux plans P et P' de vecteurs normaux respectifs $\vec{n}$ et $\overrightarrow{n'}$.

    P et P' sont **parallèles** si et seulement si $\vec{n} \wedge \overrightarrow{n'} = \vec{0}$.

    P et P' sont **perpendiculaires** si et seulement si $\vec{n}\cdot\overrightarrow{n'} = 0$.

    Plus généralement, l'angle entre P et P' est l'angle $(\vec{n}, \overrightarrow{n'})$.
  - La **distance** d'un point $A(x_A,y_A,z_A)$ au plan P d'équation $ax+by+cz+d=0$ est donnée par $\boxed{d(A,P)=\dfrac{|ax_A+by_A+cz_A+d|}{\sqrt{a^2+b^2+c^2}}}$.

4D. Droites dans l'espace affine

- **Espace affine non nécessairement euclidien**

  Une droite D de l'espace affine $\mathcal{E}$ est déterminée

  - **soit par une représentation paramétrique :**

    La droite D passant par le point A et dirigée par le vecteur directeur $\vec{u}$ est l'ensemble des points $M \in \mathcal{E}$ tels que : $\overrightarrow{AM} = k\,\vec{u}$ avec $k \in \mathbb{R}$.

Si l'espace affine $\mathcal{E}$ est rapporté à un repère $(O\,;\vec{i},\vec{j},\vec{k})$ et si A a pour coordonnées (x_A,y_A,z_A) dans ce repère et si $\vec{u}$ a pour coordonnées (α,β,γ) dans la base $(\vec{i},\vec{j},\vec{k})$ alors :

$$M(x,y,z)\in D \Leftrightarrow \text{il existe } k\in\mathbb{R} \text{ tel que } \begin{cases} x = x_A + k\alpha \\ y = y_A + k\beta \\ z = z_A + k\gamma \end{cases}.$$

Le système $\boxed{\begin{cases} x = x_A + k\alpha \\ y = y_A + k\beta \\ z = z_A + k\gamma \end{cases}}$ avec $k\in\mathbb{R}$ est appelé **représentation paramétrique** de la droite D.

- **soit comme intersection de deux plans P et P' :**
  Soient P d'équation cartésienne $ax+by+cz+d=0$ et P' d'équation cartésienne $a'x+b'y+c'z+d'=0$ deux plans non parallèles, le système $\begin{cases} ax+by+cz+d=0 \\ a'x+b'y+c'z+d'=0 \end{cases}$ s'appelle **système d'équations cartésiennes** de la droite D intersection de P et P'.

- **Espace affine euclidien**

Ici, l'espace affine $\mathcal{E}$ est muni du produit scalaire précédemment défini.

On dispose donc des notions de distance, d'orthogonalité, ...

Si l'espace affine euclidien est rapporté à un repère orthonormé $(O\,;\vec{i},\vec{j},\vec{k})$ que nous supposerons direct, on peut énoncer les résultats suivants :

- Si une droite D de l'espace affine $\mathcal{E}$ est définie comme l'intersection de deux plans P et P' non sécants de vecteurs normaux respectifs $\vec{n}$ et $\overrightarrow{n'}$ alors $\boxed{\vec{n}\wedge\overrightarrow{n'}}$ est un **vecteur directeur** de D.
- La **distance** d'un point $M(x,y,z)$ à la droite D passant par A et dirigée par le vecteur $\vec{u}$ est donnée par : $\boxed{d(M,D) = \dfrac{\|\overrightarrow{AM}\wedge\vec{u}\|}{\|\vec{u}\|}}$.

  Si la droite D est définie comme l'intersection de deux plans non parallèles P et P', on peut calculer $d(A,D)$ d'une autre manière :
  - Si les plans sont perpendiculaires :
    $$d^2(A,D) = d^2(A,P) + d^2(A,P').$$
  - Dans le cas général, on peut se ramener au cas précédent en gardant un des plans, par exemple P, et remplacer P' par le plan contenant D et perpendiculaire à P.
- **Distance entre deux droites de l'espace** :
  Dans l'espace, deux droites D et D' sont soit coplanaires (sécantes ou parallèles) soit non coplanaires. Dans ce dernier cas, il existe une unique droite Δ perpendiculaire et sécante à la fois à D et D'.
  Δ est appelée perpendiculaire commune à D et D'.

Si D est la droite passant par A_1 et dirigée par $\vec{u_1}$ et si D est la droite passant par A_2 et dirigée par $\vec{u_2}$ alors la **perpendiculaire commune** Δ est la droite dirigée par $\vec{n} = \vec{u_1} \wedge \vec{u_2}$ et dans ce cas, la distance de D à D' est donnée par $d(D,D') = (\overrightarrow{A_1A_2} \cdot \vec{n}) \times \frac{1}{\|\vec{n}\|}$ ou ce qui revient au même $\boxed{d(D,D') = \frac{\left|\left[\overrightarrow{A_1A_2}, \vec{u_1}, \vec{u_2}\right]\right|}{\|\vec{u_1} \wedge \vec{u_2}\|}}$.

4E. Sphère dans l'espace

Nous nous plaçons ici dans le cadre du plan affine euclidien.

- La sphère S de centre I et de rayon R est l'ensemble des points M de l'espace tels que $IM = R$.
  Si dans un repère orthonormé $(O\,;\vec{i},\vec{j},\vec{k})$, on a : $I(x_I\,;y_I\,;z_I)$ alors la sphère de centre I et de rayon R a pour **équation cartésienne** :
  $\boxed{(x-x_I)^2+(y-y_I)^2+(z-z_I)^2 = R^2}$.
- Réciproquement, l'ensemble des points M dont les coordonnées (x,y,z) vérifient l'équation $x^2+y^2+z^2-2ax-2by-2cz+d=0$ est :
  - une sphère de centre $I(a\,;b\,;c)$ si $a^2+b^2+c^2 > d$
  - le point $I(a\,;b\,;c)$ si $a^2+b^2+c^2 = d$
  - l'ensemble vide si $a^2+b^2+c^2 < d$.
- L'ensemble des points M de l'espace vérifiant la relation $\overrightarrow{MA} \cdot \overrightarrow{MB} = 0$ est la sphère de diamètre $[AB]$.

Chapitre 11

EQUATIONS DIFFERENTIELLES – SYSTEMES DIFFERENTIELS

1. Généralités sur les équations différentielles

2. Equations différentielles linéaires du premier ordre

2A. Généralités

2B. Résolution de l'équation homogène $y'(x)+a(x)y(x)=0$

2C. Résolution de l'équation $y'(x)+a(x)y(x)=b(x)$

2D. Problème de Cauchy

3. Equations différentielles non linéaires du premier ordre

3A. Equations à variables séparables

3B. Equations homogènes

3C. Equation de Bernoulli

3D. Equation de Riccati

4. Systèmes différentiels linéaires du premier ordre

4A. Définition

4B. Théorème

4C. Remarque

4D. Système différentiel linéaire du premier ordre à coefficients constants

5. Equations différentielles linéaires du second ordre

5A. Généralités

5B. Résolution de l'équation homogène $y''(x)+a(x)y'(x)+b(x)y(x)=0$

5C. Résolution de l'équation $y''(x)+a(x)y'(x)+b(x)y(x)=c(x)$

5D. Problème de Cauchy

6. Equations différentielles linéaires du second ordre à coefficients constants

6A. Définition

6B. Résolution de l'équation homogène $y''(x)+ay'(x)+by(x)=0$

6C. Résolution de l'équation $y''(x)+ay'(x)+by(x)=c(x)$

1. GENERALITES SUR LES EQUATIONS DIFFERENTIELLES

- On appelle **équation différentielle** une relation entre la variable réelle x et les valeurs d'une fonction inconnue y et de certaines de ses dérivées de la forme :
$$\Phi(x,y,y',y'',\ldots,y^{(n)})=0 \qquad (E)$$
où Φ est une fonction de $n+2$ variables.
- L'**ordre** n de l'équation différentielle est celui de la dérivée d'ordre le plus élevé qui figure dans (E).
- L'équation est dite sous forme **normalisée** (ou **résolue**) s'il est possible d'écrire (E) en isolant la dérivée d'ordre le plus élevé en fonction des autres.
- **Résoudre** l'équation (E), c'est déterminer toutes les fonctions f définies sur un intervalle I le plus grand possible, dérivables n fois sur I telles que :
$$\forall x\in I,\ \Phi(x,f(x),f'(x),\ldots f^{(n)}(x))=0.$$
- Une **solution** de (E) est aussi appelée **intégrale** de (E). La courbe représentant une intégrale de (E) est appelée **courbe intégrale** de (E).

2. EQUATIONS DIFFERENTIELLES LINEAIRES DU PREMIER ORDRE

2A. Généralités

- **Définitions**
  - On appelle **équation différentielle linéaire du premier ordre** une équation de la forme :
  $$y'(x)+a(x)y(x)=b(x) \qquad (1)$$
  où a et b sont des fonctions définies et continues sur un intervalle I de $\mathbb{R}$ et à valeurs dans $\mathbb{R}$ ou $\mathbb{C}$.
  - La fonction b est appelée **second membre** de l'équation (1).
  - L'équation $y'(x)+a(x)y(x)=0 \quad (2)$
  s'appelle **équation homogène** (ou **équation sans second membre**) associée à l'équation (1).
- **Propriété**
Les solutions de l'équation (1) peuvent s'obtenir en ajoutant une solution particulière de l'équation (1) à toutes les solutions de l'équation homogène (2).

2B. Résolution de l'équation homogène $y'(x)+a(x)y(x)=0$

- Les solutions sur I de l'équation homogène $y'(x)+a(x)y(x)=0$ (2) sont les fonctions définies sur I de la forme : $\boxed{x \mapsto Ce^{-A(x)}}$ où A est une primitive de la fonction a sur I, et C une constante réelle ou complexe.
- L'ensemble des solutions de l'équation homogène est un espace vectoriel de dimension 1 engendré par la fonction $x \mapsto e^{-A(x)}$.

2C. Résolution de l'équation $y'(x)+a(x)y(x)=b(x)$

Pour terminer la résolution de l'équation $y'(x)+a(x)y(x)=b(x)$ (1), il faut déterminer une solution particulière y_0 de (1).
Voici les différentes possibilités :

- **L'équation (1) admet une solution particulière évidente**.
  Exemple :
  L'équation différentielle $y'+x^3y=x^3$ admet la solution évidente $y_0=1$.
- **L'équation (1) est à coefficient constant : $y'(x)+ay(x)=b(x)$ avec $a \in \mathbb{R}$.**
  En fonction du second membre $b(x)$, on peut chercher une solution particulière y_0 sous une certaine forme :
  - Si b est un **polynôme de degré n** alors une solution particulière y_0 de (1) peut être cherchée sous la forme d'un polynôme de même degré n.
  - Si b est de la forme $\boldsymbol{b(x)=p(x)\cos(\omega x)}$ ou $\boldsymbol{b(x)=p(x)\sin(\omega x)}$ où p est un polynôme de degré n et $\omega \in \mathbb{R}$ alors une solution particulière y_0 de (1) peut être cherchée sous la forme $y_0(x)=r(x)\cos(\omega x)+s(x)\sin(\omega x)$ où r et s sont deux polynômes de degré n.
  - Si b est de la forme $\boldsymbol{b(x)=p(x)e^{kx}}$ où p est un polynôme de degré n et $k \neq -a$ alors une solution particulière y_0 de (1) peut être cherchée sous la forme $y_0(x)=q(x)e^{kx}$ où q est un polynôme de degré n.
  - Si b est de la forme $\boldsymbol{b(x)=p(x)e^{-ax}}$ où p est un polynôme de degré n alors une solution particulière y_0 de (1) peut être cherchée sous la forme $y_0(x)=q(x)e^{-ax}$ où q est un polynôme de degré $n+1$.
- **Lorsque ces méthodes ne permettent pas de déterminer une solution particulière** y_0, on peut utiliser une méthode systématique appelée méthode de "**variation de la constante**".
  Cette méthode consiste à remplacer la constante C de l'expression $y(x)=Ce^{-A(x)}$ des solutions de l'équation homogène par une fonction $C(x)$.

On reporte alors $y(x) = C(x)e^{-A(x)}$ et l'expression de $y'(x)$ dans l'équation donnée (1) et on obtient une équation différentielle de fonction inconnue $C(x)$.
On détermine alors les fonctions solutions $C(x)$ que l'on reporte dans $y(x)$.
On obtient ainsi la solution générale de l'équation (1).

2D. Problème de Cauchy

- **Définition**
On appelle **problème de Cauchy** relatif à l'équation différentielle $y'(x)+a(x)y(x) = b(x)$ (1) tout système du type $\begin{cases} y'(x)+a(x)y(x) = b(x) \\ y(\alpha) = \beta \end{cases}$
avec $\alpha \in I$ et $\beta \in \mathbb{R}$ (ou $\mathbb{C}$).
La condition $y(\alpha) = \beta$ est appelée **condition initiale**.
- **Théorème**
Le problème de Cauchy admet une et une seule solution.

3. EQUATIONS DIFFERENTIELLES NON LINEAIRES DU PREMIER ORDRE

Nous allons étudier quelques exemples d'équations différentielles non linéaires du premier ordre.

3A. Equations à variables séparables

- **Définition**
Une équation différentielle du premier ordre est dite à variables séparables (ou à variables séparées) si en posant $y'(x) = \dfrac{dy}{dx}$, il est possible de l'écrire sous la forme :
$$\boxed{f(x)dx = g(y)dy}$$
où f et g sont des fonctions continues sur des intervalles de $\mathbb{R}$.
- **Principe de résolution**
On intègre les deux membres et on obtient une infinité de solutions de la forme :
$$F(x) = G(y) + C$$
où F est une primitive de f, G une primitive de g et C une constante.
Remarque :
Si G possède une fonction réciproque, il est alors possible d'exprimer y en fonction de x.

3B. Equations homogènes

- **Définition**
  On appelle équation différentielle homogène une équation de la forme
  $$\boxed{y' = f\left(\frac{y}{x}\right)}.$$
  Remarque :
  Elles se reconnaissent au fait qu'elles sont invariantes si on change $(x\,;\,y)$ en $(\lambda x\,;\,\lambda y)$: les courbes intégrales sont invariantes par les homothéties de centre l'origine du repère O.
- **Principes de résolution**
  - Principe 1 : on cherche une représentation paramétrique des courbes intégrales en fonction du paramètre $t = \frac{y}{x}$.
    On pose $y = tx$, t étant une fonction de x.
    D'où : $y' = t'x + t$.
    La fonction t est alors solution de l'équation : $xt' + t = f(t)$.
    - Si $f(t) - t \neq 0$, on peut écrire l'équation sous la forme :
      $\frac{dx}{x} = \frac{dt}{f(t)-t}$, équation à variables séparées.
    - Si $f(t) - t = 0$ pour une ou plusieurs valeurs t_i, on obtient des solutions dites singulières : $y = t_i x$.
  - Principe 2 : on cherche une équation en coordonnées polaires des courbes intégrales.
    On pose $x = r\cos(\theta)$ et $y = r\sin(\theta)$.
    On reporte dans l'équation et on obtient une équation à variables séparables permettant de trouver r en fonction de θ.

3C. Equation de Bernoulli

- **Définition**
  On appelle équation de Bernoulli une équation différentielle que l'on peut écrire sous la forme :
  $$\boxed{y'(x) + a(x)y(x) + b(x)y^{\alpha}(x) = 0}$$
  où a et b sont deux fonctions continues sur un intervalle I et $\alpha \in \mathbb{R}^* - \{1\}$.
- **Principe de résolution**
  On divise l'équation par $y^{\alpha}(x)$ et on pose $z = y^{1-\alpha}$.
  On obtient alors une équation différentielle linéaire du premier ordre en z.

3D. Equation de Riccati

- **Définition**
  On appelle équation de Riccati une équation différentielle que l'on peut écrire sous la forme :
  $$\boxed{y'(x)+a(x)y^2(x)+b(x)y(x)=c(x)}$$
  où a, b et c sont trois fonctions continues sur un intervalle I.
- **Principe de résolution**
  Il faut connaître une solution particulière y_0.
  On cherche alors la solution générale de l'équation de Riccati sous la forme $y=y_0+z$.
  On obtient alors une équation de Bernoulli en z avec $\alpha=2$.

4. SYSTEMES DIFFERENTIELS LINEAIRES DU PREMIER ORDRE

4A. Définition

- On appelle **système différentiel linéaire du premier ordre** un système de la forme :
  $$\begin{cases} y'_1(x)=a_{11}(x)y_1(x)+\ldots+a_{1n}(x)y_n(x)+b_1(x) \\ \ldots\ldots\ldots\ldots\ldots\ldots\ldots\ldots\ldots\ldots\ldots\ldots \\ y'_n(x)=a_{n1}(x)y_1(x)+\ldots+a_{nn}(x)y_n(x)+b_n(x) \end{cases}$$
  où les fonctions a_{ij} et b_i sont des fonctions continues sur un intervalle I de $\mathbb{R}$.
- **Notation matricielle**
  En utilisant la notation matricielle, un tel système s'écrit :
  $$\begin{pmatrix} y'_1(x) \\ . \\ y'_n(x) \end{pmatrix}=\begin{pmatrix} a_{11}(x) & \ldots & a_{1n}(x) \\ \ldots\ldots & \ldots\ldots & \ldots\ldots \\ a_{n1}(x) & \ldots & a_{nn}(x) \end{pmatrix}\begin{pmatrix} y_1(x) \\ . \\ y_n(x) \end{pmatrix}+\begin{pmatrix} b_1 \\ . \\ b_n \end{pmatrix}$$
  soit encore en posant $Y(x)$ la matrice colonne formée par les fonctions inconnues $y_i(x)$ et $Y'(x)$ la matrice colonne formée par les dérivées $y'_i(x)$:
  $$\boxed{Y'(x)=A(x)Y(x)+B(x)}\ (1)$$

4B. Théorème

La solution générale du système $Y'(x)=A(x)Y(x)+B(x)$ (1) s'obtient en ajoutant à une solution particulière de (1) toutes les solutions de l'équation homogène $Y'(x)=A(x)Y(x)$ (2).

4C. Remarque

Il est possible de ramener l'intégration du système sans second membre $Y'(x) = A(x)Y(x)$ (2) à l'intégration d'une équation différentielle d'ordre n mais dans le cas particulier des systèmes différentiels linéaires du premier ordre à coefficients constants, on peut donner une autre méthode utilisant la réduction de la matrice A.
C'est ce que nous allons voir dans le paragraphe suivant.

4D. Système différentiel linéaire du premier ordre à coefficients constants

En utilisant la notation matricielle, un tel système s'écrit sous la forme :

$$\boxed{Y'(x) = AY(x) + B(x)}$$

où la matrice $A = (a_{ij})$ est à coefficients constants (c'est-à-dire que les coefficients a_{ij} de A ne dépendent pas de la variable x).

On peut considérer la matrice $Y = \begin{pmatrix} y_1 \\ \cdot \\ y_n \end{pmatrix}$ comme représentant les composantes d'un vecteur y de l'espace $\mathbb{R}^n$ ou $\mathbb{C}^n$ relativement à la base canonique.

- **Cas où la matrice A est diagonalisable dans $\mathbb{R}$ ou $\mathbb{C}$**
  - Résolution du système homogène $Y' = AY$ (2)
    Notons $(\lambda_1 ; \lambda_2 ; \ldots \lambda_n)$ les valeurs propres (distinctes ou non) de la matrice A associées aux vecteurs propres $(V_1 ; V_2 ; \ldots ; V_n)$.
    Alors :
    - l'ensemble des solutions du système homogène $Y' = AY$ sur I est un espace vectoriel sur $\mathbb{R}$ ou $\mathbb{C}$ de dimension n.
    - la solution générale du système homogène est donnée par :

      $$\boxed{Y(x) = \alpha_1 e^{\lambda_1 x} V_1 + \alpha_2 e^{\lambda_2 x} V_2 + \ldots \alpha_n e^{\lambda_n x} V_n}$$

      où $\alpha_1, \alpha_2, \ldots, \alpha_n$ sont des constantes quelconques.
    - le problème de Cauchy $\begin{cases} Y' = AY \\ Y(0) = Y_0 \end{cases}$ admet une et une seule solution.
  - Résolution du système $Y' = AY + B$ (1)
    A la solution générale du système homogène trouvée comme ci-dessus, il faut ajouter une solution particulière du système $Y' = AY + B$ (1).

- **Autres méthodes de résolution**
  - Si la matrice A du système $Y' = AY + B$ (1) est diagonalisable ou trigonalisable par la matrice de passage P (c'est-à-dire que A est semblable à une matrice réduite R diagonale ou triangulaire : $A = PRP^{-1}$), on peut transformer le système (1) en posant $Z(x) = P^{-1}Y(x)$.
    Le système se transforme en :
    $$Z'(x) = RZ(x) + P^{-1}B(x)$$
    que l'on résout avant de revenir à $Y(x)$ par la relation $Y(x) = PZ(x)$.
  - On peut également ne transformer que le système homogène $Y' = AY$ (2) ; on se ramène alors à la résolution du système :
    $$Z'(x) = RZ(x)$$
    que l'on résout avant de revenir à $Y(x)$ par la relation $Y(x) = PZ(x)$.
    Puis on cherche une solution particulière du système $Y'(x) = AY(x) + B(x)$ (1) que l'on ajoute à l'expression de $Y(x)$ précédemment déterminée.
    Remarque :
    L'avantage de cette deuxième façon de procéder est qu'elle ne nécessite pas le calcul de P^{-1}.

5. EQUATIONS DIFFERENTIELLES LINEAIRES DU SECOND ORDRE

5A. Généralités

- **Définitions**
  - On appelle **équation différentielle linéaire du second ordre** une équation différentielle de la forme :
    $$y''(x) + a(x)y'(x) + b(x)y(x) = c(x) \qquad (1)$$
    où a, b et c sont des fonctions définies et continues sur un intervalle I de $\mathbb{R}$ et à valeurs dans $\mathbb{R}$ ou $\mathbb{C}$.
  - La fonction c est appelée **second membre** de l'équation (1).
  - L'équation $y''(x) + a(x)y'(x) + b(x)y(x) = 0$ (2) s'appelle **équation homogène** (ou **équation sans second membre**) associée à l'équation (1).
- **Propriété**
  Les solutions de l'équation (1) peuvent s'obtenir en ajoutant une solution particulière de l'équation (1) à toutes les solutions de l'équation homogène (2).

5B. Résolution de l'équation homogène $y''(x)+a(x)y'(x)+b(x)y(x)=0$

- **Théorème**
  L'ensemble des solutions de l'équation homogène
  $y''(x)+a(x)y'(x)+b(x)y(x)=0$ (2) est un espace vectoriel de dimension 2.
- *Remarques* :
  - Pour résoudre l'équation homogène (2), il suffit donc d'en connaître deux solutions linéairement indépendantes y_1 et y_2.
    L'ensemble des solutions de l'équation homogène (2) est alors l'ensemble des fonctions de la forme $x \mapsto \lambda y_1(x)+\mu y_2(x)$ avec λ et μ constantes réelles ou complexes.
  - Pour savoir si deux solutions y_1 et y_2 de l'équation homogène (2) sont indépendantes ou non, on peut calculer le **wronskien** w de y_1 et y_2 défini par :

    $$\boxed{w(y_1,y_2)(x)=\begin{vmatrix} y_1(x) & y_2(x) \\ y'_1(x) & y'_2(x) \end{vmatrix}=y_1(x)y'_2(x)-y'_1(x)y_2(x)}$$

    et utiliser le <u>résultat suivant</u> :
    Si y_1 et y_2 sont deux solutions sur I de l'équation homogène (2) alors :
    y_1 et y_2 linéairement indépendantes
    $\Leftrightarrow \exists x\in I$ tel que $w(y_1,y_2)(x)\neq 0$
    $\Leftrightarrow \forall x\in I,\ w(y_1,y_2)(x)\neq 0$.

5C. Résolution de l'équation $y''(x)+a(x)y'(x)+b(x)y(x)=c(x)$

- **Premier cas : on connaît deux solutions indépendantes de l'équation homogène (2) et une solution particulière de l'équation (1).**
  En notant y_1 et y_2 les solutions indépendantes de l'équation homogène (2) et y_0 la solution particulière de (1), on a :
  L'ensemble des solutions de l'équation $y''(x)+a(x)y'(x)+b(x)y(x)=c(x)$ est l'ensemble des fonctions définies par $x\mapsto y_0(x)+\lambda y_1(x)+\mu y_2(x)$ avec λ et μ constantes réelles ou complexes.
- **Deuxième cas : on connaît deux solutions indépendantes de l'équation homogène (2) mais pas de solution particulière de l'équation (1).**
  La méthode est basée sur le principe de "variation des constantes".
  Soient y_1 et y_2 les solutions indépendantes de l'équation homogène (2).
  On pose $y(x)=\lambda(x)y_1(x)+\mu(x)y_2(x)$
  et on impose la condition $\lambda'(x)y_1(x)+\mu'(x)y_2(x)=0$ à λ et μ.

On calcule alors $y'(x)$ et $y''(x)$ puis on reporte les expressions de $y(x)$, $y'(x)$ et $y''(x)$ dans l'équation donnée (1). On obtient une équation supplémentaire : $\lambda'(x)y'_1(x)+\mu'(x)y'_2(x)=c(x)$.

Ainsi, λ' et μ' doivent vérifier le système $\begin{cases}\lambda'(x)y_1(x)+\mu'(x)y_2(x)=0\\ \lambda'(x)y'_1(x)+\mu'(x)y'_2(x)=c(x)\end{cases}$, système dont le déterminant est le wronskien de y_1 et y_2 et par conséquent ne s'annule pas sur I.

La résolution de ce système donne $\lambda'(x)$ et $\mu'(x)$. Par intégration, on obtient $\lambda(x)$ et $\mu(x)$ et enfin, la solution générale de (1) à l'aide de la relation $y(x)=\lambda(x)y_1(x)+\mu(x)y_2(x)$.

- **Troisième cas : on connaît seulement une solution de l'équation homogène (2) ne s'annulant pas sur *I*.**

  Soit y_1 une solution ne s'annulant pas sur I de l'équation homogène (2). On cherche alors les solutions y de l'équation (1) sous la forme $y(x)=z(x)y_1(x)$ où z est une fonction définie sur I.

  On calcule alors $y'(x)$ et $y''(x)$ puis on reporte les expressions de $y(x)$, $y'(x)$ et $y''(x)$ dans l'équation donnée (1). On obtient alors une équation linéaire du premier ordre avec second membre en z'. On résout cette équation pour obtenir l'expression de $z'(x)$.

  Par intégration, on obtient $z(x)$ et enfin, la solution générale de (1) à l'aide de la relation $y(x)=z(x)y_1(x)$.

5D. Problème de Cauchy

$\forall x_0\in I$, $\forall \alpha\in\mathbb{R}$ (ou $\mathbb{C}$), $\forall \beta\in\mathbb{R}$ (ou $\mathbb{C}$), le problème de Cauchy

$\begin{cases}y''(x)+a(x)y'(x)+b(x)y(x)=c(x)\\ y(x_0)=\alpha\\ y'(x_0)=\beta\end{cases}$ admet une et une seule solution sur I.

6. EQUATIONS DIFFERENTIELLES LINEAIRES DU SECOND ORDRE A COEFFICIENTS CONSTANTS

6A. Définition

On appelle **équation différentielle linéaire du second ordre à coefficients constants** une équation différentielle de la forme $y''(x)+ay'(x)+by(x)=c(x)$ (1) où a et b sont des constantes réelles ou complexes et c une fonction définie et continue sur un intervalle I de $\mathbb{R}$ et à valeurs dans $\mathbb{R}$ ou $\mathbb{C}$.

6B. Résolution de l'équation homogène $y''(x)+ay'(x)+by(x)=0$

Pour résoudre l'équation homogène $y''(x)+ay'(x)+by(x)=0$ (2), on forme **l'équation caractéristique** : $r^2+ar+b=0$ de discriminant $\Delta=a^2-4b$.

- **Si $\Delta\neq 0$**, l'équation caractéristique admet deux racines r_1 et r_2 (éventuellement complexes) et alors $x\mapsto e^{r_1x}$ et $x\mapsto e^{r_2x}$ sont deux solutions indépendantes de (2).
  L'ensemble des solutions de l'équation homogène est l'ensemble des fonctions définies par $\boxed{y(x)=\lambda e^{r_1x}+\mu e^{r_2x}}$ avec λ et μ constantes réelles ou complexes.
- **Si $\Delta=0$**, l'équation caractéristique admet une racine double r_0 et alors $x\mapsto e^{r_0x}$ et $x\mapsto xe^{r_0x}$ sont deux solutions indépendantes de (2).
  L'ensemble des solutions de l'équation homogène est l'ensemble des fonctions définies par $\boxed{y(x)=(\lambda x+\mu)e^{r_0x}}$ avec λ et μ constantes réelles ou complexes.
- *Remarque* :
  Lorsque les coefficients a et b sont réels et lorsque $\Delta<0$, r_1 et r_2 sont deux nombres complexes conjugués $r_1=\alpha+i\beta$ et $r_2=\alpha-i\beta$.
  Les solutions réelles sont alors définies par l'expression :
  $\boxed{y(x)=e^{\alpha x}(\lambda\cos(\beta x)+\mu\sin(\beta x))}$ avec λ et μ constantes réelles.

6C. Résolution de l'équation $y''(x)+ay'(x)+by(x)=c(x)$

Pour résoudre l'équation $y''(x)+ay'(x)+by(x)=c(x)$ (1), il suffit d'avoir déterminé les solutions de l'équation homogène associée (2) et d'y ajouter une solution particulière de (1).
Nous allons ci-dessous étudier quelques cas particuliers de recherche d'une solution particulière de l'équation (1).

- **Si le second membre c est un polynôme de degré n**, une solution particulière de l'équation (1) sera aussi un polynôme :
  - de degré n si $b\neq 0$
  - de degré $n+1$ si $b=0$ et $a\neq 0$
  - de degré $n+2$ si $b=0$ et $a=0$.
- **Si le second membre c est de la forme $c : x\mapsto p(x)e^{\alpha x}$** avec p polynôme de degré n et α constante réelle ou complexe, une solution particulière de l'équation (1) sera de la forme $q(x)e^{\alpha x}$ où q est un polynôme :
  - de degré n si α n'est pas racine de l'équation caractéristique
  - de degré $n+1$ si α est racine simple de l'équation caractéristique
  - de degré $n+2$ si α est racine double de l'équation caractéristique.

- **Si le second membre c est de la forme $c : x \mapsto p(x)\cos(\beta x)e^{\alpha x}$ ou $c : x \mapsto p(x)\sin(\beta x)e^{\alpha x}$** avec p polynôme de degré n, α et β constantes réelles alors on se ramène au cas précédent.
  On considère l'équation (1) avec pour second membre $p(x)e^{(\alpha+i\beta)x}$.
  Une solution particulière sera alors la partie réelle ou la partie imaginaire suivant le cas, de la solution particulière obtenue avec le second membre $p(x)e^{(\alpha+i\beta)x}$.

Remarque :
Même s'il est vrai que pour avoir la solution de (1), il est toujours possible d'utiliser la méthode de "variation des constantes" car on connaît deux solutions linéairement indépendantes de l'équation homogène, les calculs sont plus rapides dans les cas particuliers ci-dessus en utilisant les techniques décrites.

Chapitre 12

FONCTIONS DE PLUSIEURS VARIABLES REELLES

1. **Eléments de topologie**
   1A. Norme – distance associée à une norme
   1B. Notion de boule
   1C. Voisinage d'un point – partie ouverte – partie fermée – partie bornée
   1D. Intérieur – adhérence
2. **Fonctions de $\mathbb{R}^n$ dans $\mathbb{R}$**
   2A. Définitions
   2B. Dérivées partielles
   2C. Différentiabilité
   2D. Théorème des fonctions implicites
3. **Fonctions de $\mathbb{R}^n$ dans $\mathbb{R}^p$**
   3A. Généralités
   3B. Matrice jacobienne
   3C. Différentiabilité de la composée
4. **Analyse vectorielle**
   4A. Champ de scalaires – champ de vecteurs
   4B. Gradient
   4C. Laplacien
   4D. Divergence
   4E. Rotationnel
   4F. Quelques formules

1. ELEMENTS DE TOPOLOGIE

1A. Norme – distance associée à une norme

Soit E un espace vectoriel sur $\mathbb{R}$ de dimension p.

- On appelle **norme** sur E toute application N de E dans $\mathbb{R}^+$ vérifiant :
  - $\forall u \in E,\ N(u) = 0 \Leftrightarrow u = 0_E$
  - $\forall u \in E,\ \forall \alpha \in \mathbb{R},\ N(\alpha u) = |\alpha| N(u)$
  - $\forall u \in E,\ \forall v \in E,\ N(u+v) \leqslant N(u) + N(v)$ (inégalité triangulaire)
- **Exemples fondamentaux**

  Dans $E = \mathbb{R}^p$, en posant $u = (x_1, x_2, \ldots, x_p)$, les 3 applications suivantes sont des normes :

  $$N_1(u) = \sum_{i=1}^{p} |x_i| \quad ; N_2(u) = \sqrt{\sum_{i=1}^{p} x_i^{\,2}} \quad ; N_\infty(u) = \sup |x_i| .$$

  N_2 est appelée <u>norme euclidienne</u> usuelle de $\mathbb{R}^p$.
- L'application $d : E^2 \to \mathbb{R}^+$ définie par $d(u,v) = N(u-v)$ s'appelle **distance** associée à la norme N.

  Elle possède les propriétés suivantes :
  - $\forall (u,v) \in E^2,\ d(u,v) = 0 \Leftrightarrow u = v$
  - $\forall (u,v) \in E^2,\ d(u,v) = d(v,u)$
  - $\forall (u,v,w) \in E^3,\ d(u,v) \leqslant d(u,w) + d(w,v)$

1B. Notion de boule

- La **boule ouverte** $B_o(x_0, r)$ de centre x_0 et de rayon r (r réel positif) est l'ensemble des points de E dont la distance à x_0 est strictement inférieure à r :

  $$\boxed{B_o(x_0, r) = \{u \in E \ / \ d(u, x_0) < r\}}.$$

- La **boule fermée** $B_f(x_0, r)$ de centre x_0 et de rayon r (r réel positif) est l'ensemble des points de E dont la distance à x_0 est inférieure ou égale à r :

  $$\boxed{B_f(x_0, r) = \{u \in E \ / \ d(u, x_0) \leqslant r\}}.$$

1C. Voisinage d'un point – partie ouverte – partie fermée – partie bornée

- **Voisinage d'un point**
  On appelle voisinage d'un point x_0 de E une partie V de E qui contient une boule ouverte centrée en x_0.
- **Ouvert**
  Une partie O est un ouvert de E si pour tout point x_0 de O, il existe une boule ouverte de centre x_0 et de rayon r ($r > 0$) contenue dans O.
  Cela revient à dire que O est un voisinage de chacun de ses points.
  Exemples :
  - Une boule ouverte est un ouvert
  - L'intervalle $]1\,;3[$ est un ouvert de $\mathbb{R}$
  - L'ensemble vide $\emptyset$ et l'ensemble E sont des ouverts
- **Fermé**
  Une partie F est un fermé de E si le complémentaire de F dans E est un ouvert de E
  Exemples :
  - Une boule fermée est un fermé
  - L'intervalle $[1\,;3]$ est un fermé de $\mathbb{R}$
  - L'ensemble vide $\emptyset$ et l'ensemble E sont des fermés
  - Une partie réduite à un point est un fermé.
- **Propriétés des ouverts et des fermés**
  - L'ensemble vide $\emptyset$ et l'ensemble E sont les seules parties à être à la fois ouvertes et fermées.
  - Toute réunion d'ouverts est un ouvert.
  - Toute intersection <u>finie</u> d'ouverts est un ouvert.
  - Toute intersection de fermés est un fermé.
  - Toute réunion <u>finie</u> de fermés est un fermé.
- **Partie bornée**
  Une partie B de E est dite bornée s'il existe un réel $M \in \mathbb{R}^+$ tel que :
  $$\forall u \in B,\ N(u) \leqslant M.$$
- *Remarques* :
  - Les notions de parties ouvertes et parties fermées sont indépendantes de la norme choisie dans un espace vectoriel de dimension finie (on dit que les normes sont équivalentes en dimension finie).
  - Intuitivement, un ouvert ne contient aucun des points de sa "frontière" alors qu'un fermé contient tous les points de sa "frontière".

1D. Intérieur - adhérence

- Un point x_0 d'une partie A de E est appelé **point intérieur** à A s'il existe une boule ouverte de centre x_0 incluse dans A autrement dit si A est un voisinage de x_0.
  L'ensemble des points intérieurs à A constitue **l'intérieur** de A.
- Le point x_0 de E est dit **point adhérent** à la partie A de E si et seulement si, toute boule ouverte de E de centre x_0 rencontre A.
  L'ensemble des points adhérents à A constitue **l'adhérence** de A noté $\bar{A}$.

2. FONCTIONS DE $\mathbb{R}^n$ DANS $\mathbb{R}$

Dans ce paragraphe, A est une partie de $\mathbb{R}^n$ et N désigne une norme de $\mathbb{R}^n$.

2A. Définitions

- On appelle **fonction de *n* variables réelles à valeurs dans $\mathbb{R}$** toute fonction f définie sur une partie A de $\mathbb{R}^n$ qui à tout point $x = (x_1, x_2, \ldots, x_n) \in A$ associe un réel.
- **Limite**
  Soit a un point adhérent à A.
  - On dit que f admet pour limite le réel L quand x tend vers a en appartenant à A si :
    $$\forall \varepsilon > 0,\ \exists \alpha > 0,\ (N(x-a) < \alpha \text{ et } x \in A) \Rightarrow |f(x) - L| < \varepsilon.$$
    On note : $\lim\limits_{x \to a} f(x) = L$.
  - Cette limite, si elle existe, est unique et indépendante de la norme N choisie sur $\mathbb{R}^n$.
  - **Propriétés**
    Soit a un point adhérent à une partie A de $\mathbb{R}^n$.
    Soient f et g deux fonctions de A dans $\mathbb{R}$ ayant des limites finies en a : $\lim\limits_{x \to a} f(x) = L$ et $\lim\limits_{x \to a} g(x) = L'$ et soient α, β deux réels.
    Alors :
    - $|f|$ a une limite finie en a et $\lim\limits_{x \to a} |f(x)| = |L|$.
    - $\alpha f + \beta g$ a une limite finie en a et $\lim\limits_{x \to a} (\alpha f + \beta g)(x) = \alpha L + \beta L'$.
    - fg a une limite finie en a et $\lim\limits_{x \to a} (fg)(x) = LL'$.

- $\frac{f}{g}$ a une limite finie en a si $L' \neq 0$ et $\lim_{x \to a} \left(\frac{f}{g}\right)(x) = \frac{L}{L'}$.

- **Continuité : définition**

  La fonction f est continue au point a si $a \in A$ **et** $\lim_{x \to a} f(x) = f(a)$.

  On dit que f est continue sur A si f est continue en chaque point de A.

  Remarque :

  Des propriétés sur les limites précédemment énoncées, on déduit des propriétés analogues pour les opérations sur les fonctions continues : Soient deux fonctions f et g définies sur A et continues en a et soient α et β deux réels.

  On a : $|f|$, $\alpha f + \beta g$, fg sont continues en a et si $g(a) \neq 0$ alors $\frac{f}{g}$ est continue en a.

- **Applications partielles et continuité**

  Soit $a = (a_1, a_2, \ldots, a_n)$ un point donné et j un entier compris entre 1 et n.

  On considère tous les a_k fixés sauf a_j et on pose alors

  $$\Phi_j(x) = f(a_1, a_2, \ldots, a_{j-1}, x, a_{j+1}, \ldots, a_n)$$

  où x est une variable réelle.

  Φ_j s'appelle la $j^{\text{ème}}$ **application partielle** de f.

  Remarque :

  Si f est continue en un point $a = (a_1, a_2, \ldots, a_n)$, elle est continue en ce point par rapport à chacune des variables.

  Autrement dit, si f est continue sur A, il en est de même des applications partielles Φ_j.

  Attention ! La réciproque est fausse.

- **Fonctions composées et continuité**

  Si f une fonction définie sur une partie A de $\mathbb{R}^n$ et à valeurs dans $\mathbb{R}$ et continue en $a \in A$ et si g est une fonction de $\mathbb{R}$ dans $\mathbb{R}$ continue en $f(a)$ alors la fonction gof (appelée composée de f et g) est continue en a.

- **Propriétés des fonctions continues**

  Soit f une fonction <u>continue</u> sur $\mathbb{R}^n$ et à valeurs dans $\mathbb{R}$.

  Soit I un intervalle de $\mathbb{R}$ et a et b deux réels tels que $a \leqslant b$.

  - L'image réciproque de tout intervalle ouvert I de $\mathbb{R}$ (soit $I =]a ; b[$ avec $a \neq b$ ou $I =]-\infty ; b[$ ou $I =]a ; +\infty[$) est un ouvert de $\mathbb{R}^n$.
  - L'image réciproque de tout intervalle fermé I de $\mathbb{R}$ (soit $I = [a ; b]$ ou $I =]-\infty ; b]$ ou $I = [a ; +\infty[$ ou $I = \{a\}$) est un fermé de $\mathbb{R}^n$.
  - Toute fonction continue sur une partie A <u>fermée et bornée</u> de $\mathbb{R}^n$ et à valeurs dans $\mathbb{R}$ est bornée et admet un maximum et un minimum sur A.

2B. DERIVEES PARTIELLES

- **Définitions**
  - Soit f une fonction de n variables définie sur une partie A de $\mathbb{R}^n$ et à valeurs dans $\mathbb{R}$ et soit $a=(a_1,a_2,..,a_n)$ un point intérieur à A.
    On dit que f admet en a une **dérivée partielle première** par rapport à la $j^{\text{ème}}$ variable si la $j^{\text{ème}}$ application partielle Φ_j de f est dérivable en a.
    Cette $j^{\text{ème}}$ dérivée partielle est notée $\frac{\partial f}{\partial x_j}(a)$.
    Si la $j^{\text{ème}}$ dérivée partielle existe en tout point de l'intérieur de A, on définit une fonction de l'intérieur de A dans $\mathbb{R}$ notée $\frac{\partial f}{\partial x_j}$.
  - Si les n fonctions $\frac{\partial f}{\partial x_j}$ admettent elles-mêmes des dérivées partielles au point a, on dit que f admet des **dérivées partielles secondes** en a qui sont notées :
$$\frac{\partial^2 f}{\partial x_i \partial x_j}(a)=\frac{\partial}{\partial x_i}\left(\frac{\partial f}{\partial x_j}\right)(a) \text{ si } i\neq j$$
$$\frac{\partial^2 f}{\partial x_i^{\,2}}(a)=\frac{\partial}{\partial x_i}\left(\frac{\partial f}{\partial x_i}\right)(a) \quad \text{si } i=j.$$
- **Théorème de Schwarz**
  Si pour $i\neq j$, les dérivées partielles $\frac{\partial^2 f}{\partial x_i \partial x_j}$ et $\frac{\partial^2 f}{\partial x_j \partial x_i}$ sont <u>continues</u> en un point a alors, $\boxed{\frac{\partial^2 f}{\partial x_i \partial x_j}(a)=\frac{\partial^2 f}{\partial x_j \partial x_i}(a)}$.
- **Fonctions de classe C^1, de classe C^2**
  - Une fonction f est dite de classe C^1 sur un ouvert O de $\mathbb{R}^n$ si les n dérivées partielles premières sont continues sur O.
  - Une fonction f est dite de classe C^2 sur un ouvert O de $\mathbb{R}^n$ si toutes les dérivées partielles secondes de f sont continues sur O.
- *Remarques* :
  - En pratique, on calcule $\frac{\partial f}{\partial x_i}$ en dérivant par rapport à x_i l'expression $f(x_1,x_2,\ldots,x_n)$, les autres variables étant considérées comme constantes.
  - On peut définir les dérivées partielles d'ordre supérieur à 2 ainsi que les fonctions de classe C^k.

2C. Différentiabilité

- Soit f une fonction de $\mathbb{R}^n$ (muni d'une norme N) dans $\mathbb{R}$.
  f est dite **différentiable** (ou dérivable) au point a si on peut trouver des nombres réels $l_1, l_2, \ldots, l_n$ tels que pour tout $h = (h_1, h_2, \ldots, h_n) \in \mathbb{R}^n$, on puisse écrire :
  $$f(a+h) = f(a) + l_1 h_1 + l_2 h_2 + \ldots + l_n h_n + N(h)\varepsilon(h)$$
  où ε est une fonction de $\mathbb{R}^n$ dans $\mathbb{R}$ telle que $\lim\limits_{h \to 0} \varepsilon(h) = 0$ et N est une norme quelconque de $\mathbb{R}^n$.
  Les coefficients $l_1, \ldots l_n$ définissent lorsqu'ils existent une application linéaire l de $\mathbb{R}^n$ dans $\mathbb{R}$ par la relation $l(h) = \sum\limits_{i=1}^{n} l_i h_i$ qui est appelée **différentielle** de f en a et est notée $\mathrm{d}f_a$.
  Si on note $\mathrm{d}x_i$ l'application linéaire de $\mathbb{R}^n$ dans $\mathbb{R}$ définie par $\mathrm{d}x_i(h_1, h_2, \ldots, h_n) = h_i$ (ième projection), on peut écrire la différentielle sous la forme :
  $$\mathrm{d}f_a = \sum_{i=1}^{n} l_i \mathrm{d}x_i.$$
- **Propriétés :**
  - Si f est différentiable en a alors f est continue en a.
  - Si f est différentiable en a alors f possède des dérivées partielles en a et on a $l_i = \dfrac{\partial f}{\partial x_i}(a)$ d'où $\boxed{\mathrm{d}f_a = \sum\limits_{i=1}^{n} \dfrac{\partial f}{\partial x_i}(a)\mathrm{d}x_i}$.

    La réciproque est fausse.
  - Si f possède des dérivées partielles continues alors f est différentiable en a et sa différentielle est donnée par
    $$\boxed{\mathrm{d}f_a = \sum_{i=1}^{n} \frac{\partial f}{\partial x_i}(a)\mathrm{d}x_i}.$$
- *Exemple* :
  La différentielle au point (a_1, a_2) d'une fonction de deux variables s'écrit :
  $$\mathrm{d}f_{a,b} = \frac{\partial f}{\partial x}(a,b)\mathrm{d}x + \frac{\partial f}{\partial y}(a,b)\mathrm{d}y.$$

- **Dérivation des fonctions composées**
  Si f est différentiable et si les variables x_i pour $1 \leqslant i \leqslant n$ dépendent elles-mêmes d'une variable réelle t par l'intermédiaire de fonctions dérivables alors la fonction $g : t \mapsto g(t) = f(x_1(t),\ldots,x_n(t))$ est dérivable et

$$g'(t) = \sum_{i=1}^{n} \frac{\partial f}{\partial x_i}(x_1(t),\ldots,x_n(t))x'_i(t).$$

2D. Théorème des fonctions implicites

Nous allons nous placer dans le cas d'une fonction de deux variables x et y et à valeurs dans $\mathbb{R}$.
Soit une fonction f de deux variables définies dans un voisinage de (x_0,y_0) tel que $f(x_0,y_0) = 0$.
Si sur ce voisinage, f est de classe C^1 et $\frac{\partial f}{\partial y}(x_0,y_0) \neq 0$ alors on peut définir dans un voisinage de x_0 une fonction φ telle que $f(x,\varphi(x)) = 0$.
De plus, la fonction φ est de classe C^1 et $\varphi'(x) = -\dfrac{\frac{\partial f}{\partial x}(x,\varphi(x))}{\frac{\partial f}{\partial y}(x,\varphi(x))}$.
La fonction φ est dite **définie implicitement**. On dit encore que y est défini implicitement en fonction de x au voisinage du point (x_0,y_0).

3. FONCTIONS DE $\mathbb{R}^n$ DANS $\mathbb{R}^p$

3A. Généralités

- **Fonctions coordonnées**
  Toute fonction f de $\mathbb{R}^n$ dans $\mathbb{R}^p$ est déterminée par la donnée de p fonctions de $\mathbb{R}^n$ dans $\mathbb{R}$ définies par $f(x) = \begin{pmatrix} f_1(x) \\ f_2(x) \\ \cdot \\ f_p(x) \end{pmatrix}$.
  Les applications f_i avec $1 \leqslant i \leqslant p$ sont appelées les fonctions coordonnées de f.
- **Propriétés**
  Les propriétés de f découlent de celles des fonctions coordonnées f_i : on ramène chaque problème sur f à p problèmes sur les composantes.

Ainsi :

- $$\lim_{x\to a} f(x) = (l_1,\ldots,l_p) \Leftrightarrow \begin{cases} \lim_{x\to a} f_1(x) = l_1 \\ \cdot \\ \cdot \\ \lim_{x\to a} f_p(x) = l_p \end{cases}$$
- f est continue en $a \Leftrightarrow f_1, f_2, \ldots, f_p$ sont continues en a
- f est de classe C^k sur un ouvert O de $\mathbb{R}^n \Leftrightarrow f_1, \ldots, f_p$ sont de classe C^k sur O

3B. Matrice jacobienne

- **Définition**
  Si les fonctions coordonnées f_i admettent des dérivées partielles au point a, on appelle matrice jacobienne de f en a la matrice à p lignes et n colonnes définie par :

$$J_{f_a} = \begin{pmatrix} \frac{\partial f_1}{\partial x_1}(a) & \frac{\partial f_1}{\partial x_2}(a) & \ldots & \frac{\partial f_1}{\partial x_n}(a) \\ \frac{\partial f_2}{\partial x_1}(a) & \ldots & \ldots & \ldots \\ \cdot & \cdot & \cdot & \cdot \\ \frac{\partial f_p}{\partial x_1}(a) & \ldots & \ldots & \frac{\partial f_p}{\partial x_n}(a) \end{pmatrix}.$$

- Si $n = p$, le déterminant de la matrice jacobienne est appelé le **jacobien** de f au point a.
- La matrice jacobienne de f en a est la matrice (en bases canoniques) de la **différentielle** de f en a, notée df_a.

3C. Différentiabilité de la composée

Soit une fonction f de $\mathbb{R}^n$ dans $\mathbb{R}^p$ et une fonction g de $\mathbb{R}^p$ dans $\mathbb{R}^q$.
Si f est différentiable au point a et si g est différentiable au point $f(a)$ alors gof est différentiable en a et : $\boxed{d(gof)_a = dg_{f(a)} o df_a}$.

Matriciellement : $\boxed{J_{gof}(a) = J_g(f(a)) \times J_f(a)}$.

4. ANALYSE VECTORIELLE

4A. Champ de scalaires – champ de vecteurs

- Une fonction de $\mathbb{R}^3$ dans $\mathbb{R}$ est appelée **champ de scalaires**.
- Une fonction de $\mathbb{R}^3$ dans $\mathbb{R}^3$ est appelée **champ de vecteurs**.

4B. Gradient

Soit f un champ de scalaires de classe C^1.
On appelle **gradient** de f le champ de vecteurs noté $\overrightarrow{\text{grad}}f$ tel que :

$$\boxed{\overrightarrow{\text{grad}}f = \left(\frac{\partial f}{\partial x}, \frac{\partial f}{\partial y}, \frac{\partial f}{\partial z}\right)}.$$

Remarque :
En considérant S_a la surface de niveau de f d'indice a ($a \in \mathbb{R}$) (c'est-à-dire la surface d'équation $f(x,y,z) = a$), on a le résultat suivant :
Si f est de classe C^1 et si $\overrightarrow{\text{grad}}f$ ne s'annule pas au point M alors $\overrightarrow{\text{grad}}f$ au point M est un vecteur normal (en M) à la surface S_a.

4C. Laplacien

Soit f un champ de scalaires de classe C^2.
On appelle **laplacien** de f le champ de scalaires noté Δf tel que :

$$\boxed{\Delta f = \frac{\partial^2 f}{\partial x^2} + \frac{\partial^2 f}{\partial y^2} + \frac{\partial^2 f}{\partial z^2}}.$$

Remarque :
Si $\Delta f = 0$, on dit que f est harmonique.

4D. Divergence

Soit $\vec{V}$ un champ de vecteurs de classe C^1 défini par :

$$\vec{V}(x,y,z) = (P(x,y,z), Q(x,y,z), R(x,y,z)).$$

On appelle **divergence** de $\vec{V}$ le champ de scalaires noté $\text{div}(\vec{V})$ tel que :

$$\boxed{\text{div}(\vec{V}) = \frac{\partial P}{\partial x}(x,y,z) + \frac{\partial Q}{\partial y}(x,y,z) + \frac{\partial R}{\partial z}(x,y,z)}.$$

4E. Rotationnel

Soit $\vec{V}$ un champ de vecteurs de classe C^1 défini par :

$$\vec{V}(x,y,z) = (P(x,y,z), Q(x,y,z), R(x,y,z)).$$

On appelle **rotationnel** de $\vec{V}$ le champ de vecteurs noté $\vec{\text{rot}}(\vec{V})$ tel que :

$$\boxed{\vec{\text{rot}}\vec{V} = \left(\frac{\partial R}{\partial y} - \frac{\partial Q}{\partial z}, \frac{\partial P}{\partial z} - \frac{\partial R}{\partial x}, \frac{\partial Q}{\partial x} - \frac{\partial P}{\partial y}\right)}.$$

4F. Quelques formules

On a : $\boxed{\vec{\text{rot}}\left(\vec{\text{grad}} f\right) = \vec{0}}$

et : $\boxed{\text{div}\left(\vec{\text{rot}}(\vec{v})\right) = 0}$.

Chapitre 13

COURBES PLANES

1. **Rappels sur les fonctions vectorielles**
2. **Courbes paramétrées et courbes**
   - 2A. Définitions
   - 2B. Etude locale d'une courbe paramétrée plane
   - 2C. Branches infinies
   - 2D. Points multiples
   - 2E. Plan d'étude d'une courbe paramétrée plane
3. **Courbes en coordonnées polaires**
   - 3A. Coordonnées polaires
   - 3B. Courbe
   - 3C. Repère mobile
   - 3D. Etude locale
   - 3E. Branches infinies
   - 3F. Plan d'étude d'une courbe en coordonnées polaires
4. **Etude métrique**
   - 4A. Longueur d'un arc de courbe
   - 4B. Abscisse curviligne
   - 4C. Repère de Frenet
   - 4D. Courbure

1. RAPPELS SUR LES FONCTIONS VECTORIELLES

On se place ici dans le cadre des fonctions de $\mathbb{R}$ dans $\mathbb{R}^2$, cas particulier des fonctions de $\mathbb{R}^n$ dans $\mathbb{R}^p$ étudiées dans le chapitre "Fonctions de plusieurs variables réelles".

On note $\vec{\mathscr{P}}$ le plan vectoriel.

La fonction $\vec{F}$ qui à un réel t fait correspondre un vecteur $\vec{F}(t)$ de $\vec{\mathscr{P}}$ est une fonction vectorielle :

$$\vec{F}:\begin{cases}\mathbb{R}\to\vec{\mathscr{P}}\\ t\mapsto\vec{F}(t)\end{cases}.$$

Soit $(\vec{i},\vec{j})$ une base de $\vec{\mathscr{P}}$.

Dans cette base, le vecteur $\vec{F}(t)$ peut être défini par ses coordonnées $x(t)$ et $y(t)$:

$$\boxed{\vec{F}(t)=x(t)\vec{i}+y(t)\vec{j}}.$$

Les fonctions x et y sont des fonctions de $\mathbb{R}$ dans $\mathbb{R}$ et sont appelées **fonctions coordonnées** de $\vec{F}$ dans la base $(\vec{i},\vec{j})$.

Les notions de limite, de continuité, de dérivabilité, de dérivée concernant $\vec{F}$ peuvent être ramenées aux fonctions coordonnées :

- Soit $l=(l_1\,;\,l_2)$ dans la base $(\vec{i},\vec{j})$ et $a\in\mathbb{R}$. On a :

$$\lim_{t\to a}\vec{F}(t)=l\Leftrightarrow\begin{cases}\lim\limits_{t\to a}x(t)=l_1\\ \lim\limits_{t\to a}y(t)=l_2\end{cases}.$$

- $\vec{F}$ est continue en $a\Leftrightarrow x$ et y sont continues en a.
- $\vec{F}$ est de classe C^k sur un intervalle I de $\mathbb{R}\Leftrightarrow x$ et y sont de classe C^k sur I.
  Et, pour tout $t\in I$, $\overrightarrow{F'}(t)=x'(t)\vec{i}+y'(t)\vec{j}$.
  De manière plus générale : $\vec{F}^{(k)}(t)=x^{(k)}(t)\vec{i}+y^{(k)}(t)\vec{j}$.

Mais, il est possible de calculer des dérivées sans utiliser forcément une base. On dispose, pour cela, d'un certain nombre de résultats :

- On dit que $\vec{F}$ est dérivable en $t_0\in I$ (I intervalle de $\mathbb{R}$) si
  $\lim\limits_{t\to t_0}\dfrac{\vec{F}(t)-\vec{F}(t_0)}{t-t_0}$ existe.
  Cette limite est appelée **vecteur dérivée** de $\vec{F}$ en t_0 et est notée $\overrightarrow{F'}(t_0)$.

- Soient $\vec{F}$ et $\vec{G}$ deux fonctions vectorielles d'un intervalle I de $\mathbb{R}$ dans $\vec{\mathscr{P}}$.
Soit h une fonction numérique de I dans $\mathbb{R}$ et soit α une constante réelle.
On a :
  - $(\alpha\vec{F})'(t) = \alpha\,\overrightarrow{F'}(t)$
  - $(\vec{F}+\vec{G})'(t) = \overrightarrow{F'}(t) + \overrightarrow{G'}(t)$
  - $(h\vec{F})'(t) = h'(t)\vec{F}(t) + h(t)\,\overrightarrow{F'}(t)$
  - $(\vec{F}\cdot\vec{G})'(t) = \overrightarrow{F'}(t)\cdot\vec{G}(t) + \vec{F}(t)\cdot\overrightarrow{G'}(t)$ (en supposant, le plan muni d'une structure euclidienne)

2. COURBES PARAMETREES ET COURBES

2A. Définitions

- **Courbe plane paramétrée**
  - Soit I un intervalle ou une réunion d'intervalles de $\mathbb{R}$.
  On appelle courbe plane paramétrée toute fonction $\vec{F}$ de I dans $\vec{\mathscr{P}}$.
  $$\vec{F} : \begin{cases} I \subset \mathbb{R} \to \vec{\mathscr{P}} \\ t \mapsto \vec{F}(t) \end{cases}.$$
  - Si nous nous plaçons dans le plan affine $\mathscr{P}$ dans lequel le repère est noté $(O\,;\vec{i},\vec{j})$, on peut considérer $\vec{F}(t)$ comme représentant le vecteur d'origine le point O et d'extrémité le point M tel que $\overrightarrow{OM} = \vec{F}(t)$.
  Si on note $(x(t)\,;y(t))$ les coordonnées de $\vec{F}(t)$ dans la base $(\vec{i},\vec{j})$, les coordonnées du point M dans $(O\,;\vec{i},\vec{j})$ sont $(x(t)\,;y(t))$.
  Remarque :
  En interprétant le paramètre réel t comme le temps, une courbe paramétrée représente le mouvement d'un point dans le plan.
  Si $\vec{F}$ est deux fois dérivable sur I alors $\overrightarrow{F'}(t)$ est le vecteur vitesse du point M à l'instant t et $\overrightarrow{F''}(t)$ est le vecteur accélération du point M à l'instant t.
- **Courbe**
  - Soit $\vec{F} : I \to \vec{\mathscr{P}}$ une courbe paramétrée avec $\vec{F}(t) = x(t)\,\vec{i} + y(t)\,\vec{j}$.
  Dans le plan affine rapporté à un repère $(O\,;\vec{i},\vec{j})$, l'ensemble des points M de coordonnées $(x(t)\,;y(t))$ obtenu lorsque t décrit I est appelé courbe ou support.
  En notant Γ la courbe, on dit que $\vec{F}$ est un **paramétrage** de Γ.

- Une courbe paramétrée définit une courbe unique ; par contre une même courbe peut avoir plusieurs paramétrages.
- *Exemple* :

  Si on a : $\begin{cases} x(t) = 3\cos(t) \\ y(t) = 2\cos(t). \\ t \in \mathbb{R} \end{cases}$

  La courbe Γ est appelée ellipse, la courbe paramétrée décrit l'ellipse une infinité de fois.
  Pour qu'elle ne soit décrite qu'une fois, il faut choisir, par exemple, t dans $[0\,;2\pi[$.

Dans la suite, on considérera le plan euclidien et rapporté à un repère orthonormé $(O\,;\vec{i},\vec{j})$.

2B. Etude locale d'une courbe paramétrée plane

Soit $\vec{F}$: $\mathrm{I} \to \vec{\mathscr{P}}$ une courbe paramétrée plane avec $\vec{F}(t) = x(t)\,\vec{i} + y(t)\,\vec{j}$ et Γ la courbe correspondante.
On suppose que $\vec{F}$ est dérivable autant de fois que nécessaire en t_0.
On note p l'ordre de la première dérivée non nulle en t_0 et q $(q > p)$ l'ordre de la première dérivée tel que $\vec{F}^{(p)}(t_0)$ et $\vec{F}^{(q)}(t_0)$ soient linéairement indépendants c'est-à-dire tel que $(\vec{F}^{(p)}(t_0), \vec{F}^{(q)}(t_0))$ forme une base de $\vec{\mathscr{P}}$.
Alors :

- $\vec{F}^{(p)}(t_0)$ est un **vecteur directeur de la tangente** en $M(t_0)$ à la courbe Γ.

  Remarques :
  - Si $p = 1$, on dit que le point $M(t_0)$ est un **point régulier**.
    En un point régulier, la tangente est donc dirigée par le vecteur $\overrightarrow{F'}(t) = x'(t)\,\vec{i} + y'(t)\,\vec{j}$ et si $x'(t) \neq 0$, le coefficient directeur de la tangente est donné par $\boxed{m(t) = \dfrac{y'(t)}{x'(t)}}$.
  - Si $p \neq 1$, on dit que le point $M(t_0)$ est un **point singulier** (ou stationnaire).

- Si p est impair et q pair, le point $M(t_0)$ est appelé **point ordinaire**.

- Si p est impair et q impair, le point $M(t_0)$ est appelé **point d'inflexion**.

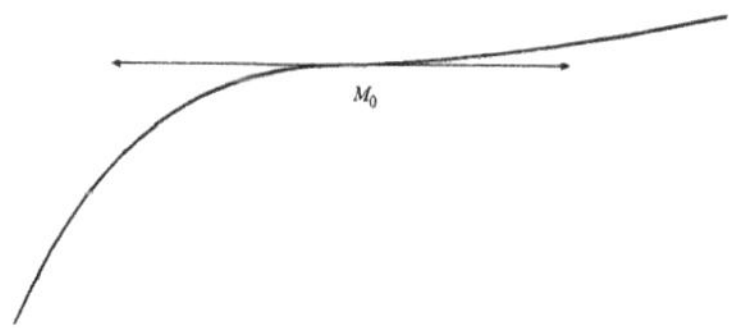

- Si p est pair et q impair, le point $M(t_0)$ est appelé **point de rebroussement de première espèce**.

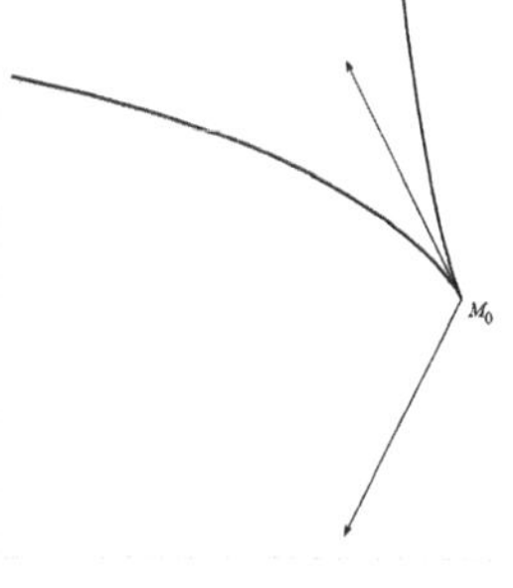

- Si p est pair et q pair, le point $M(t_0)$ est appelé **point de rebroussement de deuxième espèce**.

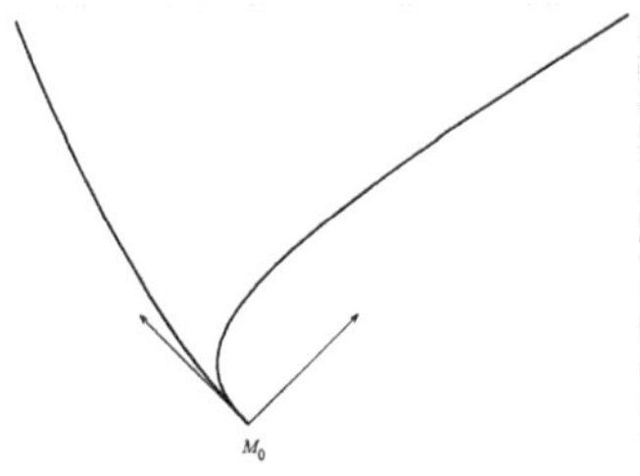

Remarque :
En pratique, on calcule $x'(t)$ et $y'(t)$ pour détecter les points stationnaires aux valeurs t_0 qui annulent x' et y'.
En général, il est alors préférable d'effectuer les développements limités au voisinage de t_0 de $x(t)$ et de $y(t)$ plutôt que de continuer à dériver car on peut déterminer les valeurs numériques de $x^{(k)}(t_0)$ et $y^{(k)}(t_0)$ en identifiant les coefficients du développement limité avec ceux du développement de Taylor-Young.

2C. Branches infinies

Soit $\vec{F} : \mathrm{I} \to \vec{\mathscr{P}}$ une courbe paramétrée plane avec $\vec{F}(t) = x(t)\,\vec{i} + y(t)\,\vec{j}$ et Γ la courbe correspondante.

- **Définition**
  La courbe Γ présente une **branche infinie** quand t tend vers t_0 si une au moins des deux fonctions $t \mapsto x(t)$ et $t \mapsto y(t)$ tend vers l'infini quand t tend vers t_0.
- **Différents cas**
  - Si $x(t) \to x_0$ avec $x_0 \in \mathbb{R}$ et $y(t) \to \pm\infty$ alors la droite d'équation $x = x_0$ est **asymptote verticale** à Γ.
  - Si $x(t) \to \pm\infty$ et $y(t) \to y_0$ avec $y_0 \in \mathbb{R}$ alors la droite d'équation $y = y_0$ est **asymptote horizontale** à Γ.
  - Si $x(t) \to \pm\infty$ et $y(t) \to \pm\infty$, on étudie le rapport $\dfrac{y(t)}{x(t)}$.
    - Si $\lim\limits_{t \to t_0} \dfrac{y(t)}{x(t)} = 0$, Γ présente une **branche parabolique** de direction (Ox).
    - Si $\lim\limits_{t \to t_0} \dfrac{y(t)}{x(t)} = \pm\infty$, Γ présente une **branche parabolique** de direction (Oy).

- Si $\lim_{t \to t_0} \frac{y(t)}{x(t)} = m$ avec m réel non nul, on étudie $y(t) - mx(t)$.
  - Si $\lim_{t \to t_0} (y(t) - mx(t)) = \pm\infty$, Γ présente une **branche parabolique** de coefficient directeur m.
  - Si $\lim_{t \to t_0} (y(t) - mx(t)) = p$, la droite d'équation $y = mx + p$ est **asymptote** à Γ et la position de Γ par rapport à l'asymptote est donnée par le signe de $y(t) - mx(t) - p$.

2D. Points multiples

Soit $\vec{F} : \mathrm{I} \to \vec{\mathscr{P}}$ une courbe paramétrée plane avec $\vec{F}(t) = x(t)\,\vec{i} + y(t)\,\vec{j}$ et Γ la courbe correspondante.

- **Définition**

  Les **points multiples** sont les points obtenus pour plusieurs valeurs distinctes du paramètre t.

  On parle de **point double** s'il existe exactement deux valeurs $t_1 \neq t_2$ telles que $M(t_1) = M(t_2)$.

  On parle de **point triple** s'il existe exactement trois valeurs $t_1 \neq t_2 \neq t_3$ telles que $M(t_1) = M(t_2) = M(t_3)$.

- *Remarque* :

  Un point double se détermine en résolvant le système $\begin{cases} x(t_1) = x(t_2) \\ y(t_1) = y(t_2). \\ t_1 \neq t_2 \end{cases}$

  Les calculs sont souvent lourds...

  Pour déterminer les points doubles, il est parfois possible d'exprimer les relations obtenues en fonction de $t_1 + t_2 = S$ et de $t_1 t_2 = P$ permettant ainsi d'utiliser les relations entre les coefficients et les racines d'un trinôme du second degré.

2E. Plan d'étude d'une courbe paramétrée plane

Soit $\vec{F} : \mathrm{I} \to \vec{\mathscr{P}}$ une courbe paramétrée plane avec $\vec{F}(t) = x(t)\,\vec{i} + y(t)\,\vec{j}$ et Γ la courbe correspondante.

- **Détermination de l'intervalle d'étude**
  - On cherche d'abord l'intersection des ensembles de définition des fonctions x et y.
  - Puis on essaye de réduire l'ensemble obtenu par des considérations de périodicité et de symétrie :

- si x et y ont une période commune T, Γ est entièrement décrite sur un intervalle d'amplitude T.
- s'il existe un changement de paramètre $t \mapsto \varphi(t)$ tel que :
  $\begin{cases} x(\varphi(t)) = x(t) \\ y(\varphi(t)) = -y(t) \end{cases}$ alors Γ est symétrique par rapport à (Ox).
  $\begin{cases} x(\varphi(t)) = -x(t) \\ y(\varphi(t)) = y(t) \end{cases}$ alors Γ est symétrique par rapport à (Oy).
  $\begin{cases} x(\varphi(t)) = -x(t) \\ y(\varphi(t)) = -y(t) \end{cases}$ alors Γ est symétrique par rapport à O.
  $\begin{cases} x(\varphi(t)) = y(t) \\ y(\varphi(t)) = x(t) \end{cases}$ alors Γ est symétrique par rapport à la première bissectrice.
  Etc.

L'ensemble ainsi réduit est appelé intervalle d'étude.

- **Variations**
  On étudie les variations des fonctions x et y.
  On construit un tableau de variations commun dans lequel on fait figurer :
  - les valeurs de t
  - le signe de $x'(t)$
  - les variations de x et les limites de $x(t)$
  - les variations de y et les limites de $y(t)$
  - le signe de $y'(t)$
- **Etude de la forme de la courbe au voisinage des points stationnaires**
  On peut soit chercher les deux premiers vecteurs dérivés linéairement indépendants soit effectuer un développement limité de $x(t)$ et $y(t)$.
- **Etude des branches infinies**
- **Tracé de la courbe**
  On commence par tracer les tangentes et les asymptotes puis on donne l'allure de la courbe Γ en tenant compte des éventuelles transformations données par la réduction du domaine d'étude.

3. COURBES EN COORDONNEES POLAIRES

3A. Coordonnées polaires

Soit $\mathscr{P}$ le plan affine euclidien orienté muni d'un repère orthonormé $(O\,;\vec{i},\vec{j})$.
On cherche à repérer un point M (différent de O) à l'aide de deux paramètres, dont l'un ρ jouera le rôle de la longueur et l'autre θ jouera le rôle d'angle.
A un couple (ρ,θ), on associe un point M de la manière suivante :
à θ, on associe le vecteur unitaire $\vec{u}(\theta)$ tel que θ soit la mesure (à 2π près) de l'angle orienté $(\vec{i},\vec{u}(\theta))$, puis le point M est défini par $\overrightarrow{OM} = \rho\,\vec{u}(\theta)$.
On dit que (ρ,θ) est un **système de coordonnées polaires** de M.

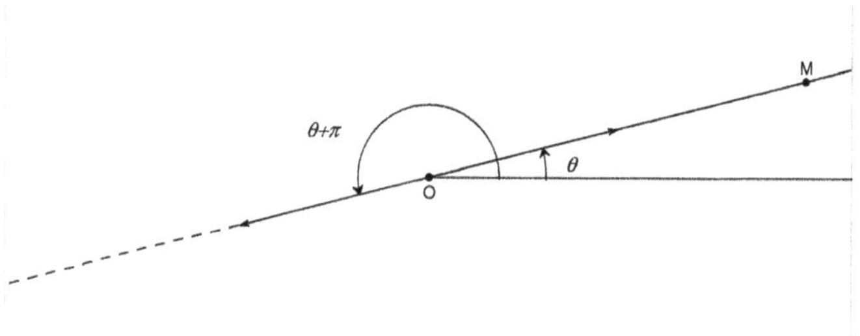

Remarques :

- Le point M n'admet pas un unique système de coordonnées polaires.
  En effet :
  - quand on change θ en $\theta + k2\pi$ ($k \in \mathbb{Z}$), $\vec{u}(\theta)$ est inchangé (car, par définition, il est défini à 2π près). Ainsi tous les couples $(\rho, \theta + k2\pi)$ définissent le même point M.
  - quand on change θ en $\theta + \pi$, $\vec{u}(\theta)$ se change en $-\vec{u}(\theta)$; si de plus, on change ρ en $-\rho$, on remarque qu'on obtient le même point M.
    Par suite, les couples (ρ, θ) et $(-\rho, \theta + \pi)$ définissent le même point M.
- Le point O est repéré par $\rho = 0$ et θ quelconque.
- Les coordonnées polaires sont reliées aux coordonnées cartésiennes x et y par les relations $x = \rho\cos(\theta)$ et $y = \rho\sin(\theta)$.

3B. Courbe

- On va s'intéresser ici au cas où les coordonnées polaires sont liées par une relation du type $\theta \mapsto \rho(\theta)$.
  Soit I un intervalle ou une réunion d'intervalles de $\mathbb{R}$.
  Nous travaillons donc sur des courbes paramétrées du type $\vec{F} : I \to \vec{\mathscr{P}}$ avec $t = \theta$ comme paramètre.
  Ainsi, on a $\boxed{\vec{F}(\theta) = \rho(\theta)\vec{u}(\theta)}$.
  On appelle **courbe en coordonnées polaires** l'ensemble des points M ayant pour coordonnées polaires $(\theta, \rho(\theta))$ quand θ décrit I.
- On pourrait étudier cette courbe en se ramenant à l'étude d'une courbe paramétrée en coordonnées cartésiennes : $x(\theta) = \rho(\theta)\cos(\theta)$ et $y(\theta) = \rho(\theta)\sin(\theta)$ mais l'utilisation des coordonnées polaires simplifie l'étude.

3C. Repère mobile

- Par définition, le vecteur $\vec{u}(\theta)$ a pour coordonnées $(\cos(\theta),\sin(\theta))$ dans la base $(\vec{i},\vec{j})$: $\vec{u}(\theta)=\cos(\theta)\,\vec{i}+\sin(\theta)\,\vec{j}$.
  Or, pour dériver un vecteur, on dérive chacune de ses composantes donc il vient $\overrightarrow{u'}(\theta)=-\sin(\theta)\,\vec{i}+\cos(\theta)\,\vec{j}=\cos\left(\theta+\frac{\pi}{2}\right)\vec{i}+\sin\left(\theta+\frac{\pi}{2}\right)\vec{j}$
  soit $\overrightarrow{u'}(\theta)=\vec{u}\left(\theta+\frac{\pi}{2}\right)$.
  Si on pose $\vec{v}(\theta)=\vec{u}\left(\theta+\frac{\pi}{2}\right)$, le repère orthonormé direct $(O\,;\,\vec{u}(\theta),\vec{v}(\theta))$ est appelé **repère mobile** (car il varie en fonction de θ).
  Remarque :
  Plus généralement, $\vec{u}^{(n)}(\theta)=\vec{u}\left(\theta+n\frac{\pi}{2}\right)$.
- Si ρ est suffisamment dérivable, on obtient :
  $\boxed{\overrightarrow{F'}(\theta)=\rho'(\theta)\,\vec{u}(\theta)+\rho(\theta)\,\vec{v}(\theta)}$: expression du vecteur vitesse
  $\boxed{\overrightarrow{F''}(\theta)=(\rho''(\theta)-\rho(\theta))\,\vec{u}(\theta)+2\rho'(\theta)\,\vec{v}(\theta)}$: expression du vecteur accélération
  Remarque :
  $\overrightarrow{F'}(\theta)=\vec{0}\Leftrightarrow\rho(\theta)=\rho'(\theta)=0$: on en déduit que le seul point stationnaire possible est le point O.

3D. Etude locale

- **Tangente en un point $M\neq O$**
  Soit θ_0 tel $M(\theta_0)\neq O$.
  On a alors $\rho(\theta_0)\neq 0$ et par suite $\overrightarrow{F'}(\theta_0)=\rho'(\theta_0)\,\vec{u}(\theta_0)+\rho(\theta_0)\,\vec{v}(\theta_0)\neq\vec{0}$.
  Cela signifie que le point est <u>régulier</u> et que la direction de la tangente en $M(\theta_0)$ est donnée par $\overrightarrow{F'}(\theta_0)$.
  De plus, en désignant par V l'angle entre $\vec{u}(\theta_0)$ et la direction de la tangente, on a si $\rho'(\theta_0)\neq 0$: $\boxed{\tan(V)=\frac{\rho(\theta_0)}{\rho'(\theta_0)}}$.
  Remarque :
  Si $\rho'(\theta_0)=0$ alors $V=\pm\frac{\pi}{2}$: la tangente est perpendiculaire au rayon vecteur.

- **Tangente au point O**

  Si $\rho(\theta_0) = 0$ alors la courbe passe par O et on a $\overrightarrow{F'}(\theta_0) = \rho'(\theta_0)\vec{u}(\theta_0)$.
  - Si $\rho'(\theta_0) \neq 0$, il apparaît clairement que la tangente en O est dirigée par $\vec{u}(\theta_0)$.
  - Si $\rho'(\theta_0) = 0$, on montre que la tangente est encore dirigée par $\vec{u}(\theta_0)$. En effet, la tangente est la position limite de la droite $(OM(\theta))$ quand θ tend vers θ_0 et $(OM(\theta))$ est dirigée par $\vec{u}(\theta)$ qui tend vers $\vec{u}(\theta_0)$ quand θ tend vers θ_0.
  - En conclusion, si pour $\theta = \theta_0$, la courbe passe par O, la tangente est toujours dirigée par le vecteur $\vec{u}(\theta_0)$.

3E. Branches infinies

- **Premier type : pour $\theta \to \pm\infty$**
  - Si $\lim_{\theta \to \pm\infty} \rho(\theta) = \pm\infty$, la droite (OM) tourne indéfiniment autour de O tandis que M s'éloigne indéfiniment : la courbe Γ présente une spirale.
  - Si $\lim_{\theta \to \pm\infty} \rho(\theta) = a$ avec $a \in \mathbb{R}$, la droite (OM) tourne indéfiniment autour de O tandis que la distance OM tend vers a ;
    - si $a \neq 0$, la courbe Γ présente une spirale qui s'enroule autour du cercle de centre O et de rayon $|a|$ (cercle asymptote).
    - si $a = 0$, la courbe Γ présente une spirale qui converge vers le point O dit point asymptote.
- **Second type : pour $\theta \to \theta_0$ (θ_0 réel) et $\rho(\theta) \to \pm\infty$**

  La droite (OM) étant toujours dirigée par $\vec{u}(\theta)$, l'arc Γ admet dans tous les cas une direction asymptotique dirigée par $\vec{u}(\theta_0)$ lorsque θ tend vers θ_0.

  Dans le repère mobile $(O\,;\, \vec{u}(\theta), \vec{v}(\theta))$, l'ordonnée du point M s'écrit :

  $\boxed{Y = \rho(\theta)\sin(\theta - \theta_0)}$ et on étudie sa limite lorsque θ tend vers θ_0 :
  - Si $\lim_{\theta \to \theta_0} \rho(\theta)\sin(\theta - \theta_0) = L$ (limite finie) alors la courbe Γ admet la droite d'équation $Y = L$ pour asymptote et la position de Γ par rapport à la droite asymptote est donnée par le signe de $\rho(\theta)\sin(\theta - \theta_0) - L$ en distinguant les cas $\theta - \theta_0 > 0$ et $\theta - \theta_0 < 0$.
  - Si $\lim_{\theta \to \theta_0} \rho(\theta)\sin(\theta - \theta_0) = \pm\infty$, on a une branche parabolique.

Attention ! En traçant la droite $Y = L$, il faut penser à bien utiliser le repère mobile.

3F. Plan d'étude d'une courbe en coordonnées polaires

Soit une courbe Γ définie par l'équation $\theta \mapsto \rho(\theta)$.

- **Intervalle d'étude**
  Pour déterminer l'intervalle d'étude, il faut tenir compte des éventuelles périodicités et symétries.
  Par exemple :
  - Si ρ est paire, la courbe Γ est symétrique par rapport à (Ox).
  - Si ρ est impaire, la courbe Γ est symétrique par rapport à (Oy).
  - Si ρ est périodique de période $T = \dfrac{2\pi}{p}$, on trace d'abord l'arc correspondant à $[0\,;\,T]$ et on complètera la courbe par $p-1$ rotations successives de cet arc.
  - Etc.
- **Variations et signe de ρ**
  On étudie le signe de ρ et les variations de ρ uniquement dans le cas où cette dernière étude est facile à faire.
- **Tangentes**
  On étudie les tangentes en quelques points particuliers en examinant soigneusement les passages par O (la tangente est alors dirigée par $\vec{u}(\theta_0)$) et les points où ρ' s'annule (la tangente est alors perpendiculaire au rayon vecteur).
- **Branches infinies**
- **Tracé de Γ**

4. ETUDE METRIQUE

4A. Longueur d'un arc de courbe

- **Définition**
  $\vec{\mathscr{P}}$ désigne le plan vectoriel euclidien.
  Soit $\vec{F} : \mathrm{I} \to \vec{\mathscr{P}}$ une courbe paramétrée plane de classe C^1 et Γ la courbe correspondante.
  On appelle longueur de l'arc de courbe entre deux points de paramètre respectif t_1 et t_2 ($t_1 < t_2$) le réel L défini par :

$$\boxed{L = \int_{t_1}^{t_2} \| \vec{F'}(u) \| \, du}.$$

- **Calcul en coordonnées cartésiennes**
  Le plan étant rapporté à un repère orthonormé $(O\,;\vec{i},\vec{j})$, on a $\vec{F}(t)=x(t)\,\vec{i}+y(t)\,\vec{j}$.
  Alors la longueur de l'arc de courbe entre deux points de paramètres respectifs t_1 et t_2 ($t_1 < t_2$) est donnée par :

$$\boxed{L=\int_{t_1}^{t_2}\sqrt{x'(t)^2+y'(t)^2}\,\mathrm{d}t}.$$

- **Calcul en coordonnées polaires**
  Si la courbe est définie par l'équation $\theta \mapsto \rho(\theta)$, on a $\vec{F}(\theta)=\rho(\theta)\vec{u}(\theta)$.
  Alors la longueur de l'arc de courbe entre deux points de paramètres respectifs θ_1 et θ_2 ($\theta_1 < \theta_2$) est donnée par :

$$\boxed{L=\int_{\theta_1}^{\theta_2}\sqrt{\rho(\theta)^2+\rho'(\theta)^2}\,\mathrm{d}\theta}.$$

4B. Abscisse curviligne

$\vec{\mathscr{P}}$ désigne le plan vectoriel euclidien.

Soit $\vec{F}\,:\mathrm{I}\to\vec{\mathscr{P}}$ une courbe paramétrée plane de classe C^1 et Γ la courbe correspondante.
On fixe un point de paramètre t_0 comme origine sur la courbe Γ orientée dans le sens des t croissants.

Alors la relation $\boxed{s(t)=\int_{t_0}^{t}\|\overrightarrow{F'}(u)\|\,\mathrm{d}u}$ définit une fonction s dépendant du paramètre t qu'on appelle **abscisse curviligne**.

Remarques :

- Une abscisse curviligne est une primitive de la fonction $u \mapsto \|\overrightarrow{F'}(u)\|$.
- La longueur L de l'arc de courbe entre deux points de paramètres respectifs t_1 et t_2 ($t_1 < t_2$) peut s'exprimer par $L=s(t_2)-s(t_1)$.

4C. Repère de Frenet

- $\vec{\mathscr{P}}$ désigne le plan vectoriel euclidien rapporté à une base $(\vec{i},\vec{j})$.
  Soit $\vec{F}\,:\mathrm{I}\to\vec{\mathscr{P}}$ une courbe paramétrée plane de classe C^1 et Γ la courbe correspondante.
  Il existe une bijection entre le paramètre t et l'abscisse curviligne s et ainsi, il est possible de paramétrer Γ avec s.

- Si on note $\overrightarrow{OM}=\vec{F}(t)$, on a $\dfrac{\mathrm{d}\overrightarrow{OM}}{\mathrm{d}t}=\overrightarrow{F'}(t)$ qui est, on le sait déjà, en un point régulier, un vecteur qui dirige la tangente au point considéré.
Alors, le vecteur
$\dfrac{\mathrm{d}\overrightarrow{OM}}{\mathrm{d}s}=\dfrac{\mathrm{d}\overrightarrow{OM}}{dt}\times\dfrac{dt}{ds}=\dfrac{\overrightarrow{F'}(t)}{s'(t)}=\dfrac{\overrightarrow{F'}(t)}{\left\|\overrightarrow{F'(t)}\right\|}$ dirige lui aussi la tangente en $M(t)$ et est unitaire. On le note $\vec{T}$ et on l'appelle **premier vecteur de Frenet**.
Si $\vec{T}$ a pour coordonnées $(a(t),b(t))$ dans la base $(\vec{\imath},\vec{\jmath})$ alors le vecteur $\vec{N}$ de coordonnées $(-b(t),a(t))$ obtenu par rotation d'angle $\frac{\pi}{2}$ de $\vec{T}$ est appelé **deuxième vecteur de Frenet**.
Alors $(M\,;\,\vec{T},\vec{N})$ est un repère orthonormé direct appelé **repère de Frenet**.
Si le plan est rapporté au repère orthonormé direct fixe $(O\,;\,\vec{\imath},\vec{\jmath})$ alors, en désignant par φ l'angle $(\vec{\imath},\vec{T})$, on a :
$$\begin{cases}\vec{T}=\cos(\varphi)\,\vec{\imath}+\sin(\varphi)\,\vec{\jmath}\\ \vec{N}=-\sin(\varphi)\,\vec{\imath}+\cos(\varphi)\,\vec{\jmath}\end{cases}$$
Remarque :
$\vec{N}$ peut alors être défini par $\vec{N}=\dfrac{\mathrm{d}\vec{T}}{\mathrm{d}\varphi}$.

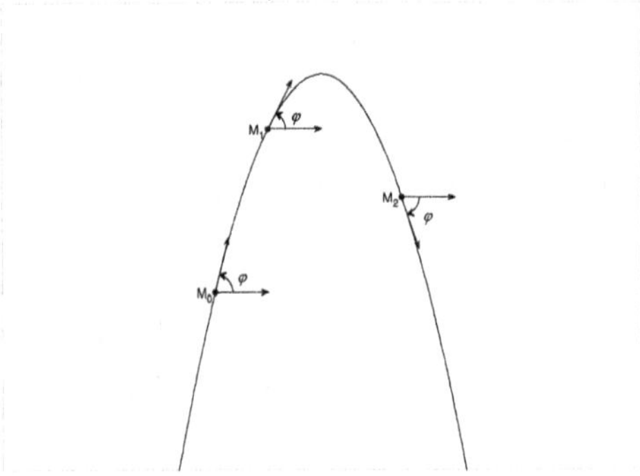

4D. Courbure

- **Définitions**
  - Le **rayon de courbure** R de la courbe Γ au point M est défini par la première formule de Frenet : $\boxed{\dfrac{\mathrm{d}\vec{T}}{\mathrm{d}s}=\dfrac{1}{R}\vec{N}}$. On a : $\boxed{R=\dfrac{\mathrm{d}s}{\mathrm{d}\varphi}}$.

- Le **centre de courbure** de la courbe Γ au point M est le point Ω défini par $\boxed{\overrightarrow{M\Omega} = R\vec{N}}$.

  Au voisinage de M, la courbe Γ est assimilable à un arc du cercle de centre Ω et de rayon $|R|$.

- La **courbure** au point M est le réel défini par $\boxed{C = \dfrac{1}{R}}$.

  On a : $\boxed{C = \dfrac{\mathrm{d}\varphi}{\mathrm{d}s}}$.

  C représente la vitesse de variation de l'angle φ en fonction de la distance parcourue et donc la vitesse de variation de la direction de la tangente car $\varphi = \left(\vec{i}, \vec{T}\right)$.
- On appelle **développée** de la courbe Γ l'ensemble des centres de courbure de la courbe.

- **Calcul du rayon de courbure *R***

Dans la pratique, $R = \dfrac{\mathrm{d}s}{\mathrm{d}\varphi}$ est calculé par $R = \dfrac{\mathrm{d}s}{\mathrm{d}t} \times \dfrac{1}{\dfrac{\mathrm{d}\varphi}{\mathrm{d}t}}$.

- Pour une courbe en coordonnées cartésiennes :

  On a : $\boxed{R = \dfrac{\left(x'^2 + y'^2\right)^{\frac{3}{2}}}{y''x' - x''y'}}$.

- Pour une courbe en coordonnées polaires :

  On a : $\boxed{R = \dfrac{\left(\rho^2 + \rho'^2\right)^{\frac{3}{2}}}{\rho^2 + 2\rho'^2 - \rho\rho''}}$.

Chapitre 14

PROBABILITES

1. **Dénombrements**
   1A. Définitions
   1B. Carré "magique"
2. **Probabilités**
   2A. Vocabulaire
   2B. Définition d'une probabilité
   2C. Equiprobabilité
   2D. Probabilité conditionnelle
   2E. Evénements indépendants
3. **Variables aléatoires discrètes**
   3A. Définition
   3B. Loi de probabilité
   3C. Fonction de répartition
   3D. Couple de variables aléatoires discrètes
   3E. Espérance – variance – écart-type
   3F. Principales lois discrètes
4. **Variables aléatoires continues**
   4A. Définition
   4B. Densité de probabilité
   4C. Fonction de répartition
   4D. Variables aléatoires indépendantes
   4E. Espérance – variance – écart-type
   4F. Loi normale
5. **Convergence**
   5A. Loi faible des grands nombres
   5B. Théorème de la limite centrée et applications
6. **Notion de fiabilité**
   6A. Définition de la fiabilité
   6B. Vocabulaire
   6C. Modèles mathématiques

1. DENOMBREMENTS

Soit E un ensemble à n éléments.

1A. Définitions

- On appelle **p-liste** d'éléments de E (ou liste de p éléments de E) avec $p \leqslant n$ toute suite ordonnée de p éléments de E, non nécessairement distincts. On dénombre n^p listes.
- On appelle **p-arrangement** d'éléments de E (ou arrangement de p éléments de E) avec $p \leqslant n$ toute p-liste d'éléments de E distincts deux à deux.

  On dénombre $A_n^p = \dfrac{n!}{(n-p)!} = n(n-1)...(n-p+1)$ p-arrangements.

  Remarque :

  A_n^p est le produit de p entiers consécutifs décroissants à partir de n.
- On appelle **permutation** de E un arrangement des n éléments de E.

  On dénombre donc $A_n^n = n!$ permutations.
- On appelle **p-combinaison** (ou combinaison de p éléments) avec $p \leqslant n$ toute partie de E contenant p éléments.

  On dénombre $C_n^p = \dfrac{A_n^p}{p!} = \dfrac{n!}{(n-p)!p!} = \dfrac{n(n-1)...(n-p+1)}{p!}$ p-combinaisons.

  Remarques :

  - Pour calculer le coefficient C_n^p, il est plus simple de retenir

    $$C_n^p = \frac{\text{produit de } p \text{ entiers consécutifs décroissants à partir de } n}{\text{produit de } p \text{ entiers consécutifs décroissants à partir de } p}$$
  - Le coefficient C_n^p se note aussi $\dbinom{n}{p}$.
  - Propriétés :
    - $C_n^p = C_n^{n-p}$; $C_n^0 = C_n^n = 1$; $C_n^1 = C_n^{n-1} = n$; $C_n^p = C_{n-1}^p + C_{n-1}^{p-1}$.
    - La dernière propriété $C_n^p = C_{n-1}^p + C_{n-1}^{p-1}$ permet de construire le triangle de Pascal qui donne, de proche en proche, les différentes valeurs des coefficients C_n^p : chaque terme est la somme de celui situé au-dessus et de celui situé au-dessus à gauche.

      1
      1 1
      1 2 1
      1 3 3 1
      1 4 6 4 1
      ....

- Formule du binôme de Newton :
$\forall (a,b) \in \mathbb{C}^2,\ \forall n \in \mathbb{N},\ (a+b)^n = \sum_{k=0}^{n} C_n^k a^{n-k} b^k.$

1B. Carré "magique"

En pratique, lors d'une situation de dénombrement, il convient de se poser les questions suivantes :

- Y a-t-il un ordre ?
- Y a-t-il possibilité de répétition ?

En fonction des réponses apportées à ces deux questions, on est capable de déterminer la notion mathématique à utiliser pour effectuer un dénombrement :

	Avec ordre	**Sans ordre**
Avec répétition	p-listes n^p	
Sans répétition	p-arrangements A_n^p	p-combinaisons C_n^p

2. PROBABILITES

2A. Vocabulaire

- Une **expérience aléatoire** est une expérience dont les conditions de déroulement sont bien définies, dont l'ensemble des résultats possibles est bien exprimable et dont le résultat n'est pas prévisible à l'avance.
- On appelle **univers**, noté Ω, l'ensemble des issues (ou éventualités) retenues lors d'une expérience aléatoire.
- On appelle **événement** une partie de l'univers.
- Un **événement** est dit **élémentaire** s'il ne possède qu'un seul résultat (une seule issue) possible.
- Un **événement** est dit **certain** s'il contient tous les résultats (toutes les issues) possibles.
La partie pleine Ω est appelée événement certain.
- Un **événement** est dit **impossible** s'il ne peut jamais se réaliser.
La partie vide $\emptyset$ est appelée événement impossible.
- Deux **événements incompatibles** sont deux événements qui ne peuvent se réaliser en même temps.
- L'**événement contraire** d'un événement A d'un univers Ω est constitué des éléments de Ω n'appartenant pas à A. Il est noté $\overline{A}$.
- L'événement ***A* ou *B*** (A a lieu ou B a lieu ou les deux ont lieu) est représenté par la partie $A \cup B$ de Ω.

- L'événement ***A* et *B*** (*A* et *B* ont lieu en même temps) est représenté par la partie $A \cap B$ de Ω.

2B. Définition d'une probabilité

- Soit Ω un univers et $\mathscr{P}(\Omega)$ l'ensemble des événements de cet univers.
Une **probabilité** sur l'univers Ω est une fonction P définie par :
$$P : \begin{cases} \mathscr{P}(\Omega) \to [0,1] \\ A \mapsto P(A) \end{cases}$$
qui vérifie :
  - $P(\emptyset) = 0$
  - $P(A \cup B) = P(A) + P(B)$ si A et B sont incompatibles.
- **Propriétés d'une probabilité**
  - $P(\Omega) = 1$
  - $P(\bar{A}) = 1 - P(A)$
  - Si A et B sont deux événements quelconques alors :
$$P(A \cup B) = P(A) + P(B) - P(A \cap B).$$
  - $P(A_1 \cup A_2 \cup \ldots \cup A_n) = P(A_1) + P(A_2) + \ldots + P(A_n)$ si $A_1, A_2, \ldots, A_n$ sont n événements deux à deux incompatibles.

2C. Equiprobabilité

Si l'univers Ω est fini, on dit qu'il y a **équiprobabilité** si et seulement si tous les événements élémentaires ont la même probabilité.

Si $\text{card}(\Omega) = n$, chaque événement élémentaire a une probabilité de $\frac{1}{n}$, et pour tout événement A de Ω, on a :
$$P(A) = \frac{\text{card}(A)}{\text{card}(\Omega)} = \frac{\text{nombre de cas favorables}}{\text{nombre de cas possibles}}.$$
Dans ce cas, un calcul de probabilité se ramène à un problème de dénombrement.

2D. Probabilité conditionnelle

- **Définition**
Soit B un événement de probabilité non nulle.
On appelle **probabilité conditionnelle** de A sachant que B est réalisé la probabilité que l'événement A se produise sachant que B est déjà réalisé.
Elle est définie par : $\boxed{P(A/B) = \frac{P(A \cap B)}{P(B)}}$.

Remarques :

- $P(A/B)$ se note aussi $P_B(A)$.
- La fonction $A \mapsto P_B(A)$ est une probabilité. En particulier, on a les propriétés :
  - Si A_1 et A_2 sont deux événements incompatibles alors $P_B(A_1 \cup A_2) = P_B(A_1) + P_B(A_2)$.
  - $P_B(\bar{A}) = 1 - P_B(A)$.

- **Formule des probabilités composées**

$$P(A \cap B) = \begin{cases} P(A)P_A(B) \text{ si } P(A) \neq 0 \\ P(B)P_B(A) \text{ si } P(B) \neq 0 \end{cases}.$$

- **Formule des probabilités totales**
  - Si $B_1, B_2, \ldots, B_n$ sont n événements qui vérifient :
    - $\forall i,\ 1 \leqslant i \leqslant n,\ B_i \neq \emptyset$ (aucun événement n'est impossible)
    - Si $i \neq j$, $B_i \cap B_j = \emptyset$ (les événements sont deux à deux incompatibles)
    - $B_1 \cup B_2 \cup \ldots \cup B_n = \Omega$

    Alors on dit que $\{B_1, B_2, \ldots, B_n\}$ est un **système complet d'événements.**
  - Si $\{B_1, B_2, \ldots, B_n\}$ est un système complet d'événements, alors quel que soit l'événement A, on a :
    $P(A) = P(A \cap B_1) + P(A \cap B_2) + \ldots + P(A \cap B_n)$
    soit $\boxed{P(A) = P(B_1)P(A/B_1) + P(B_2)P(A/B_2) + \ldots P(B_n)P(A/B_n)}$.

- **Formule de Bayes**

Si $\{B_1, B_2, \ldots, B_n\}$ est un système complet d'événements et si A est un événement tel que $P(A) \neq 0$ alors pour tout i compris entre 1 et n, on a :

$$P(B_i/A) = \frac{P(A \cap B_i)}{P(A \cap B_1) + P(A \cap B_2) + \ldots + P(A \cap B_n)}$$

soit $$\boxed{P(B_i/A) = \frac{P(B_i)P(A/B_i)}{P(B_1)P(A/B_1) + P(B_2)P(A/B_2) + \ldots + P(B_n)P(A/B_n)}}.$$

- **Cas particulier**

Dans le cas particulier du système d'événements $\{B, \bar{B}\}$, on a :

- Formule des probabilités totales :
  Pour tout événement A, $P(A) = P(B)P(A/B) + P(\bar{B})P(A/\bar{B})$.

- Formule de Bayes :
  Pour tout événement A de probabilité non nulle,

$$P(B/A) = \frac{P(B)P(A/B)}{P(B)P(A/B) + P(\overline{B})P(A/\overline{B})}$$

$$P(\overline{B}/A) = \frac{P(\overline{B})P(A/\overline{B})}{P(\overline{B})P(A/\overline{B}) + P(B)P(A/B)}.$$

2E. Evénements indépendants

- **Définition**
  Deux événements A et B sont **indépendants** si :

$$\boxed{P(A \cap B) = P(A)P(B)}.$$

  Remarque :
  Lorsque $P(B) \neq 0$, cela revient à dire : $P(A/B) = P(A)$ et lorsque $P(A) \neq 0$, cela revient à dire : $P(B/A) = P(B)$.
  Cela signifie que la réalisation d'un des deux événements n'a pas d'influence sur celle de l'autre.
- **Propriété**
  Si deux événements A et B sont indépendants, alors A et $\overline{B}$, $\overline{A}$ et B ainsi que $\overline{A}$ et $\overline{B}$ le sont aussi.

3. VARIABLES ALEATOIRES DISCRETES

3A. Définition

Etant donné un univers Ω muni d'une probabilité P, on appelle **variable aléatoire discrète** toute application X de Ω dans $\mathbb{R}$ dont le nombre de valeurs est

- fini : les valeurs sont notées : $x_1, x_2, \ldots, x_n$
- ou dénombrable : les valeurs sont notées (x_i) avec $i \in \mathbb{N}$.

3B. Loi de probabilité

On appelle **loi de probabilité** d'une variable aléatoire discrète X la fonction qui à chaque valeur x_i de X associe la probabilité $\boxed{p_i = P(X = x_i)}$.

Remarques :

- On doit vérifier que $\sum_i p_i = 1$

- La loi de probabilité d'une variable aléatoire discrète <u>finie</u> est habituellement présentée sous forme d'un tableau :

x_i	x_1	x_2	...	x_n
$P(X=x_i)$	p_1	p_2	...	p_n

3C. Fonction de répartition

On appelle **fonction de répartition** d'une variable aléatoire discrète X la fonction, notée F, définie pour tout x de $\mathbb{R}$ par $\boxed{F(x) = P(X \leqslant x)}$.

Remarque :
F est une fonction croissante de 0 à 1 et sa courbe représentative dans un repère $(O\,;\vec{\imath},\vec{\jmath})$ est une courbe en "escalier".

3D. Couple de variables aléatoires discrètes

- **Généralités**
On s'intéresse dans ce paragraphe à deux variables aléatoires discrètes <u>finies</u> X et Y définies sur le même univers Ω.
Si on note x_1, x_2, ..., x_n les valeurs de X et y_1, y_2, ..., y_n celles de Y, on peut définir une loi de probabilité à deux dimensions c'est-à-dire une loi de probabilité pour le couple (X, Y) en posant : $p_{ij} = P((X = x_i) \cap (Y = y_j))$.
p_{ij} est la probabilité que la variable aléatoire X prenne la valeur x_i et que simultanément la variable aléatoire Y prenne la valeur y_j.
On présente généralement cette loi sous la forme d'un tableau :

X Y	x_1	x_2	....	x_n	**Loi marginale de Y**
y_1	p_{11}	p_{21}	....	p_{n1}	$p_{11} + \dots + p_{n1}$
y_2	p_{12}	p_{22}	....	p_{n2}	$p_{12} + \dots + p_{n2}$
...	...	...	....	....	....
y_m	p_{1m}	p_{2m}	....	p_{nm}	$p_{1m} + \dots + p_{nm}$
Loi marginale de X	$p_{11} + \dots + p_{1m}$	$p_{21} + \dots + p_{2m}$	....	$p_{n1} + \dots + p_{nm}$	1

- Ce tableau permet de retrouver la loi de probabilité de X et celle de Y. On les appelle **lois marginales** car elles sont indiquées en marge du tableau. On obtient, par exemple, grâce à ce tableau :
  $P(X = x_1) = p_{11} + p_{12} + \ldots + p_{1n}$: somme des valeurs de la colonne associée à x_1
  $P(Y = y_2) = p_{12} + p_{22} + \ldots + p_{n2}$: somme des valeurs de la ligne associée à y_2.
- **Variables aléatoires indépendantes**
  Soient X et Y deux variables aléatoires discrètes définies sur le même univers Ω.
  X et Y sont dites **indépendantes** si, pour toute valeur x_i prise par X et toute valeur y_j prise par Y, on a :
  $$P\big((X = x_i) \cap (Y = y_j)\big) = P(X = x_i) \times P(Y = y_j).$$

3E. Espérance – variance - écart-type

- **Définitions**
  Soit X une variable aléatoire discrète.
  - L'**espérance mathématique** de X est le réel défini par :
    $$\boxed{E(X) = \sum_i p_i x_i}.$$
  - La **variance** de X est le réel défini par
    $$\boxed{V(X) = \sum_i [x_i - E(X)]^2 p_i = E[X - E(X)]^2}.$$

    Remarque :
    On peut aussi calculer $V(X)$ par la formule :
    $$V(X) = \left(\sum_i p_i x_i^2\right) - [E(X)]^2 = E(X^2) - [E(X)]^2.$$
  - L'**écart-type** de X est le réel défini par $\boxed{\sigma(X) = \sqrt{V(X)}}$.
  - Une variable aléatoire vérifiant $E(X) = 0$ est dite **centrée** ; une variable aléatoire vérifiant $\sigma(X) = 1$ est dite **réduite** et une variable vérifiant simultanément $E(X) = 0$ et $\sigma(X) = 1$ est dite **centrée-réduite** ou normée.
    Si $\sigma(X) \neq 0$, la variable aléatoire $\dfrac{X - E(X)}{\sigma(X)}$ est centrée-réduite.

- **Principales propriétés**

Soient X et Y deux variables aléatoires discrètes et a et b deux réels.

- Espérance mathématique :
  - $E(aX+bY)=aE(X)+bE(Y)$
  - Si X et Y sont indépendantes : $E(XY)=E(X)E(Y)$
- Variance
  - $V(aX+b)=a^2V(X)$
  - Si X et Y sont indépendantes : $V(X+Y)=V(X)+V(Y)$
    $V(X-Y)=V(X)+V(Y)$

3F. Principales lois discrètes

- **Variable de Bernoulli**

On dit qu'une variable aléatoire discrète X est une variable aléatoire de Bernoulli si elle ne prend que les deux valeurs 0 et 1 avec des probabilités non nulles.

Une variable de Bernoulli illustre une expérience aléatoire n'ayant que deux issues possibles et effectuée une seule fois.

En notant $P(X=1)=p$ et $P(X=0)=q=1-p$, on a :

$$E(X)=p \text{ et } V(X)=pq$$

- **Loi binomiale**

Si lors de la réalisation d'une expérience aléatoire, les trois critères suivants sont vérifiés :

- on répète n fois la même épreuve,
- chaque épreuve n'a que deux issues :
  - "succès" avec une probabilité p
  - "échec" avec une probabilité $q=1-p$,
- les n épreuves sont indépendantes,

alors la variable aléatoire X représentant le nombre de "succès" obtenus lors de ces n épreuves suit la loi binomiale de paramètres n et p, notée $\mathscr{B}(n,p)$.

Dans ce cas, pour tout entier k compris entre 0 et n, on a :

$$P(X=k)=C_n^k p^k q^{n-k}$$
$$E(X)=np$$
$$V(X)=npq.$$

Remarque :

Toute variable aléatoire X qui suit une loi binomiale $\mathscr{B}(n,p)$ est la somme de n variables de Bernoulli indépendantes $X_1,X_2,\ldots,X_n$.

- **Loi de Poisson**

Une variable aléatoire X suit la loi de Poisson de paramètre λ ($\lambda>0$) notée $\mathscr{P}(\lambda)$ si et seulement si :

Pour tout $k\in\mathbb{N}$, $P(X=k)=e^{-\lambda}\dfrac{\lambda^k}{k!}$.

Si X suit une loi de Poisson de paramètre λ alors $E(X) = \lambda$ et $V(X) = \lambda$.
Remarque :
Si $n \geqslant 30$, $p \leqslant 0{,}1$ et $np < 15$, on peut approximer la loi binomiale $\mathscr{B}(n,p)$ par la loi de Poisson $\mathscr{P}(np)$.

4. VARIABLES ALEATOIRES CONTINUES

4A. Définition

Etant donné un univers Ω muni d'une probabilité P, on appelle variable aléatoire continue toute application X de Ω dans $\mathbb{R}$ qui peut prendre toutes les valeurs de $\mathbb{R}$ ou d'un intervalle de $\mathbb{R}$.

4B. Densité de probabilité

- L'ensemble des valeurs de X étant un intervalle c'est-à-dire un ensemble infini non dénombrable de réels, il est impossible de définir une loi de probabilité de X avec des nombres $P(X = x_i)$.
  On calcule alors des probabilités que X appartienne à un intervalle à l'aide d'une fonction appelée densité de probabilité.
  On dit que X est une variable aléatoire admettant une densité ou que X est une variable aléatoire continue s'il existe une fonction f définie sur $\mathbb{R}$ telle que :
  - f est continue sur $\mathbb{R}$ sauf éventuellement en un nombre fini de points
  - $\forall x \in \mathbb{R}, f(x) \geqslant 0$
  - $\int_{-\infty}^{+\infty} f(x)\,\mathrm{d}x = 1.$

  Une telle fonction f s'appelle **densité de probabilité**.
- **Propriétés**
  Pour tous réels a et b, on a :
  - $P(a < X \leqslant b) = \int_a^b f(x)\,\mathrm{d}x$
  - $P(X \leqslant a) = \int_{-\infty}^a f(x)\,\mathrm{d}x$
  - $P(X = a) = 0.$

  Remarque :
  Dans les propriétés ci-dessus, les symboles $\leqslant$ et $<$ ainsi que $\geqslant$ et $>$ peuvent s'employer indifféremment.

4C. Fonction de répartition

De la même façon que pour les variables aléatoires discrètes, on appelle **fonction de répartition** d'une variable aléatoire continue X la fonction, notée F, définie pour tout x de $\mathbb{R}$ par $F(x) = P(X \leqslant x)$.

F est définie sur $\mathbb{R}$ par $F(x) = \int_{-\infty}^{x} f(t)\,\mathrm{d}t$.

Remarques :

- On a $F' = f$: F est une primitive de f.
- On peut alors réécrire : $P(a < X \leqslant b) = F(b) - F(a)$ et $P(X \leqslant a) = F(a)$.
- F est une fonction positive, continue et croissante sur $\mathbb{R}$ de 0 à 1.

4D. Variables aléatoires indépendantes

Deux variables aléatoires continues X et Y sont dites **indépendantes** si, pour tout couple (x,y) de $\mathbb{R}^2$: $P((X \leqslant x) \cap (Y \leqslant y)) = P(X \leqslant x) \times P(Y \leqslant y)$.

4E. Espérance – variance - écart-type

- Les définitions de l'espérance mathématique et de la variance d'une variable aléatoire continue se " calquent " sur celles des variables aléatoires discrètes à l'aide du procédé suivant :
  - on remplace le symbole de sommation discrète Σ par le symbole de sommation continue $\int$,
  - on remplace les valeurs discrètes x_i par la variable continue x,
  - on remplace la probabilité p_i par la densité de probabilité $f(x)$.

  Ainsi :
  - l'espérance mathématique d'une variable aléatoire continue est :

$$\boxed{E(X) = \int_{-\infty}^{+\infty} x f(x)\,\mathrm{d}x}.$$

  - la variance d'une variable aléatoire continue est :

$$\boxed{V(X) = E\left(X^2\right) - [E(X)]^2 = \int_{-\infty}^{+\infty} x^2 f(x)\,\mathrm{d}x - [E(X)]^2}.$$

  - et on définit, comme pour une variable aléatoire discrète, l'écart-type de la variable aléatoire continue X par : $\boxed{\sigma(X) = \sqrt{V(X)}}$.

- Toutes les propriétés de l'espérance mathématique et de la variance qui ont été établies pour les variables aléatoires discrètes sont encore valables pour les variables aléatoires continues.

Ainsi, on a :
Soient X et Y deux variables aléatoires discrètes et a et b deux réels.

- Espérance mathématique :
  - $E(aX+bY)=aE(X)+bE(Y)$
  - Si X et Y sont indépendantes : $E(XY)=E(X)E(Y)$
- Variance
  - $V(aX+b)=a^2V(X)$
  - Si X et Y sont indépendantes : $V(X+Y)=V(X)+V(Y)$
    $V(X-Y)=V(X)+V(Y)$.

4F. Loi normale

- **Définition**

Une variable aléatoire X, prenant ses valeurs dans $\mathbb{R}$, suit une loi normale (ou loi de Laplace-Gauss) de paramètres m et σ si sa densité de probabilité est donnée par :

$$f(x)=\frac{1}{\sigma\sqrt{2\pi}}e^{\left(\frac{-1}{2}\right)\times\left(\frac{x-m}{\sigma}\right)^2}.$$

On écrit : X suit la loi normale $\mathcal{N}(m,\sigma)$.

On a alors : $E(X)=m$, $V(X)=\sigma^2$ et $\sigma(X)=\sigma$.

- **Opérations**

Soient X une variable aléatoire qui suit la loi normale $\mathcal{N}(m_1,\sigma_1)$
Y une variable aléatoire qui suit la loi normale $\mathcal{N}(m_2,\sigma_2)$
a et b deux réels quelconques.

On a les résultats suivants :

- $aX+b$ suit la loi normale $\mathcal{N}(am_1+b,|a|\sigma_1)$
- Si X et Y sont indépendantes alors $X+Y$ suit la loi normale $\mathcal{N}\left(m_1+m_2,\sqrt{\sigma_1^2+\sigma_2^2}\right)$
- Si X et Y sont indépendantes alors $X-Y$ suit la loi normale $\mathcal{N}\left(m_1-m_2,\sqrt{\sigma_1^2+\sigma_2^2}\right)$.

- **Calculs pratiques**

Si la variable aléatoire X suit la loi $\mathcal{N}(m,\sigma)$ alors la variable aléatoire $T=\frac{X-m}{\sigma}$ suit la loi normale centrée et réduite $\mathcal{N}(0,1)$ dont les valeurs de la fonction de répartition, notée π, sont tabulées.

Ainsi, un calcul de probabilité sur la variable aléatoire X qui suit la loi $\mathcal{N}(m,\sigma)$ se ramène à un calcul de probabilité sur la variable aléatoire T.

On retiendra également les propriétés suivantes de la fonction π définie par $\pi(t)=P(T\leqslant t)$ où a et b sont deux réels quelconques :

- $P(T\geqslant t)=1-\pi(t)$
- $P(T\leqslant -t)=P(T\geqslant t)=1-\pi(t)$
- $P(a\leqslant T\leqslant b)=\pi(b)-\pi(a)$

- $P(-a \leqslant T \leqslant a) = 2\pi(a) - 1.$

Remarque :
Les inégalités peuvent être strictes ou larges sans que cela ne change les résultats ci-dessus.

5. CONVERGENCE

5A. Loi faible des grands nombres

Soient $X_1, X_2, \ldots, X_n$ n variables aléatoires deux à deux indépendantes, de même loi, de même espérance E et de même écart-type σ.
Alors la suite de variables aléatoires moyennes (S_n) définie par :

$$S_n = \frac{X_1 + X_2 + \ldots + X_n}{n}$$

converge en probabilité vers E, ce qui signifie que :

$$\forall \varepsilon > 0, \lim_{n \to +\infty} P\left(|S_n - E| < \varepsilon \right) = 1.$$

Remarque :
Ce résultat fait le lien entre probabilités et statistiques : quand n est très grand, on peut approximer l'espérance par la moyenne arithmétique issue d'études statistiques.

5B. Théorème de la limite centrée et applications

- Soient $X_1, X_2, \ldots, X_n$ n variables aléatoires deux à deux indépendantes, de même loi, de même espérance E et de même écart-type σ.
  Alors la suite de variables aléatoires centrées réduites (T_n) définie par :

  $$T_n = \frac{S_n - E}{\frac{\sigma}{\sqrt{n}}} \text{ où } S_n = \frac{X_1 + X_2 + \ldots + X_n}{n}$$

  converge en loi vers une variable aléatoire centrée réduite T qui suit la loi normale $\mathcal{N}(0,1)$.
- **Applications**
  - Soit $\mathcal{B}(n,p)$ une loi binomiale.
    Lorsque $n \geqslant 30$, $np \geqslant 15$ et $npq > 5$ où $q = 1 - p$, la loi $B(n,p)$ peut être approximée par la loi $\mathcal{N}(np, \sqrt{npq})$.
  - Soit $\mathcal{P}(\lambda)$ une loi de Poisson.
    Lorsque $\lambda \geqslant 15$, la loi $\mathcal{P}(\lambda)$ peut être approximée par la loi normale $\mathcal{N}(\lambda, \sqrt{\lambda})$.

- **Correction de continuité**
  Lorsqu'on approche une loi discrète par une loi continue, il est nécessaire de remplacer chaque valeur prise par X par un intervalle.
  Notons X la variable aléatoire discrète à laquelle nous substituons une variable aléatoire continue T.
  Si les valeurs de X sont $x_1, x_2, \ldots, x_n$ alors :
  - pour $2 \leqslant i \leqslant n-1$, $X = x_i$ sera remplacé par $x_i - \frac{1}{2} \leqslant T \leqslant x_i + \frac{1}{2}$
  - pour $i = 1$, $X = x_1$ sera remplacé par $T \leqslant x_1 + \frac{1}{2}$
  - pour $i = n$, $X = x_n$ sera remplacé par $T \geqslant x_n - \frac{1}{2}$.

6. NOTIONS DE FIABILITE

6A. Définition de la fiabilité

Selon l'AFNOR, la fiabilité est la probabilité pour un matériel d'accomplir une fonction requise dans des conditions précises et pour une période donnée.

6B. Vocabulaire

On note T la variable aléatoire qui à tout matériel associe son temps de bon fonctionnement ou sa durée de vie après une défaillance.

- La fonction de répartition F de la variable aléatoire T est appelée **fonction de défaillance** : $\boxed{F(t) = P(T \leqslant t)}$.
  C'est la probabilité qu'il y ait une défaillance avant l'instant t.
- La densité de probabilité f de la variable aléatoire T est appelée **densité de défaillance** : $\boxed{f(t) = F'(t)}$.
- On appelle **fonction de fiabilité** la fonction R définie sur $[0, +\infty[$ par $\boxed{R(t) = P(T > t) = 1 - F(t)}$.
  C'est la probabilité qu'il n'y ait pas de défaillance avant l'instant t.
- Le **taux de défaillance** est défini à l'instant t par :
  $$\boxed{\lambda(t) = -\frac{R'(t)}{R(t)} = \frac{F'(t)}{1-F(t)} = \frac{f(t)}{1-F(t)}}.$$
  On peut également exprimer la fonction de fiabilité en fonction du taux de défaillance : $\boxed{R(t) = e^{-\int_0^t \lambda(u)\,du}}$.

- On définit le ***MTBF*** ("Mean Time Between Failures") comme l'espérance mathématique de la variable aléatoire T : $\boxed{MTBF = E(T) = \int_0^{+\infty} t f(t)\,\mathrm{d}t}$.

6C. Modèles mathématiques

- **Loi exponentielle**
  La loi exponentielle est la loi suivie par la variable aléatoire T lorsque le taux de défaillance est <u>constant</u> : pour tout $t \geqslant 0$, $\lambda(t) = \lambda$.
  On a alors $\boxed{R(t) = e^{-\lambda t}}$; $\boxed{F(t) = 1 - e^{-\lambda t}}$; $\boxed{f(t) = \lambda e^{-\lambda t}}$
  et $\boxed{MTBF = \frac{1}{\lambda} = \sigma(T)}$.
- **Loi de Weibull**
  Le modèle de la loi de Weibull est adapté aux systèmes dont le taux de défaillance n'est pas constant.
  On considère :
  $\lambda(t) = \frac{\beta}{\eta}\left(\frac{t-\gamma}{\eta}\right)^{\beta-1}$ pour $t > \gamma$ où β, γ et η sont trois paramètres à déterminer (graphiquement)
  et $\lambda(t) = 0$ pour $t \leqslant \gamma$ (pas de panne avant l'instant γ).
  On a :
  $R(t) = e^{-\left(\frac{t-\gamma}{\eta}\right)^{\beta}}$; $F(t) = 1 - e^{-\left(\frac{t-\gamma}{\eta}\right)^{\beta}}$; $f(t) = F'(t) = \frac{\beta}{\eta}\left(\frac{t-\gamma}{\eta}\right)^{\beta-1} e^{-\left(\frac{t-\gamma}{\eta}\right)^{\beta}}$
  $MTBF = A\eta + \gamma$ où A et B sont des coefficients donnés par une table et $\sigma(T) = B\eta$.

FORMULAIRE DE TRIGONOMETRIE

1. **Trigonométrie circulaire**
2. **Trigonométrie hyperbolique**

1. TRIGONOMETRIE CIRCULAIRE

- **Valeurs remarquables**

x	**0**	$\frac{\pi}{6}$	$\frac{\pi}{4}$	$\frac{\pi}{3}$	$\frac{\pi}{2}$
sin(x)	0	$\frac{1}{2}$	$\frac{\sqrt{2}}{2}$	$\frac{\sqrt{3}}{2}$	1
cos(x)	1	$\frac{\sqrt{3}}{2}$	$\frac{\sqrt{2}}{2}$	$\frac{1}{2}$	0
tan(x)	0	$\frac{\sqrt{3}}{3}$	1	$\sqrt{3}$	indéfini
cot(x)	indéfini	$\sqrt{3}$	1	$\frac{\sqrt{3}}{3}$	0

- **Quelques formules élémentaires**

$$\cos^2(x)+\sin^2(x)=1$$

$$\cos^2(x)=\frac{1}{1+\tan^2(x)}$$

$$\sin^2(x)=\frac{1}{1+\cot^2(x)}=\frac{\tan^2(x)}{1+\tan^2(x)}$$

$\cos(-x)=\cos(x)$ $\quad$ $\sin(-x)=-\sin(x)$ $\quad$ $\tan(-x)=-\tan(x)$

$\cos\left(x+\frac{\pi}{2}\right)=-\sin(x)$ $\quad$ $\sin\left(x+\frac{\pi}{2}\right)=\cos(x)$ $\quad$ $\tan\left(x+\frac{\pi}{2}\right)=-\cot(x)$

$\cos\left(\frac{\pi}{2}-x\right)=\sin(x)$ $\quad$ $\sin\left(\frac{\pi}{2}-x\right)=\cos(x)$ $\quad$ $\tan\left(\frac{\pi}{2}-x\right)=\cot(x)$

$\cos(x+\pi)=-\cos(x)$ $\quad$ $\sin(x+\pi)=-\sin(x)$ $\quad$ $\tan(x+\pi)=\tan(x)$

$\cos(\pi-x)=-\cos(x)$ $\quad$ $\sin(\pi-x)=\sin(x)$ $\quad$ $\tan(\pi-x)=-\tan(x)$

- **Formules d'addition**

$\cos(a+b)=\cos(a)\cos(b)-\sin(a)\sin(b)$

$\sin(a+b)=\sin(a)\cos(b)+\sin(b)\cos(a)$

$$\tan(a+b)=\frac{\tan(a)+\tan(b)}{1-\tan(a)\tan(b)}$$

$\cos(a-b)=\cos(a)\cos(b)+\sin(a)\sin(b)$

$\sin(a-b)=\sin(a)\cos(b)-\sin(b)\cos(a)$

$$\tan(a-b)=\frac{\tan(a)-\tan(b)}{1+\tan(a)\tan(b)}$$

- **Formules de duplication**

$$\cos(2x) = \cos^2(x)-\sin^2(x) = 2\cos^2(x)-1 = 1-2\sin^2(x) \qquad \sin(2x)=2\sin(x)\cos(x) \qquad \tan(2x)=\frac{2\tan(x)}{1-\tan^2(x)}$$

- **Formules en** $\tan\left(\frac{x}{2}\right)$

En notant $t=\tan\left(\frac{x}{2}\right)$, on a :

$$\cos(x)=\frac{1-t^2}{1+t^2} \qquad \sin(x)=\frac{2t}{1+t^2} \qquad \tan(x)=\frac{2t}{1-t^2}$$

- **Formules de linéarisation**

$$\cos^2(x)=\frac{1+\cos(2x)}{2} \qquad \sin^2(x)=\frac{1-\cos(2x)}{2}$$

- **Transformation de produits en sommes**

$$\cos(a)\cos(b)=\frac{1}{2}(\cos(a+b)+\cos(a-b))$$

$$\sin(a)\sin(b)=\frac{1}{2}(\cos(a-b)-\cos(a+b))$$

$$\sin(a)\cos(b)=\frac{1}{2}(\sin(a+b)+\sin(a-b))$$

- **Transformation de sommes en produits**

$$\cos(p)+\cos(q)=2\cos\left(\frac{p+q}{2}\right)\cos\left(\frac{p-q}{2}\right) \qquad \cos(p)-\cos(q)=-2\sin\left(\frac{p+q}{2}\right)\sin\left(\frac{p-q}{2}\right)$$

$$\sin(p)+\sin(q)=2\sin\left(\frac{p+q}{2}\right)\cos\left(\frac{p-q}{2}\right) \qquad \sin(p)-\sin(q)=2\cos\left(\frac{p+q}{2}\right)\sin\left(\frac{p-q}{2}\right)$$

- **Formules d'Euler – Formule de De Moivre**
  - Formules d'Euler :

$$\cos(x)=\frac{e^{ix}+e^{-ix}}{2} \qquad \sin(x)=\frac{e^{ix}-e^{-ix}}{2i}$$

  - Formule de De Moivre :

$$(\cos(x)+i\sin(x))^n=\cos(nx)+i\sin(nx)$$

$$\left(e^{ix}\right)^n=e^{inx}$$

- **Résultats divers**
  - Factorisation de $1 \pm e^{ix}$

$$1+e^{ix} = 2\cos\left(\frac{x}{2}\right)e^{i\frac{x}{2}} \qquad 1-e^{ix} = -2i\sin\left(\frac{x}{2}\right)e^{i\frac{x}{2}}$$

  - Arcs en progression arithmétique

$$\sum_{k=0}^{n}\sin(kx) = \frac{\sin\left(\frac{nx}{2}\right)\sin\left((n+1)\frac{x}{2}\right)}{\sin\left(\frac{x}{2}\right)} \qquad \sum_{k=0}^{n}\cos(kx) = \frac{\cos\left(\frac{nx}{2}\right)\sin\left((n+1)\frac{x}{2}\right)}{\sin\left(\frac{x}{2}\right)}$$

- **Fonctions réciproques des fonctions circulaires**

	Arcsin(x)	**Arccos(x)**	**Arctan(x)**
Ensemble de définition	[-1 ; 1]	[-1 ; 1]	$\mathbb{R}$
Parité	impaire	aucune	impaire
Ensemble de dérivabilité	]-1 ; 1[	]-1 ; 1[	$\mathbb{R}$
Dérivée	$\frac{1}{\sqrt{1-x^2}}$	$-\frac{1}{\sqrt{1-x^2}}$	$\frac{1}{1+x^2}$

$$\text{Arccos}(x)+\text{Arcsin}(x) = \frac{\pi}{2} \qquad \text{Arctan}(x)+\text{Arctan}\left(\frac{1}{x}\right) = \begin{cases} \frac{\pi}{2} \text{ si } x>0 \\ -\frac{\pi}{2} \text{ si } x<0 \end{cases}$$

2. TRIGONOMETRIE HYPERBOLIQUE

On rappelle que les fonctions ch et sh sont définies comme suit :

$$\text{ch}(x) = \frac{e^x+e^{-x}}{2} \qquad \text{sh}(x) = \frac{e^x-e^{-x}}{2}$$

On a les relations suivantes :

$$\text{ch}^2(x)-\text{sh}^2(x) = 1$$

$$\text{ch}(a+b) = \text{ch}(a)\text{ch}(b)+\text{sh}(a)\text{sh}(b) \qquad \text{ch}(a-b) = \text{ch}(a)\text{ch}(b)-\text{sh}(a)\text{sh}(b)$$

$$\text{sh}(a+b) = \text{sh}(a)\text{ch}(b)+\text{sh}(b)\text{ch}(a) \qquad \text{sh}(a-b) = \text{sh}(a)\text{ch}(b)-\text{sh}(b)\text{ch}(a)$$

$$\text{th}(a+b) = \frac{\text{th}(a)+\text{th}(b)}{1+\text{th}(a)\text{th}(b)} \qquad \text{th}(a-b) = \frac{\text{th}(a)-\text{th}(b)}{1-\text{th}(a)\text{th}(b)}$$

$$\mathrm{ch}(2x)=\mathrm{ch}^2(x)+\mathrm{sh}^2(x)=1+2\,\mathrm{sh}^2(x)=2\,\mathrm{ch}^2(x)-1$$
$$\mathrm{sh}(2x)=2\,\mathrm{sh}(x)\mathrm{ch}(x)$$
$$\mathrm{th}(2x)=\frac{2\,\mathrm{th}(x)}{1+\mathrm{th}^2(x)}$$

$$\mathrm{ch}(p)+\mathrm{ch}(q)=2\,\mathrm{ch}\left(\frac{p+q}{2}\right)\mathrm{ch}\left(\frac{p-q}{2}\right) \qquad \mathrm{ch}(p)-\mathrm{ch}(q)=2\,\mathrm{sh}\left(\frac{p+q}{2}\right)\mathrm{sh}\left(\frac{p-q}{2}\right)$$
$$\mathrm{sh}(p)+\mathrm{sh}(q)=2\,\mathrm{sh}\left(\frac{p+q}{2}\right)\mathrm{ch}\left(\frac{p-q}{2}\right) \qquad \mathrm{sh}(p)-\mathrm{sh}(q)=2\,\mathrm{sh}\left(\frac{p-q}{2}\right)\mathrm{ch}\left(\frac{p+q}{2}\right)$$

$$\mathrm{ch}(a)\mathrm{ch}(b)=\frac{1}{2}(\mathrm{ch}(a+b)+\mathrm{ch}(a-b))$$
$$\mathrm{sh}(a)\mathrm{sh}(b)=\frac{1}{2}(\mathrm{ch}(a+b)-\mathrm{ch}(a-b))$$
$$\mathrm{sh}(a)\mathrm{ch}(b)=\frac{1}{2}(\mathrm{sh}(a+b)+\mathrm{sh}(a-b))$$

Remarque :
Il est possible de passer des formules de trigonométrie circulaire aux formules de trigonométrie hyperbolique en effectuant les transformations suivantes :

$$\cos(x)\to \mathrm{ch}(x)$$
$$\sin(x)\to i\,\mathrm{sh}(x)$$
$$\tan(x)\to i\,\mathrm{th}(x)$$

TABLES NUMERIQUES

1. **Loi de Poisson**

2. **Loi normale centrée réduite**

1. LOI DE POISSON

$$P(X=k)=e^{-\lambda}\frac{\lambda^k}{k!}$$

k \ λ	0,2	0,3	0,4	0,5	0,6
0	0,8187	0,7408	0,6703	0,6065	0,5488
1	0,1637	0,2222	0,2681	0,3033	0,3293
2	0,0164	0,0333	0,0536	0,0758	0,0988
3	0,0011	0,0033	0,0072	0,0126	0,0198
4	0,0000	0,0003	0,0007	0,0016	0,0030
5		0,0000	0,0001	0,0002	0,0003
6			0,0000	0,0000	0,0000

k \ λ	1	1,5	2	3	4	5	6	7	8	9	10
0	0,368	0,223	0,135	0,050	0,018	0,007	0,002	0,001	0,000	0,000	0,000
1	0,368	0,335	0,271	0,149	0,073	0,034	0,015	0,006	0,003	0,001	0,000
2	0,184	0,251	0,271	0,224	0,147	0,084	0,045	0,022	0,011	0,005	0,002
3	0,061	0,126	0,180	0,224	0,195	0,140	0,089	0,052	0,029	0,015	0,008
4	0,015	0,047	0,090	0,168	0,195	0,176	0,134	0,091	0,057	0,034	0,019
5	0,003	0,014	0,036	0,101	0,156	0,176	0,161	0,128	0,092	0,061	0,038
6	0,001	0,004	0,012	0,050	0,104	0,146	0,161	0,149	0,122	0,091	0,063
7	0,000	0,001	0,003	0,022	0,060	0,104	0,138	0,149	0,140	0,117	0,090
8		0,000	0,001	0,008	0,030	0,065	0,103	0,130	0,140	0,132	0,113
9			0,000	0,003	0,013	0,036	0,069	0,101	0,124	0,132	0,125
10				0,001	0,005	0,018	0,041	0,071	0,099	0,119	0,125
11				0,000	0,002	0,008	0,023	0,045	0,072	0,097	0,114
12					0,001	0,003	0,011	0,026	0,048	0,073	0,095
13					0,000	0,001	0,005	0,014	0,030	0,050	0,073
14						0,000	0,002	0,007	0,017	0,032	0,052
15							0,001	0,003	0,009	0,019	0,035
16							0,000	0,001	0,005	0,011	0,022
17								0,001	0,002	0,006	0,013
18								0,000	0,001	0,003	0,007
19									0,000	0,001	0,004
20										0,001	0,002
21										0,000	0,001
22											0,000

2. LOI NORMALE CENTREE REDUITE

$$\pi(t) = P(T \leqslant t) = \int_{-\infty}^{t} f(x)\,\mathrm{d}x$$

t	**0,00**	**0,01**	**0,02**	**0,03**	**0,04**	**0,05**	**0,06**	**0,07**	**0,08**	**0,09**
0,0	0,5000	0,5040	0,5080	0,5120	0,5160	0,5199	0,5239	0,5279	0,5319	0,5359
0,1	0,5398	0,5438	0,5478	0,5517	0,5557	0,5596	0,5636	0,5675	0,5714	0,5753
0,2	0,5793	0,5832	0,5871	0,5910	0,5948	0,5987	0,6026	0,6064	0,6103	0,6141
0,3	0,6179	0,6217	0,6255	0,6293	0,6331	0,6368	0,6406	0,6443	0,6480	0,6517
0,4	0,6554	0,6591	0,6628	0,6664	0,6700	0,6736	0,6772	0,6808	0,6844	0,6879
0,5	0,6915	0,6950	0,6985	0,7019	0,7054	0,7088	0,7123	0,7157	0,7190	0,7224
0,6	0,7257	0,7290	0,7324	0,7357	0,7389	0,7422	0,7454	0,7486	0,7517	0,7549
0,7	0,7580	0,7611	0,7642	0,7673	0,7704	0,7734	0,7764	0,7794	0,7823	0,7852
0,8	0,7881	0,7910	0,7939	0,7967	0,7995	0,8023	0,8051	0,8078	0,8106	0,8133
0,9	0,8159	0,8186	0,8212	0,8238	0,8254	0,8289	0,8315	0,8340	0,8365	0,8389
1,0	0,8413	0,8438	0,8461	0,8485	0,8508	0,8531	0,8554	0,8577	0,8599	0,8621
1,1	0,8643	0,8665	0,8686	0,8708	0,8729	0,8749	0,8770	0,8790	0,8810	0,8830
1,2	0,8849	0,8869	0,8888	0,8907	0,8925	0,8944	0,8962	0,8980	0,8997	0,9015
1,3	0,9032	0,9049	0,9066	0,9082	0,9099	0,9115	0,9131	0,9147	0,9162	0,9177
1,4	0,9192	0,9207	0,9222	0,9236	0,9251	0,9265	0,9279	0,9292	0,9306	0,9319
1,5	0,9332	0,9345	0,9357	0,9370	0,9382	0,9394	0,9406	0,9418	0,9429	0,9441
1,6	0,9452	0,9463	0,9474	0,9484	0,9495	0,9505	0,9515	0,9525	0,9535	0,9545
1,7	0,9554	0,9564	0,9573	0,9582	0,9591	0,9599	0,9608	0,9616	0,9625	0,9633
1,8	0,9641	0,9649	0,9656	0,9664	0,9671	0,9678	0,9686	0,9693	0,9699	0,9706
1,9	0,9713	0,9719	0,9726	0,9732	0,9738	0,9744	0,9750	0,9756	0,9761	0,9767
2,0	0,9772	0,9779	0,9783	0,9788	0,9793	0,9798	0,9803	0,9808	0,9812	0,9817
2,1	0,9821	0,9826	0,9830	0,9834	0,9838	0,9842	0,9846	0,9850	0,9854	0,9857
2,2	0,9861	0,9864	0,9868	0,9871	0,9875	0,9878	0,9881	0,9884	0,9887	0,9890
2,3	0,9893	0,9896	0,9898	0,9901	0,9904	0,9906	0,9909	0,9911	0,9913	0,9916
2,4	0,9918	0,9920	0,9922	0,9925	0,9927	0,9929	0,9931	0,9932	0,9934	0,9936
2,5	0,9938	0,9940	0,9941	0,9943	0,9945	0,9946	0,9948	0,9949	0,9951	0,9952
2,6	0,9953	0,9955	0,9956	0,9957	0,9959	0,9960	0,9961	0,9962	0,9963	0,9964
2,7	0,9965	0,9966	0,9967	0,9968	0,9969	0,9970	0,9971	0,9972	0,9973	0,9974
2,8	0,9974	0,9975	0,9976	0,9977	0,9977	0,9978	0,9979	0,9979	0,9980	0,9981
2,9	0,9981	0,9982	0,9982	0,9983	0,9984	0,9984	0,9985	0,9985	0,9986	0,9986

t	**3,0**	**3,1**	**3,2**	**3,3**	**3,4**
$\pi(t)$	0,99865	0,99904	0,99931	0,99952	0,99966

t	**3,5**	**3,6**	**3,8**	**4,0**	**4,5**
$\pi(t)$	0,99976	0,999841	0,999928	0,999968	0,999997

Partie II

ANNALES

ENONCE SUJET 2016

Soient f et g les fonctions définies sur $\mathbb{R}$ par $f(x) = \cos(x)$ et $g(x) = ke^{-\omega\left(x-\frac{\pi}{4}\right)}$, où k et ω sont deux réels.

Question 1

(A) On a $f'\left(\frac{\pi}{4}\right) = \frac{\sqrt{2}}{2}$

(B) On a $g'\left(\frac{\pi}{4}\right) = -\omega\left(1 - \frac{\pi}{4}\right)k$

(C) Si $k = \frac{\sqrt{2}}{2}$, alors $f\left(\frac{\pi}{4}\right) = g\left(\frac{\pi}{4}\right)$

(D) Si $k = \frac{\sqrt{2}}{2}$ et $\omega = -1$, alors $f'\left(\frac{\pi}{4}\right) = g'\left(\frac{\pi}{4}\right)$

(E) Si $k = \frac{\sqrt{2}}{2}$ et $\omega = 1$, alors la fonction h définie sur $\mathbb{R}$ par

$$h(x) = \begin{cases} f(x) & \text{si } x \leqslant \frac{\pi}{4} \\ g(x) & \text{si } x > \frac{\pi}{4} \end{cases}$$

a pour représentation graphique sur [-3 ; 3] la courbe $\mathscr{C}_h$ ci-dessous.

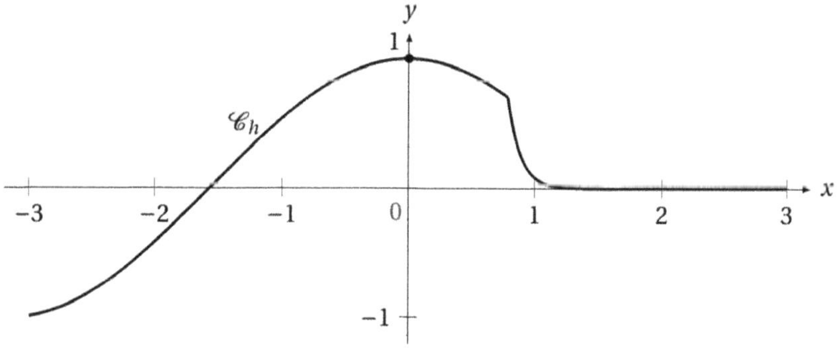

Soit n un entier naturel. On pose $Q(x) = \sum_{k=0}^{n} x^k$.

Question 2

(A) On a $Q'(x) = \sum_{k=0}^{n} kx^{k+1}$

(B) On a $(1-x)^2Q(x)=(1-x)(1-x^{n+1})=1-x-x^{n+1}+x^{n+2}$
(C) On a $(1-x)^2Q'(x)=nx^{n+1}-(n+1)x^n+1$
(D) En dérivant deux fois dans la formule $(1-x)^2Q'(x)=nx^{n+1}-(n+1)x^n+1$, on obtient :

$$2Q'(x)+(1-x)^2Q'''(x)=n^2(n+1)x^{n-1}-n(n-1)(n+1)x^{n-2}$$

(E) On a $\sum_{k=1}^{n}k=Q'(1)=\dfrac{n(n+1)}{2}$

On se propose d'étudier la convergence et éventuellement de calculer l'intégrale

$$I=\int_0^{+\infty}\ln\left(1+\frac{1}{t^2}\right)dt.$$

Question 3

(A) On a $\ln\left(1+\frac{1}{t^2}\right)\sim\frac{1}{t^2}$ quand $t\to\infty$
(B) On a $\ln\left(1+\frac{1}{t^2}\right)\sim$-$\ln(t)$ quand $t\to0^+$
(C) L'intégrale I diverge
(D) Soient a, b deux réels strictement positifs tels que $a<b$.
A l'aide d'une intégration par parties, on montre que :

$$\int_a^b\ln\left(1+\frac{1}{t^2}\right)dt=\left[t\ln\left(1+\frac{1}{t^2}\right)\right]_a^b+2\int_a^b\frac{1}{t^2+1}dt$$

(E) On a $I=\pi$

Pour un entier naturel n, on se propose d'étudier la convergence et éventuellement de calculer l'intégrale I_n définie par :

$$I_n=\int_0^{+\infty}\frac{1}{x^n}\exp\left(-\frac{1}{x}\right)dx.$$

Question 4

(A) On a $\frac{1}{x^n}\exp\left(-\frac{1}{x}\right)\sim\frac{1}{x^n}$ quand $x\to+\infty$
(B) On a $\lim_{x\to0^+}\frac{1}{x^n}\exp\left(-\frac{1}{x}\right)=1$
(C) Pour tout entier $n\geqslant2$, l'intégrale I_n converge
(D) A l'aide d'une intégration par parties, on montre que pour tout $n\geqslant2$, on a

$$I_n=\frac{1}{n-1}I_{n+1}.$$

(E) Pour tout entier $n\geqslant2$, on a $I_n=n!$

Soit le polynôme $P(z) = z^4 - 4z^3 + 9z^2 + 16z - 52$.
On admet que P possède deux racines réelles opposées a et $-a$ ($a \neq 0$) que l'on déterminera.
On en déduira la factorisation $P(z) = (z^2 - a^2)(z^2 + bz + c)$, en calculant les réels b et c.
On montrera enfin qu'il existe deux racines complexes conjuguées $z_1 = re^{i\theta}$ et $z_2 = re^{-i\theta}$, et on calculera r et $\cos(\theta)$.

Question 5

(A) On a $P(a) - P(-a) = -8a(a^2 - 4)$

(B) On a $b = 2$ et $c = 13$

(C) Le discriminant de l'équation $z^2 + bz + c = 0$ avec les valeurs de b et c calculées est $\Delta = -36$

(D) On a $\{z_1 \,;\, z_2\} = \{2 - 3i \,;\, 2 + 3i\}$

(E) On a $r = \sqrt{13}$ et $\cos(\theta) = \dfrac{3}{\sqrt{13}}$

Soit la fraction rationnelle

$$F(x) = \frac{2x - 2}{x(x-2)}.$$

On se propose de chercher les solutions sur $I =]2\,;+\infty[$ de l'équation différentielle sans second membre :

$$y'(x) - F(x)y(x) = 0 \qquad (H)$$

puis de résoudre l'équation différentielle avec second membre :

$$y'(x) - F(x)y(x) = x. \qquad (E)$$

Question 6

(A) La décomposition en éléments simples de $F(x)$ est $F(x) = \dfrac{1}{x} + \dfrac{1}{x-2}$

(B) La fonction $u(x) = \sqrt{x(x-2)}$ est une solution de (H).

(C) Si $y(x) = x(x-2)K(x)$ est une solution de (E), alors $K'(x) = \dfrac{1}{x(x-2)}$

(D) Les solutions de (E) sont de la forme :
$y(x) = (\ln(x-2) + C)x(x-2)$, où C est une constante

(E) Toutes les solutions y de (E) vérifient $\lim\limits_{x \to 2^+} y(x) = 0$

Soit la transformation $f : \mathbb{C}\setminus\{-i\} \to \mathbb{C}\setminus\{1\}$, définie par :

$$f(z) = \frac{z - i}{z + i}.$$

On pose $z = x + iy$ avec x et y dans $\mathbb{R}$. On note M le point d'affixe z dans le plan complexe P muni du repère orthonormé $(O\,;\vec{i},\vec{j})$.
On cherchera l'ensemble $E \subset P$ des points M d'affixe z tels que $|f(z)| = 1$.
On cherchera ensuite l'ensemble $F \subset P$ des points M d'affixe z tels que $|f(z)| = \frac{1}{3}$.
On vérifiera que l'équation obtenue est celle d'un cercle du plan P, dont on précisera le centre Ω et le rayon R.

Question 7

(A) On a $|z+i|^2 = x^2 + y^2 + 1$
(B) L'ensemble E est l'axe réel (Ox)
(C) L'ensemble F admet comme équation $x^2 + y^2 + \frac{5}{8}y + 1 = 0$
(D) Le centre de F est Ω de coordonnées $\left(0\,;\frac{5}{4}\right)$
(E) Le rayon de F est $R = \frac{3}{4}$

Deux composants électroniques A et B sont reliés par un réseau. Ils s'envoient des impulsions suivant le protocole suivant :

- **Etape 0** : le composant A envoie une impulsion à B. Le composant B réagit de manière aléatoire :
 1. Avec une probabilité $p_0 = \frac{1}{2} = 2^{-1}$, il répond à A. Dans ce cas, on passe à l'étape 1.
 2. Avec une probabilité $1 - p_0 = \frac{1}{2} = 1 - 2^{-1}$, il ne répond pas. Dans ce cas, l'échange s'arrête.

- **Etape 1 :** le composant A envoie une impulsion à B. Le composant B réagit de manière aléatoire :
 1. Avec une probabilité $p_1 = \frac{1}{\sqrt{2}} = 2^{-\frac{1}{2}}$, il répond à A. Dans ce cas, on passe à l'étape 2.
 2. Avec une probabilité $1 - p_1 = 1 - \frac{1}{\sqrt{2}} = 1 - 2^{-\frac{1}{2}}$, il ne répond pas. Dans ce cas, l'échange s'arrête.

.
.
.

- **Etape n :** cette étape se déroule de manière analogue aux étapes 0 et 1, mais la probabilité p_n que B réponde à A vaut $p_n = 2^{-\frac{1}{2^n}}$.

.
.
.

Question 8

(A) La probabilité que A envoie une seule impulsion est de 50%
(B) La probabilité que B réponde à A diminue à chaque étape
(C) La probabilité que le composant B réponde à la 4ème étape sachant qu'il a répondu à la 3ème étape est $2^{-\frac{1}{2^4}}$
(D) La probabilité que l'échange dure au moins deux étapes est de $2^{-\left(1+\frac{1}{2}+\frac{1}{4}\right)} = 2^{-\frac{7}{4}}$
(E) La probabilité que l'envoi d'impulsions entre A et B ne s'arrête jamais est égale à 0

André joue à pile ou face avec une pièce non truquée (la probabilité de pile comme de face est $\frac{1}{2}$).
Si le tirage donne pile, alors André gagne 0,5 et si c'est face, il perd 1.
Il peut jouer autant de fois qu'il le souhaite.

Question 9

(A) André joue une seule fois. La probabilité qu'il gagne 0,5 est $\frac{1}{3}$
(B) André joue deux fois. La probabilité qu'il gagne 1 est de $\frac{1}{4}$
(C) André joue quatre fois et son gain total est de 0,5. Dans ce cas, André a perdu exactement deux fois
(D) André joue quatre fois. La probabilité que son gain total soit de 0,5 est de $\frac{1}{4}$
(E) L'espérance du gain pour un seul tirage est de -0,5

On considère les deux équations, à inconnues complexes respectivement z et Z :

$$z^2+(-1+i)z+i=0 \qquad (E)$$

$$Z^4+(-1+i)Z^2+i=0 \qquad (E').$$

On calculera le discriminant $\Delta \in \mathbb{C}$ de (E), et les racines carrées complexes $\pm\delta$ de Δ.

On en déduira les racines complexes z_1 et z_2 de (E), sous forme algébrique puis sous forme polaire $z_1 = r_1 e^{i\theta_1}$ et $z_2 = r_2 e^{i\theta_2}$, avec $r_1 \geqslant 0$ et $r_2 \geqslant 0$.
Enfin, on en déduira les quatre racines complexes de (E'), sous forme polaire.

Question 10 (option génie électrique)

(A) Les racines carrées complexes de $-i$ sont $\dfrac{1-i}{2}$ et $\dfrac{-1+i}{2}$

(B) Les racines de (E) sont $z_1 = \dfrac{1+\sqrt{3}}{2}(1-i)$ et $z_2 = \dfrac{1-\sqrt{3}}{2}(1-i)$

(C) On a $r_1 = \dfrac{1+\sqrt{3}}{\sqrt{2}}$, $\theta_1 = -\dfrac{\pi}{4}$ et $r_2 = \dfrac{1-\sqrt{3}}{\sqrt{2}}$, $\theta_2 = -\dfrac{\pi}{4}$

(D) Les modules des racines de (E') sont $\sqrt{\dfrac{1+\sqrt{3}}{\sqrt{2}}}$ et $\sqrt{\dfrac{-1+\sqrt{3}}{\sqrt{2}}}$

(E) Les arguments des racines de (E') sont $-\dfrac{\pi}{8}$ et $-\dfrac{\pi}{8}+\pi$

Dans les questions 11 et 12, on considère c un réel de $[0\,;\pi]$ et f la fonction paire 2π-périodique telle que :

$$f(t) = \begin{cases} 1 & \text{si } 0 \leqslant t \leqslant c \\ 0 & \text{si } c < t \leqslant \pi \end{cases}.$$

On se propose d'étudier la série de Fourier de f.

Cette série de Fourier sera notée : $S_f(t) = a_0 + \sum_{n=1}^{+\infty}\left(a_n\cos(nt) + b_n\sin(nt)\right)$.

Question 11 (option génie électrique)

(A) Pour tout entier $n \geqslant 1$, on a $b_n = 0$

(B) $a_0 = \dfrac{2c}{\pi}$

(C) Si $c = \pi$, alors $a_0 = 1$

(D) Pour tout entier $n \geqslant 1$, on a $a_n = \dfrac{2\sin(nc)}{n\pi}$

(E) La série de Fourier de f est $S_f(t) = \dfrac{2c}{\pi} + \displaystyle\sum_{n=1}^{+\infty} \dfrac{2\sin(nc)}{n\pi}\cos(nt)$

Même constante c et même fonction f qu'à la question 11.

Question 12 (option génie électrique)

(A) On a $S_f(c) = \frac{c}{\pi} + \sum_{n=1}^{+\infty} \frac{\sin(2nc)}{n\pi}$

(B) Pour $0 < c < \pi$ et en posant $\theta = 2c$, on en déduit que $\sum_{n=1}^{+\infty} \frac{\sin(n\theta)}{n} = \frac{\pi - \theta}{2}$

(C) D'après la formule de Parseval, on a :

$$\frac{1}{T}\int_{-\frac{T}{2}}^{\frac{T}{2}} f^2(t)\,\mathrm{d}t = \frac{1}{2}\left(\sum_{n=0}^{+\infty} {a_n}^2 + \sum_{n=1}^{+\infty} {b_n}^2\right)$$

(D) On a $\frac{c}{\pi} = \frac{c^2}{\pi^2} + \sum_{n=1}^{+\infty} \frac{2\sin^2(nc)}{n^2\pi^2}$

(E) On a $\sum_{n=1}^{+\infty} \frac{\sin^2(nc)}{n^2} = \frac{c(\pi - c)}{2}$

Dans un espace vectoriel E sur $\mathbb{R}$ de dimension 3 ayant une base $\mathscr{B} = \left(\vec{e_1}\,;\, \vec{e_2}\,;\, \vec{e_3}\right)$, on considère l'endomorphisme f dont la matrice associée dans la base $\mathscr{B}$ est :

$$A = \begin{pmatrix} 1 & 0 & 1 \\ 0 & 1 & 0 \\ 1 & 0 & 1 \end{pmatrix}.$$

Question 13 (options génie civil et génie mécanique)

(A) 1 est une valeur propre de la matrice A

(B) La matrice A est inversible

(C) $f\left(\vec{e_1} + \vec{e_2}\right) = 3\left(\vec{e_1} + \vec{e_2}\right)$

(D) La matrice A est diagonalisable

(E) Il existe une matrice diagonale D telle que $A = PDP^{-1}$, où P est la matrice inversible $P = \begin{pmatrix} 1 & 0 & -1 \\ 0 & 1 & 0 \\ 1 & 0 & 1 \end{pmatrix}$

Dans l'espace affine euclidien $\mathbb{R}^3$ de dimension 3, on considère le plan P_1 d'équation cartésienne $2x - y + z = 2$ et le plan P_2 d'équation cartésienne $y = z$. On note $D = P_1 \cap P_2$, et on admet que D est une droite.

Question 14 (options génie civil et génie mécanique)

(A) Les vecteurs $\overrightarrow{n_1} = (2\,;-1\,;1)$ et $\overrightarrow{n_2} = (0\,;1\,;-1)$ sont respectivement des vecteurs normaux aux plans P_1 et P_2

(B) Les plans P_1 et P_2 sont perpendiculaires

(C) Le vecteur $\vec{n} = (0\,;2\,;2)$ est un vecteur directeur de D

(D) Une représentation paramétrique de la droite D est :

$$\begin{cases} x = 1 \\ y = 1 + 2t \\ z = 1 + 2t \end{cases} \quad \text{où } t \in \mathbb{R}$$

(E) La distance de tout point $M(x\,;y\,;z)$ de $\mathbb{R}^3$ au plan P_1 est :

$$d(M,P_1) = \frac{|2x - y + z - 2|}{\sqrt{2}}$$

Le plan est rapporté à un repère orthonormé $(O\,;\vec{i},\vec{j})$.
On considère la courbe Γ de représentation paramétrique :

$$\begin{cases} x = \sin(2t) \\ y = \cos(t) \end{cases} \quad \text{avec } t \in [0\,;2\pi].$$

Question 15 (options génie civil et génie mécanique)

(A) La courbe Γ est symétrique par rapport à l'axe des ordonnées

(B) Le vecteur $\begin{pmatrix} \sin(2t) \\ -\cos(t) \end{pmatrix}$ est un vecteur directeur de la tangente à la courbe Γ au point de paramètre t

(C) La tangente à la courbe Γ au point M de paramètre $t = \frac{\pi}{4}$ est horizontale

(D) La représentation graphique suivante est celle de Γ :

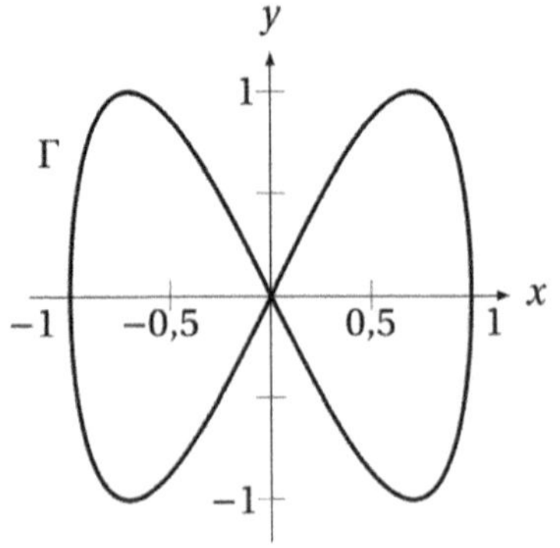

(E) Une équation cartésienne de la courbe Γ est $x^2 = 4y^2(1 - y^2)$

CORRIGE SUJET 2016

Question 1

(A) **FAUX**
La fonction f est dérivable sur $\mathbb{R}$ et $\forall x \in \mathbb{R}, f'(x) = -\sin(x)$.
Donc $f'\left(\frac{\pi}{4}\right) = -\sin\left(\frac{\pi}{4}\right) = -\frac{\sqrt{2}}{2}$. La proposition est fausse.

(B) **FAUX**

La fonction g est dérivable sur $\mathbb{R}$ et $\forall x \in \mathbb{R}, g'(x) = -k\omega e^{-\omega\left(x-\frac{\pi}{4}\right)}$ car $(e^u)' = u'e^u$.
Donc $g'\left(\frac{\pi}{4}\right) = -k\omega e^0 = -k\omega$ car $e^0 = 1$. La proposition est fausse.

(C) **VRAI**

On a : $f\left(\frac{\pi}{4}\right) = \cos\left(\frac{\pi}{4}\right) = \frac{\sqrt{2}}{2}$ et $g\left(\frac{\pi}{4}\right) = ke^0 = k$ car $e^0 = 1$.

Donc si $k = \frac{\sqrt{2}}{2}$, alors $f\left(\frac{\pi}{4}\right) = g\left(\frac{\pi}{4}\right)$.

(D) **FAUX**

Selon les résultats des propositions A et B, on a : $f'\left(\frac{\pi}{4}\right) = -\frac{\sqrt{2}}{2}$ et $g'\left(\frac{\pi}{4}\right) = -k\omega$.

Si $k = \frac{\sqrt{2}}{2}$ et $\omega = -1$, alors $g'\left(\frac{\pi}{4}\right) = \frac{\sqrt{2}}{2} \neq f'\left(\frac{\pi}{4}\right)$.
La proposition est donc fausse.

(E) **FAUX**
La courbe proposée par l'énoncé comme représentation graphique de la fonction h présente un point anguleux en $\frac{\pi}{4}$.

Or la dérivée de h à gauche de $\frac{\pi}{4}$ vaut $h'_g\left(\frac{\pi}{4}\right) = f'\left(\frac{\pi}{4}\right) = -\frac{\sqrt{2}}{2}$.

Et la dérivée de h à droite de $\frac{\pi}{4}$ vaut $h'_d\left(\frac{\pi}{4}\right) = g'\left(\frac{\pi}{4}\right) = -k\omega = -\frac{\sqrt{2}}{2}$ si $k = \frac{\sqrt{2}}{2}$ et $\omega = 1$.

On a donc $h'_g\left(\frac{\pi}{4}\right) = h'_d\left(\frac{\pi}{4}\right)$: la courbe représentative de la fonction h n'admet pas de point anguleux en $\frac{\pi}{4}$.

La courbe proposée par l'énoncé ne peut donc correspondre à la fonction h : la proposition est fausse.

Remarque
On rappelle qu'un point du graphe d'une fonction est un point anguleux si et seulement si, la dérivée à gauche de ce point n'est pas égale à la dérivée à droite et qu'au moins l'une de ces dérivées n'est pas infinie.

Il ne faut pas confondre la notion de point anguleux avec celle de point de rebroussement. On rappelle qu'un point du graphe d'une fonction est un point de rebroussement si et seulement si, la dérivée à gauche de ce point n'est pas égale à la dérivée à droite et que ces deux dérivées sont infinies.

Question 2

(A) **FAUX**

Q est un polynôme de degré n : $Q(x)=\sum_{k=0}^{n} x^k = 1+x+x^2+x^3+\ldots+x^n$.

La dérivée de Q est donc un polynôme de degré $n-1$.

Ainsi la proposition est immédiatement fausse car $Q'(x)=\sum_{k=0}^{n} kx^{k+1}$ correspond à un polynôme de degré $n+1$.

En fait, on a : $Q'(x)=1+2x+3x^2+\ldots+nx^{n-1}=\sum_{k=1}^{n} kx^{k-1}$.

(B) **VRAI**

$Q(x)=\sum_{k=0}^{n} x^k = 1+x+x^2+x^3+\ldots+x^n$ est la somme des $(n+1)$ premiers termes de la suite géométrique de raison x et de premier terme 1.

Ainsi, il vient :

- Si $x \neq 1$, $Q(x)=1^{\text{er}}\ \text{terme}\times\dfrac{1-\text{raison}^{\text{nombre de termes}}}{1-\text{raison}}=\dfrac{1-x^{n+1}}{1-x}$
- Si $x=1$, $Q(1)=\sum_{k=0}^{n} 1 = 1+1+\ldots+1=(n+1)\times 1 = n+1$

Alors on peut écrire :

Si $x\neq 1$, $(1-x)^2 Q(x)=(1-x)^2\times\dfrac{1-x^{n+1}}{1-x}=(1-x)(1-x^{n+1})=1-x-x^{n+1}+x^{n+2}$.

On remarque que cette relation est encore vraie pour $x=1$.

Et finalement, il nous est possible d'affirmer que :

$$\forall x\in\mathbb{R},\ (1-x)^2 Q(x)=(1-x)(1-x^{n+1})=1-x-x^{n+1}+x^{n+2}.$$

(C) **VRAI**

Selon la proposition précédente, on sait que pour $x \neq 1$, on a : $Q(x) = \dfrac{1-x^{n+1}}{1-x}$.

Donc, pour $x \neq 1$, on a : $Q'(x) = \dfrac{-(n+1)x^n(1-x)+\left(1-x^{n+1}\right)}{(1-x)^2}$.

Ainsi, pour $x \neq 1$, $(1-x)^2 Q'(x) = -(n+1)\left(x^n - x^{n+1}\right) + 1 - x^{n+1}$.

Soit, pour $x \neq 1$, $(1-x)^2 Q'(x) = -nx^n + nx^{n+1} - x^n + x^{n+1} + 1 - x^{n+1}$.

Finalement, pour $x \neq 1$, on obtient $(1-x)^2 Q'(x) = nx^{n+1} - (n+1)x^n + 1$.

On remarque que cette relation reste vraie pour $x = 1$ et il nous est donc possible de conclure que :

$$\forall x \in \mathbb{R},\ (1-x)^2 Q'(x) = nx^{n+1} - (n+1)x^n + 1.$$

(D) **FAUX**

En dérivant la relation $(1-x)^2 Q'(x) = nx^{n+1} - (n+1)x^n + 1$, on obtient :

$2 \times (-1) \times (1-x) Q'(x) + (1-x)^2 Q''(x) = n(n+1)x^n - n(n+1)x^{n-1}$.

Soit $-2(1-x)Q'(x) + (1-x)^2 Q''(x) = n(n+1)x^n - n(n+1)x^{n-1}$.

En dérivant la dernière relation obtenue, il vient :

$2Q'(x) - 2(1-x)Q''(x) - 2(1-x)Q''(x) + (1-x)^2 Q'''(x)$

$= n^2(n+1)x^{n-1} - n(n-1)(n+1)x^{n-2}$.

Soit $2Q'(x) - 4(1-x)Q''(x) + (1-x)^2 Q'''(x) = n^2(n+1)x^{n-1} - n(n-1)(n+1)x^{n-2}$.

La proposition est donc fausse.

(E) **VRAI**

En utilisant l'expression de $Q'(x)$ obtenue à la proposition A, on a $Q'(1) = \sum_{k=1}^{n} k$.

$Q'(1)$ est donc la somme des n premiers entiers.

On sait que cette somme vaut $\dfrac{n(n+1)}{2}$.

Ainsi, on a bien : $\sum_{k=1}^{n} k = Q'(1) = \dfrac{n(n+1)}{2}$.

Remarque

Si on ne se souvient plus du résultat donnant la somme des n premiers entiers, il faut être capable de le retrouver rapidement à l'aide, par exemple, des suites arithmétiques : il s'agit de la somme des n premiers termes de la suite arithmétique de raison 1 et de premier terme 1.

Question 3

(A) **VRAI**

Selon le cours, on dispose de l'équivalent classique suivant :

au voisinage de 0, $\ln(1+x) \sim x$.

Or $\lim\limits_{t \to \infty} \frac{1}{t^2} = 0$ donc il est nous est possible d'utiliser cet équivalent en remplaçant x par $\frac{1}{t^2}$.

Ainsi, on a : $\ln\left(1+\frac{1}{t^2}\right) \sim \frac{1}{t^2}$ pout $t \to \infty$.

(B) **FAUX**

En utilisant les propriétés de la fonction ln, on peut écrire :

$$\ln\left(1+\frac{1}{t^2}\right) = \ln\left(\frac{t^2+1}{t^2}\right) = \ln(t^2+1) - \ln(t^2) = \ln(t^2+1) - 2\ln(t).$$

Alors, il vient $\lim\limits_{\substack{t \to 0 \\ t>0}} \frac{\ln\left(1+\frac{1}{t^2}\right)}{-2\ln(t)} = \lim\limits_{\substack{t \to 0 \\ t>0}} \frac{\ln(t^2+1)-2\ln(t)}{-2\ln(t)} = \lim\limits_{\substack{t \to 0 \\ t>0}} \left(1 - \frac{1}{2}\frac{\ln(1+t^2)}{\ln(t)}\right) = 1.$

On en déduit qu'au voisinage de 0, on a : $\ln\left(1+\frac{1}{t^2}\right) \sim -2\ln(t)$.

La proposition est donc fausse.

(C) **FAUX**

Soit $f : t \mapsto \ln\left(1+\frac{1}{t^2}\right)$ et $I = \int_0^{+\infty} f(t)\,\mathrm{d}t$.

La fonction f est continue et positive sur $]0\,;+\infty[$ donc f est localement intégrable sur $]0\,;+\infty[$.

Les bornes de I à risque sont 0 et $+\infty$.

<u>Etude en 0</u> :

Au voisinage de 0, $f(t) \sim -2\ln(t)$ et $\int_0^1 \ln(t)\,\mathrm{d}t$ converge (voir la partie cours de cet ouvrage) donc $\int_0^1 f(t)\,\mathrm{d}t$ converge également (critère de comparaison par équivalent).

<u>Etude en $+\infty$</u> :

Au voisinage de $+\infty$, $f(t) \sim \frac{1}{t^2}$ et $\int_1^{+\infty} \frac{1}{t^2}\,\mathrm{d}t$ converge (critère de Riemann en $+\infty$) donc $\int_1^{+\infty} f(t)\,\mathrm{d}t$ converge également (critère de comparaison par équivalent).

En conclusion, l'intégrale I converge. La proposition est donc fausse.

(D) **VRAI**
Soient $0 < a < b$.
Effectuons une intégration par parties sur $\int_a^b \ln\left(1+\frac{1}{t^2}\right)\mathrm{d}t$ en posant :

$$\begin{cases} u = \ln\left(1+\frac{1}{t^2}\right) = \ln(1+t^2) - 2\ln(t) \\ v' = 1 \end{cases} \text{ soit } \begin{cases} u' = \frac{2t}{1+t^2} - \frac{2}{t} \\ v = t \end{cases}.$$

Il vient alors successivement :

$$\int_a^b \ln\left(1+\frac{1}{t^2}\right)\mathrm{d}t = \left[t\ln\left(1+\frac{1}{t^2}\right)\right]_a^b - \int_a^b \left(\frac{2t^2}{1+t^2} - 2\right)\mathrm{d}t$$

$$\int_a^b \ln\left(1+\frac{1}{t^2}\right)\mathrm{d}t = \left[t\ln\left(1+\frac{1}{t^2}\right)\right]_a^b + 2\int_a^b \frac{1}{1+t^2}\mathrm{d}t$$

(E) **VRAI**
En poursuivant les calculs précédents, on obtient :

$$\int_a^b \ln\left(1+\frac{1}{t^2}\right)\mathrm{d}t = b\ln\left(1+\frac{1}{b^2}\right) - a\ln\left(1+\frac{1}{a^2}\right) + 2\Big[\arctan(t)\Big]_a^b$$

$$\int_a^b \ln\left(1+\frac{1}{t^2}\right)\mathrm{d}t = b\ln\left(1+\frac{1}{b^2}\right) - a\ln\left(1+\frac{1}{a^2}\right) + 2\arctan(b) - 2\arctan(a)$$

Dans cette expression, nous allons maintenant faire tendre a vers 0 et b vers $+\infty$.

Au voisinage de $+\infty$, $\ln\left(1+\frac{1}{b^2}\right) \sim \frac{1}{b^2}$ et donc $b\ln\left(1+\frac{1}{b^2}\right) \sim \frac{1}{b}$.

On en déduit que $\lim\limits_{b\to+\infty} b\ln\left(1+\frac{1}{b^2}\right) = 0$.

De plus, on a $\lim\limits_{b\to+\infty} \arctan(b) = \frac{\pi}{2}$.

Par ailleurs, $\lim\limits_{a\to 0} \arctan(a) = 0$.

Et $\lim\limits_{a\to 0} a\ln\left(1+\frac{1}{a^2}\right) = \lim\limits_{a\to 0} a\ln\left(\frac{a^2+1}{a^2}\right) = \lim\limits_{a\to 0} \big(a\ln(a^2+1) - 2a\ln(a)\big) = 0$

car $\lim\limits_{a\to 0} a\ln(a) = 0$ (limite de référence).

Ainsi, en faisant tendre a vers 0 et b vers $+\infty$ dans la relation

$$\int_a^b \ln\left(1+\frac{1}{t^2}\right)\mathrm{d}t = b\ln\left(1+\frac{1}{b^2}\right) - a\ln\left(1+\frac{1}{a^2}\right) + 2\arctan(b) - 2\arctan(a),$$

on obtient : $I = 0 - 0 + 2\times\frac{\pi}{2} - 2\times 0 = \pi$.

Question 4

(A) **VRAI**

On a : $\lim\limits_{x \to +\infty} \dfrac{\frac{1}{x^n} e^{-\frac{1}{x}}}{\frac{1}{x^n}} = \lim\limits_{x \to +\infty} e^{-\frac{1}{x}} = 1$. On en déduit donc que $\dfrac{1}{x^n} e^{-\frac{1}{x}} \sim \dfrac{1}{x^n}$ quand $x \to +\infty$.

(B) **FAUX**

Posons $X = \dfrac{1}{x}$. Alors $\lim\limits_{\substack{x \to 0 \\ x > 0}} \dfrac{1}{x^n} e^{-\frac{1}{x}} = \lim\limits_{X \to +\infty} X^n e^{-X} = \lim\limits_{X \to +\infty} \dfrac{X^n}{e^X}$.

Or selon le cours, on sait que $\lim\limits_{X \to +\infty} \dfrac{e^X}{X^n} = +\infty$ (limite de référence : voir le paragraphe sur la fonction exponentielle du chapitre "Fonctions d'une variable réelle").

Donc on obtient finalement $\lim\limits_{\substack{x \to 0 \\ x > 0}} \dfrac{1}{x^n} e^{-\frac{1}{x}} = 0$.

La proposition est donc fausse.

(C) **VRAI**

Soit $f : x \mapsto \dfrac{1}{x^n} e^{-\frac{1}{x}}$ et $I_n = \displaystyle\int_0^{+\infty} f(x)\,dx$.

La fonction f est continue et positive sur $]0\,;+\infty[$ donc f est localement intégrable sur $]0\,;+\infty[$.

Les bornes de I à risque sont 0 et $+\infty$.

Or, selon la proposition précédente, $\lim\limits_{\substack{x \to 0 \\ x > 0}} f(x) = 0$: f est donc prolongeable par continuité en 0 en posant $f(0) = 0$.

Le problème à la borne 0 est donc un faux problème.

<u>Etude en $+\infty$</u> :

Selon la proposition A, on a : $f(x) \sim \dfrac{1}{x^n}$ quand $x \to +\infty$.

Et selon le cours, $\displaystyle\int_1^{+\infty} \frac{1}{x^\alpha}\,dx$ converge si et seulement si le réel α est strictement supérieur à 1 (critère de Riemann en $+\infty$).

Ici, n est un entier donc I_n converge si et seulement si $n \geqslant 2$.

En conclusion, pour tout entier $n \geqslant 2$, l'intégrale I_n converge.

(D) **VRAI**

Soient a et b des réels tels que $0 < a < b$ et soit n entier supérieur ou égal à 2.

Effectuons une intégration par parties sur $\int_a^b \frac{1}{x^n} e^{-\frac{1}{x}} \mathrm{d}x$ en posant :

$$\begin{cases} u = e^{-\frac{1}{x}} \\ v' = \frac{1}{x^n} \end{cases} \text{ soit } \begin{cases} u' = \frac{1}{x^2} e^{-\frac{1}{x}} \\ v = \frac{1}{-n+1} \times \frac{1}{x^{n-1}} \end{cases}.$$

Il vient alors successivement :

$$\int_a^b \frac{1}{x^n} e^{-\frac{1}{x}} \mathrm{d}x = \left[\frac{1}{-n+1} \times \frac{1}{x^{n-1}} \times e^{-\frac{1}{x}} \right]_a^b - \frac{1}{-n+1} \int_a^b \frac{1}{x^{n-1}} \times \frac{1}{x^2} e^{-\frac{1}{x}} \mathrm{d}x$$

$$\int_a^b \frac{1}{x^n} e^{-\frac{1}{x}} \mathrm{d}x = \left[\frac{1}{-n+1} \times \frac{1}{x^{n-1}} \times e^{-\frac{1}{x}} \right]_a^b + \frac{1}{n-1} \int_a^b \frac{1}{x^{n+1}} e^{-\frac{1}{x}} \mathrm{d}x$$

$$\int_a^b \frac{1}{x^n} e^{-\frac{1}{x}} \mathrm{d}x = \frac{1}{-n+1} \times \frac{1}{b^{n-1}} e^{-\frac{1}{b}} - \frac{1}{-n+1} \times \frac{1}{a^{n-1}} e^{-\frac{1}{a}} + \frac{1}{n-1} \int_a^b \frac{1}{x^{n+1}} e^{-\frac{1}{x}} \mathrm{d}x$$

Dans cette expression, nous allons maintenant faire tendre a vers 0 et b vers $+\infty$.

Au voisinage de $+\infty$, nous avons $\frac{1}{x^{n-1}} e^{-\frac{1}{x}} \sim \frac{1}{x^{n-1}}$ (voir proposition A).

Donc $\lim\limits_{b \to +\infty} \frac{1}{b^{n-1}} e^{-\frac{1}{b}} = \lim\limits_{b \to +\infty} \frac{1}{b^{n-1}} = 0$.

Par ailleurs, $\lim\limits_{\substack{a \to 0 \\ a > 0}} \frac{1}{a^{n-1}} e^{-\frac{1}{a}} = \lim\limits_{\substack{a \to 0 \\ a > 0}} a \times \frac{1}{a^n} e^{-\frac{1}{a}} = 0$ en utilisant le résultat de la limite déterminée à la proposition B.

Ainsi, en faisant tendre a vers 0 et b vers $+\infty$ dans la relation

$$\int_a^b \frac{1}{x^n} e^{-\frac{1}{x}} \mathrm{d}x = \frac{1}{-n+1} \times \frac{1}{b^{n-1}} e^{-\frac{1}{b}} - \frac{1}{-n+1} \times \frac{1}{a^{n-1}} e^{-\frac{1}{a}} + \frac{1}{n-1} \int_a^b \frac{1}{x^{n+1}} e^{-\frac{1}{x}} \mathrm{d}x,$$

on obtient : pour tout entier $n \geqslant 2$, $I_n = \frac{1}{n-1} I_{n+1}$.

(E) **FAUX**

Selon le résultat de la proposition précédente, on a pour tout entier $n \geqslant 2$:

$$I_{n+1} = (n-1) I_n$$

c'est-à-dire, pour n entier supérieur ou égal à 2 :

$$I_n = (n-2) \times (n-3) \times \ldots \times 1 \times I_2$$

soit : $I_n = (n-2)! \times I_2$.

Calculons $I_2 = \int_0^{+\infty} \frac{1}{x^2} e^{-\frac{1}{x}} \mathrm{d}x$:

On a $\int_a^b \frac{1}{x^2} e^{-\frac{1}{x}} \mathrm{d}x = \left[e^{-\frac{1}{x}} \right]_a^b = e^{-\frac{1}{b}} - e^{-\frac{1}{a}}$.

Ainsi, en faisant tendre a vers 0^+ et b vers $+\infty$, il vient directement $I_2 = 1 - 0 = 1$.

En définitive, on obtient : pour tout entier $n \geqslant 2$, $I_n = (n-2)!$.
La proposition est donc fausse.

Question 5

(A) **VRAI**
Par définition de $P(z)$, on a :
$P(a) = a^4 - 4a^3 + 9a^2 + 16a - 52$
et $P(-a) = (-a)^4 - 4(-a)^3 + 9(-a)^2 + 16(-a) - 52 = a^4 + 4a^3 + 9a^2 - 16a - 52$.
Par différence, il vient alors : $P(a) - P(-a) = -8a^3 + 32a = -8a(a^2 - 4)$.

(B) **FAUX**
Les réels non nuls a et $-a$ sont des racines de $P(z)$ donc $P(a) = P(-a) = 0$.
Ainsi, $P(a) - P(-a) = -8a(a^2 - 4) = 0$.
D'où $a^2 - 4 = 0$ car $a \neq 0$.
On obtient $a = 2$ et $-a = -2$.

Puisque a et $-a$ sont des racines de $P(z)$, il est possible de factoriser $P(z)$ par $(z-a)(z+a)$:
$P(z) = (z-a)(z+a)(z^2 + bz + c) = (z^2 - a^2)(z^2 + bz + c) = (z^2 - 4)(z^2 + bz + c)$.
La division euclidienne de $P(z) = z^4 - 4z^3 + 9z^2 + 16z - 52$ par $z^2 - 4$ donne :

$$z^4 - 4z^3 + 9z^2 + 16z - 52 = (z^2 - 4)(z^2 - 4z + 13)$$

On a donc $P(z) = (z^2 - 4)(z^2 + bz + c)$ avec $b = -4$ et $c = 13$.
La proposition est donc fausse.

(C) **VRAI**
Le discriminant de l'équation du 2nd degré $z^2 - 4z + 13 = 0$ est :

$$\Delta = (-4)^2 - 4 \times 1 \times 13 = -36.$$

(D) **VRAI**
La résolution de l'équation du 2nd degré fournit très rapidement les solutions complexes conjuguées $z_1 = 2 - 3i$ et $z_2 = 2 + 3i$.

(E) **FAUX**
Soit $z_1 = 2 - 3i = re^{i\theta}$.
On a $r = \sqrt{2^2 + (-3)^2} = \sqrt{4+9} = \sqrt{13}$.

Soit θ un argument de z_1.

On a : $\begin{cases} \cos(\theta) = \dfrac{2}{\sqrt{13}} \\ \sin(\theta) = \dfrac{-3}{\sqrt{13}} \end{cases}$.

Ainsi, $\cos(\theta) \neq \dfrac{3}{\sqrt{13}}$: la proposition est fausse.

Question 6

(A) **VRAI**

La vérification est immédiate : pour $x > 2$, on a $\dfrac{1}{x} + \dfrac{1}{x-2} = \dfrac{x-2+x}{x(x-2)} = \dfrac{2x-2}{x(x-2)}$.

Remarque

Ici, il est rapide et efficace d'effectuer une vérification du résultat proposé par l'énoncé. Ceci dit, il faut être capable d'effectuer soi-même la décomposition en éléments simples de la fraction rationnelle, ne serait-ce que pour parer aux situations où le résultat proposé par l'énoncé n'est pas exact.

Nous allons donc ci-dessous expliciter la démarche pour décomposer en éléments simples la fraction $F(x)$:

La partie entière de la décomposition est nulle car le degré du numérateur est strictement inférieur à celui du dénominateur.

La forme générale de la décomposition en éléments simples de $\dfrac{2x-2}{x(x-2)}$ est :

$$\frac{2x-2}{x(x-2)} = \frac{A}{x} + \frac{B}{x-2}.$$

Déterminons le coefficient A :

Pour cela, on multiplie les deux membres par x puis on donne à x la valeur 0.

Ainsi : $\dfrac{-2}{-2} = A$ soit $A = 1$.

Déterminons le coefficient B :

Pour cela, on multiplie les deux membres par $(x-2)$ puis on donne à x la valeur 2.

Ainsi : $\dfrac{2}{2} = B$ soit $B = 1$.

En conclusion, on a : pour tout $x \in]2\,;+\infty[$, $F(x) = \dfrac{1}{x} + \dfrac{1}{x-2}$.

(B) **FAUX**

A l'aide de la décomposition en éléments simples de $F(x)$, l'équation différentielle (H) peut s'écrire : $y'(x)-\left(\frac{1}{x}+\frac{1}{x-2}\right)y(x)=0$.

L'équation (H) est une équation différentielle linéaire homogène du 1er ordre de la forme $y'(x)+a(x)y(x)=0$ avec ici $a(x)=-\left(\frac{1}{x}+\frac{1}{x-2}\right)$.

Selon le cours (voir chapitre "Equations différentielles – Systèmes différentiels"), les solutions sont les fonctions définies sur $]2\,;+\infty[$ de la forme $x\mapsto Ke^{-A(x)}$ où A est une primitive de a sur $]2\,;+\infty[$ et K une constante réelle.

Ici, il vient $A(x)=-(\ln(x)+\ln(x-2))=-\ln(x(x-2))$.

Les solutions de (H) sont donc les fonctions définies sur $]2\,;+\infty[$ de la forme $x\mapsto Ke^{\ln(x(x-2))}$ c'est-à-dire les fonctions de la forme $x\mapsto Kx(x-2)$.

La fonction u définie par $u(x)=\sqrt{x(x-2)}$, n'étant pas de cette forme, n'est pas une solution de (H). La proposition est donc fausse.

Remarque

Il est bien évidemment possible de se contenter de vérifier, après calculs, que $u'(x)-F(x)u(x)\neq 0$ mais cela n'est pas plus rapide que de résoudre (H) et cela n'évitera pas de devoir résoudre (H) pour traiter la suite de cette question.

(C) **FAUX**

Soit $y(x)=x(x-2)K(x)=(x^2-2x)K(x)$. On a $y'(x)=(2x-2)K(x)+(x^2-2x)K'(x)$.

Si $y(x)=x(x-2)K(x)$ est une solution de (E) alors, pour tout $x\in]2\,;+\infty[$, on a :

$$y'(x)-F(x)y(x)=x.$$

Soit $\forall x\in]2\,;+\infty[,\ (2x-2)K(x)+(x^2-2x)K'(x)-\frac{2x-2}{x(x-2)}x(x-2)K(x)=x$.

Soit $\forall x\in]2\,;+\infty[,\ (2x-2)K(x)+(x^2-2x)K'(x)-(2x-2)K(x)=x$.

Soit $\forall x\in]2\,;+\infty[,\ (x^2-2x)K'(x)=x$.

Soit $\forall x\in]2\,;+\infty[,\ K'(x)=\frac{x}{x^2-2x}=\frac{x}{x(x-2)}=\frac{1}{x-2}$.

La proposition est donc fausse.

Remarque

On constate que la méthode initiée dans cette proposition est celle de la "variation de la constante".

La constante K de l'expression des solutions de l'équation (H) est remplacée par une fonction $K(x)$.

(D) **VRAI**

Poursuivons le travail entamé à la proposition précédente.

On sait que : $\forall x\in]2\,;+\infty[,\ K'(x)=\frac{1}{x-2}$.

Il vient donc : $\forall x \in]2\,;+\infty[$, $K(x)=\ln(x-2)+C$ où C est une constante réelle.
Par suite, $y(x)=x(x-2)K(x)=x(x-2)(\ln(x-2)+C)$.
Les solutions de (E) sont donc les fonctions définies sur $]2\,;+\infty[$ par
$y(x)=x(x-2)(\ln(x-2)+C)$ avec $C\in\mathbb{R}$.

Remarque
Ici, on pouvait se contenter de vérifier qu'avec l'expression $y(x)$ fournie par l'énoncé, on a bien $y'(x)-F(x)y(x)=x$.

(E) **VRAI**

On a : $\lim\limits_{\substack{x\to 2\\ x>2}} y(x)=\lim\limits_{\substack{x\to 2\\ x>2}}[x(x-2)(\ln(x-2)+C)]=\lim\limits_{\substack{x\to 2\\ x>2}}[x(x-2)\ln(x-2)+Cx(x-2)]$.

Or $\lim\limits_{\substack{x\to 2\\ x>2}}((x-2)\ln(x-2))=\lim\limits_{\substack{X\to 0\\ X>0}}X\ln(X)=0$ (limite de référence).

Il vient donc : $\lim\limits_{\substack{x\to 2\\ x>2}} y(x)=0$.

Question 7

(A) **FAUX**
Soit $z=x+iy$ avec x et y dans $\mathbb{R}$.
Alors $|z+i|^2=|x+i(y+1)|^2=x^2+(y+1)^2\neq x^2+y^2+1$.
La proposition est donc fausse.

(B) **VRAI**
On cherche l'ensemble $E\subset P$ des points $M(z)$ tels que $|f(z)|=1$.
On a successivement :

$|f(z)|=1 \Leftrightarrow \left|\dfrac{z-i}{z+i}\right|=1$

$|f(z)|=1 \Leftrightarrow \dfrac{|z-i|}{|z+i|}=1$

$|f(z)|=1 \Leftrightarrow |z-i|=|z+i|$

$|f(z)|=1 \Leftrightarrow |z-i|^2=|z+i|^2$.

Or, selon la proposition précédente, $|z+i|^2=x^2+(y+1)^2$.
De même, on a $|z-i|^2=x^2+(y-1)^2$.

Donc, en définitive, on a : $|f(z)|=1 \Leftrightarrow x^2+(y-1)^2=x^2+(y+1)^2$.
Soit $|f(z)|=1 \Leftrightarrow (y-1)^2=(y+1)^2 \Leftrightarrow y^2-2y+1=y^2+2y+1 \Leftrightarrow y=0$.
L'ensemble (E) cherché est donc la droite d'équation $y=0$ c'est-à-dire l'axe (Ox).

Remarque

Une autre méthode est la suivante :

Soit A le point d'affixe i et B le point d'affixe $-i$.

Alors $|f(z)| = 1 \Leftrightarrow |z-i| = |z+i| \Leftrightarrow MA = MB$.

L'ensemble cherché est la médiatrice de $[AB]$ c'est-à-dire l'axe (Ox).

(C) **FAUX**

On cherche l'ensemble $F \subset P$ des points $M(z)$ tels que $|f(z)| = \frac{1}{3}$.

On a les équivalences suivantes :

$|f(z)| = \frac{1}{3} \Leftrightarrow \left|\frac{z-i}{z+i}\right| = \frac{1}{3}$

$|f(z)| = \frac{1}{3} \Leftrightarrow |z-i| = \frac{1}{3}|z+i|$

$|f(z)| = \frac{1}{3} \Leftrightarrow |z-i|^2 = \frac{1}{9}|z+i|^2$

$|f(z)| = \frac{1}{3} \Leftrightarrow x^2+(y-1)^2 = \frac{1}{9}\left(x^2+(y+1)^2\right)$

$|f(z)| = \frac{1}{3} \Leftrightarrow x^2+y^2-2y+1 = \frac{1}{9}x^2+\frac{1}{9}y^2+\frac{2}{9}y+\frac{1}{9}$

$|f(z)| = \frac{1}{3} \Leftrightarrow \frac{8}{9}x^2+\frac{8}{9}y^2-\frac{20}{9}y+\frac{8}{9} = 0$

$|f(z)| = \frac{1}{3} \Leftrightarrow x^2+y^2-\frac{5}{2}y+1 = 0.$

La proposition est donc fausse.

(D) **VRAI**

Poursuivons les calculs précédents :

$|f(z)| = \frac{1}{3} \Leftrightarrow x^2+\left(y-\frac{5}{4}\right)^2-\frac{25}{16}+1 = 0 \Leftrightarrow x^2+\left(y-\frac{5}{4}\right)^2 = \left(\frac{3}{4}\right)^2.$

L'ensemble F est donc le cercle de centre $\Omega\left(0\,;\frac{5}{4}\right)$.

Remarque

On rappelle qu'une équation du cercle de centre $I(x_I\,;y_I)$ et de rayon R est :

$$(x-x_I)^2+(y-y_I)^2 = R^2.$$

(E) **VRAI**

Selon le travail effectué ci-dessus, le rayon du cercle est $R = \frac{3}{4}$.

Question 8

(A) **VRAI**
Si A envoie une seule impulsion à B, c'est que le composant B n'a pas répondu à l'étape 0.

Cela se produit avec une probabilité égale à $1-p_0=\frac{1}{2}=50\%$.

(B) **FAUX**

La probabilité que B réponde à A est, à l'étape n, égale à $p_n=2^{-\frac{1}{2^n}}=\frac{1}{2^{\frac{1}{2^n}}}$.

A l'étape $n+1$, cette probabilité est égale à $p_{n+1}=2^{-\frac{1}{2^{n+1}}}=\frac{1}{2^{\frac{1}{2^{n+1}}}}$.

Or $\forall n\in\mathbb{N}$, on a $2^{n+1}>2^n$ soit $0<\frac{1}{2^{n+1}}<\frac{1}{2^n}$.

D'où : $\forall n\in\mathbb{N},\ 2^{\frac{1}{2^{n+1}}}<2^{\frac{1}{2^n}}$.

Et par suite : $\forall n\in\mathbb{N},\ \frac{1}{2^{\frac{1}{2^{n+1}}}}>\frac{1}{2^{\frac{1}{2^n}}}$ soit $p_{n+1}>p_n$: la probabilité que B réponde à A augmente donc à chaque étape.
La proposition est fausse.

(C) **VRAI**
La probabilité que le composant B réponde à la 4ème étape sachant qu'il a répondu à la 3ème étape est par définition $p_4=2^{-\frac{1}{2^4}}$.

(D) **FAUX**
Pour que l'échange dure au moins deux étapes, il faut que B réponde à l'étape 0 puis à l'étape 1 (sachant qu'il a répondu à l'étape 0).

La probabilité correspondante est donc $p_0\times p_1=2^{-1}\times 2^{-\frac{1}{2}}=2^{-\left(1+\frac{1}{2}\right)}=2^{-\frac{3}{2}}$.
La proposition est donc fausse.

(E) **FAUX**
En suivant un raisonnement analogue au précédent et à l'aide du résultat donnant la somme de termes d'une suite géométrique, on a :

$$p_0\times p_1\times\ldots\times p_n=2^{-\left(1+\frac{1}{2}+\ldots+\frac{1}{2^n}\right)}=2^{-\left(\frac{1-\left(\frac{1}{2}\right)^{n+1}}{1-\frac{1}{2}}\right)}.$$

Il vient ensuite $\lim_{n\to+\infty}\left(p_0\times p_1\times\ldots\times p_n\right)=\frac{1}{4}$ car $\lim_{n\to+\infty}\left(\frac{1}{2}\right)^{n+1}=0$.

La probabilité que l'envoi d'impulsions ne s'arrête jamais est donc différente de 0.

Question 9

(A) **FAUX**

Si André joue une seule fois, il obtient pile avec une probabilité égale à $\frac{1}{2}$ c'est-à-dire qu'il gagne 0,5 avec une probabilité égale à $\frac{1}{2}$.

(B) **VRAI**

Si André joue deux fois, la situation peut être représentée par l'arbre suivant en notant P l'obtention de pile et F l'obtention de face :

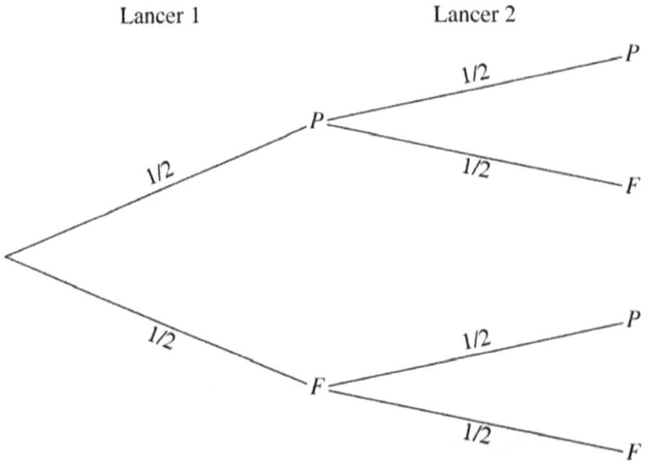

Les gains sont alors résumés dans le tableau ci-dessous :

Branche de l'arbre	Gain d'André
PP	0,5+0,5 = **1**
PF	0,5-1 = -**0,5**
FP	-1+0,5 = -**0,5**
FF	-1-1 = -**2**

André gagne donc 1 s'il obtient pile au 1er tirage et pile au 2ème tirage.
La probabilité qu'il gagne 1 est donc $\frac{1}{2} \times \frac{1}{2} = \frac{1}{4}$.

(C) **FAUX**

Si André joue quatre fois, la situation peut être représentée par l'arbre suivant en notant P l'obtention de pile et F l'obtention de face :

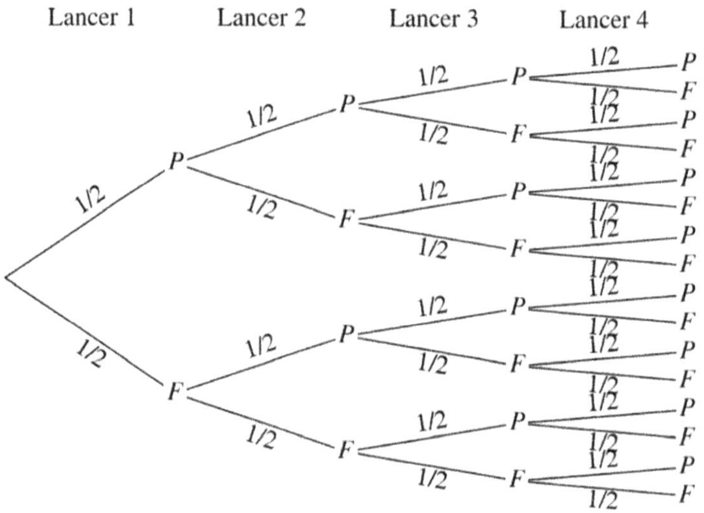

Les gains sont alors résumés dans le tableau ci-dessous :

Branche de l'arbre	Gain d'André
PPPP	4×0,5 = **2**
PPPF	3×0,5-1 = **0,5**
PPFP	3×0,5-1 = **0,5**
PPFF	2×0,5+2×(-1) = -**1**
PFPP	3×0,5-1 = **0,5**
PFPF	2×0,5+2×(-1) = -**1**
PFFP	2×0,5+2×(-1) = -**1**
PFFF	0,5+3×(-1) = -**2,5**

Branche de l'arbre	Gain d'André
FPPP	3×0,5-1 = **0,5**
FPPF	2×0,5+2×(-1) = -**1**
FPFP	2×0,5+2×(-1) = -**1**
FPFF	0,5+3×(-1) = -**2,5**
FFPP	2×0,5+2×(-1) = -**1**
FFPF	0,5+3×(-1) = -**2,5**
FFFP	0,5+3×(-1) = -**2,5**
FFFF	4×(-1) = -**4**

On s'aperçoit alors qu'André peut avoir un gain de 0,5 sans avoir nécessairement perdu exactement 2 fois.
La proposition est donc fausse.

(D) **VRAI**
A l'aide du travail mené pour répondre à la proposition précédente, il vient rapidement que si André joue quatre fois, la probabilité que son gain soit de 0,5 est égale à $\frac{4}{16}$ soit à $\frac{1}{4}$.

(E) **FAUX**

Notons X la variable aléatoire égale au gain d'André pour un seul tirage.

Les valeurs possibles de X sont -1 (avec une probabilité égale à $\frac{1}{2}$) et 0,5 (avec une probabilité égale à $\frac{1}{2}$).

On a :

x_i	-1	0,5
p_i	$\frac{1}{2}$	$\frac{1}{2}$

Alors $E(X) = \sum p_i x_i = (-1)\times\frac{1}{2} + 0{,}5\times\frac{1}{2} = -\frac{1}{4} = -0{,}25$.

L'espérance du gain pour un seul tirage est de -0,25 : la proposition est fausse.

Question 10

(A) **FAUX**

$-i$ est le nombre complexe de module 1 et dont un argument est $-\frac{\pi}{2}$.

On peut donc écrire $-i = e^{-\frac{i\pi}{2}}$.

Les racines carrées de $-i$ sont donc les deux nombres complexes opposés définis par $e^{-\frac{i\pi}{4}}$ et $e^{-i\left(\frac{\pi}{4}+\pi\right)}$.

Or $e^{-\frac{i\pi}{4}} = \cos\left(-\frac{\pi}{4}\right) + i\sin\left(-\frac{\pi}{4}\right) = \frac{\sqrt{2}}{2} - \frac{i\sqrt{2}}{2}$.

Donc les deux racines carrées de $-i$ sont :

$$\frac{\sqrt{2}}{2} - \frac{i\sqrt{2}}{2} = \frac{\sqrt{2}}{2}(1-i) \quad \text{et} \quad -\frac{\sqrt{2}}{2} + \frac{i\sqrt{2}}{2} = -\frac{\sqrt{2}}{2}(1-i)$$

La proposition est fausse.

Remarque

On peut se contenter de vérifier que $\left(\frac{1-i}{2}\right)^2 = \frac{1}{4}(1-2i+i^2) = -\frac{i}{2} \neq -i$ pour infirmer la proposition.

Ce calcul laisse apparaître que $\frac{1-i}{2}$ est une racine de $\frac{-i}{2}$ et on peut ensuite en déduire qu'une racine de $-i$ est $\sqrt{2}\times\frac{1-i}{2}$ car $\left(\sqrt{2}\times\frac{1-i}{2}\right)^2 = 2\times\left(-\frac{i}{2}\right) = -i$.

On obtient la seconde racine carrée en prenant l'opposé de la première.

(B) **VRAI**

L'équation (E) est une équation du 2nd degré.

Son discriminant Δ est : $\Delta = (-1+i)^2 - 4\times 1\times i = (1-2i+i^2) - 4i = -6i = 6\times(-i)$.
En utilisant les racines carrées de $-i$ déterminées à la proposition précédente, on peut déterminer les racines carrées δ et $-\delta$ de Δ.

On obtient : $\delta = \sqrt{6}\times\frac{\sqrt{2}}{2}(1-i) = \sqrt{3}(1-i)$ et $-\delta = -\sqrt{3}(1-i)$.

On utilise alors les résultats de cours sur la résolution des équations du 2nd degré (voir chapitre "Nombres complexes") et on obtient les racines z_1 et z_2 de (E) :

$$z_1 = \frac{(1-i)+\sqrt{3}(1-i)}{2} = \frac{1+\sqrt{3}}{2}(1-i) \text{ et } z_2 = \frac{(1-i)-\sqrt{3}(1-i)}{2} = \frac{1-\sqrt{3}}{2}(1-i).$$

(C) **FAUX**

Soit $z_1 = \frac{1+\sqrt{3}}{2}(1-i)$. On note r_1 son module et θ_1 un de ses arguments.

Or $1-i$ est le nombre complexe de module $\sqrt{2}$ et dont un argument est $-\frac{\pi}{4}$.

Donc nous pouvons écrire $z_1 = \frac{1+\sqrt{3}}{2}\times\sqrt{2}\,e^{-\frac{i\pi}{4}} = \frac{1+\sqrt{3}}{\sqrt{2}}e^{-\frac{i\pi}{4}}$.

Sachant que $\frac{1+\sqrt{3}}{\sqrt{2}} > 0$, l'écriture ci-dessus est la forme exponentielle de z_1.

Il vient donc $r_1 = \frac{1+\sqrt{3}}{\sqrt{2}}$ et $\theta_1 = -\frac{\pi}{4}$.

Soit $z_2 = \frac{1-\sqrt{3}}{2}(1-i)$. On note r_2 son module et θ_2 un de ses arguments.

Nous pouvons écrire $z_2 = \frac{1-\sqrt{3}}{2}\times\sqrt{2}e^{-\frac{i\pi}{4}} = \frac{1-\sqrt{3}}{\sqrt{2}}e^{-\frac{i\pi}{4}}$.

Mais $\frac{1-\sqrt{3}}{\sqrt{2}} < 0$ donc l'écriture ci-dessus n'est pas la forme exponentielle de z_2.

Par contre, l'écriture $z_2 = \frac{\sqrt{3}-1}{\sqrt{2}}e^{i\left(-\frac{\pi}{4}+\pi\right)} = \frac{\sqrt{3}-1}{\sqrt{2}}e^{\frac{i3\pi}{4}}$ est la forme exponentielle de z_2.

Il vient donc $r_2 = \frac{\sqrt{3}-1}{\sqrt{2}}$ et $\theta_2 = \frac{3\pi}{4}$.

La proposition est donc fausse.

Remarque
Il faut se souvenir que la forme exponentielle d'un nombre complexe est $re^{i\theta}$ avec $r \geqslant 0$.

Ici, pour obtenir la forme exponentielle de z_2, on a multiplié par -1 le nombre réel $\frac{1-\sqrt{3}}{\sqrt{2}}$ et le nombre complexe $e^{-\frac{i\pi}{4}}$ et on rappelle que l'opposé de $e^{i\theta}$ est $e^{i(\theta+\pi)}$.

(D) **VRAI**
En posant $Z = z^2$, l'équation (E') se réécrit sous la forme $z^2+(-1+i)z+i=0$.
Il s'agit de l'équation (E) dont on connaît les solutions z_1 et z_2.
On a alors : $Z^2 = z_1$ ou $Z^2 = z_2$.

Posons $Z = Re^{i\alpha}$ avec $R \geqslant 0$. Alors on peut écrire :

• $Z^2 = z_1 \Leftrightarrow R^2 e^{i2\alpha} = \frac{1+\sqrt{3}}{\sqrt{2}} e^{-\frac{i\pi}{4}}$.

Il vient $R = \sqrt{\frac{1+\sqrt{3}}{\sqrt{2}}}$ et $2\alpha = -\frac{\pi}{4} + k2\pi$ avec $k \in \mathbb{Z}$.

Soit $R = \sqrt{\frac{1+\sqrt{3}}{\sqrt{2}}}$ et $\alpha = -\frac{\pi}{8} + k\pi$.

On a donc $Z = \sqrt{\frac{1+\sqrt{3}}{\sqrt{2}}} e^{-\frac{i\pi}{8}}$ ou $Z = \sqrt{\frac{1+\sqrt{3}}{\sqrt{2}}} e^{i\left(-\frac{\pi}{8}+\pi\right)} = \sqrt{\frac{1+\sqrt{3}}{\sqrt{2}}} e^{\frac{i7\pi}{8}}$.

• $Z^2 = z_2 \Leftrightarrow R^2 e^{i2\alpha} = \frac{-1+\sqrt{3}}{\sqrt{2}} e^{\frac{i3\pi}{4}}$.

Il vient $R = \sqrt{\frac{-1+\sqrt{3}}{\sqrt{2}}}$ et $2\alpha = \frac{3\pi}{4} + k2\pi$ avec $k \in \mathbb{Z}$.

Soit $R = \sqrt{\frac{-1+\sqrt{3}}{\sqrt{2}}}$ et $\alpha = \frac{3\pi}{8} + k\pi$.

On a donc $Z = \sqrt{\frac{-1+\sqrt{3}}{\sqrt{2}}} e^{\frac{i3\pi}{8}}$ ou $Z = \sqrt{\frac{-1+\sqrt{3}}{\sqrt{2}}} e^{i\left(\frac{3\pi}{8}+\pi\right)} = \sqrt{\frac{-1+\sqrt{3}}{\sqrt{2}}} e^{\frac{i11\pi}{8}}$.

(E) **FAUX**
Le résultat proposé par l'énoncé est immédiatement faux selon le travail effectué ci-dessus.

Question 11

(A) **VRAI**
La représentation graphique de f sur $[-\pi ; \pi]$ est la suivante :

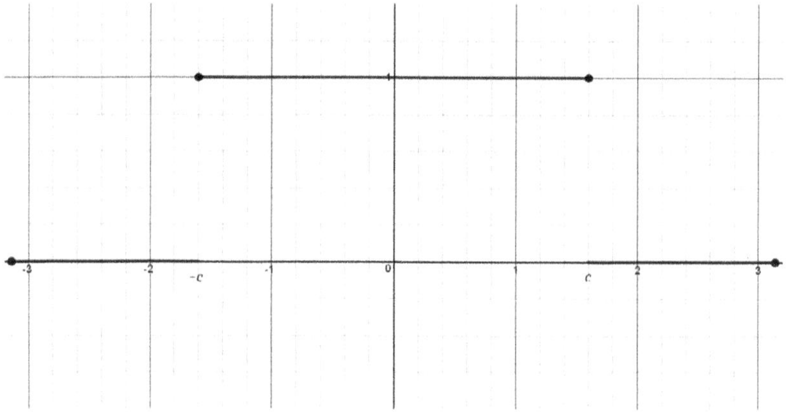

f est paire donc $\forall n \geqslant 1$, on a $b_n = 0$.

(B) **FAUX**

La fonction f est paire donc on peut écrire : $a_0 = \dfrac{2}{T}\displaystyle\int_0^{\frac{T}{2}} f(t)\,\mathrm{d}t$.

Soit $a_0 = \dfrac{2}{2\pi}\displaystyle\int_0^{\pi} f(t)\,\mathrm{d}t = \dfrac{1}{\pi}\displaystyle\int_0^{c} 1\mathrm{d}t$ car $f(t) = \begin{cases} 1 & \text{si } 0 \leqslant t \leqslant c \\ 0 & \text{si } c < t \leqslant \pi \end{cases}$.

D'où $a_0 = \dfrac{1}{\pi}\Big[t\Big]_0^c = \dfrac{1}{\pi}(c-0) = \dfrac{c}{\pi}$.

La proposition est donc fausse.

(C) **VRAI**

On a montré que $a_0 = \dfrac{c}{\pi}$ donc si $c = \pi$ alors $a_0 = 1$.

(D) **VRAI**

La fonction f est paire donc on peut écrire : $\forall n \geqslant 1$, $a_n = \dfrac{4}{T}\displaystyle\int_0^{\frac{T}{2}} f(t)\cos(n\omega t)\,\mathrm{d}t$.

Or $\omega = \dfrac{2\pi}{T} = \dfrac{2\pi}{2\pi} = 1$ donc il vient : $\forall n \geqslant 1$, $a_n = \dfrac{2}{\pi}\displaystyle\int_0^{\pi} f(t)\cos(nt)\,\mathrm{d}t$.

Soit $a_n = \dfrac{2}{\pi}\displaystyle\int_0^{c} 1\times\cos(nt)\,\mathrm{d}t$ car $f(t) = \begin{cases} 1 & \text{si } 0 \leqslant t \leqslant c \\ 0 & \text{si } c < t \leqslant \pi \end{cases}$.

D'où : $\forall n \geqslant 1$, $a_n = \dfrac{2}{\pi}\left[\dfrac{\sin(nt)}{n}\right]_0^c = \dfrac{2}{\pi}\left(\dfrac{\sin(nc)}{n} - \dfrac{\sin(0)}{n}\right) = \dfrac{2\sin(nc)}{n\pi}$ car $\sin(0) = 0$.

(E) **FAUX**

Le développement en série de Fourier de f est :

$$S_f(t) = a_0 + \sum_{n=1}^{+\infty}(a_n\cos(nt) + b_n\sin(nt)).$$

Avec les valeurs des coefficients a_0, a_n et b_n précédemment déterminées, il vient :

$$S_f(t) = \frac{c}{\pi} + \sum_{n=1}^{+\infty}\frac{2\sin(nc)}{n\pi}\cos(nt).$$

La proposition est donc fausse.

Question 12

(A) **VRAI**

A l'aide du développement en série de Fourier de f obtenu à la dernière proposition de la question précédente, on obtient :

$$S_f(c) = \frac{c}{\pi} + \sum_{n=1}^{+\infty}\frac{2\sin(nc)}{n\pi}\cos(nc).$$

Or le formulaire de trigonométrie nous apprend que $\sin(2x) = 2\sin(x)\cos(x)$ donc on peut écrire : $2\sin(nc)\cos(nc) = \sin(2nc)$.

Ainsi, on a : $S_f(c) = \dfrac{c}{\pi} + \displaystyle\sum_{n=1}^{+\infty}\frac{\sin(2nc)}{n\pi}$.

(B) **VRAI**

La fonction f est 2π-périodique et de classe C^1 par morceaux sur $\mathbb{R}$ donc :

- $S_f(t)$converge vers $f(t)$ en tout point t_0 où f est continue
- $S_f(t)$ converge vers $\dfrac{f(t_0^+)+f(t_0^-)}{2}$ en tout point t_0 où f n'est pas continue.

Or la fonction f n'est pas continue en c donc $S_f(c)$ converge vers $\dfrac{f(c^+)+f(c^-)}{2}$

c'est-à-dire vers $\dfrac{0+1}{2} = \dfrac{1}{2}$.

Ainsi, on peut écrire : $\dfrac{c}{\pi} + \displaystyle\sum_{n=1}^{+\infty}\frac{\sin(2nc)}{n\pi} = \frac{1}{2}$.

En posant $\theta = 2c$, il vient $\dfrac{\theta}{2\pi} + \dfrac{1}{\pi}\displaystyle\sum_{n=1}^{+\infty}\frac{\sin(n\theta)}{n} = \frac{1}{2}$.

Soit $\dfrac{1}{\pi}\displaystyle\sum_{n=1}^{+\infty}\frac{\sin(n\theta)}{n} = \frac{1}{2} - \frac{\theta}{2\pi} = \frac{\pi-\theta}{2\pi}$.

Il vient finalement : $\sum_{n=1}^{+\infty} \frac{\sin(n\theta)}{n} = \frac{\pi - \theta}{2}$.

(C) **FAUX**

L'égalité de Parseval s'écrit dans le cas général :

$$a_0^2 + \frac{1}{2}\sum_{n=1}^{+\infty}\left(a_n^2 + b_n^2\right) = \frac{1}{T}\int_{\alpha}^{\alpha+T} f^2(t)\,\mathrm{d}t \quad \text{avec } \alpha \text{ réel quelconque}$$

Or ici $\forall n \geqslant 1$, $b_n = 0$ donc on peut écrire :

$$\frac{1}{T}\int_{-\frac{T}{2}}^{\frac{T}{2}} f^2(t)\,\mathrm{d}t = a_0^2 + \frac{1}{2}\sum_{n=1}^{+\infty} a_n^2.$$

La proposition est donc fausse.

Remarque

Dans la relation proposée par l'énoncé, la somme $\sum_{n=1}^{+\infty}\left(a_n^2 + b_n^2\right)$ qui apparaît dans l'égalité de Parseval a été scindée en deux sommes $\sum_{n=1}^{+\infty} a_n^2 + \sum_{n=1}^{+\infty} b_n^2$.

Attention : il ne faut pas scinder la somme d'une série convergente en deux sommes de séries sans avoir préalablement vérifié que ces deux séries convergent.

(D) **VRAI**

Compte tenu du fait que $a_0 = \frac{c}{\pi}$ et que $\forall n \geqslant 1$, $a_n = \frac{2\sin(nc)}{n\pi}$, l'égalité de Parseval devient ici successivement :

$$\frac{1}{T}\int_{-\frac{T}{2}}^{\frac{T}{2}} f^2(t)\,\mathrm{d}t = \frac{c^2}{\pi^2} + \frac{1}{2}\sum_{n=1}^{+\infty} \frac{4\sin^2(nc)}{n^2\pi^2}.$$

$$\frac{1}{T}\int_{-\frac{T}{2}}^{\frac{T}{2}} f^2(t)\,\mathrm{d}t = \frac{c^2}{\pi^2} + \sum_{n=1}^{+\infty} \frac{2\sin^2(nc)}{n^2\pi^2}.$$

Calculons $I = \frac{1}{T}\int_{-\frac{T}{2}}^{\frac{T}{2}} f^2(t)\,\mathrm{d}t$:

Puisque $T = 2\pi$, il vient $I = \frac{1}{2\pi}\int_{-\pi}^{\pi} f^2(t)\,\mathrm{d}t$.

Or $f(t) = \begin{cases} 1 & \text{si } t \in [-c\,;c] \\ 0 & \text{si } t \in [-\pi\,;-c[\cup]c\,;\pi] \end{cases}$ donc on a $I = \frac{1}{2\pi}\int_{-c}^{c} 1^2\,\mathrm{d}t$.

Soit $I = \frac{1}{2\pi}\Big[t\Big]_{-c}^{c} = \frac{1}{2\pi}(c-(-c)) = \frac{1}{2\pi}\times 2c = \frac{c}{\pi}$.

En conclusion, on a : $\frac{c}{\pi} = \frac{c^2}{\pi^2} + \sum_{n=1}^{+\infty}\frac{2\sin^2(nc)}{n^2\pi^2}$.

(E) **VRAI**

A partir de la relation précédente, on peut écrire :

$$\frac{2}{\pi^2}\sum_{n=1}^{+\infty}\frac{\sin^2(nc)}{n^2} = \frac{c}{\pi} - \frac{c^2}{\pi^2}$$

$$\frac{2}{\pi^2}\sum_{n=1}^{+\infty}\frac{\sin^2(nc)}{n^2} = \frac{c\pi - c^2}{\pi^2} = \frac{c(\pi - c)}{\pi^2}$$

Donc , on a bien : $\sum_{n=1}^{+\infty}\frac{\sin^2(nc)}{n^2} = \frac{c(\pi-c)}{2}$.

Question 13

(A) **VRAI**

Le polynôme caractéristique de A est défini par $P_A(\lambda) = \det(A - \lambda I)$ où I est la matrice unité d'ordre 3.

Ainsi, $P_A(\lambda) = \begin{vmatrix} 1-\lambda & 0 & 1 \\ 0 & 1-\lambda & 0 \\ 1 & 0 & 1-\lambda \end{vmatrix}$.

En développant selon la règle de Sarrus, il vient :

$P_A(\lambda) = (1-\lambda)^3 - (1-\lambda) = (1-\lambda)\left[(1-\lambda)^2 - 1\right] = (1-\lambda)[(1-\lambda-1)(1-\lambda+1)]$.

Soit $P_A(\lambda) = -\lambda(1-\lambda)(2-\lambda)$.

Les valeurs propres de A sont les racines de $P_A(\lambda)$.

Or $P_A(\lambda) = 0 \Leftrightarrow \lambda = 0$ ou $\lambda = 1$ ou $\lambda = 2$.

On constate donc que 1 est bien une valeur propre de A.

Remarque

Il n'était pas nécessaire de déterminer le polynôme caractéristique pour répondre à cette proposition.

En effet, on aurait pu se contenter de vérifier que $\det(A - 1I) = 0$, ce qui aurait prouvé que 1 est une valeur propre de la matrice A.

On pouvait encore remarquer en "lisant" la deuxième colonne de la matrice A que $f(\vec{e_2}) = \vec{e_2}$ ce qui prouve, puisque $\vec{e_2} \neq \vec{0}$, que 1 est une valeur propre de A.

(B) **FAUX**
Selon les racines de $P_A(\lambda)$, on constate que 0 est une valeur propre de A donc on a $\det(A-0I)=0$ c'est-à-dire $\det(A)=0$, ce qui prouve que A n'est pas inversible.

Remarque
Sans la connaissance de $P_A(\lambda)$ et donc du fait que 0 est une valeur propre de A, il était possible de calculer directement $\det(A)$ et de constater que $\det(A)=0$.

(C) **FAUX**
Puisque $\vec{e_1}+\vec{e_2}\neq\vec{0}$, la relation $f(\vec{e_1}+\vec{e_2})=3(\vec{e_1}+\vec{e_2})$ traduit le fait que 3 est une valeur propre de f, ce qui est impossible car selon la proposition A, les seules valeurs propres de f sont 0, 1 et 2.
La proposition est donc fausse.

Remarque
On pouvait aussi vérifier par calculs que $f(\vec{e_1}+\vec{e_2})\neq 3(\vec{e_1}+\vec{e_2})$:
Puisque f est linéaire, on a $f(\vec{e_1}+\vec{e_2})=f(\vec{e_1})+f(\vec{e_2})$.
Or en "lisant" les colonnes de la matrice A, on a $f(\vec{e_1})=\vec{e_1}+\vec{e_3}$ et $f(\vec{e_2})=\vec{e_2}$.
Donc il vient $f(\vec{e_1}+\vec{e_2})=\vec{e_1}+\vec{e_2}+\vec{e_3}$. Or $\vec{e_1}+\vec{e_2}+\vec{e_3}\neq 3(\vec{e_1}+\vec{e_2})$ car sinon $\vec{e_3}$ serait une combinaison linéaire de $\vec{e_1}$ et de $\vec{e_2}$ et donc $(\vec{e_1}\,;\vec{e_2}\,;\vec{e_3})$ ne serait pas une base de E.
Ainsi, on a : $f(\vec{e_1}+\vec{e_2})\neq 3(\vec{e_1}+\vec{e_2})$.

(D) **VRAI**
La matrice A de dimension 3 admet 3 valeurs propres distinctes (0, 1 et 2) donc elle est diagonalisable.

Remarque
Sans la connaissance des valeurs propres de A, on pouvait affirmer que la matrice A est diagonalisable car A est une matrice symétrique à coefficients réels (voir le chapitre "Algèbre linéaire" de la partie cours).

(E) **VRAI**
Selon la proposition précédente, A est diagonalisable donc il existe une matrice P inversible et une matrice D diagonale telle que $A=PDP^{-1}$.

Vérifions que la matrice $P=\begin{pmatrix}1&0&-1\\0&1&0\\1&0&1\end{pmatrix}$ proposée est une possibilité :

- $A\times\begin{pmatrix}1\\0\\1\end{pmatrix}=\begin{pmatrix}1&0&1\\0&1&0\\1&0&1\end{pmatrix}\times\begin{pmatrix}1\\0\\1\end{pmatrix}=\begin{pmatrix}2\\0\\2\end{pmatrix}=2\times\begin{pmatrix}1\\0\\1\end{pmatrix}$

donc $\begin{pmatrix}1\\0\\1\end{pmatrix}$ est un vecteur propre de A associé à la valeur propre 2.

• $A\times\begin{pmatrix}0\\1\\0\end{pmatrix}=\begin{pmatrix}1&0&1\\0&1&0\\1&0&1\end{pmatrix}\times\begin{pmatrix}0\\1\\0\end{pmatrix}=\begin{pmatrix}0\\1\\0\end{pmatrix}=1\times\begin{pmatrix}0\\1\\0\end{pmatrix}$

donc $\begin{pmatrix}0\\1\\0\end{pmatrix}$ est un vecteur propre de A associé à la valeur propre 1.

• $A\times\begin{pmatrix}-1\\0\\1\end{pmatrix}=\begin{pmatrix}1&0&1\\0&1&0\\1&0&1\end{pmatrix}\times\begin{pmatrix}-1\\0\\1\end{pmatrix}=\begin{pmatrix}0\\0\\0\end{pmatrix}=0\times\begin{pmatrix}-1\\0\\1\end{pmatrix}$

donc $\begin{pmatrix}-1\\0\\1\end{pmatrix}$ est un vecteur propre de A associé à la valeur propre 0.

On constate alors que les colonnes de P sont des vecteurs propres de la matrice A.

On a donc bien la relation $A=PDP^{-1}$ avec $P=\begin{pmatrix}1&0&-1\\0&1&0\\1&0&1\end{pmatrix}$ et $D=\begin{pmatrix}2&0&0\\0&1&0\\0&0&0\end{pmatrix}$.

Question 14

(A) **VRAI**

Le cours nous apprend que le vecteur $\vec{n}(a,b,c)$ est un vecteur normal au plan d'équation $ax+by+cz+d=0$.

Ici, le plan P_1 a pour équation $2x-y+z-2=0$ donc $\vec{n_1}(2,-1,1)$ est un vecteur normal au plan P_1.

Et P_2 a pour équation $y-z=0$ donc $\vec{n_2}(0,1,-1)$ est un vecteur normal au plan P_2.

(B) **FAUX**

On peut tout d'abord remarquer que $\vec{n_1}$ et $\vec{n_2}$ ne sont pas colinéaires donc les plans P_1 et P_2 ne sont pas parallèles. Ils sont donc sécants suivant une droite que l'énoncé note D.

On a : $\vec{n_1}.\vec{n_2}=2\times0+(-1)\times1+1\times(-1)=-2$ soit $\vec{n_1}.\vec{n_2}\neq 0$.

On en déduit que les vecteurs $\vec{n_1}$et $\vec{n_2}$ ne sont pas orthogonaux. Par conséquent, les plans P_1 et P_2 ne sont pas perpendiculaires.

La proposition est fausse.

(C) **VRAI**

Cherchons une représentation paramétrique de la droite $D = P_1 \cap P_2$:

$$M(x,y,z) \in P_1 \cap P_2 \Leftrightarrow \begin{cases} 2x - y + z = 2 \\ y = z \end{cases} \Leftrightarrow \begin{cases} 2x - z + z = 2 \\ y = z \end{cases} \Leftrightarrow \begin{cases} x = 1 \\ y = z \end{cases}.$$

Ainsi, une représentation paramétrique de la droite D est : $\begin{cases} x = 1 \\ y = t \\ z = t \end{cases}$ avec $t \in \mathbb{R}$.

En écrivant cette représentation paramétrique sous la forme $\begin{cases} x = 1 + 0t \\ y = 0 + 1t \\ z = 0 + 1t \end{cases}$ avec $t \in \mathbb{R}$,

il vient que le vecteur de coordonnées $(0,1,1)$ est un vecteur directeur de D.
Et donc $\vec{n}(0,2,2)$ qui lui est colinéaire est également un vecteur directeur de D.

(D) **VRAI**

La représentation paramétrique de D déterminée ci-dessus, à savoir $\begin{cases} x = 1 \\ y = t \\ z = t \end{cases}$ avec $t \in \mathbb{R}$, nous indique que D passe par le point $A(1,1,1)$ (ces coordonnées sont obtenues en choisissant $t = 1$).
De plus, $\vec{n}(0,2,2)$ est un vecteur directeur de D.

Donc une représentation paramétrique de D est : $\begin{cases} x = 1 \\ y = 1 + 2t \\ z = 1 + 2t \end{cases}$ avec $t \in \mathbb{R}$.

(E) **FAUX**

On sait, selon le cours, que la distance d'un point $M(x,y,z)$ à un plan d'équation $ax + by + cz + d = 0$ est donnée par $\dfrac{|ax + by + cz + d|}{\sqrt{a^2 + b^2 + c^2}}$.

Sachant que le plan P_1 a pour équation $2x - y + z - 2 = 0$, on a :

$$d(M,P_1) = \frac{|2x - y + z - 2|}{\sqrt{2^2 + (-1)^2 + 1^2}} = \frac{|2x - y + z - 2|}{\sqrt{6}}.$$

La proposition est donc fausse.

Question 15

(A) **VRAI**

On peut remarquer que $\begin{cases} x(-t) = \sin(-2t) = -\sin(2t) \\ y(-t) = \cos(-t) = \cos(t) \end{cases}$ soit $\begin{cases} x(-t) = -x(t) \\ y(-t) = y(t) \end{cases}$.

Il s'ensuit que la courbe Γ est symétrique par rapport à l'axe des ordonnées (voir chapitre "Courbes planes").

(B) **FAUX**

Déterminons les éventuels points singuliers de la courbe Γ :

Les fonctions x et y sont dérivables sur $[0\,;2\pi]$ et $\forall t\in[0\,;2\pi]$, $\begin{cases} x'(t)=2\cos(2t) \\ y'(t)=-\sin(t) \end{cases}$.

Donc, pour déterminer les éventuels points singuliers, il nous faut résoudre sur $[0\,;2\pi]$:

$$\begin{cases} 2\cos(2t)=0 \\ -\sin(t)=0 \end{cases} \Leftrightarrow \begin{cases} \cos(2t)=0 \\ \sin(t)=0 \end{cases}.$$

Or $\cos(2t)=2\cos^2(t)-1$ (voir formulaire de trigonométrie).

Donc $\cos(2t)=0 \Leftrightarrow \cos^2(t)=\frac{1}{2} \Leftrightarrow \cos(t)=\frac{\sqrt{2}}{2}$ ou $\cos(t)=-\frac{\sqrt{2}}{2}$.

Il nous faut finalement résoudre sur $[0\,;2\pi]$: $\begin{cases} \cos(t)=\frac{\sqrt{2}}{2} \\ \sin(t)=0 \end{cases}$ et $\begin{cases} \cos(t)=-\frac{\sqrt{2}}{2} \\ \sin(t)=0 \end{cases}$.

Mais aucun de ces deux systèmes n'admet de solution (en effet, on peut remarquer qu'aucun ne vérifie la relation $\cos^2(t)+\sin^2(t)=1$).

Ainsi, pour tout $t\in[0\,;2\pi]$, le vecteur $\begin{pmatrix} x'(t) \\ y'(t) \end{pmatrix}$ est non nul et donc tous les points $M(t)$ de la courbe Γ sont réguliers.

Le vecteur $\begin{pmatrix} x'(t) \\ y'(t) \end{pmatrix}=\begin{pmatrix} 2\cos(2t) \\ -\sin(t) \end{pmatrix}$ est alors un vecteur directeur de la tangente à la courbe Γ au point $M(t)$.

La proposition est donc fausse.

(C) **FAUX**

Selon la proposition précédente, la tangente à Γ au point M de paramètre $t=\frac{\pi}{4}$ est dirigée par le vecteur $\begin{pmatrix} x'\left(\frac{\pi}{4}\right) \\ y'\left(\frac{\pi}{4}\right) \end{pmatrix}$.

Or $x'\left(\frac{\pi}{4}\right)=2\cos\left(2\times\frac{\pi}{4}\right)=2\cos\left(\frac{\pi}{2}\right)=0$ et $y'\left(\frac{\pi}{4}\right)=-\sin\left(\frac{\pi}{4}\right)=-\frac{\sqrt{2}}{2}$.

Donc la tangente à Γ au point $M\left(\frac{\pi}{4}\right)$ est dirigée par le vecteur $\begin{pmatrix} 0 \\ -\frac{\sqrt{2}}{2} \end{pmatrix}$.

Cette tangente est donc verticale.

La proposition est fausse.

(D) **FAUX**

Pour la valeur $t=0$ du paramètre, on obtient $\begin{cases} x(0)=\sin(2\times 0)=\sin(0)=0 \\ y(0)=\cos(0)=1 \end{cases}$.

Le point $M(0)$ de coordonnées (0 ; 1) est donc un point appartenant à Γ, ce qui n'est pas le cas sur la représentation graphique proposée par l'énoncé. Celle-ci ne peut donc convenir.
La proposition est fausse.

(E) **VRAI**
On sait, selon le formulaire de trigonométrie, que $\sin(2t) = 2\sin(t)\cos(t)$.
D'où $\sin^2(2t) = 4\sin^2(t)\cos^2(t)$.
Le formulaire de trigonométrie nous apprend également que $\sin^2(t) = 1-\cos^2(t)$ donc on peut écrire : $\sin^2(2t) = 4(1-\cos^2(t))\cos^2(t)$.
Soit : $x^2 = 4(1-y^2)y^2$.
Une équation cartésienne de Γ est donc $x^2 = 4(1-y^2)y^2$.

ENONCE SUJET 2015

Dans les questions 1 et 2, on considère la fonction f définie sur $\mathbb{R}$ par
$$f(t) = e^{2t^2}(a\cos(\omega t) + b\sin(\omega t))$$
où a, b et ω sont des nombres réels. On note C_f la courbe représentative de f.
On note DL pour développement limité et $\varepsilon(t)$ représente une fonction qui a pour limite 0 en 0 et qui n'est pas nécessairement la même à chaque item.

Question 1

(A) On a $f'(0) = a + b\omega$
(B) Si $f(0) = 0$ alors $a = 0$
(C) Si $a = 0$, $b = 1$ et $f(1) = 0$ alors il existe $k \in \mathbb{Z}$ tel que $\omega = k\pi$
(D) Si $f'(0) = 1$ alors $\omega = b$
(E) Un DL de $t \mapsto e^{2t^2}$ à l'ordre 4 au voisinage de 0 est $1 + 2t^2 + 2t^4 + t^4\varepsilon(t)$

Question 2

(A) Un DL de $t \mapsto b\sin(\omega t)$ à l'ordre 4 au voisinage de 0 est $b\omega t - \dfrac{b\omega^3 t^3}{6} + t^4\varepsilon(t)$

(B) Si $a = 0$ et $b = \dfrac{1}{\omega}$ alors un DL de $t \mapsto f(t) - t$ à l'ordre 3 au voisinage de 0 est $\left(2 - \dfrac{\omega^2}{6}\right)t^3 + t^3\varepsilon(t)$

(C) Si $a = 0$, $b = \dfrac{1}{\pi}$ et $\omega = \pi$ alors la tangente à C_f en 0 est au-dessus de C_f à droite de 0

(D) Pour tout $n \in \mathbb{N}$, on pose $u_n = f(n)$. Si $a = 0$, $b = 1$ et $\omega = \pi$ alors $\lim\limits_{n \to +\infty} u_n = +\infty$

(E) Pour tout $n \in \mathbb{N}$, on pose $v_n = f\left(2n + \frac{1}{2}\right)$. Si $a = 0$, $b = 1$ et $\omega = \pi$ alors $\lim\limits_{n \to +\infty} v_n = +\infty$

Soit n un nombre entier supérieur ou égal à 1 et k un nombre entier compris entre 0 et n. On note
$$I_{n,k} = \int_0^1 t^k(1-t)^{n-k}\,\mathrm{d}t.$$

Question 3

(A) En faisant le changement de variable $u = 1 - t$, on montre que $I_{n,k} = -I_{n,n-k}$

(B) On a $I_{n,0} = \dfrac{1}{n}$

(C) En faisant une intégration par parties, on a $I_{n,1} = \dfrac{1}{n(n+1)}$

(D) On a $\displaystyle\sum_{k=0}^{n} \binom{n}{k} I_{n,k} = 1$

(E) On suppose que $n = 4$. On a $I_{4,2} = \dfrac{1}{30}$.

Soit P un polynôme de degré inférieur ou égal à 2. On note $P(x) = ax^2 + bx + c$.
A partir de P, on définit une fonction, notée $J(P)$, par

$$J(P)(x) = \int_0^1 (a\sin^2(\pi y) + b\sin(\pi y)x + cx^2)\mathrm{d}y.$$

Question 4

(A) $J(P)$ est un polynôme de degré inférieur ou égal à 2
(B) Pour $P(x) = 1$, on a $J(P)(x) = x^2$
(C) Pour $P(x) = x$, on a $J(P)(x) = \dfrac{2}{\pi}x$
(D) Pour $P(x) = x^2$, on a $J(P)(x) = 1$
(E) Pour $P(x) = 2x + 3$, on a $J(P)(x) = \dfrac{4}{\pi}x + 3$

Soit le polynôme $P(z) = z^3 - 6z^2 + 12z - 16$. On admet qu'il se factorise sous la forme $P(z) = (z-4)Q(z)$, avec $Q(z) = \alpha z^2 + \beta z + \gamma$, où α, β, γ sont des réels à déterminer. On note a, b, c les trois racines de P, avec $a \in \mathbb{R}$ et $\mathrm{Im}(b) > 0$. On note (A, B, C) les points du plan d'affixes (a, b, c) dans un repère orthonormé $(O\,; \vec{i}, \vec{j})$.

Question 5

(A) On a $P(4) = 1$
(B) On a $Q(z) = z^2 - 2z + 4$
(C) L'ensemble des racines de $Q(z)$ est $\{2 + i\sqrt{3}\,;\, 2 - i\sqrt{3}\}$
(D) On a $\dfrac{b-a}{c-a} = e^{i\frac{\pi}{6}}$
(E) Le triangle ABC est équilatéral

On considère le polynôme $R(X) = P(X^2)$. Ses racines sont obtenues en prenant les racines carrées dans $\mathbb{C}$ des nombres a, b, c. En appariant les paires complexes conjuguées de racines, on obtient une factorisation réelle de la forme :

$R(X)=(X^2-4)(X^2-uX+v)(X^2+sX+t)$, avec u, v, s, t réels strictement positifs.

Question 6

(A) Pour $r\in\mathbb{R}^+$ et $\theta\in\mathbb{R}$, les racines carrées de $re^{i\theta}$ sont de la forme $\pm\sqrt{r}\,e^{i\frac{\theta}{2}}$
(B) Les racines carrées de b sont conjuguées complexes de celles de c
(C) Les racines carrées de b sont $\pm 2e^{i\frac{\pi}{6}}$
(D) L'ensemble des racines de R à partie réelle positive est $\left\{2\,;\,\frac{\sqrt{3}-i}{\sqrt{2}}\,;\,\frac{\sqrt{3}+i}{\sqrt{2}}\right\}$
(E) On a $u=s=\sqrt{6}$ et $v=t=2$

Soit un nombre complexe $a=re^{i\alpha}$ de module $r>1$ et d'argument α réel.
Son conjugué est $\bar{a}$, d'inverse $a_1=\frac{1}{\bar{a}}=\frac{1}{r}e^{i\alpha}$.
On définit la transformation du plan complexe (pour $z\neq a_1$) :
$$w=g(z)=\frac{z-a}{\bar{a}z-1}=\frac{z-a}{\bar{a}(z-a_1)}.$$
Pour un nombre complexe de module unité $u=e^{i\theta}$, on note $g(u)=\rho e^{i\varphi}$ et on calcule ρ en fonction de a, et l'argument φ en fonction de α et $\beta=\arg\left(\frac{u-a}{u-a_1}\right)$

Question 7

(A) On a $|u-a|^2=1+r^2-2\bar{a}u$
(B) On a $\rho=1$
(C) Pour $z_1\in\mathbb{C}$ et $z_2\in\mathbb{C}^*$, on a $\arg\left(\frac{z_1}{z_2}\right)=\arg(z_1)-\arg(z_2)$
(D) On a $|\bar{a}u-1|^2=(\bar{a}u-1)(a\bar{u}-1)$
(E) L'argument φ vaut $\beta-\alpha$

On suppose ici que $r=2$ et α est un réel quelconque. L'équation $g(z)=z$ donne une équation du second degré qui admet deux solutions complexes, qui dépendent de a.

Question 8

(A) Si z est solution de $g(z)=z$, on a $\bar{a}z^2-2z+a=0$
(B) On a $1+i\sqrt{3}=e^{i\frac{\pi}{3}}$
(C) Les solutions de $g(z)=z$ s'écrivent $a(1\pm\sqrt{3})$
(D) Les solutions de $g(z)=z$ sont de module 1

(E) Les solutions de $g(z) = z$ ont pour arguments $\pm \frac{\pi}{3}$

On s'intéresse à une cellule qui est capable de produire deux molécules différentes, l'une notée A et l'autre B. Ces molécules sont produites selon les règles suivantes :
- Si la cellule est vivante, elle produit A, respectivement B, avec une probabilité de $P(A) = \frac{1}{2}$, respectivement $P(B) = \frac{1}{2}$.
- Si la cellule produit B, elle meurt tout de suite après la production de B.
- Si la cellule produit successivement quatre A, elle meurt tout de suite après la production du quatrième A.

On isole une de ces cellules qui n'a encore rien produit. On note X, respectivement Y, la variable aléatoire qui donne le nombre de A, respectivement B, produits par la cellule avant de mourir.

Question 9

(A) Après la mort de la cellule, les molécules produites peuvent être représentées par l'un des éléments de l'ensemble $\{B\,;AB\,;AAB\,;AAAB\,;AAAA\}$

(B) On a $P(AB) = \frac{1}{5}$

(C) On a $P(AAB) = \frac{1}{8}$

(D) On a $P(X = 2) = \frac{1}{4}$

(E) On a $P(Y = 1) = \frac{4}{5}$

Question 10

(A) L'espérance de la variable aléatoire X est de $\frac{15}{16}$

(B) L'espérance de la variable aléatoire Y est $\frac{7}{16}$

(C) La probabilité que $X = 4$ sachant que $Y = 1$ (notée $P(X = 4/Y = 1)$) est de $\frac{1}{16}$

(D) Les variables aléatoires X et Y sont indépendantes

(E) On isole cinq cellules qui n'ont encore rien produit. On suppose leur comportement indépendant. Après la mort de cinq cellules, la probabilité que k molécules B aient été produites en tout est de $\binom{5}{k}\left(\frac{1}{16}\right)^{5-k}\left(\frac{15}{16}\right)^{k}$ pour $k \leqslant 5$

On rappelle que la fonction partie entière E est telle que $E(x)$ est le plus grand entier inférieur ou égal à x. Par exemple, $E(3) = 3$, $E(-2) = -2$, $E(-3{,}14) = -4$ et $E(3{,}14) = 3$.
Dans les questions 11 et 12, on considère la fonction f définie sur $\mathbb{R}$ par :

$$f(x) = x - E(x) - \frac{1}{2}.$$

On rappelle que si g est une fonction périodique de période T, on peut écrire sa série de Fourier : $S_g(t) = a_0 + \sum_{n=1}^{+\infty}(a_n\cos(n\omega t) + b_n\sin(n\omega t))$ avec $\omega = \frac{2\pi}{T}$.

Question 11 (option génie électrique)

(A) Si x n'est pas un entier relatif, on a $f(-x) = -f(x)$
(B) f est périodique de période 2π
(C) $\forall k \in \mathbb{Z}, f(k) = 0$
(D) Les coefficients de Fourier b_n sont tous nuls
(E) On a $\forall n \in \mathbb{N}^*$, $b_n = 2\int_0^1 f(t)\sin(2\pi n t)\,\mathrm{d}t$

Question 12 (option génie électrique)

(A) $\forall k \in \mathbb{Z}$, $S_f(k) = 0$
(B) On a $\forall n \in \mathbb{N}$, $\sin\left(\frac{n\pi}{2}\right) = (-1)^{n+1}$
(C) On a $S_f\left(\frac{1}{4}\right) = \sum_{n=1}^{+\infty} \frac{-1}{2n\pi}\sin\left(\frac{n\pi}{2}\right)$
(D) On a $\sum_{p=0}^{+\infty} \frac{(-1)^p}{2p+1} = \frac{\pi}{4}$
(E) En utilisant la relation de Parseval à la série de Fourier de f, on trouve $\sum_{n=1}^{+\infty} \frac{1}{n^2} = \frac{\pi^2}{3}$

Soit a un réel non nul. On considère les matrices suivantes :

$$A=\begin{pmatrix}0&0&0\\0&0&0\\0&0&-1\end{pmatrix},\qquad B=\begin{pmatrix}1&0&0\\0&1&a\\0&0&2\end{pmatrix}.$$

On note $g:\mathbb{R}^3\to\mathbb{R}^3$ l'application linéaire dont la matrice représentative dans la base canonique est B.

Question 13 (options génie informatique et génie civil)

(A) A est diagonalisable et admet deux valeurs propres : 0 et -1
(B) Le rang de A est égal à 2
(C) Le polynôme caractéristique de A est le polynôme nul
(D) B est diagonalisable et ses valeurs propres sont 1 et 2
(E) $A+B$ est diagonalisable

Question 14 (options génie informatique et génie civil)

(A) $\begin{pmatrix}0\\a\\1\end{pmatrix}$ est un vecteur propre de B associé à la valeur propre 2
(B) A et B ont un sous-espace propre commun
(C) $A^{2015}=A$
(D) Le noyau de g est un sous-espace propre de g
(E) L'application linéaire $g-\text{id}$ est une projection

Dans le plan (Oxy), on considère le cercle (C_1) de centre O et de rayon 7, ainsi que le cercle (C_2) de centre O' de coordonnées $(8\,;6)$ qui est extérieurement tangent à (C_1) (voir la figure ci-dessous).
On note (T_1) et (T_2) les tangentes extérieures à (C_1) et (C_2), (T_1) étant la tangente dont la pente est la plus petite.
Les droites (T_1) et (T_2) sont sécantes en I. On appelle A le point de contact entre la droite (T_1) et le cercle (C_1), et B le point de contact entre la droite (T_1) et le cercle (C_2).

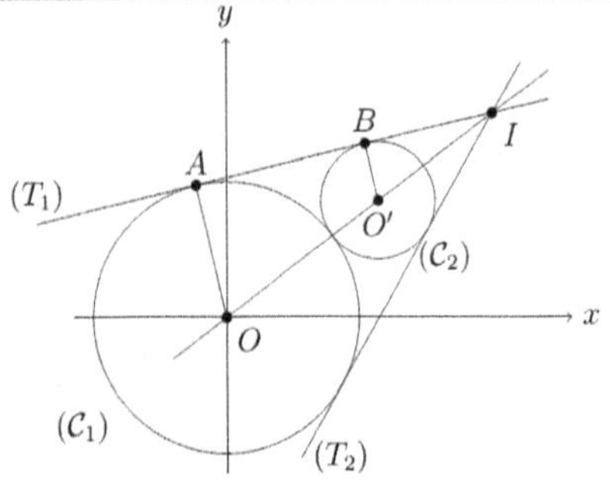

Question 15 (option génie mécanique)

(A) Une équation cartésienne de (C_1) est $x^2+(y-7)^2=0$

(B) Le rayon du cercle (C_2) est 3

(C) (T_1) et (T_2) sont les seules droites tangentes simultanément à (C_1) et (C_2)

(D) En appliquant le théorème de Thalès, on trouve $\overrightarrow{OI}=\frac{7}{4}\overrightarrow{OO'}$

(E) Les coordonnées du point I sont $(14\,;7)$

On note E l'ensemble des points Ω du plan tels qu'il existe un cercle de centre Ω extérieurement tangent à (C_1) et à (C_2).

Question 16 (option génie mécanique)

(A) Une équation cartésienne de (T_1) est $x-4y+28=0$

(B) $\Omega \in E$ si et seulement si $O\Omega-7=O'\Omega-3$

(C) (OO') est un axe de symétrie pour E

(D) Les points de E sont plus proches de O que de O'

(E) Le point de coordonnées $\left(\frac{21}{2}\,;0\right)$ appartient à E

CORRIGE SUJET 2015

Question 1

(A) **FAUX**

La fonction f est de la forme uv en posant $\begin{cases} u(t) = e^{2t^2} \\ v(t) = a\cos(\omega t) + b\sin(\omega t) \end{cases}$.

Or, $(uv)' = u'v + uv'$.

Ici, on a : $\begin{cases} u'(t) = 4te^{2t^2} \\ v'(t) = -a\omega\sin(\omega t) + b\omega\cos(\omega t) \end{cases}$.

Ainsi, f est dérivable sur $\mathbb{R}$ et pour tout $t \in \mathbb{R}$:

$f'(t) = 4te^{2t^2}(a\cos(\omega t) + b\sin(\omega t)) + e^{2t^2}(-a\omega\sin(\omega t) + b\omega\cos(\omega t))$.

Alors, on a $f'(0) = b\omega$ car $\cos(0) = 1$, $\sin(0) = 0$ et $e^0 = 1$.

La proposition est donc fausse.

(B) **VRAI**

Le calcul de $f(0)$ donne $f(0) = a$ car on sait que $e^0 = 1$, $\cos(0) = 1$ et $\sin(0) = 0$.

Donc si $f(0) = 0$ alors $a = 0$.

(C) **VRAI**

Si $a = 0$ et $b = 1$ alors $f(t) = e^{2t^2}\sin(\omega t)$.

Dans ce cas, $f(1) = 0$ implique $e^2\sin(\omega) = 0$ soit $\sin(\omega) = 0$ car $e^2 \neq 0$, ce qui implique que $\omega = k\pi$ avec $k \in \mathbb{Z}$.

(D) **FAUX**

En utilisant l'expression de $f'(t)$ obtenue à la proposition A, on peut écrire que si $f'(0) = 1$ alors $b\omega = 1$, ce qui n'implique pas nécessairement que $\omega = b$.

La proposition est donc fausse.

(E) **VRAI**

On connaît le développement limité en 0 à l'ordre 2 de la fonction $u \mapsto e^u$:

$$e^u = 1 + u + \frac{u^2}{2} + u^2\varepsilon(u) \text{ avec } \lim_{u \to 0} \varepsilon(u) = 0.$$

Puisque $\lim_{t \to 0} 2t^2 = 0$, on peut utiliser ce développement limité avec $u = 2t^2$.

Ainsi, on obtient : $e^{2t^2} = 1 + 2t^2 + 2t^4 + t^4\varepsilon(t)$ avec $\lim_{t \to 0} \varepsilon(t) = 0$.

Question 2

(A) **VRAI**

On connaît le développement limité en 0 à l'ordre 4 de la fonction $u \mapsto \sin(u)$:

$$\sin(u) = u - \frac{u^3}{6} + u^4\varepsilon(u) \text{ avec } \lim_{u \to 0} \varepsilon(u) = 0.$$

Puisque $\lim_{t \to 0} \omega t = 0$, on peut utiliser ce développement limité avec $u = \omega t$.

Ainsi, on obtient : $\sin(\omega t) = \omega t - \frac{\omega^3 t^3}{6} + t^4 \varepsilon(t)$ avec $\lim_{t \to 0} \varepsilon(t) = 0$.

On en déduit que : $b\sin(\omega t) = b\omega t - \frac{b\omega^3 t^3}{6} + t^4 \varepsilon(t)$.

La proposition est donc vraie.

Remarque
Le facteur b n'apparaît pas écrit dans le reste du développement limité de $b\sin(\omega t)$, il a été "intégré" à l'intérieur de la fonction ε.

(B) **VRAI**
Si $a = 0$ alors $f(t) = e^{2t^2} b\sin(\omega t)$.
En utilisant le développement limité de $t \mapsto e^{2t^2}$ obtenu à la proposition E de la question 1 et celui de $t \mapsto b\sin(\omega t)$ obtenu à la proposition précédente, on peut écrire qu'au voisinage de 0 :

$$f(t) = \left(1 + 2t^2 + 2t^4 + t^4 \varepsilon(t)\right)\left(b\omega t - \frac{b\omega^3 t^3}{6} + t^4 \varepsilon(t)\right).$$

En ne conservant de ce produit que les termes de degré inférieur ou égal à 3, il vient : $f(t) = b\omega t - \frac{b\omega^3 t^3}{6} + 2b\omega t^3 + t^3 \varepsilon(t)$.

Si de plus, $b = \frac{1}{\omega}$ alors on peut écrire : $f(t) = t - \frac{\omega^2 t^3}{6} + 2t^3 + t^3 \varepsilon(t)$.

D'où $f(t) - t = \left(2 - \frac{\omega^2}{6}\right)t^3 + t^3 \varepsilon(t)$.

(C) **FAUX**
Si $a = 0$, $b = \frac{1}{\pi}$ et $\omega = \pi$ alors nous sommes dans le cas où $a = 0$ et $b = \frac{1}{\omega}$ et nous pouvons donc utiliser le développement limité à l'ordre 3 au voisinage de 0 de $f(t) - t$ obtenu à la proposition précédente.
Ainsi, au voisinage de 0, on a :

$$f(t) - t = \left(2 - \frac{\pi^2}{6}\right)t^3 + t^3 \varepsilon(t) \text{ soit } f(t) = t + \left(2 - \frac{\pi^2}{6}\right)t^3 + t^3 \varepsilon(t).$$

On en déduit que :
- la tangente à $\mathscr{C}_f$ en 0 a pour équation $y = t$
- la position relative de $\mathscr{C}_f$ par rapport à sa tangente est donnée par le signe de $\left(2 - \frac{\pi^2}{6}\right)t^3$: or $\left(2 - \frac{\pi^2}{6}\right) > 0$ donc, pour $t > 0$, $f(t) - t > 0$. Ainsi, à droite de 0, $\mathscr{C}_f$ est au-dessus de sa tangente.

La proposition est donc fausse.

(D) **FAUX**
Pour tout $n \in \mathbb{N}$, on pose $u_n = f(n)$.
Si $a = 0$, $b = 1$ et $\omega = \pi$ alors on a : $u_n = e^{2n^2}\sin(n\pi) = 0$ car $\sin(n\pi) = 0$.

Ainsi, $\lim\limits_{n \to +\infty} u_n = 0$.

(E) **VRAI**
Pour tout $n \in \mathbb{N}$, on pose $v_n = f\left(2n + \frac{1}{2}\right)$.

Si $a = 0$, $b = 1$ et $\omega = \pi$ alors on a : $v_n = e^{2n^2}\sin\left(\left(2n + \frac{1}{2}\right)\pi\right) = e^{2n^2}\sin\left(2n\pi + \frac{\pi}{2}\right)$.

Or $\sin\left(2n\pi + \frac{\pi}{2}\right) = \sin\left(\frac{\pi}{2}\right) = 1$ donc $v_n = e^{2n^2}$.

Ainsi, $\lim\limits_{n \to +\infty} v_n = +\infty$.

Question 3

(A) **FAUX**
Effectuons le changement de variable $u = 1 - t$ soit $t = 1 - u$ dans $I_{n,k}$:
- Changement des bornes de l'intégrale :
pour $t = 0$, $u = 1 - 0 = 1$ et pour $t = 1$, $u = 1 - 1 = 0$;
- Changement de l'élément différentiel : $t = 1 - u$ donc $\mathrm{d}t = -\mathrm{d}u$;
- Changement de l'expression de la fonction : $t^k(1-t)^{n-k} = (1-u)^k u^{n-k}$.

Ainsi, on peut écrire : $I_{n,k} = \int_1^0 \left(-(1-u)^k u^{n-k} du\right) = \int_0^1 u^{n-k}(1-u)^k \mathrm{d}u$.

Comparons ce résultat à $I_{n,n-k}$: on reprend la définition de $I_{n,k}$ et on remplace k par $n - k$, ce qui permet d'écrire :

$$I_{n,n-k} = \int_0^1 t^{n-k}(1-t)^{n-(n-k)}\mathrm{d}t = \int_0^1 t^{n-k}(1-t)^k \mathrm{d}t.$$

On retrouve la même expression que celle de $I_{n,k}$ obtenue avec le changement de variable proposé. Ainsi, on a : $I_{n,k} = I_{n,n-k}$.
La proposition est donc fausse.

(B) **FAUX**

Par définition, $I_{n,0} = \int_0^1 t^0(1-t)^n \mathrm{d}t = \int_0^1 (1-t)^n \mathrm{d}t$.

Soit $I_{n,0} = \left[-\frac{(1-t)^{n+1}}{n+1}\right]_0^1 = 0 + \frac{1}{n+1} = \frac{1}{n+1}$.

(C) **VRAI**

Par définition, $I_{n,1} = \int_0^1 t(1-t)^{n-1}\mathrm{d}t$.

Effectuons une intégration par parties en posant $\begin{cases} u = t \\ v' = (1-t)^{n-1} \end{cases}$. D'où $\begin{cases} u' = 1 \\ v = -\dfrac{(1-t)^n}{n} \end{cases}$.

Il vient alors : $I_{n,1} = \left[-\dfrac{t(1-t)^n}{n} \right]_0^1 + \dfrac{1}{n}\displaystyle\int_0^1 (1-t)^n \mathrm{d}t$.

Soit $I_{n,1} = (0-0) + \dfrac{1}{n}\left[-\dfrac{(1-t)^{n+1}}{n+1} \right]_0^1$.

Soit $I_{n,1} = \dfrac{1}{n}\left(0 + \dfrac{1}{n+1}\right) = \dfrac{1}{n(n+1)}$.

(D) **VRAI**

On a : $\displaystyle\sum_{k=0}^{n} \binom{n}{k} I_{n,k} = \sum_{k=0}^{n} \left(\binom{n}{k} \int_0^1 t^k (1-t)^{n-k} \mathrm{d}t \right)$.

Or la somme d'intégrales sur [0 ; 1] de fonctions est égale à l'intégrale sur [0 ; 1] de la somme de ces fonctions (propriétés des intégrales) donc on peut écrire :

$$\sum_{k=0}^{n} \binom{n}{k} I_{n,k} = \int_0^1 \left(\sum_{k=0}^{n} \binom{n}{k} t^k (1-t)^{n-k} \right) \mathrm{d}t.$$

Effectuons maintenant un petit rappel sur la formule du binôme de Newton :

Pour a et b réels et n entier naturel, on sait que : $(a+b)^n = \displaystyle\sum_{k=0}^{n} a^k b^{n-k}$.

Ainsi, il apparaît que $\displaystyle\sum_{k=0}^{n} \binom{n}{k} t^k (1-t)^{n-k} = (t + (1-t))^n = 1^n = 1$.

D'où $\displaystyle\sum_{k=0}^{n} \binom{n}{k} I_{n,k} = \int_0^1 1 \mathrm{d}t = \Big[t \Big]_0^1 = 1$.

(E) **VRAI**

On suppose que $n = 4$.

En appliquant le résultat de la proposition précédente, on a alors : $\displaystyle\sum_{k=0}^{4} \binom{4}{k} I_{4,k} = 1$.

Soit : $\binom{4}{0} I_{4,0} + \binom{4}{1} I_{4,1} + \binom{4}{2} I_{4,2} + \binom{4}{3} I_{4,3} + \binom{4}{4} I_{4,4} = 1$.

Or $\binom{4}{0} = 1$, $\binom{4}{1} = 4$, $\binom{4}{2} = \dfrac{4\times 3}{2\times 1} = 6$, $\binom{4}{3} = \dfrac{4\times 3\times 2}{3\times 2\times 1} = 4$ et $\binom{4}{4} = 1$.

Donc on a : $I_{4,0} + 4I_{4,1} + 6I_{4,2} + 4I_{4,3} + I_{4,4} = 1$.

Utilisons maintenant le résultat de la proposition A à savoir $I_{n,k} = I_{n,n-k}$ pour écrire : $I_{4,4} = I_{4,0}$ et $I_{4,3} = I_{4,1}$.
La relation précédente s'écrit donc : $2I_{4,0}+8I_{4,1}+6I_{4,2} = 1$.
Enfin, on sait que $I_{4,0} = \dfrac{1}{4+1} = \dfrac{1}{5}$ selon la proposition B et que $I_{4,1} = \dfrac{1}{4\times5} = \dfrac{1}{20}$ selon la proposition C.
En définitive, on obtient : $2\times\dfrac{1}{5}+8\times\dfrac{1}{20}+6I_{4,2}=1$ soit $6I_{4,2} = \dfrac{1}{5}$ soit $I_{4,2} = \dfrac{1}{30}$.

Remarque
Pour les rappels utiles concernant les coefficients binomiaux, on pourra se reporter au paragraphe 1 du chapitre "Probabilités" de la partie cours de cet ouvrage.

Question 4

(A) **VRAI**
Soit $J(P)(x) = \displaystyle\int_0^1 (a\sin^2(\pi y) + b\sin(\pi y)x + cx^2)\mathrm{d}y$.
En utilisant les propriétés de l'intégrale d'une fonction, on peut successivement écrire :

$$J(P)(x) = \int_0^1 a\sin^2(\pi y)\,\mathrm{d}y + \int_0^1 b\sin(\pi y)x\,\mathrm{d}y + \int_0^1 cx^2\mathrm{d}y$$

$$J(P)(x) = \int_0^1 a\sin^2(\pi y)\,\mathrm{d}y + x\int_0^1 b\sin(\pi y)\,\mathrm{d}y + cx^2\int_0^1 1\mathrm{d}y$$

$$J(P)(x) = \int_0^1 a\sin^2(\pi y)\,\mathrm{d}y + x\int_0^1 b\sin(\pi y)\,\mathrm{d}y + cx^2 \text{ car } \int_0^1 1\mathrm{d}y = \Big[y\Big]_0^1 = 1.$$

On remarque que les expressions $\displaystyle\int_0^1 a\sin^2(\pi y)\,\mathrm{d}y$ et $\displaystyle\int_0^1 b\sin(\pi y)\,\mathrm{d}y$ ne dépendent pas de x. Ainsi $J(P)$ est un polynôme en x de degré inférieur ou égal à 2.

(B) **VRAI**
Si $P(x) = 1$, on a : $a = 0$, $b = 0$ et $c = 1$.
Alors, à l'aide du résultat précédent, on obtient directement : $J(P)(x) = x^2\times1 = x^2$.

(C) **VRAI**
Si $P(x) = x$, on a : $a = 0$, $b = 1$ et $c = 0$.
Alors $J(P)(x) = x\displaystyle\int_0^1 \sin(\pi y)\,\mathrm{d}y = x\left[-\frac{\cos(\pi y)}{\pi}\right]_0^1$.
Soit $J(P)(x) = x\left(-\dfrac{\cos(\pi)}{\pi} + \dfrac{\cos(0)}{\pi}\right) = x\left(\dfrac{1}{\pi}+\dfrac{1}{\pi}\right) = \dfrac{2}{\pi}x$.

(D) **FAUX**
Si $P(x) = x^2$, on a : $a = 1$, $b = 0$ et $c = 0$.
Alors $J(P)(x) = \int_0^1 \sin^2(\pi y)\,\mathrm{d}y$.

Or on sait que $\sin^2(\alpha) = \frac{1}{2}(1 - \cos(2\alpha))$ (formule de linéarisation) donc on peut écrire : $J(P)(x) = \frac{1}{2}\int_0^1 (1 - \cos(2\pi y))\,\mathrm{d}y = \frac{1}{2}\left[y - \frac{\sin(2\pi y)}{2\pi}\right]_0^1$.
Ainsi, $J(P)(x) = \frac{1}{2}\left(\left(1 - \frac{\sin(2\pi)}{2\pi}\right) - \left(0 - \frac{\sin(0)}{2\pi}\right)\right) = \frac{1}{2}$ car $\sin(2\pi) = \sin(0) = 0$.

(E) **FAUX**
Si $P(x) = 2x + 3$, on a : $a = 0$, $b = 2$ et $c = 3$.
Alors $J(P)(x) = 2x\int_0^1 \sin(\pi y)\,\mathrm{d}y + 3x^2$.
Il est inutile de poursuivre les calculs puisqu'on s'aperçoit que $J(P)$ est un polynôme de degré 2 donc l'expression proposée dans l'énoncé ne peut convenir. La proposition est donc fausse.

Question 5

(A) **FAUX**
Puisque $P(z) = (z-4)Q(z)$, il vient immédiatement $P(4) = 0$.
La proposition est donc fausse.

(B) **VRAI**
La division euclidienne de $z^3 - 6z^2 + 12z - 16$ par $z - 4$ donne :
$$z^3 - 6z^2 + 12z - 16 = (z-4)(z^2 - 2z + 4).$$
La proposition est donc vraie.

Remarque
On pouvait se contenter de développer $(z-4)(z^2 - 2z + 4)$ et constater le résultat.

(C) **FAUX**
La résolution de l'équation du second degré $Q(z) = 0$ fournit rapidement les solutions $z_1 = 1 - i\sqrt{3}$ et $z_2 = \overline{z_1} = 1 + i\sqrt{3}$.
La proposition est donc fausse.

(D) **FAUX**
Selon l'énoncé, les trois racines a, b et c de P vérifient : $a \in \mathbb{R}$ et $\mathrm{Im}(b) > 0$.
Donc on a : $a = 4$, $b = 1 + i\sqrt{3}$ et par conséquent $c = 1 - i\sqrt{3}$.

Ainsi, $\dfrac{b-a}{c-a}=\dfrac{1+i\sqrt{3}-4}{1-i\sqrt{3}-4}=\dfrac{-3+i\sqrt{3}}{-3-i\sqrt{3}}$.

Or $-3+i\sqrt{3}=2\sqrt{3}\left(-\dfrac{\sqrt{3}}{2}+\dfrac{1}{2}i\right)=2\sqrt{3}e^{i\frac{5\pi}{6}}$ et $-3-i\sqrt{3}=\overline{-3+i\sqrt{3}}=2\sqrt{3}e^{-i\frac{5\pi}{6}}$.

Donc $\dfrac{b-a}{c-a}=\dfrac{2\sqrt{3}e^{i\frac{5\pi}{6}}}{2\sqrt{3}e^{-i\frac{5\pi}{6}}}=e^{i\frac{5\pi}{3}}\neq e^{i\frac{\pi}{6}}$.

La proposition est donc fausse.

(E) **VRAI**

Selon la proposition précédente, $\dfrac{b-a}{c-a}=e^{i\frac{5\pi}{3}}$.

On en déduit que :

- d'une part, $\dfrac{AB}{AC}=\left|\dfrac{b-a}{c-a}\right|=\left|e^{i\frac{5\pi}{3}}\right|=1$ d'où $AB=AC$;
- d'autre part, une mesure (à 2π près), de l'angle $(\overrightarrow{AC},\overrightarrow{AB})$ est $\arg\left(\dfrac{b-a}{c-a}\right)=\dfrac{5\pi}{3}$;

une mesure de l'angle $(\overrightarrow{AC},\overrightarrow{AB})$ est donc $-\dfrac{\pi}{3}$.

Ainsi ABC est un triangle isocèle possédant un angle de 60°, il est donc équilatéral.

Question 6

(A) **VRAI**

Il s'agit d'un résultat de cours à connaître (voir paragraphe 4A du chapitre 1).

(B) **VRAI**

Notons $re^{i\theta}$ la forme exponentielle de b. Alors $c=\overline{b}=re^{-i\theta}$.
En utilisant le résultat de la proposition précédente, on peut écrire que :

- les racines carrées de $b=re^{i\theta}$ sont de la forme $\pm\sqrt{r}\,e^{i\frac{\theta}{2}}$
- les racines carrées de $c=re^{-i\theta}$ sont de la forme $\pm\sqrt{r}\,e^{-i\frac{\theta}{2}}$.

On constate bien que les racines carrées de c sont conjuguées complexes de celles de b.

(C) **FAUX**

Selon la question 5, $b=1+i\sqrt{3}$.

Alors $r=|b|=\sqrt{1^2+(\sqrt{3})^2}=2$ et un argument θ de b vérifie $\begin{cases}\cos(\theta)=\dfrac{1}{2}\\ \sin(\theta)=\dfrac{\sqrt{3}}{2}\end{cases}$.

On peut prendre $\theta = \frac{\pi}{3}$ et ainsi, on peut écrire : $b = 2e^{i\frac{\pi}{3}}$.

Alors, en utilisant le résultat de la proposition A, on peut affirmer directement que les racines carrées de b sont $\pm\sqrt{2}e^{i\frac{\pi}{6}}$.

La proposition est donc fausse.

(D) **VRAI**

Les racines du polynôme R sont les racines carrées dans $\mathbb{C}$ des nombres a, b et c.

Or :

- les racines carrées dans $\mathbb{C}$ de $a = 4$ sont -2 et 2
- les racines carrées dans $\mathbb{C}$ de $b = 2e^{\frac{i\pi}{3}}$ sont :

$$\sqrt{2}e^{\frac{i\pi}{6}} = \sqrt{2}\left(\cos\left(\frac{\pi}{6}\right) + i\sin\left(\frac{\pi}{6}\right)\right) = \sqrt{2}\left(\frac{\sqrt{3}}{2} + i\frac{1}{2}\right) = \frac{\sqrt{3}+i}{\sqrt{2}} \text{ et } -\sqrt{2}e^{\frac{i\pi}{6}} = \frac{-\sqrt{3}-i}{\sqrt{2}}$$

- les racines carrées dans $\mathbb{C}$ de $c = \bar{b} = 2e^{-i\frac{\pi}{3}}$ sont les conjuguées de celles de b soit : $\frac{\sqrt{3}-i}{\sqrt{2}}$ et $\frac{-\sqrt{3}+i}{\sqrt{2}}$.

Donc l'ensemble des racines de R à partie réelle positive est $\left\{2\,;\,\frac{\sqrt{3}+i}{\sqrt{2}}\,;\,\frac{\sqrt{3}-i}{\sqrt{2}}\right\}$.

(E) **VRAI**

En utilisant les résultats précédents, une factorisation de $R(X)$ est :

$$R(X) = (X^2-4)\left(X-\sqrt{2}e^{i\frac{\pi}{6}}\right)\left(X-\sqrt{2}e^{-i\frac{\pi}{6}}\right)\left(X+\sqrt{2}e^{i\frac{\pi}{6}}\right)\left(X+\sqrt{2}e^{-i\frac{\pi}{6}}\right).$$

Or, en notant $\alpha = re^{i\theta} = r(\cos(\theta) + i\sin(\theta))$, on a les résultats suivants :

$(X-\alpha)(X-\bar{\alpha}) = X^2 - (\alpha+\bar{\alpha})X + \alpha\bar{\alpha} = X^2 - 2r\cos(\theta)X + r^2$

$(X+\alpha)(X+\bar{\alpha}) = X^2 + (\alpha+\bar{\alpha})X + \alpha\bar{\alpha} = X^2 + 2r\cos(\theta)X + r^2$

Donc $\left(X-\sqrt{2}e^{\frac{i\pi}{6}}\right)\left(X-\sqrt{2}e^{-\frac{i\pi}{6}}\right) = X^2 - 2\sqrt{2}\cos\left(\frac{\pi}{6}\right)X + 2 = X^2 - \sqrt{6}X + 2$

et $\left(X+\sqrt{2}e^{\frac{i\pi}{6}}\right)\left(X+\sqrt{2}e^{-\frac{i\pi}{6}}\right) = X^2 + 2\sqrt{2}\cos\left(\frac{\pi}{6}\right)X + 2 = X^2 + \sqrt{6}X + 2$.

D'où $R(X) = (X^2-4)(X^2-\sqrt{6}X+2)(X^2+\sqrt{6}X+2)$.

En identifiant cette expression avec $R(X) = (X^2-4)(X^2-uX+v)(X^2+sX+t)$, il vient $u = \sqrt{6}$, $v = 2$, $s = \sqrt{6}$ et $t = 2$.

Question 7

(A) **FAUX**

Rappelons un résultat concernant les nombres complexes : $\forall z \in \mathbb{C},\ z\bar{z} = |z|^2$.

Ainsi, $|u-a|^2=(u-a)\overline{(u-a)}=(u-a)(\bar{u}-\bar{a})$.

En développant, on obtient : $|u-a|^2=u\bar{u}-u\bar{a}-a\bar{u}+a\bar{a}$

soit $|u-a|^2=|u|^2-u\bar{a}-a\bar{u}+|a|^2$.

Or $|a|=r$ et $|u|=1$ donc on a : $|u-a|^2=1+r^2-u\bar{a}-a\bar{u}$.

(B) **VRAI**

Par définition, $\rho=|g(u)|=\left|\dfrac{u-a}{\bar{a}u-1}\right|=\dfrac{|u-a|}{|\bar{a}u-1|}$ soit $\rho^2=\dfrac{|u-a|^2}{|\bar{a}u-1|^2}$.

Or, selon la proposition précédente, $|u-a|^2=1+r^2-u\bar{a}-a\bar{u}$.

Et $|\bar{a}u-1|^2=(\bar{a}u-1)\overline{(\bar{a}u-1)}=(\bar{a}u-1)(a\bar{u}-1)$.

En développant, on obtient : $|\bar{a}u-1|^2=a\bar{a}u\bar{u}-\bar{a}u-a\bar{u}+1=|a|^2|u|^2-\bar{a}u-a\bar{u}+1$.

Or $|a|=r$ et $|u|=1$ donc il vient : $|\bar{a}u-1|^2=1+r^2-\bar{a}u-a\bar{u}$.

Ainsi, $\rho^2=\dfrac{1+r^2-\bar{a}u-a\bar{u}}{1+r^2-\bar{a}u-a\bar{u}}=1$ et par suite, $\rho=1$.

(C) **VRAI**

Il s'agit d'un résultat de cours à connaître.

(D) **VRAI**

Ce résultat a déjà été prouvé à la proposition B.

(E) **FAUX**

Par définition, $\varphi=\arg(g(u))=\arg\left(\dfrac{u-a}{\bar{a}(u-a_1)}\right)$.

Soit $\varphi=\arg\left(\dfrac{1}{\bar{a}}\times\dfrac{u-a}{u-a_1}\right)=\arg\left(\dfrac{1}{\bar{a}}\right)+\arg\left(\dfrac{u-a}{u-a_1}\right)$.

Or $\arg\left(\dfrac{u-a}{u-a_1}\right)=\beta$ et $\arg\left(\dfrac{1}{\bar{a}}\right)=\arg(a_1)=\alpha$ donc on obtient $\varphi=\beta+\alpha$.

Question 8

(A) **VRAI**

On a :

$$g(z)=z\Leftrightarrow\frac{z-a}{\bar{a}z-1}=z\Leftrightarrow z-a=z(\bar{a}z-1)\Leftrightarrow z-a=\bar{a}z^2-z\Leftrightarrow\bar{a}z^2-2z+a=0.$$

(B) **FAUX**

On peut écrire : $1+i\sqrt{3}=2\left(\dfrac{1}{2}+\dfrac{i\sqrt{3}}{2}\right)=2\left(\cos\left(\dfrac{\pi}{3}\right)+i\sin\left(\dfrac{\pi}{3}\right)\right)=2e^{\frac{i\pi}{3}}$.

La proposition est donc fausse.

(C) **FAUX**

Selon la proposition A, $g(z) = z \Leftrightarrow \bar{a}z^2 - 2z + a = 0$.

Cette équation du 2nd degré a pour discriminant :

$$\Delta = 4 - 4\bar{a}a = 4 - 4 \times |a|^2 = 4 - 4 \times 2^2 = -12.$$

On en déduit que les solutions sont :

$$z_1 = \frac{2 - i\sqrt{12}}{2\bar{a}} = \frac{2 - i2\sqrt{3}}{2\bar{a}} = \frac{1 - i\sqrt{3}}{\bar{a}} = a_1\left(1 - i\sqrt{3}\right) \text{ et } z_2 = \frac{2 + i\sqrt{12}}{2\bar{a}} = a_1\left(1 + i\sqrt{3}\right).$$

Les solutions de $g(z) = z$ s'écrivent donc $a_1\left(1 \pm i\sqrt{3}\right)$.

(D) **VRAI**

Selon la proposition précédente, les solutions de $g(z) = z$ s'écrivent $a_1\left(1 \pm i\sqrt{3}\right)$.

Or $\left|a_1\left(1 \pm i\sqrt{3}\right)\right| = |a_1| \times \left|1 \pm i\sqrt{3}\right| = \frac{1}{2} \times \sqrt{1^2 + \left(\pm\sqrt{3}\right)^2} = \frac{1}{2} \times 2 = 1$.

(E) **FAUX**

Selon la proposition précédente, les solutions de $g(z) = z$ s'écrivent $a_1\left(1 \pm i\sqrt{3}\right)$.

Or $\arg\left(a_1\left(1 \pm i\sqrt{3}\right)\right) = \arg(a_1) + \arg\left(1 \pm i\sqrt{3}\right) = \alpha \pm \frac{\pi}{3}$.

Question 9

(A) **VRAI**

Voici un arbre de probabilités représentant la situation :

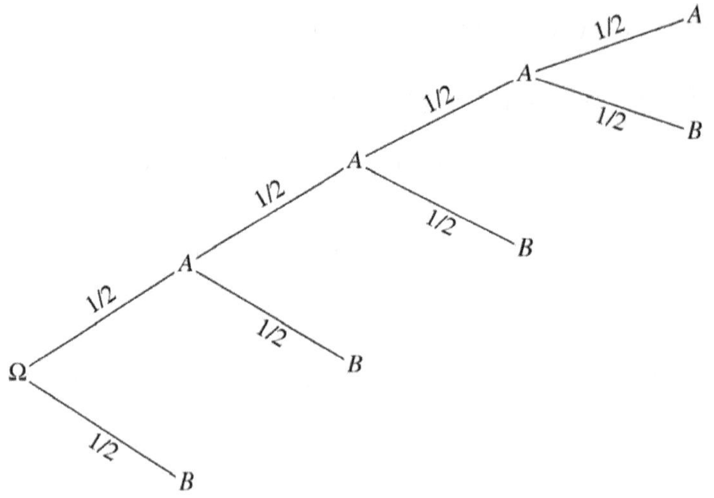

Les molécules produites peuvent donc bien être représentées par l'un des éléments de l'ensemble $\{B \,;\, AB \,;\, AAB \,;\, AAAB \,;\, AAAA\}$.

(B) **FAUX**

En utilisant l'arbre, on obtient directement $P(AB)=\left(\frac{1}{2}\right)^2=\frac{1}{4}$.

La proposition est donc fausse.

(C) **VRAI**

En utilisant à nouveau l'arbre, on obtient directement $P(AAB)=\left(\frac{1}{2}\right)^3=\frac{1}{8}$.

(D) **FAUX**

L'événement $X=2$ correspond à la situation où la cellule a produit 2 molécules A avant de mourir.

Ainsi, $P(X=2)=P(AAB)$ et en utilisant la proposition précédente, on obtient $P(X=2)=P(AAB)=\frac{1}{8}$.

(E) **FAUX**

L'événement $Y=1$ correspond à la situation où la cellule a produit 1 molécule B avant de mourir, ce qui est toujours le cas sauf lors de la réalisation de $AAAA$.

Ainsi, $P(Y=1)=1-P(AAAA)=1-\left(\frac{1}{2}\right)^4=1-\frac{1}{16}=\frac{15}{16}$.

Question 10

(A) **VRAI**

La variable aléatoire X prend les valeurs 0, 1, 2, 3 et 4.

On a : $P(X=0)=P(B)=\frac{1}{2}$; $P(X=1)=P(AB)=\left(\frac{1}{2}\right)^2=\frac{1}{4}$;

$P(X=2)=P(AAB)=\left(\frac{1}{2}\right)^3=\frac{1}{8}$; $P(X=3)=P(AAAB)=\left(\frac{1}{2}\right)^4=\frac{1}{16}$;

$P(X=4)=P(AAAA)=\left(\frac{1}{2}\right)^4=\frac{1}{16}$.

On peut résumer la loi de probabilité de X dans le tableau suivant :

x_i	0	1	2	3	4
$p_i=P(X=x_i)$	$\frac{1}{2}$	$\frac{1}{4}$	$\frac{1}{8}$	$\frac{1}{16}$	$\frac{1}{16}$

On a alors : $E(X)=\sum p_i x_i=\frac{1}{2}\times 0+\frac{1}{4}\times 1+\frac{1}{8}\times 2+\frac{1}{16}\times 3+\frac{1}{16}\times 4=\frac{15}{16}$

(B) **FAUX**

La variable aléatoire Y prend les valeurs 0 et 1.

On a : $P(Y=0)=P(AAAA)=\left(\frac{1}{2}\right)^4=\frac{1}{16}$; $P(Y=1)=\frac{15}{16}$ (voir proposition E de la question 9).

On peut résumer la loi de probabilité de Y dans le tableau suivant :

y_i	0	1
$p_i = P(Y = y_i)$	$\frac{1}{16}$	$\frac{15}{16}$

On a alors : $E(Y) = \sum p_i y_i = \frac{1}{16} \times 0 + \frac{15}{16} \times 1 = \frac{15}{16}$.

(C) **FAUX**

Par définition, $P(X = 4/Y = 1) = \frac{P(X = 4 \cap Y = 1)}{P(Y = 1)}$.

Or $X = 4$ et $Y = 1$ sont deux événements incompatibles (en effet, il est impossible que la cellule ait produit avant de mourir 4 molécules A et 1 molécule B).
Donc $P(X = 4 \cap Y = 1) = 0$ et par suite $P(X = 4/Y = 1) = 0$.

(D) **FAUX**

Si X et Y étaient indépendantes, on aurait, pour toute valeur x_i prise par X et toute valeur y_i prise par Y, $P(X = x_i \cap Y = y_i) = P(X = x_i) \times P(y = y_i)$.
Or, nous avons vu lors de la proposition précédente que $P(X = 4 \cap Y = 1) = 0$ et de plus, nous avons $P(X = 4) \times P(Y = 1) = \frac{1}{16} \times \frac{15}{16} \neq 0$.
Donc, $P(X = 4 \cap Y = 1) \neq P(X = 4) \times P(Y = 1)$: les variables X et Y ne sont pas indépendantes.

(E) **VRAI**

Introduisons V la variable aléatoire mesurant le nombre de molécules B produites avant leur mort par 5 cellules.
- On répète $n = 5$ fois la même épreuve qui consiste à mettre en production une cellule jusqu'à sa mort
- Chaque épreuve n'a que deux issues :

  Succès : la cellule a produit une molécule B avec une probabilité $p = \frac{15}{16}$

  Echec : la cellule n'a pas produit de molécule B avec une probabilité $q = \frac{1}{16}$
- Les 5 épreuves sont indépendantes (clairement indiqué dans l'énoncé)

Les trois critères de la loi binomiale sont vérifiés donc on peut affirmer que V suit la loi binomiale $B\left(5, \frac{15}{16}\right)$ et ainsi, pour tout entier naturel k compris entre 0 et 5, on a : $P(V = k) = \binom{5}{k}\left(\frac{15}{16}\right)^k \left(\frac{1}{16}\right)^{5-k}$.

Question 11

(A) **VRAI**

Soit n un entier positif et soit $x \in]n\,;\,n+1[$: x n'est pas un entier relatif.
Alors $-x \in]-n-1\,;\,-n[$ et $E(-x) = -n-1$ puisque, par définition, $E(-x)$ est le plus grand entier inférieur ou égal à $-x$.
Or $E(x) = n$ donc on peut écrire que $E(-x) = -E(x)-1$.
Dans ces conditions, on a :
$f(-x) = -x - E(-x) - \frac{1}{2} = -x - (-E(x)-1) - \frac{1}{2} = -\left(x - E(x) - \frac{1}{2}\right) = -f(x)$, ce qui prouve que f est impaire.
Ainsi, f est impaire sur $\mathbb{R}\setminus\mathbb{Z}$.

(B) **FAUX**

On a $E(x+1) = E(x)+1$ (voir remarque 1) donc :
$f(x+1) = x+1-E(x+1)-\frac{1}{2}$ soit $f(x+1) = x+1-E(x)-1-\frac{1}{2} = x - E(x) - \frac{1}{2} = f(x)$, ce qui prouve que f est périodique de période 1.

Remarque 1

Il est utile de connaître cette propriété de la fonction partie entière mais il faut également savoir la retrouver rapidement :
Par définition, pour tout réel x, on a $E(x) \leqslant x < E(x)+1$ donc $E(x)+1 \leqslant x+1 < E(x)+1+1$: on obtient un encadrement de $x+1$ par deux entiers consécutifs $E(x)+1$ et $E(x)+1+1$. Mais la partie entière est le seul entier qui vérifie ces inégalités donc $E(x+1) = E(x)+1$.
Plus généralement, on a : $\forall x \in \mathbb{R}$, $\forall p \in \mathbb{Z}$, $E(x+p) = E(x)+p$.

Remarque 2

On pouvait rapidement infirmer la proposition en montrant qu'il est impossible que f soit périodique de période 2π.
En effet, cela impliquerait que, pour tout réel x, $f(x+2\pi) = f(x)$ soit $x+2\pi-E(x+2\pi)-\frac{1}{2} = x - E(x) - \frac{1}{2}$ soit encore $E(x+2\pi) = E(x)+2\pi$ ce qui est impossible car $E(x+2\pi)$ est un entier relatif alors que $E(x)+2\pi$ n'en est pas un.
Ceci dit, le fait de savoir que f est 1-périodique nous sera utile pour la suite de l'exercice.

(C) **FAUX**

$\forall k \in \mathbb{Z}$, $E(k) = k$ donc $\forall k \in \mathbb{Z}$, $f(k) = k - E(k) - \frac{1}{2} = k - k - \frac{1}{2} = -\frac{1}{2}$.

La proposition est donc fausse.

(D) **FAUX**

Les valeurs des coefficients de Fourier d'une fonction sont inchangées si on modifie les valeurs de la fonction en un nombre fini de points sur une période. Donc la fonction f a les mêmes coefficients de Fourier que la fonction g définie par $g(x) = f(x)$ si $x \notin \mathbb{Z}$ et $g(x) = 0$ si $x \in \mathbb{Z}$.

Or cette fonction g est impaire donc ce sont les coefficients de Fourier a_n qui sont nuls et non les coefficients b_n. Par suite, il en est de même pour f.

(E) **VRAI**

Par définition, les coefficients de Fourier b_n sont donnés par :

$$\forall n \in \mathbb{N}^*,\ b_n = \frac{2}{T}\int_0^T f(t)\sin(n\omega t)\,\mathrm{d}t.$$

Ici $T = 1$ (selon la proposition B) donc $\omega = \dfrac{2\pi}{T} = 2\pi$.

Ainsi, on a : $\forall n \in \mathbb{N}^*,\ b_n = 2\displaystyle\int_0^1 f(t)\sin(2\pi n t)\,\mathrm{d}t$.

Question 12

(A) **VRAI**

On sait que, pour tout $n \in \mathbb{N}$, les coefficients de Fourier a_n de f sont nuls (voir proposition D de la question 11). De plus, $\omega = 2\pi$ donc le développement en série de Fourier de f s'écrit : $\forall t \in \mathbb{R},\ S_f(t) = \displaystyle\sum_{n=1}^{+\infty} b_n \sin(2\pi n t)$.

Ainsi, $\forall k \in \mathbb{Z},\ S_f(k) = \displaystyle\sum_{n=1}^{+\infty} b_n \sin(2\pi n k)$.

Or $2\pi n k$ est un multiple de 2π donc $\sin(2\pi n k) = \sin(2\pi) = 0$ et par suite, $S_f(k) = 0$.

(B) **FAUX**

- Si n est pair alors on peut poser $n = 2p$ avec $p \in \mathbb{N}$ et dans ce cas :

$$\sin\left(\frac{n\pi}{2}\right) = \sin\left(\frac{2p\pi}{2}\right) = \sin(p\pi) = 0\,;$$

- Si n est impair alors on peut poser $n = 2p+1$ avec $p \in \mathbb{N}$ et dans ce cas :

$$\sin\left(\frac{n\pi}{2}\right) = \sin\left(\frac{(2p+1)\pi}{2}\right) = \sin\left(p\pi + \frac{\pi}{2}\right) = \cos(p\pi) = (-1)^p.$$

La proposition est donc fausse.

Remarque

On pouvait rapidement infirmer le résultat proposé par l'énoncé en vérifiant qu'il ne convenait pas pour une valeur particulière de n. Par exemple, pour $n = 0$, $\sin\left(\frac{n\pi}{2}\right) = \sin(0) = 0$ alors que $(-1)^{n+1} = (-1)^1 = -1$.

(C) **FAUX**

On sait, selon le travail effectué à la proposition A de cette question et à la proposition E de la question 11, que le développement en série de Fourier de f est donné par :

$$\forall t \in \mathbb{R},\ S_f(t) = \sum_{n=1}^{+\infty} b_n \sin(2\pi n t) \text{ avec } b_n = 2\int_0^1 f(t)\sin(2\pi n t)\,\mathrm{d}t.$$

Calculons la valeur des coefficients de Fourier b_n : pour cela, il nous faut déterminer l'expression de $f(t)$ pour les valeurs de t comprises entre 0 et 1 :
on sait que si $t \in [0\,;1[$ alors $E(t) = 0$ et par suite, $f(t) = t - E(t) - \frac{1}{2} = t - \frac{1}{2}$.

Ainsi, on a : $\forall n \in \mathbb{N}^*,\ b_n = 2\int_0^1 \left(t - \frac{1}{2}\right)\sin(2\pi n t)\,\mathrm{d}t.$

Effectuons une intégration par parties en posant $\begin{cases} u = t - \frac{1}{2} \\ v' = \sin(2\pi n t) \end{cases}$.

Il vient $\begin{cases} u' = 1 \\ v = \frac{-\cos(2\pi n t)}{2\pi n} \end{cases}$.

Alors $b_n = 2\left\{\left[\frac{-\left(t - \frac{1}{2}\right)\cos(2\pi n t)}{2\pi n}\right]_0^1 + \frac{1}{2\pi n}\int_0^1 \cos(2\pi n t)\,\mathrm{d}t\right\}$.

Soit $b_n = 2\left(-\frac{\cos(2\pi n)}{4\pi n} - \frac{\cos(0)}{4\pi n}\right) + 2 \times \frac{1}{2\pi n}\left[\frac{\sin(2\pi n t)}{2\pi n}\right]_0^1$

Or $\cos(2\pi n) = 1$, $\cos(0) = 1$, $\sin(2\pi n) = 0$ et $\sin(0) = 0$ donc il vient $b_n = \frac{-4}{4\pi n} = \frac{-1}{\pi n}$.

Ainsi, le développement en série de Fourier de f s'écrit :

$$\forall t \in \mathbb{R},\ S_f(t) = \sum_{n=1}^{+\infty} \frac{-1}{n\pi}\sin(2\pi n t).$$

Maintenant, donnons à t la valeur $\frac{1}{4}$ pour obtenir $S_f\left(\frac{1}{4}\right) = \sum_{n=1}^{+\infty} \frac{-1}{n\pi}\sin\left(\frac{n\pi}{2}\right)$.

La proposition est donc fausse.

(D) **VRAI**

Dans l'expression de $S_f\left(\frac{1}{4}\right)$ obtenue à la proposition précédente, il apparaît le terme $\sin\left(\frac{n\pi}{2}\right)$ dont nous savons, selon la proposition B, qu'il est non nul seulement pour les valeurs impaires de n.

En effet, nous avons montré qu'en posant $n = 2p + 1$ avec $p \in \mathbb{N}$, $\sin\left(\frac{n\pi}{2}\right) = (-1)^p$.

En ne conservant que les valeurs impaires de n, l'expression de $S_f\left(\frac{1}{4}\right)$ devient alors : $S_f\left(\frac{1}{4}\right) = \sum_{p=0}^{+\infty} \frac{-(-1)^p}{(2p+1)\pi}$.

De plus, on sait que f est 1-périodique et de classe C^1 par morceaux sur $\mathbb{R}$ donc, selon le théorème de Dirichlet, la série de Fourier de f converge en $t = \frac{1}{4}$ et sa somme est égale à $f\left(\frac{1}{4}\right) = \frac{1}{4} - \frac{1}{2} = -\frac{1}{4}$ car f est continue en $t = \frac{1}{4}$.

On obtient donc $\sum_{p=0}^{+\infty} \frac{-(-1)^p}{(2p+1)\pi} = -\frac{1}{4}$ soit $\sum_{p=0}^{+\infty} \frac{(-1)^p}{(2p+1)\pi} = \frac{\pi}{4}$.

(E) **FAUX**

Nous savons que les coefficients de Fourier de f sont donnés par :

$$\forall n \in \mathbb{N},\ a_n = 0 \text{ et } \forall n \in \mathbb{N}^*,\ b_n = \frac{-1}{n\pi}.$$

Donc l'égalité de Parseval appliquée à f donne : $\frac{1}{2}\sum_{n=1}^{+\infty} b_n{}^2 = \frac{1}{T}\int_0^T f^2(t)\,\mathrm{d}t$.

Soit $\frac{1}{2}\sum_{n=1}^{+\infty} \frac{1}{n^2\pi^2} = \int_0^1 \left(t - \frac{1}{2}\right)^2 \mathrm{d}t$.

Or $\int_0^1 \left(t - \frac{1}{2}\right)^2 \mathrm{d}t = \int_0^1 \left(t^2 - t + \frac{1}{4}\right)\mathrm{d}t = \left[\frac{t^3}{3} - \frac{t^2}{2} + \frac{t}{4}\right]_0^1 = \frac{1}{3} - \frac{1}{2} + \frac{1}{4} = \frac{1}{12}$.

Donc on obtient : $\frac{1}{2}\sum_{n=1}^{+\infty} \frac{1}{n^2\pi^2} = \frac{1}{12}$ soit $\sum_{n=1}^{+\infty} \frac{1}{n^2} = \frac{\pi^2}{6}$.

Question 13

(A) **VRAI**

La matrice A est évidemment diagonalisable car elle est diagonale !
Ses valeurs propres sont les valeurs qui apparaissent sur la diagonale principale à savoir 0 (valeur propre double) et -1 (valeur propre simple).

(B) **FAUX**

En supprimant les deux colonnes nulles de A, il vient immédiatement $\mathrm{rg}(A) = 1$.

(C) **FAUX**

Un polynôme caractéristique ne peut être le polynôme nul.

En effet, on sait selon le cours, que si f est un endomorphisme d'un espace vectoriel E de dimension $n \geqslant 1$ alors le polynôme caractéristique de f est de degré n. Un polynôme caractéristique est donc toujours de degré supérieur ou égal à 1.

Remarque

On pouvait également infirmer la proposition en calculant le polynôme caractéristique : $P_A(x) = \det(A - xI) = \begin{vmatrix} -x & 0 & 0 \\ 0 & -x & 0 \\ 0 & 0 & -1-x \end{vmatrix}$.

Puisque $A - xI$ est une matrice triangulaire, il vient rapidement :
$P_A(x) = (-x) \times (-x) \times (-1-x) = x^2(-1-x)$ qui n'est évidemment pas le polynôme nul.

(D) **VRAI**

Calculons le polynôme caractéristique de B :

$$P_B(x) = \det(B - xI) = \begin{vmatrix} 1-x & 0 & 0 \\ 0 & 1-x & a \\ 0 & 0 & 2-x \end{vmatrix} = (1-x)(1-x)(2-x) = (1-x)^2(2-x).$$

Les valeurs propres de B sont les racines de $P_B(x)$; elles sont donc : 1 (valeur propre double) et 2 (valeur propre simple).

Soit E_1 le sous-espace propre associé à la valeur propre 1 et E_2 le sous-espace propre associé à la valeur propre 2.

Puisque 2 est une valeur propre simple, $\dim(E_2) = 1$ et donc B sera diagonalisable si et seulement si $\dim(E_1) = 2$.

Or, par application de la formule du rang, on a : $\dim(E_1) = 3 - \text{rg}(B - I)$.

De plus $\text{rg}(B - I) = 1$ car $B - I = \begin{pmatrix} 0 & 0 & 0 \\ 0 & 0 & a \\ 0 & 0 & 1 \end{pmatrix}$ comporte 2 colonnes nulles.

Donc, on obtient $\dim(E_1) = 2$.

Ainsi, la matrice B est bien diagonalisable.

Remarque

On pouvait aussi déterminer E_1 afin de connaître sa dimension :

$$E_1 = \text{Ker}(B - I) \text{ et } (x,y,z) \in E_1 \Leftrightarrow \begin{pmatrix} 0 & 0 & 0 \\ 0 & 0 & a \\ 0 & 0 & 1 \end{pmatrix}\begin{pmatrix} x \\ y \\ z \end{pmatrix} = \begin{pmatrix} 0 \\ 0 \\ 0 \end{pmatrix} \Leftrightarrow \begin{cases} az = 0 \\ z = 0 \end{cases} \Leftrightarrow z = 0 \text{ car } a \neq 0.$$

Donc $\dim(E_1) = 2$ (E_1 est le plan d'équation $z = 0$).

Ainsi la matrice B est bien diagonalisable.

(E) **FAUX**

On obtient immédiatement $A+B=\begin{pmatrix}1&0&0\\0&1&a\\0&0&1\end{pmatrix}$.

Le polynôme caractéristique de $A+B$ est :

$P_{A+B}=\det(A+B-xI)=\begin{vmatrix}1-x&0&0\\0&1-x&a\\0&0&1-x\end{vmatrix}$ soit $P_{A+B}(x)=(1-x)^3$.

Donc $A+B$ n'admet que la valeur propre 1 qui est valeur propre triple.
Soit E_1 le sous-espace propre associé à la valeur propre 1.
Puisque 1 est une valeur propre triple, $A+B$ sera diagonalisable si et seulement si $\dim(E_1)=3$

Or, par application de la formule du rang, on a : $\dim(E_1)=3-\text{rg}(A+B-I)$.

De plus $\text{rg}(A+B-I)=1$ car $A+B-I=\begin{pmatrix}0&0&0\\0&0&a\\0&0&0\end{pmatrix}$ comporte 2 colonnes nulles.

Donc, on obtient $\dim(E_1)=2\neq 3$: la matrice $A+B$ n'est pas diagonalisable.

Remarque
Ici aussi, on aurait pu déterminer $\dim(E_1)$ en calculant E_1 mais la présentation ci-dessus a l'avantage de ne nécessiter pratiquement aucun calcul.

Question 14

(A) **VRAI**

Calculons $B\times\begin{pmatrix}0\\a\\1\end{pmatrix}$:

$$B\times\begin{pmatrix}0\\a\\1\end{pmatrix}=\begin{pmatrix}1&0&0\\0&1&a\\0&0&2\end{pmatrix}\times\begin{pmatrix}0\\a\\1\end{pmatrix}=\begin{pmatrix}0\\2a\\2\end{pmatrix}=2\times\begin{pmatrix}0\\a\\1\end{pmatrix}.$$

On en déduit que $\begin{pmatrix}0\\a\\1\end{pmatrix}$ est bien un vecteur propre de B associé à la valeur propre 2.

(B) **VRAI**

Selon la question 13, les valeurs propres de A sont 0 et -1 donc les sous-espaces propres de A sont $\text{Ker}(A)$ et $\text{Ker}(A+I)$ avec $A=\begin{pmatrix}0&0&0\\0&0&0\\0&0&-1\end{pmatrix}$ et $A+I=\begin{pmatrix}1&0&0\\0&1&0\\0&0&0\end{pmatrix}$.

De même, toujours selon la question 13, les valeurs propres de B sont 1 et 2 donc les sous-espaces propres de B sont $\text{Ker}(B-I)$ et $\text{Ker}(B-2I)$ avec $B-I=\begin{pmatrix}0&0&0\\0&0&a\\0&0&1\end{pmatrix}$

et $B-2I=\begin{pmatrix}-1&0&0\\0&-1&a\\0&0&0\end{pmatrix}$.

On s'aperçoit alors que $\text{Ker}(A)$ et $\text{Ker}(B-I)$ sont identiques, il s'agit du plan d'équation $z=0$.

A et B ont donc bien un sous-espace propre commun.

(C) **VRAI**

La matrice A est diagonale donc pour obtenir la puissance 2015 de A, il suffit d'élever à la puissance 2015 les éléments de la diagonale principale.

Ainsi, $A^{2015}=\begin{pmatrix}0^{2015}&0&0\\0&0^{2015}&0\\0&0&(-1)^{2015}\end{pmatrix}$.

Or $0^{2015}=0$ et $(-1)^{2015}=-1$ donc $A^{2015}=\begin{pmatrix}0&0&0\\0&0&0\\0&0&-1\end{pmatrix}=A$.

(D) **FAUX**

Par définition, $\text{Ker}(g)=\{(x,y,z)\in\mathbb{R}^3\ /\ g(x,y,z)=(0,0,0)\}$.

Ainsi, on a successivement :

$(x,y,z)\in\text{Ker}(g)\Leftrightarrow g(x,y,z)=(0,0,0)$

$$(x,y,z)\in\text{Ker}(g)\Leftrightarrow B\times\begin{pmatrix}x\\y\\z\end{pmatrix}=\begin{pmatrix}0\\0\\0\end{pmatrix}$$

$$(x,y,z)\in\text{Ker}(g)\Leftrightarrow\begin{pmatrix}1&0&0\\0&1&a\\0&0&2\end{pmatrix}\begin{pmatrix}x\\y\\z\end{pmatrix}=\begin{pmatrix}0\\0\\0\end{pmatrix}$$

$$(x,y,z)\in\text{Ker}(g)\Leftrightarrow\begin{cases}x=0\\y+az=0\\2z=0\end{cases}$$

$$(x,y,z)\in\text{Ker}(g)\Leftrightarrow\begin{cases}x=0\\y=0.\\z=0\end{cases}$$

En conclusion, $\text{Ker}(g)=\{(0,0,0)\}$.

$\text{Ker}(g)$ est réduit au vecteur nul, ce qui – par définition d'un vecteur propre - est impossible pour un sous-espace propre.

La proposition est donc fausse.

(E) **VRAI**

On a $B-I=\begin{pmatrix}0&0&0\\0&0&a\\0&0&1\end{pmatrix}$ et par calculs, $(B-I)^2=\begin{pmatrix}0&0&0\\0&0&a\\0&0&1\end{pmatrix}=B-I$.

Ainsi, $B-I$ est une matrice de projection et, par suite, $g-\text{id}$ est une projection.

Question 15

(A) **FAUX**

(C_1) est le cercle de centre $O(0\,;0)$ et de rayon 7 donc une équation cartésienne de (C_1) est $(x-0)^2+(y-0)^2=7^2$ soit $x^2+y^2=49$.

La proposition est donc fausse.

(B) **VRAI**

Notons R le rayon du cercle (C_2) de centre $O'(8\,;6)$.

(C_2) étant tangent extérieurement à (C_1), $OO'=7+R$ soit $R=OO'-7$.

Or $OO'=\sqrt{8^2+6^2}=\sqrt{100}=10$ donc $R=10-7=3$.

(C) **FAUX**

La droite perpendiculaire à (OO') et passant par le point de contact de (C_1) et (C_2) est également tangente simultanément à (C_1) et à (C_2).

La proposition est donc fausse.

(D) **VRAI**

On a $(OA)\perp(T_1)$ et $(O'B)\perp(T_1)$ donc $(OA)//(O'B)$.

En appliquant le théorème de Thalès, on a alors :

$\dfrac{IO'}{IO}=\dfrac{IB}{IA}=\dfrac{O'B}{OA}=\dfrac{3}{7}$ soit $IO'=\dfrac{3}{7}IO$.

Puisque I, O' et O sont alignés, on peut écrire : $\overrightarrow{IO'}=\dfrac{3}{7}\overrightarrow{IO}$ soit $\overrightarrow{IO'}=-\dfrac{3}{7}\overrightarrow{OI}$.

Alors $\overrightarrow{OO'}=\overrightarrow{OI}+\overrightarrow{IO'}=\overrightarrow{OI}-\dfrac{3}{7}\overrightarrow{OI}=\dfrac{4}{7}\overrightarrow{OI}$. Il vient donc $\overrightarrow{OI}=\dfrac{7}{4}\overrightarrow{OO'}$.

(E) **FAUX**

On a $\overrightarrow{OO'}(8\,;6)$ et, selon la proposition précédente, $\overrightarrow{OI}=\dfrac{7}{4}\overrightarrow{OO'}$.

D'où $\overrightarrow{OI}\left(\dfrac{7}{4}\times 8\,;\dfrac{7}{4}\times 6\right)$ soit $\overrightarrow{OI}\left(14\,;\dfrac{21}{2}\right)$.

La proposition est donc fausse.

Question 16

(A) **FAUX**

Par définition, $d(O,T_1) = OA = 7$.

Selon le cours, la distance d'un point $M(x_M\,;\,y_M)$ à une droite D d'équation $ax+by+c=0$ est donnée par $d(M,D)=\dfrac{|ax_M+by_M+c|}{\sqrt{a^2+b^2}}$.

Donc, si une équation cartésienne de (T_1) était $x-4y+28=0$, on aurait $d(O,T_1)=\dfrac{|x_O-4y_O+28|}{\sqrt{1^2+(-4)^2}}=\dfrac{28}{\sqrt{17}}$.

Or $\dfrac{28}{\sqrt{17}} \neq 7$ donc $x-4y+28=0$ ne peut être une équation cartésienne de (T_1).

La proposition est donc fausse.

(B) **VRAI**

Deux cercles sont tangents extérieurement l'un à l'autre si et seulement si la distance qui sépare leurs deux centres est égale à la somme de leurs rayons.

Soit r le rayon d'un cercle de centre Ω extérieurement tangent à (C_1) et à (C_2).

On a alors : $\Omega\in E \Leftrightarrow \begin{cases} O\Omega = 7+r \\ O'\Omega = 3+r \end{cases} \Leftrightarrow O\Omega-7=O'\Omega-3.$

(C) **VRAI**

(OO') est un axe de symétrie pour (C_1) et pour (C_2) donc aussi pour E.

(D) **FAUX**

Selon la proposition (B), on a : $\Omega\in E \Leftrightarrow O\Omega-7=O'\Omega-3$ d'où $\Omega O=\Omega O'+4$ soit $\Omega O > \Omega O'$.

Les points Ω de E sont donc plus proches de O' que de O.

La proposition est donc fausse.

(E) **VRAI**

Si $\Omega\left(\dfrac{21}{2}\,;0\right)$ alors $O\Omega=\dfrac{21}{2}$ et $O'\Omega=\sqrt{\left(\dfrac{21}{2}-8\right)^2+(0-6)^2}=\sqrt{\dfrac{169}{4}}=\dfrac{13}{2}$.

D'où $O\Omega-7=\dfrac{21}{2}-7=\dfrac{7}{2}$ et $O'\Omega-3=\dfrac{13}{2}-3=\dfrac{7}{2}$.

On a donc $O\Omega-7=O'\Omega-3$ ce qui prouve, selon la proposition B, que $\Omega\in E$.

ENONCE SUJET 2014

Soit la fonction f définie sur $\mathbb{R}$ par $f(t)=\dfrac{1}{(1+2t)^3}=(1+2t)^{-3}$.

On calculera des développements limités au voisinage de 0 à l'ordre n (notés $DL_n(0)$), ce qui permettra d'étudier des limites de suites.

$\varepsilon(t)$ représente une fonction qui a pour limite 0 en 0 et qui n'est pas nécessairement la même à chaque item.

Question 1

(A) Le $DL_3(0)$ de $(1+u)^\alpha$ est : $1+\alpha u+\dfrac{\alpha(\alpha-1)}{2}u^2+\dfrac{\alpha(\alpha-1)(\alpha-2)}{6}u^3+u^3\varepsilon(u)$

(B) Le $DL_3(0)$ de f est : $1-6t+12t^2-80t^3+t^3\varepsilon(t)$

(C) Le $DL_3(0)$ de e^{at} est : $1+at+\dfrac{a^2t^2}{2}+\dfrac{a^3t^3}{3}+t^3\varepsilon(t)$

(D) Le $DL_3(0)$ de $\ln(1+u)$ est : $u+\dfrac{u^2}{2}+\dfrac{u^3}{3}+u^3\varepsilon(u)$

(E) Le $DL_3(0)$ de $\ln(f(t))$ est : $-6t+6t^2-8t^3+t^3\varepsilon(t)$

On considère la suite $(u_n)_{n\in\mathbb{N}}$ définie par $u_n=\left(f\left(\dfrac{1}{\sqrt{n}}\right)\right)^n$.

On utilisera des développements limités pour trouver un équivalent de u_n.

On calculera le $DL_2(0)$ de $\ln(f(t))$, on en déduira les développements limités de u_n en fonction de n.

Question 2

(A) Si une suite $(w_n)_{n\in\mathbb{N}}$ a pour limite 1, alors la suite de terme général $(w_n)^n$ a également pour limite 1

(B) On a : $\lim\limits_{n\to+\infty} u_n=1$

(C) Un équivalent de $(\ln(u_n))_{n\in\mathbb{N}}$ quand n tend vers $+\infty$ est :

$\ln(u_n)=-6\sqrt{n}+6-\dfrac{8}{\sqrt{n}}+\dfrac{1}{\sqrt{n}}\varepsilon\left(\dfrac{1}{\sqrt{n}}\right)$

(D) On a : $\lim\limits_{n\to+\infty}\dfrac{\ln(u_n)}{\sqrt{n}}=-6$

(E) La série de terme général $\dfrac{\ln(u_n)}{n}$ converge.

On veut calculer l'intégrale $I = \int_0^{\frac{\pi}{2}} \sqrt{\tan(x)}\,\mathrm{d}x$ avec le changement de variable défini par $u = \sqrt{\tan(x)}$.
On obtient alors $I = \int_0^{+\infty} F(u)\,\mathrm{d}u$ avec une fraction rationnelle $F(u)$.
On factorise le polynôme $u^4+1 = (u^4+2u^2+1)-2u^2$ pour décomposer $F(u)$.

Question 3

(A) La dérivée de $u \mapsto \mathrm{Arctan}(u)$ est $\dfrac{1}{\sqrt{1+u^2}}$

(B) Avec ce changement de variable, on a : $\mathrm{d}x = \dfrac{2u}{1+u^2}\mathrm{d}u$

(C) On a : $F(u) = \dfrac{2u^2}{1+u^4}$

(D) Un des facteurs irréductibles réels de u^4+1 est $u^2+\sqrt{2}u+1$

(E) On a $F(u) = \dfrac{1}{\sqrt{2}}\left(\dfrac{u}{u^2+\sqrt{2}u+1} + \dfrac{u}{u^2-\sqrt{2}u+1}\right)$

On cherche ici une primitive de $F(u)$, puis à calculer l'intégrale I. On calculera d'abord les primitives des éléments $A = \dfrac{2u+\sqrt{2}}{u^2+\sqrt{2}u+1}$, $B = \dfrac{1}{u^2+\sqrt{2}u+1}$.

Question 4

(A) Une primitive de A est $\ln\left(u^2+\sqrt{2}u+1\right)$

(B) Une primitive de B est $\mathrm{Arctan}\left(u\sqrt{2}+1\right)$

(C) Une primitive de $\dfrac{u}{u^2-\sqrt{2}u+1}$ est : $\mathrm{Arctan}\left(-1+u\sqrt{2}\right)+\ln\left(u^2-\sqrt{2}u+1\right)$

(D) Une primitive de $F(u)$ est :

$$\frac{1}{\sqrt{2}}\left(\mathrm{Arctan}\left(1+\sqrt{2}u\right)+\mathrm{Arctan}\left(-1+\sqrt{2}u\right)+\frac{1}{2}\ln\left(\frac{u^2-\sqrt{2}u+1}{u^2+\sqrt{2}u+1}\right)\right)$$

(E) On a : $I = \dfrac{\pi}{\sqrt{2}}$

On définit la suite de fonctions $\forall t \in]0\,;\pi[$, $U_n(t) = \dfrac{\sin[(n+1)t]}{\sin(t)}$.
Par le changement de variable bijectif $X = \cos(t)$, $X \in]-1\,;1[$, on leur associe les fonctions P_n telles que $\forall t \in]0\,;\pi[$, $P_n(\cos(t)) = U_n(t)$.

Il s'agit de montrer que les P_n sont des polynômes de degré n, vérifiant une relation de récurrence $P_{n+1}(X) = A(X)P_n(X) + BP_{n-1}(X)$, avec $A(X)$ et une constante B indépendants de n.
On calculera P_0, P_1, les coefficients $A(X)$, B puis $P_4(X)$, dont on calculera les racines.

Question 5

(A) On a $2\sin(a)\cos(b) = \sin(a+b) + \cos(a-b)$
(B) On a $A(X) = 2X$, $B = -1$
(C) On a $P_1(X) = 2X$ et $P_2(X) = 4X^2 - 2$
(D) On a $P_4(X) = 16X^4 - 12X^2 + 1$
(E) L'ensemble des racines de $P_4(X)$ est $\left\{\frac{1+\sqrt{5}}{4} ; \frac{-1+\sqrt{5}}{4} ; \frac{1-\sqrt{5}}{4} ; \frac{-1-\sqrt{5}}{4}\right\}$

On veut ici calculer la somme de la série entière $S = \sum_0^{+\infty} U_n(t)t^n = \sum_0^{+\infty} P_n(\cos(t))t^n$ pour $t \in]-1 ; 1[$.
On pose $T = \sum_0^{+\infty} \frac{e^{i(n+1)t}}{\sin(t)} t^n$ et donc $S = \text{Im}(T)$. On utilisera pour cela la relation $\sin(a) = \text{Im}(e^{ia})$, avec $a \in \mathbb{R}$, et la formule de sommation d'une série géométrique.
[Im : partie imaginaire d'un complexe]

Question 6

(A) T est une série géométrique de raison $q = te^{it}$
(B) La série $\sum_{n=0}^{+\infty} aq^n$ est convergente si $|q| < 1$, et sa somme vaut $\frac{a}{1-q}$
(C) On a $S = \text{Im}\left(\frac{1}{1-te^{it}}\right)$
(D) On a $\frac{z}{1-te^{it}} = \frac{z(1-te^{-it})}{1-2\cos(t)t + t^2\cos^2(t)}$
(E) On a $S = \frac{1}{1-2t\cos(t) + t^2}$

Dans un repère orthonormé $(O ; \vec{i}, \vec{j})$, on considère l'ellipse (E) d'équation $\frac{x^2}{a^2} + \frac{y^2}{b^2} = 1$, avec $0 < b < a$, et les points $I(0 ; -b)$, $J(0 ; b)$.

La droite (IA) d'équation $y = x - b$, recoupe (E) en A, la droite (IC) d'équation $y = -x - b$ recoupe (E) en C. $(IABC)$ est un carré.
La droite horizontale passant par J coupe (AB) en M et (BC) en N.
Le cercle $\gamma(H\,;\,r)$ inscrit dans (MNB) est tangent à (E) en J et à (AB) en K.
On a $r = HJ = HK$.
On veut calculer les coordonnées de A, les longueurs IA, IB, JB, et le rayon $r = HJ = HK$ en fonction de a et b.

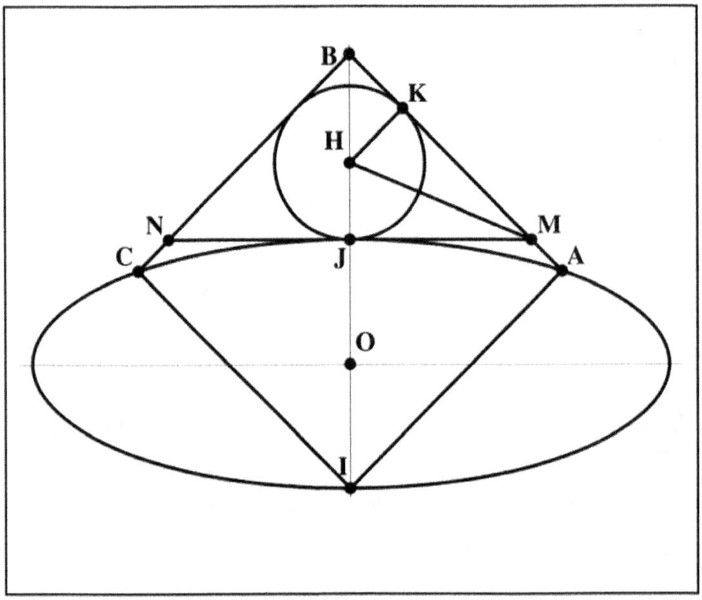

Question 7

(A) Les coordonnées $(x_A\,;\,y_A)$ de A sont telles que : $x_A = \dfrac{2a^2b}{a^2+b^2}$, $y_A = b\,\dfrac{a^2-b^2}{a^2+b^2}$

(B) On a $IB = \sqrt{2}\,IA$

(C) On a la distance $IA = \sqrt{2}\,\dfrac{ab}{a^2+b^2}$

(D) On a $JB = JM$

(E) On a $JB = 2b\,\dfrac{a^2-b^2}{a^2+b^2}$

On déterminera l'angle $\alpha = \widehat{JMH}$, on calculera $\tan(\alpha)$, et on en déduira la valeur de r.

Question 8

(A) On a $\alpha = \frac{\pi}{4}$

(B) On a $\tan(2\alpha) = \frac{2\tan(\alpha)}{1-\tan^2(\alpha)}$

(C) $\tan(\alpha)$ est la racine positive de l'équation $t^2-2t-1=0$

(D) On a $r = MJ\cos(\alpha)$

(E) On a $r = 2(\sqrt{2}-1)b\frac{a^2-b^2}{a^2+b^2}$

Un haut-fourneau produit chaque jour de 0 à 10 000 tonnes de fonte brute.
La quantité de fonte produite en un jour est une variable aléatoire X de densité définie par :

$$f(x) = K(-x^2+10x) \text{ avec } 0 \leqslant x \leqslant 10$$

x est la production journalière exprimée en milliers de tonnes.
Le paramètre K est à déterminer pour que f ait les propriétés d'une densité de probabilité.
On note E l'espérance d'une variable aléatoire, et Var sa variance, F sa fonction de répartition.

Question 9

(A) K vaut $\frac{1}{500}$

(B) $E(X) = 5$

(C) $\text{Var}(X) = E(X)^2 - E(X^2)$

(D) $\text{Var}(X) = 30$

(E) La fonction de répartition de X est sur $[0\,;10]$, $F(x) = \frac{1}{500}(15x^2 - x^3)$

On considère maintenant que la production de fonte en milliers de tonnes pendant 30 jours est représentée par 30 variables aléatoires indépendantes X_1, …., X_{30} chacune d'entre elles suivant la même loi de densité : $f(x) = K(-x^2+10x)$ sur $[0\,;10]$ pour une valeur convenable de K.
On considère que la production du jour i est insuffisante si $X_i \leqslant 2$.
En appliquant le théorème de la limite centrée, la production des 30 jours $S = \sum_{i=1}^{30} X_i$ peut être approchée par la loi normale (dite aussi loi de Gauss) de paramètres m et σ à préciser.
On rappelle que si Y suit la loi normale centrée réduite, $P(|Y| \leqslant 1{,}96) = 95\%$.

Question 10

(A) La probabilité qu'il y ait production insuffisante le jour i est $\frac{13}{125}$

(B) La probabilité qu'il y ait production insuffisante pendant les trois premiers jours est $\frac{39}{125}$

(C) La probabilité qu'il y ait une production suffisante pendant les 30 jours est $\left(\frac{112}{125}\right)^{30}$

(D) La production des 30 jours S peut être approchée par une loi normale d'écart-type $\sigma = 30$

(E) La probabilité que la production des 30 jours S se situe entre $150 - 1{,}96\sqrt{150}$ et $150 + 1{,}96\sqrt{150}$ est 95%

Soit f la fonction définie sur $\mathbb{R}$ par $f(x) = |\cos(x)|$. On se propose d'exprimer f sous la forme d'une série de Fourier et d'en déduire quelques relations intéressantes.

On note $S_f(x) = a_0 + \sum_{k=1}^{+\infty}(a_k\cos(2kx) + b_k\sin(2kx))$ la série de Fourier de f.

Question 11 (option génie électrique)

(A) La fonction f est π-périodique et C^1 par morceaux sur $\mathbb{R}$

(B) La fonction f est paire

(C) Les coefficients a_k sont tous nuls

(D) $\forall k \in \mathbb{N}^*$, $a_k = \frac{2}{\pi}\int_0^{\frac{\pi}{2}}\cos(x)\cos(2kx)\,\mathrm{d}x$

(E) $a_0 = \frac{4}{\pi}$

Question 12 (option génie électrique)

(A) $\forall k \in \mathbb{N}$, $\forall x \in \mathbb{R}$, $2\cos(x)\cos(2kx) = \sin[(2k+1)x] + \sin[(2k-1)x]$

(B) $\forall k \in \mathbb{N}^*$, $a_k = \frac{4}{(4k^2-1)\pi}$

(C) On peut déduire de $S_f(0)$ que : $1 = \frac{2}{\pi} - \sum_{k=1}^{+\infty}\frac{4(-1)^k}{(4k^2-1)\pi}$

(D) On peut déduire de $S_f\left(\frac{\pi}{2}\right)$ que : $2 = \sum_{k=1}^{+\infty}\frac{4}{4k^2-1}$

(E) On peut déduire du théorème de Parseval que : $\frac{1}{2}=\frac{4}{\pi^2}+\sum_{k=1}^{+\infty}\frac{16}{(4k^2-1)^2\pi^2}$

Soit un paramètre a réel et la matrice $A=\begin{pmatrix}1 & 0 & 1 & 0\\ 1 & -1 & a & 1\\ 0 & 0 & -1 & 0\\ 0 & 0 & 1 & 1\end{pmatrix}$.

I est la matrice de l'identité.

Question 13 (options génie informatique et génie civil)

(A) Le polynôme caractéristique de A est tel que $P_A(\lambda)=(\lambda^2-1)^2$
(B) Les valeurs propres de A sont $\{1\,;-1\,;i\,;-i\}$
(C) 1 est une valeur propre de multiplicité 1
(D) -1 est une valeur propre de multiplicité 2
(E) On a pour toute valeur de a, $A^2=I$

Question 14 (options génie informatique et génie civil)

(A) $\begin{pmatrix}2\\1\\0\\0\end{pmatrix}$ et $\begin{pmatrix}-1\\0\\0\\1\end{pmatrix}$ sont des vecteurs propres pour la valeur 1
(B) Pour toute valeur de a, $\begin{pmatrix}0\\1\\0\\0\end{pmatrix}$ et $\begin{pmatrix}1\\0\\-2\\1\end{pmatrix}$ sont des vecteurs propres pour la valeur propre -1
(C) La matrice A est diagonalisable si $a=0$
(D) Si $a=1$ on a $A^2=I$
(E) A est diagonalisable si et seulement si $a=1$

Dans un espace affine euclidien de dimension 3 muni d'un repère orthonormé $(O\,;\vec{i},\vec{j},\vec{k})$, on considère les quatre plans définis par des équations cartésiennes :

$$P_1: y+z=0\ ,\ P_2: x-1=0,\ P_3: y-z=0,\ P_4: x+1=0.$$

On considère les intersections de ces plans : $D=P_1\cap P_2$, $\Delta=P_3\cap P_4$.
On rappelle que la distance d'un point M de coordonnées $(x\,;y\,;z)$ à un plan P d'équation $ax+by+cz+d=0$ est $d(M,P)=\frac{|ax+by+cz+d|}{\sqrt{a^2+b^2+c^2}}$.
Si D' est une droite quelconque, on note $d(M,D')$ la distance d'un point M à D'.

Question 15 (option génie mécanique)

(A) D est une droite qui admet pour représentation paramétrique $\begin{cases} x = 1 \\ y = -t \\ z = t \end{cases}$

avec $t \in \mathbb{R}$

(B) Le vecteur $\overrightarrow{n_1}$ de composantes (0 ; 1 ; 1) est normal au plan P_1

(C) Le plan P_2 est parallèle au plan P_1

(D) Si deux plans H et K sont perpendiculaires, la distance d'un point M à leur intersection est $\sqrt{d^2(M,H) + d^2(M,K)}$

(E) Le carré de la distance d'un point M de coordonnées $(x ; y ; z)$ à la droite D est $d^2(M,D) = (y+z)^2 + (x-1)^2$

Question 16 (option génie mécanique)

(A) Le carré de la distance d'un point M de coordonnées $(x ; y ; z)$ à la droite Δ est $d^2(M,\Delta) = \dfrac{(y-z)^2}{2} + (x-1)^2$

(B) L'ensemble des points de l'espace qui sont à même distance (équidistants) de D, et de Δ est la surface H ayant pour équation :
$\dfrac{(y-z)^2}{2} + (x+1)^2 = \dfrac{(y+z)^2}{2} + (x-1)^2$

(C) La surface H est une sphère

(D) L'intersection de la surface H et du plan d'équation $z = 0$ est une droite

(E) L'intersection de la surface H avec le plan d'équation $x = 1$ est une hyperbole

CORRIGE SUJET 2014

Question 1

(A) **VRAI**
Le $DL_3(0)$ de $(1+u)^{\alpha}$ proposé par l'énoncé est exact.
Il s'agit d'un résultat de cours à connaître.

(B) **FAUX**
La fonction f est définie sur $\mathbb{R}$ par $f(t)=(1+2t)^{-3}$.

On a $\lim\limits_{t\to 0}(2t)=0$ donc on peut poser $u=2t$ et utiliser le $DL_3(0)$ de $(1+u)^{\alpha}$ avec $\alpha=-3$.
Ainsi, on obtient :
$f(t)=1-3(2t)+\dfrac{(-3)\times(-4)}{2}(2t)^2+\dfrac{(-3)\times(-4)\times(-5)}{6}(2t)^3+t^3\varepsilon(t)$ avec $\lim\limits_{t\to 0}\varepsilon(t)=0$.
Soit $f(t)=1-6t+24t^2-80t^3+t^3\varepsilon(t)$.
La proposition est donc fausse.

(C) **FAUX**
Selon le cours, le $DL_3(0)$ de e^u est : $1+u+\dfrac{u^2}{2}+\dfrac{u^3}{6}+u^3\varepsilon(u)$ avec $\lim\limits_{u\to 0}\varepsilon(u)=0$.

On a $\lim\limits_{t\to 0}(at)=0$ donc on peut poser $u=at$ pour obtenir au voisinage de 0 :

$e^{at}=1+at+\dfrac{a^2t^2}{2}+\dfrac{a^3t^3}{6}+t^3\varepsilon(t)$ avec $\lim\limits_{t\to 0}\varepsilon(t)=0$.
La proposition est donc fausse.

(D) **FAUX**
Le cours nous apprend qu'au voisinage de 0, $\ln(1+u)=u-\dfrac{u^2}{2}+\dfrac{u^3}{3}+u^3\varepsilon(u)$ avec

$\lim\limits_{u\to 0}\varepsilon(u)=0$.
La proposition est donc fausse.

(E) **VRAI**
En tenant compte des résultats précédents, on a au voisinage de 0 :
$\ln(f(t))=\ln\big(1-6t+24t^2-80t^3+t^3\varepsilon(t)\big)$ soit $\ln(f(t))=\ln(1+u)$ en posant $u=-6t+24t^2-80t^3+t^3\varepsilon(t)$.

Dans ce cas, on a bien $\lim\limits_{t\to 0}u=0$ et il nous est donc permis d'utiliser le $DL_3(0)$ de $\ln(1+u)$ obtenu à la proposition précédente.
Ainsi, on peut écrire :

$$\ln(f(t)) = (-6t+24t^2-80t^3) - \frac{1}{2}(-6t+24t^2-80t^3)^2 + \frac{1}{3}(-6t+24t^2-80t^3)^3 + t^3\varepsilon(t).$$

En ne conservant que les termes de degré inférieur ou égal à 3, on obtient :

$$\ln(f(t)) = -6t+24t^2-80t^3 - \frac{1}{2}(36t^2+2\times(-6t)\times 24t^2) + \frac{1}{3}(-6t)^3 + t^3\varepsilon(t).$$

Soit $\ln(f(t)) = -6t+24t^2-80t^3-18t^2+144t^3-72t^3+t^3\varepsilon(t)$.
Soit $\ln(f(t)) = -6t+6t^2-8t^3+t^3\varepsilon(t)$.

Question 2

(A) **FAUX**

Le calcul de limite proposé est de la forme "1^∞" et le cours nous apprend qu'il s'agit d'une forme indéterminée (voir paragraphe 2F du chapitre "Fonctions d'une variable réelle"). Il n'y a donc aucune raison que la limite finale soit égale à 1. La proposition est fausse.

Remarque

On peut exhiber un contre-exemple :

Posons, pour $n \in \mathbb{N}^*$, $w_n = e^{\frac{1}{n}}$.

On a bien $\lim\limits_{n \to +\infty} w_n = 1$ mais $\lim\limits_{n \to +\infty} w_n{}^n = \lim\limits_{n \to +\infty} \left(e^{\frac{1}{n}}\right)^n = \lim\limits_{n \to +\infty} e = e \neq 1$.

(B) **FAUX**

(u_n) est définie par $u_n = \left(f\left(\frac{1}{\sqrt{n}}\right)\right)^n$.

On peut écrire : $u_n = e^{n\ln\left(f\left(\frac{1}{\sqrt{n}}\right)\right)}$.

Or $\lim\limits_{n \to +\infty} \frac{1}{\sqrt{n}} = 0$ donc, en utilisant le résultat de la proposition E de la question précédente, on a :

$$\ln\left(f\left(\frac{1}{\sqrt{n}}\right)\right) = -\frac{6}{\sqrt{n}} + \frac{6}{n} - \frac{8}{n\sqrt{n}} + \left(\frac{1}{\sqrt{n}}\right)^3 \varepsilon\left(\frac{1}{\sqrt{n}}\right).$$

D'où : $n\ln\left(f\left(\frac{1}{\sqrt{n}}\right)\right) = -6\sqrt{n} + 6 - \frac{8}{\sqrt{n}} + \frac{1}{\sqrt{n}}\varepsilon\left(\frac{1}{\sqrt{n}}\right)$.

Ainsi, il vient $\lim\limits_{n \to +\infty} n\ln\left(f\left(\frac{1}{\sqrt{n}}\right)\right) = -\infty$ et par suite, $\lim\limits_{n \to +\infty} u_n = 0$.

La proposition est donc fausse.

Remarque 1

Cet item fait appel à une limite du type "1^∞" et les calculs menés montrent que le résultat final vaut 0. Il faut donc retenir que "1^∞" est une forme indéterminée.

Remarque 2
Pour infirmer la proposition, il était suffisant d'utiliser le $DL(0)$ de $f(t)$ à l'ordre 2. Mais en allant jusqu'à l'ordre 3, on obtient en même temps la réponse à la proposition suivante.

(C) **VRAI**
On a : $\ln(u_n) = n\ln\left(f\left(\frac{1}{\sqrt{n}}\right)\right)$.
Ainsi, en utilisant le travail effectué ci-dessus, on a directement :

$$\ln(u_n) = -6\sqrt{n} + 6 - \frac{8}{\sqrt{n}} + \frac{1}{\sqrt{n}}\varepsilon\left(\frac{1}{\sqrt{n}}\right).$$

(D) **VRAI**
En utilisant le résultat précédent, on peut écrire :

$$\frac{\ln(u_n)}{\sqrt{n}} = -6 + \frac{6}{\sqrt{n}} - \frac{8}{n} + \frac{1}{n}\varepsilon\left(\frac{1}{\sqrt{n}}\right).$$

Il vient alors $\lim\limits_{n\to+\infty} \frac{\ln(u_n)}{\sqrt{n}} = -6$.

(E) **FAUX**
En utilisant le résultat obtenu à la proposition C, on a :

$$\frac{\ln(u_n)}{n} = -\frac{6}{\sqrt{n}} + \frac{6}{n} - \frac{8}{n\sqrt{n}} + \frac{1}{n\sqrt{n}}\varepsilon\left(\frac{1}{\sqrt{n}}\right).$$

Ainsi, $\frac{\ln(u_n)}{n} \sim -\frac{6}{\sqrt{n}}$ quand n tend vers $+\infty$.

Or $\sum \frac{1}{\sqrt{n}}$ est une série de Riemann divergente donc $\sum \frac{\ln(u_n)}{n}$ est aussi une série divergente.

Remarque
Attention à l'erreur classique : ce n'est pas parce que $\lim\limits_{n\to+\infty} \frac{\ln(u_n)}{n} = 0$ que $\sum \frac{\ln(u_n)}{n}$ converge.

Question 3

(A) **FAUX**

La dérivée de $u \mapsto \text{Arctan}(u)$ est $\dfrac{1}{1+u^2}$. Il s'agit d'un résultat de cours à connaître.

(B) **FAUX**

On a $u = \sqrt{\tan(x)}$ avec $0 \leqslant x \leqslant \frac{\pi}{2}$ donc $u^2 = \tan(x)$ et $x = \text{Arctan}(u^2)$.

Alors $\text{d}x = \dfrac{2u}{1+(u^2)^2}\text{d}u$ soit $\text{d}x = \dfrac{2u}{1+u^4}\text{d}u$.

La proposition est donc fausse.

(C) **VRAI**

Pour déterminer l'expression de $F(u)$, il faut exprimer en fonction de u la quantité $\sqrt{\tan(x)}\,\text{d}x$ à l'aide des résultats précédents.

On obtient : $\sqrt{\tan(x)}\,\text{d}x = u \times \dfrac{2u}{1+u^4}\text{d}u$ soit $\sqrt{\tan(x)}\,\text{d}x = \dfrac{2u^2}{1+u^4}\text{d}u$.

Ainsi, avec le changement de variable défini par $u = \sqrt{\tan(x)}$, la fonction à intégrer pour obtenir la valeur de I est $F(u) = \dfrac{2u^2}{1+u^4}$.

(D) **VRAI**

Suivons l'indication de l'énoncé et écrivons u^4+1 sous la forme :

$$u^4+1 = (u^4+2u^2+1) - 2u^2.$$

En utilisant les identités remarquables, on a alors :

$$u^4+1 = (u^2+1)^2 - \left(\sqrt{2}u\right)^2 = \left(u^2+\sqrt{2}u+1\right)\left(u^2-\sqrt{2}u+1\right).$$

Le polynôme u^4+1 est factorisé sur $\mathbb{R}$ en un produit de deux facteurs irréductibles (les discriminants des polynômes du second degré $u^2+\sqrt{2}u+1$ et $u^2-\sqrt{2}u+1$ sont strictement négatifs).

(E) **FAUX**

En utilisant le résultat précédent, on peut écrire :

$$F(u) = \frac{2u^2}{1+u^4} = \frac{2u^2}{\left(u^2+\sqrt{2}u+1\right)\left(u^2-\sqrt{2}u+1\right)}.$$

Nous allons décomposer en éléments simples cette fraction rationnelle.

La partie entière étant nulle (car le degré du numérateur est strictement inférieur à celui du dénominateur), la forme de la décomposition est :

$$F(u) = \frac{2u^2}{1+u^4} = \frac{2u^2}{\left(u^2+\sqrt{2}u+1\right)\left(u^2-\sqrt{2}u+1\right)} = \frac{Au+B}{u^2+\sqrt{2}u+1} + \frac{Cu+D}{u^2-\sqrt{2}u+1}.$$

Multiplions par u et faisons tendre u vers $+\infty$:
On obtient $0 = A + C$ soit $C = -A$.

Donnons à u la valeur 0 :
On obtient $0 = B + D$ soit $D = -B$

Donnons à u la valeur 1 :
Après calculs laissés au lecteur et en tenant compte du fait que $C = -A$ et $D = -B$, on obtient $A + B = -\frac{1}{\sqrt{2}}$.

Donnons à u la valeur -1 :
Après calculs laissés au lecteur et en tenant compte du fait que $C = -A$ et $D = -B$, on obtient $A - B = -\frac{1}{\sqrt{2}}$.

Finalement, on doit résoudre le système $\begin{cases} A + B = -\frac{1}{\sqrt{2}} \\ A - B = -\frac{1}{\sqrt{2}} \\ C = -A \\ D = -B \end{cases}$, système qui fournit rapidement $\begin{cases} A = -\frac{1}{\sqrt{2}} \\ B = 0 \\ C = \frac{1}{\sqrt{2}} \\ D = 0 \end{cases}$.

D'où $F(u) = \dfrac{-\frac{1}{\sqrt{2}}u}{u^2+\sqrt{2}u+1} + \dfrac{\frac{1}{\sqrt{2}}u}{u^2-\sqrt{2}u+1} = \dfrac{1}{\sqrt{2}}\left(\dfrac{-u}{u^2+\sqrt{2}u+1} + \dfrac{u}{u^2-\sqrt{2}u+1}\right)$.
La proposition est donc fausse.

Remarque
Pour infirmer la proposition de l'énoncé, il était suffisant et plus rapide de vérifier (après une réduction au même dénominateur) que la décomposition proposée ne convenait pas. Cependant la décomposition exacte nous sera utile pour la suite.

Question 4

(A) **VRAI**

On sait que la dérivée de $f \mapsto \ln(f)$ est $\frac{f'}{f}$.

La vérification du résultat proposé par l'énoncé est donc immédiate : la dérivée de $u \mapsto \ln\left(u^2+\sqrt{2}u+1\right)$ est $\dfrac{2u+\sqrt{2}}{u^2+\sqrt{2}u+1} = A$ donc une primitive de A est $\ln\left(u^2+\sqrt{2}u+1\right)$.

(B) **FAUX**

On sait que la dérivée de $f \mapsto \text{Arctan}(f)$ est $\dfrac{f'}{1+f^2}$.

Donc la dérivée de $u \mapsto \text{Arctan}\left(u\sqrt{2}+1\right)$ est :

$$\frac{\sqrt{2}}{1+\left(u\sqrt{2}+1\right)^2} = \frac{\sqrt{2}}{1+2u^2+1+2u\sqrt{2}} = \frac{\sqrt{2}}{2} \times \frac{1}{u^2+\sqrt{2}u+1} = \frac{1}{\sqrt{2}} \times B \neq B.$$

La proposition est donc fausse.
Une primitive de B est $\sqrt{2}\,\text{Arctan}\left(u\sqrt{2}+1\right)$.

(C) **FAUX**

Notons $g(u) = \dfrac{u}{u^2+\sqrt{2}u+1}$.

Les résultats des deux propositions précédentes nous permettent de déterminer directement une primitive G de g.

En effet, on peut écrire $g(u) = \dfrac{u}{u^2+\sqrt{2}u+1} = \dfrac{1}{2} \times \dfrac{2u+\sqrt{2}}{u^2+\sqrt{2}u+1} - \dfrac{\sqrt{2}}{2} \times \dfrac{1}{u^2+\sqrt{2}u+1}$

soit $g(u) = \dfrac{u}{u^2+\sqrt{2}u+1} = \dfrac{1}{2} \times A - \dfrac{\sqrt{2}}{2} \times B$.

En utilisant les primitives de A et B déterminées précédemment, on en déduit qu'une primitive G de $g(u) = \dfrac{u}{u^2+\sqrt{2}u+1}$ est définie par :

$G(u) = \dfrac{1}{2} \times \ln\left(u^2+\sqrt{2}u+1\right) - \dfrac{\sqrt{2}}{2} \times \sqrt{2}\,\text{Arctan}\left(u\sqrt{2}+1\right)$.

Soit $G(u) = \dfrac{1}{2}\ln\left(u^2+\sqrt{u}+1\right) - \text{Arctan}\left(u\sqrt{2}+1\right)$.

Revenons maintenant à la question de cet item à savoir la détermination d'une primitive de $\dfrac{u}{u^2-\sqrt{2}u+1}$ c'est-à-dire de $-g(-u)$.

Or une primitive de $-g(-u)$ est $G(-u)$ car, à l'aide des résultats sur la dérivation d'une composition de fonctions, on a $(G(-u))' = -1 \times G'(-u) = -g(-u)$.

Donc une primitive de $\dfrac{u}{u^2-\sqrt{2}u+1}$ est $\dfrac{1}{2}\ln\left(u^2-\sqrt{2}u+1\right) - \text{Arctan}\left(-u\sqrt{2}+1\right)$.

On sait que la fonction Arctan est impaire donc on peut finalement écrire qu'une primitive de $\dfrac{u}{u^2-\sqrt{2}u+1}$ est $\dfrac{1}{2}\ln\left(u^2-\sqrt{2}u+1\right)+\text{Arctan}\left(u\sqrt{2}-1\right)$.
La proposition de l'énoncé est donc fausse.

Remarque
Pour infirmer cette proposition, il était suffisant de dériver la primitive proposée et de constater qu'elle ne convenait pas. Cependant, le travail effectué ci-dessus nous sera utile pour traiter la proposition suivante.

(D) **VRAI**
Selon le résultat établi à la proposition E de la question 3, on a :

$$F(u)=\frac{1}{\sqrt{2}}\left(\frac{-u}{u^2+\sqrt{2}u+1}+\frac{u}{u^2-\sqrt{2}u+1}\right).$$

Alors, en utilisant les primitives déterminées à la proposition ci-dessus, on peut affirmer qu'une primitive de $F(u)$ est la fonction définie par :

$$\frac{1}{\sqrt{2}}\left(-\frac{1}{2}\ln\left(u^2+\sqrt{2}u+1\right)+\text{Arctan}\left(u\sqrt{2}+1\right)+\frac{1}{2}\ln\left(u^2-\sqrt{2}u+1\right)+\text{Arctan}\left(u\sqrt{2}-1\right)\right).$$

En utilisant les propriétés de la fonction ln, on peut réécrire le résultat sous la forme :

$$\frac{1}{\sqrt{2}}\left(\text{Arctan}\left(1+\sqrt{2}u\right)+\text{Arctan}\left(-1+\sqrt{2}u\right)+\frac{1}{2}\ln\left(\frac{u^2-\sqrt{2}u+1}{u^2+\sqrt{2}u+1}\right)\right).$$

(E) **VRAI**
A l'aide du changement de variable $u=\sqrt{\tan(x)}$, on sait que I peut être calculée par $I=\displaystyle\int_0^{+\infty}F(u)\,\mathrm{d}u$.

Il s'agit d'une intégrale généralisée dont le seul problème est en $+\infty$.

Soit $\displaystyle\int_0^X F(u)\,\mathrm{d}u$ avec X réel strictement positif.

A l'aide du résultat précédent, on peut écrire :

$$\int_0^X F(u)\,\mathrm{d}u=\frac{1}{\sqrt{2}}\left(\text{Arctan}\left(1+\sqrt{2}X\right)+\text{Arctan}\left(-1+\sqrt{2}X\right)+\frac{1}{2}\ln\left(\frac{X^2-\sqrt{2}X+1}{X^2+\sqrt{2}X+1}\right)\right)$$
$$-\frac{1}{\sqrt{2}}\left(\text{Arctan}(1)+\text{Arctan}(-1)+\frac{1}{2}\ln(1)\right).$$

Or $\ln(1)=0$, $\text{Arctan}(1)=\dfrac{\pi}{4}$ et $\text{Arctan}(-1)=-\text{Arctan}(1)=-\dfrac{\pi}{4}$ donc

$$\int_0^X F(u)\,\mathrm{d}u=\frac{1}{\sqrt{2}}\left(\text{Arctan}\left(1+\sqrt{2}X\right)+\text{Arctan}\left(-1+\sqrt{2}X\right)+\frac{1}{2}\ln\left(\frac{X^2-\sqrt{2}X+1}{X^2+\sqrt{2}X+1}\right)\right).$$

En faisant tendre X vers $+\infty$ et en tenant compte du fait que $\lim_{t \to +\infty} \text{Arctan}(t) = \frac{\pi}{2}$,

il vient $I = \frac{1}{\sqrt{2}}\left(\frac{\pi}{2} + \frac{\pi}{2} + \frac{1}{2}\ln(1)\right)$ soit $I = \frac{\pi}{\sqrt{2}}$ car $\ln(1) = 0$.

Question 5

(A) **FAUX**

Le formulaire de trigonométrie nous apprend que :

$$\sin(a)\cos(b) = \frac{1}{2}(\sin(a+b) + \sin(a-b))$$

donc $2\sin(a)\cos(b) = \sin(a+b) + \sin(a-b)$.

Ainsi, la proposition est fausse.

(B) **VRAI**

On peut écrire : $\sin((n+2)t) = \sin((n+2)t) + \sin(nt) - \sin(nt)$.

Or, $\sin((n+2)t) + \sin(nt) = \sin((n+1)t + t) + \sin((n+1)t - t)$.

Et, à l'aide du résultat de la proposition précédente, on a

$\sin((n+1)t + t) + \sin((n+1)t - t) = 2\sin((n+1)t)\cos(t)$.

Ainsi : $\sin((n+2)t) = 2\sin((n+1)t)\cos(t) - \sin(nt)$.

Puis, il vient : $\frac{\sin((n+2)t)}{\sin(t)} = 2\cos(t)\frac{\sin((n+1)t)}{\sin(t)} - \frac{\sin(nt)}{\sin(t)}$.

Soit $U_{n+1}(t) = 2\cos(t)U_n(t) - U_{n-1}(t)$.

D'où $P_{n+1}(X) = 2XP_n(X) - P_{n-1}(X)$.

Par comparaison avec la relation de récurrence de l'énoncé :

$$P_{n+1}(X) = A(X)P_n(X) + BP_{n-1}(X),$$

on obtient $A(X) = 2X$ et $B = -1$.

Remarques :

Il était possible de calculer $A(X)P_n(X) + BP_{n-1}$ avec $A(X) = 2X$ et $B = -1$ et de montrer que le résultat est $P_{n+1}(X)$.

Un autre raisonnement possible consistait à calculer P_0, P_1 et P_2 puis à déterminer les expressions de $A(X)$ et B en écrivant la relation $P_2(X) = A(X)P_1(X) + BP_0(X)$. Mais cette dernière méthode possède l'inconvénient d'empiéter sur les questions suivantes.

(C) **FAUX**

Par définition, $P_0(X) = P_0(\cos(t)) = U_0(t) = \frac{\sin(t)}{\sin(t)} = 1$

et $P_1(X) = P_1(\cos(t)) = U_1(t) = \dfrac{\sin(2t)}{\sin(t)} = \dfrac{2\sin(t)\cos(t)}{\sin(t)} = 2\cos(t) = 2X$.

Pour déterminer $P_2(X)$, on peut effectuer un raisonnement similaire ou comme ci-dessous utiliser la relation de récurrence $P_2(X) = A(X)P_1(X) + BP_0(X)$.

Ainsi, il vient : $P_2(X) = 2X \times 2X - 1 = 4X^2 - 1$.

La proposition est donc fausse.

(D) **VRAI**

En utilisant à nouveau la relation de récurrence, on a :

$P_3(X) = 2XP_2(X) - P_1(X)$

$P_3(X) = 2X(4X^2 - 1) - 2X$

$P_3(X) = 8X^3 - 4X$

Puis :

$P_4(X) = 2XP_3(X) - P_2(X)$

$P_4(X) = 2X(8X^3 - 4X) - (4X^2 - 1)$

$P_4(X) = 16X^4 - 12X^2 + 1$

(E) **VRAI**

Les racines de $P_4(X)$ sont les solutions de l'équation $16X^4 - 12X^2 + 1 = 0$.

On reconnaît une équation bicarrée. On pose donc $t = X^2$.

L'équation devient alors : $16t^2 - 12t + 1 = 0$.

On a $\Delta = (-12)^2 - 4 \times 16 \times 1 = 80 > 0$ donc l'équation admet deux solutions t_1 et t_2 avec

$t_1 = \dfrac{12 - \sqrt{80}}{32} = \dfrac{12 - 4\sqrt{5}}{32} = \dfrac{3 - \sqrt{5}}{8}$ et $t_2 = \dfrac{3 + \sqrt{5}}{8}$.

Il nous faut maintenant revenir à l'inconnue de départ X à l'aide de la relation $t = X^2$.

Ainsi, on a : $X^2 = \dfrac{3 - \sqrt{5}}{8}$ ou $X^2 = \dfrac{3 + \sqrt{5}}{8}$.

Soit $X = \sqrt{\dfrac{3 - \sqrt{5}}{8}}$ ou $X = -\sqrt{\dfrac{3 - \sqrt{5}}{8}}$ ou $X = \sqrt{\dfrac{3 + \sqrt{5}}{8}}$ ou $X = -\sqrt{\dfrac{3 + \sqrt{5}}{8}}$.

Or $\sqrt{\dfrac{3 + \sqrt{5}}{8}} = \dfrac{1 + \sqrt{5}}{4}$ car ces deux nombres sont positifs et leurs carrés sont égaux : $\left(\sqrt{\dfrac{3 + \sqrt{5}}{8}}\right)^2 = \dfrac{3 + \sqrt{5}}{8}$ et $\left(\dfrac{1 + \sqrt{5}}{4}\right)^2 = \dfrac{1 + 2\sqrt{5} + 5}{16} = \dfrac{6 + 2\sqrt{5}}{16} = \dfrac{3 + \sqrt{5}}{8}$.

Et de même, $\sqrt{\dfrac{3 - \sqrt{5}}{8}} = \dfrac{1 - \sqrt{5}}{4}$.

L'ensembles des racines de P_4 est donc $\left\{\dfrac{1 + \sqrt{5}}{4} \,;\, \dfrac{-1 + \sqrt{5}}{4} \,;\, \dfrac{1 - \sqrt{5}}{4} \,;\, \dfrac{-1 - \sqrt{5}}{4}\right\}$.

Question 6

(A) **VRAI**

Le cours nous apprend qu'une série géométrique est une série de terme général q^n avec $q \in \mathbb{R}$ ou $\mathbb{C}$.

Ici, T a pour terme général $\frac{e^{i(n+1)t}}{\sin(t)} t^n$ qu'on peut écrire sous la forme :

$$\frac{e^{it}e^{int}}{\sin(t)} t^n = \frac{e^{it}}{\sin(t)} \times e^{int} t^n = \frac{e^{it}}{\sin(t)} \times \left(te^{it}\right)^n.$$

Ainsi, T est bien une série géométrique de raison $q = te^{it}$.

(B) **VRAI**

Toujours selon le cours, on sait qu'une série géométrique de raison q converge vers

$\frac{1}{1-q}$ si $|q| < 1$.

Donc $\sum_{n=0}^{+\infty} aq^n$ est convergente si $|q| < 1$ et sa somme vaut $a \times \frac{1}{1-q} = \frac{a}{1-q}$.

(C) **FAUX**

En utilisant le résultat de la proposition précédente avec $a = \frac{e^{it}}{\sin(t)}$, on peut

affirmer que T converge vers $\dfrac{\frac{e^{it}}{\sin(t)}}{1-te^{it}}$.

Ainsi, on a $S = \mathrm{Im}\left(\dfrac{\frac{e^{it}}{\sin(t)}}{1-te^{it}}\right)$.

La proposition est donc fausse.

(D) **FAUX**

On sait que pour tout $x \in \mathbb{R}$, $e^{ix} = \cos(x) + i\sin(x)$.

Ainsi, on a :

$$\frac{z}{1-te^{it}} = \frac{z}{1-t(\cos(t)+i\sin(t))} = \frac{z}{1-t\cos(t)-it\sin(t)} = \frac{z(1-t\cos(t)+it\sin(t))}{(1-t\cos(t))^2+(-t\sin(t))^2}$$

$$\frac{z}{1-te^{it}} = \frac{z(1-t(\cos(t)-i\sin(t)))}{1+t^2\cos^2(t)-2t\cos(t)+t^2\sin^2(t)} = \frac{z(1-t(\cos(-t)+i\sin(-t)))}{1-2t\cos(t)+t^2\left(\cos^2(t)+\sin^2(t)\right)}$$

$$\frac{z}{1-te^{it}}=\frac{z\left(1-te^{-it}\right)}{1-2t\cos(t)+t^2} \text{ car } \cos^2(t)+\sin^2(t)=1.$$

La proposition est donc fausse.

(E) **VRAI**

Selon le résultat de la proposition C, on a $S=\operatorname{Im}\left(\dfrac{\frac{e^{it}}{\sin(t)}}{1-te^{it}}\right)=\operatorname{Im}\left(\dfrac{z}{1-te^{it}}\right)$ en posant

$z=\dfrac{e^{it}}{\sin(t)}$.

A l'aide du résultat de la proposition précédente, on peut écrire :

$$\frac{z}{1-te^{it}}=\frac{\frac{e^{it}}{\sin(t)}\times\left(1-te^{-it}\right)}{1-2t\cos(t)+t^2}=\frac{\frac{e^{it}}{\sin(t)}-\frac{t}{\sin(t)}}{1-2t\cos(t)+t^2} \text{ car } e^{it}\times e^{-it}=e^0=1.$$

$$\frac{z}{1-te^{it}}=\frac{\frac{\cos(t)+i\sin(t)}{\sin(t)}-\frac{t}{\sin(t)}}{1-2t\cos(t)+t^2}.$$

Et donc $S=\operatorname{Im}\left(\dfrac{z}{1-te^{it}}\right)=\dfrac{\frac{\sin(t)}{\sin(t)}}{1-2t\cos(t)+t^2}=\dfrac{1}{1-2\cos(t)+t^2}$.

Question 7

(A) **VRAI**

Les coordonnées de A vérifient $\begin{cases}\dfrac{x^2}{a^2}+\dfrac{y^2}{b^2}=1\\ y=x-b\end{cases}$.

D'où $\dfrac{x^2}{a^2}+\dfrac{(x-b)^2}{b^2}=1$.

On obtient successivement :

$\dfrac{x^2}{a^2}+\dfrac{x^2-2xb+b^2}{b^2}=1$

$\left(\dfrac{1}{a^2}+\dfrac{1}{b^2}\right)x^2-\dfrac{2}{b}x=0$

$x\left[\left(\dfrac{1}{a^2}+\dfrac{1}{b^2}\right)x-\dfrac{2}{b}\right]=0$

Or $x\neq 0$ donc on obtient $\dfrac{a^2+b^2}{a^2b^2}x=\dfrac{2}{b}$ soit $x=\dfrac{2a^2b^2}{b\left(a^2+b^2\right)}=\dfrac{2a^2b}{a^2+b^2}$.

Par suite, $y=x-b=\dfrac{2a^2b}{a^2+b^2}-b=\dfrac{2a^2b-a^2b-b^3}{a^2+b^2}=b\,\dfrac{a^2-b^2}{a^2+b^2}$.

(B) **VRAI**
Le triangle (IAB) est isocèle et rectangle en A.
En appliquant le théorème de Pythagore, on obtient $IB^2 = 2IA^2$ d'où $IB = \sqrt{2}IA$.

(C) **FAUX**
On a $I(0\,;-b)$ et $A\left(\frac{2a^2b}{a^2+b^2}\,;\,b\frac{a^2-b^2}{a^2+b^2}\right)$ donc $\overrightarrow{IA}\left(\frac{2a^2b}{a^2+b^2}\,;\,b\left(\frac{a^2-b^2}{a^2+b^2}+1\right)\right)$.
Or $b\left(\frac{a^2-b^2}{a^2+b^2}+1\right) = b\frac{a^2-b^2+a^2+b^2}{a^2+b^2} = \frac{2a^2b}{a^2+b^2}$.
Donc $IA^2 = \left(\frac{2a^2b}{a^2+b^2}\right)^2 + \left(\frac{2a^2b}{a^2+b^2}\right)^2 = 2\times\frac{4a^4b^2}{(a^2+b^2)^2} = \frac{8a^4b^2}{(a^2+b^2)^2}$.
Par suite, $IA = 2\sqrt{2}\frac{a^2b}{a^2+b^2}$.

(D) **VRAI**
Dans le triangle (JBM), on a : $\widehat{J} = 90°$ et $\widehat{B} = 45°$ d'où $\widehat{M} = 45°$.
Le triangle (JBM) est donc isocèle et par suite, $JB = JM$.

(E) **VRAI**
$JB = IB - IJ = \sqrt{2}IA - 2b = \sqrt{2}\times 2\sqrt{2}\frac{a^2b}{a^2+b^2} - 2b = \frac{4a^2b - 2a^2b - 2b^3}{a^2+b^2}$.
Soit $JB = \frac{2a^2b - 2b^3}{a^2+b^2} = 2b\times\frac{a^2-b^2}{a^2+b^2}$.

Question 8

(A) **FAUX**
H est le centre du cercle inscrit dans (MNB) donc (MH) est la bissectrice de l'angle $\widehat{JMB}$.

Ainsi, $\widehat{JMH} = \alpha = \frac{\widehat{JMB}}{2} = \frac{\frac{\pi}{4}}{2} = \frac{\pi}{8}$.
La proposition est donc fausse.

(B) **VRAI**
Il s'agit d'une relation de trigonométrie à connaître (voir le formulaire de trigonométrie).

(C) **FAUX**
On a $\alpha = \frac{\pi}{8}$ donc $\tan(2\alpha) = \tan\left(\frac{\pi}{4}\right) = 1$.

Ainsi, en utilisant le résultat de la proposition précédente, il vient $\frac{2\tan(\alpha)}{1-\tan^2(\alpha)} = 1$.

Soit $\tan^2(\alpha)+2\tan(\alpha)-1=0$.

Posons $t=\tan(\alpha)$; on a $t>0$ car $0<\alpha<\frac{\pi}{2}$.

Donc $\tan(\alpha)$ est la racine positive de l'équation $t^2+2t-1=0$.

(D) **FAUX**

Le triangle (HMJ) est rectangle en J donc $\tan(\alpha)=\frac{HJ}{MJ}=\frac{r}{MJ}$.

D'où $r=MJ\tan(\alpha)$.
La proposition est donc fausse.

(E) **VRAI**

En utilisant tous les résultats précédents, on a :

$$r=MJ\tan(\alpha)=JB\tan(\alpha)=2b\times\frac{a^2-b^2}{a^2+b^2}\tan(\alpha).$$

Or $\tan(\alpha)$ est la racine positive de l'équation $t^2+2t-1=0$ donc $\tan(\alpha)=\sqrt{2}-1$ (le discriminant de l'équation est $\Delta=8$).

Donc $r=2\times\left(\sqrt{2}-1\right)b\times\frac{a^2-b^2}{a^2+b^2}$.

Question 9

(A) **FAUX**

Pour que f soit une densité de probabilité, il faut notamment que $\int_0^{10} f(x)\,\mathrm{d}x=1$.

Or $\int_0^{10} f(x)\,\mathrm{d}x=\int_0^{10} K(-x^2+10x)\,\mathrm{d}x=K\left[-\frac{x^3}{3}+5x^2\right]_0^{10}=K\left(-\frac{1000}{3}+500\right)=\frac{500K}{3}$

donc il faut $\frac{500K}{3}=1$ soit $K=\frac{3}{500}$.

La proposition est donc fausse.

(B) **VRAI**

Par définition, $E(X)=\int_0^{10} xf(x)\,\mathrm{d}x$. En reprenant la valeur de K précédemment trouvée, on obtient : $E(X)=\frac{3}{500}\int_0^{10}(-x^3+10x^2)\mathrm{d}x=\frac{3}{500}\left[-\frac{x^4}{4}+\frac{10x^3}{3}\right]_0^{10}$.

Soit $E(X)=\frac{3}{500}\left(-\frac{10000}{4}+\frac{10000}{3}\right)=\frac{3}{5}\left(-\frac{100}{4}+\frac{100}{3}\right)=\frac{3}{5}\left(\frac{100}{12}\right)=5$.

(C) **FAUX**

Le cours nous apprend que $\mathrm{Var}(X)=E\left(X^2\right)-[E(X)]^2$.
La proposition est donc fausse.

(D) **FAUX**

En utilisant les résultats précédents, on a successivement :

$\mathrm{Var}(X) = E(X^2) - [E(X)]^2$

$\mathrm{Var}(X) = \int_0^{10} x^2 f(x)\,\mathrm{d}x - 5^2$

$\mathrm{Var}(X) = \frac{3}{500}\int_0^{10}(-x^4 + 10x^3)\mathrm{d}x - 25$

$\mathrm{Var}(X) = \frac{3}{500}\left[-\frac{x^5}{5} + \frac{10x^4}{4}\right]_0^{10} - 25$

$\mathrm{Var}(X) = \frac{3}{500}\left(-\frac{10^5}{5} + \frac{10^5}{4}\right) - 25 = \frac{3}{5}\left(-\frac{10^3}{5} + \frac{10^3}{4}\right) - 25 = \frac{3}{5}\left(\frac{1000}{20}\right) - 25$

$\mathrm{Var}(X) = 30 - 25$

$\mathrm{Var}(X) = 5$

(E) **VRAI**

Selon le cours, la fonction de répartition de X est la fonction F définie sur $[0\,;10]$ par $F(x) = \int_0^x f(t)\,\mathrm{d}t$.

D'où $F(x) = \frac{3}{500}\int_0^x(-t^2 + 10t)\,\mathrm{d}t = \frac{3}{500}\left[-\frac{t^3}{3} + 5t^2\right]_0^x = \frac{3}{500}\left(-\frac{x^3}{3} + 5x^2\right)$.

Soit $F(x) = \frac{1}{500}(15x^2 - x^3)$.

Question 10

(A) **VRAI**

On cherche $P(X_i \leqslant 2)$ c'est-à-dire $F(2)$.

En utilisant le dernier résultat de la question précédente, on obtient :

$F(2) = \frac{1}{500}(15\times 4 - 8) = \frac{52}{500} = \frac{13}{125}$.

(B) **FAUX**

On cherche $P(\{X_1 \leqslant 2\} \cap \{X_2 \leqslant 2\} \cap \{X_3 \leqslant 2\})$.

Les variables X_i étant indépendantes, on a :

$P(\{X_1 \leqslant 2\} \cap \{X_2 \leqslant 2\} \cap \{X_3 \leqslant 2\}) = P(\{X_1 \leqslant 2\}) \times P(\{X_2 \leqslant 2\}) \times P(\{X_3 \leqslant 2\})$.

Soit $P(\{X_1 \leqslant 2\} \cap \{X_2 \leqslant 2\} \cap \{X_3 \leqslant 2\}) = \frac{13}{125} \times \frac{13}{125} \times \frac{13}{125} = \left(\frac{13}{125}\right)^3$.

(C) **VRAI**

La probabilité qu'il y ait production suffisante le jour i est $1 - \frac{13}{125} = \frac{112}{125}$.

Donc, en utilisant un raisonnement similaire à celui mené à l'item précédent, on peut affirmer que la probabilité qu'il y ait production suffisante pendant les 30 jours est $\left(\frac{112}{125}\right)^{30}$.

(D) **FAUX**

$\mathrm{Var}(S) = \mathrm{Var}(X_1+X_2+\ldots+X_{30})$.

Les variables X_1, X_2, ...,X_{30} étant indépendantes, on a :

$\mathrm{Var}(S) = \mathrm{Var}(X_1)+\mathrm{Var}(X_2)+\ldots+\mathrm{Var}(X_{30})$.

On sait, selon la proposition D de la question 9, que chacune des 30 variables aléatoires X_i a une variance égale à 5 donc $\mathrm{Var}(S) = 30\times5 = 150$.

Ainsi, $\sigma = \sqrt{\mathrm{Var}(S)} = \sqrt{150}$.

La proposition est donc fausse.

(E) **VRAI**

On a : $E(S) = E(X_1+X_2+\ldots+X_{30})$ soit $E(S) = E(X_1)+E(X_2)+\ldots+E(X_{30})$ en utilisant les propriétés de l'espérance mathématique.

Or chacune des 30 variables aléatoires X_i a une espérance mathématique égale à 5 selon la proposition B de la question 9.

Donc $E(S) = 30\times5 = 150$.

En définitive, on sait que S suit la loi normale $\mathcal{N}\left(150\,;\sqrt{150}\right)$ et on cherche $P\left(150-1{,}96\sqrt{150} \leqslant S \leqslant 150+1{,}96\sqrt{150}\right)$.

Soit $T = \dfrac{S-150}{\sqrt{150}}$; T suit la loi $\mathcal{N}(0\,;1)$.

On a alors $P\left(150-1{,}96\sqrt{150} \leqslant S \leqslant 150+1{,}96\sqrt{150}\right) = P(-1{,}96 \leqslant Y \leqslant 1{,}96) = 95\%$ en utilisant le rappel de l'énoncé : $P\left(|Y| \leqslant 1{,}96\right) = 95\%$.

Question 11

(A) **VRAI**

$\forall x \in \mathbb{R}, f(x+\pi) = |\cos(x+\pi)|$.

Or $\cos(x+\pi) = -\cos(x)$ donc $f(x+\pi) = |-\cos(x)| = |\cos(x)| = f(x)$.

On en déduit que f est π-périodique.

De manière évidente, f est de classe C^1 par morceaux sur $\mathbb{R}$; un dessin est convaincant : la courbe représentative de f ne va pas à l'infini et n'admet pas de tangente verticale.

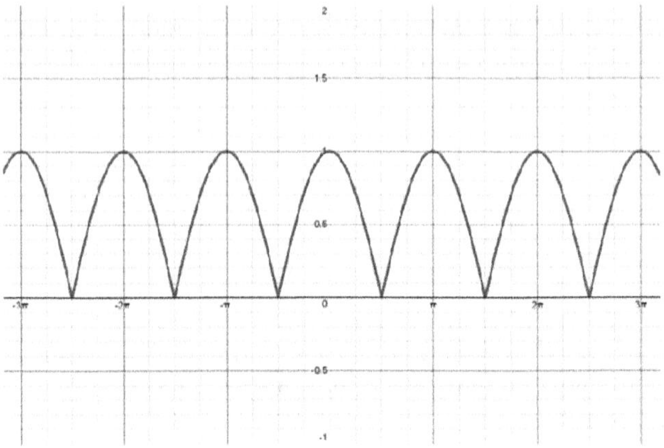

(B) **VRAI**

La fonction f est définie sur $\mathbb{R}$ et $\forall x \in \mathbb{R}, f(-x) = |\cos(-x)| = |\cos(x)| = f(x)$ donc f est paire.

Remarque

On a utilisé la relation de trigonométrie $\cos(-x) = \cos(x)$ traduisant que la fonction cos est paire.

(C) **FAUX**

La fonction f est paire, ce sont donc les coefficients b_k avec $k \in \mathbb{N}$ qui sont tous nuls. Les coefficients a_k ne peuvent être eux aussi tous nuls car sinon f serait la fonction nulle, ce qui n'est pas le cas.

(D) **FAUX**

Par définition, pour $k \in \mathbb{N}^*$, on a : $a_k = \dfrac{4}{T}\displaystyle\int_0^{\frac{T}{2}} f(x)\cos(k\omega x)\,\mathrm{d}x$ car f est paire.

Ici, $T = \pi$ et $\omega = \dfrac{2\pi}{T} = \dfrac{2\pi}{\pi} = 2$ donc $a_k = \dfrac{4}{\pi}\displaystyle\int_0^{\frac{\pi}{2}} \cos(x)\cos(2kx)\,\mathrm{d}x$ en utilisant le fait que, pour $x \in \left[0\,;\,\dfrac{\pi}{2}\right]$, $\cos(x) \geqslant 0$ et donc $|\cos(x)| = \cos(x)$.

La proposition est donc fausse.

(E) **FAUX**

Puisque f est paire, on a : $a_0 = \dfrac{2}{T}\displaystyle\int_0^{\frac{T}{2}} f(x)\,\mathrm{d}x$.

Ici $T = \pi$ donc $a_0 = \dfrac{2}{\pi}\displaystyle\int_0^{\frac{\pi}{2}} \cos(x)\,\mathrm{d}x$ en utilisant encore le fait que, pour $x \in \left[0\,;\,\dfrac{\pi}{2}\right]$, $\cos(x) \geqslant 0$ et donc $|\cos(x)| = \cos(x)$.

Il vient ensuite $a_0 = \frac{2}{\pi}\left[\sin(x)\right]_0^{\frac{\pi}{2}} = \frac{2}{\pi}(1-0) = \frac{2}{\pi}$ car $\sin(0)=0$ et $\sin\left(\frac{\pi}{2}\right)=1$.
La proposition est donc fausse.

Question 12

(A) **FAUX**
Le formulaire de trigonométrie nous apprend que :

$$\cos(a)\cos(b) = \frac{1}{2}[\cos(a+b)+\cos(a-b)].$$

D'où, $\forall k \in \mathbb{N}$, $\forall x \in \mathbb{R}$, $2\cos(x)\cos(2kx) = \cos[(2k+1)x]+\cos[(2k-1)x]$.
La proposition est donc fausse.

Remarque
Pour infirmer rapidement cette proposition, il suffisait de mettre en évidence, pour une valeur de x particulière, que le résultat de l'énoncé ne pouvait convenir.
Par exemple, pour $x=0$:
$2\cos(x)\cos(2kx) = 2\cos(0)\cos(0) = 2$ car $\cos(0)=1$
alors que $\sin[(2k+1)x]+\sin[(2k-1)x] = \sin(0)+\sin(0) = 0$ car $\sin(0)=0$.
Ceci dit, la relation exacte nous sera utile pour la suite.

(B) **FAUX**
Selon l'item D de la question 11, $a_k = \frac{4}{\pi}\int_0^{\frac{\pi}{2}}\cos(x)\cos(2kx)\,dx$.

A l'aide du résultat précédent, on peut écrire :

$$a_k = \frac{2}{\pi}\int_0^{\frac{\pi}{2}}(\cos[(2k+1)x]+\cos[(2k-1)x])\,dx$$

D'où :

$$a_k = \frac{2}{\pi}\left[\frac{\sin((2k+1)x)}{2k+1}+\frac{\sin((2k-1)x)}{2k-1}\right]_0^{\frac{\pi}{2}}$$

$$a_k = \frac{2}{\pi}\left(\frac{\sin\left(\frac{(2k+1)\pi}{2}\right)}{2k+1}+\frac{\sin\left(\frac{(2k-1)\pi}{2}\right)}{2k-1}\right) \text{ car } \sin(0)=0$$

Or, en utilisant les relations $\sin\left(\alpha+\frac{\pi}{2}\right)=\cos(\alpha)$ et $\sin\left(\alpha-\frac{\pi}{2}\right)=-\cos(\alpha)$, on peut écrire :

$\sin\left(\frac{(2k+1)\pi}{2}\right) = \sin\left(k\pi+\frac{\pi}{2}\right) = \cos(k\pi) = (-1)^k$

et $\sin\left(\frac{(2k-1)\pi}{2}\right) = \sin\left(k\pi-\frac{\pi}{2}\right) = -\cos(k\pi) = -(-1)^k$.

Donc $a_k = \frac{2}{\pi}\left(\frac{(-1)^k}{2k+1}-\frac{(-1)^k}{2k-1}\right) = \frac{2}{\pi}\left(\frac{(2k-1)(-1)^k-(2k+1)(-1)^k}{(2k+1)(2k-1)}\right)$.

Soit $a_k = \frac{2}{\pi}\frac{(-1)^k(2k-1-2k-1)}{4k^2-1} = \frac{2}{\pi}\times\frac{-2(-1)^k}{4k^2-1}$.

Finalement $a_k = \frac{-4(-1)^k}{(4k^2-1)\pi}$.

La proposition est donc fausse.

(C) **VRAI**

En tenant compte de tous les résultats précédents, le développement en série de Fourier de f est : $S_f(x) = \frac{2}{\pi} + \sum_{k=1}^{+\infty} a_k\cos(2kx) = \frac{2}{\pi} - \sum_{k=1}^{+\infty}\frac{4(-1)^k}{(4k^2-1)\pi}\cos(2kx)$.

De plus, f est π-périodique, de classe C^1 par morceaux sur $\mathbb{R}$ donc la série de Fourier de f est convergente et puisque f est continue sur $\mathbb{R}$, elle converge en tout point x vers $f(x)$.

Ainsi, $\forall x\in\mathbb{R}, f(x) = \frac{2}{\pi} - \sum_{k=1}^{+\infty}\frac{4(-1)^k}{(4k^2-1)\pi}\cos(2kx))$.

Donc pour $x = 0$, on obtient : $f(0) = \frac{2}{\pi} - \sum_{k=1}^{+\infty}\frac{4(-1)^k}{(4k^2-1)\pi}$ car $\cos(0) = 1$.

Or $f(0) = |\cos(0)| = |1| = 1$ donc $1 = \frac{2}{\pi} - \sum_{k=1}^{+\infty}\frac{4(-1)^k}{(4k^2-1)\pi}$.

(D) **VRAI**

Pour $x = \frac{\pi}{2}$, on obtient : $f\left(\frac{\pi}{2}\right) = \frac{2}{\pi} - \sum_{k=1}^{+\infty}\frac{4(-1)^k}{(4k^2-1)\pi}\cos(k\pi)$.

Or $\cos(k\pi) = (-1)^k$ et $f\left(\frac{\pi}{2}\right) = \left|\cos\left(\frac{\pi}{2}\right)\right| = |0| = 0$.

Donc $0 = \frac{2}{\pi} - \sum_{k=1}^{+\infty}\frac{4}{(4k^2-1)\pi}$ car $(-1)^k(-1)^k = (-1)^{2k} = 1$.

Soit $2 = \sum_{k=1}^{+\infty}\frac{4}{4k^2-1}$.

(E) **FAUX**

La formule de Parseval s'écrit de manière générale :

$$\frac{1}{T}\int_0^T f^2(x)\,\mathrm{d}x = a_0{}^2 + \frac{1}{2}\sum_{k=1}^{+\infty}(a_k{}^2 + b_k{}^2).$$

Ici, elle s'écrit : $\displaystyle \frac{1}{\pi}\int_0^{\pi} f^2(x)\,\mathrm{d}x = \frac{4}{\pi^2} + \frac{1}{2}\sum_{k=1}^{+\infty}\left(\frac{(-4)(-1)^k}{(4k^2-1)\pi}\right)^2.$

Soit $\displaystyle \frac{1}{\pi}\int_0^{\pi} f^2(x)\,\mathrm{d}x = \frac{4}{\pi^2} + \frac{1}{2}\sum_{k=1}^{+\infty}\frac{16}{(4k^2-1)^2\pi^2}.$

Or $\displaystyle \int_0^{\pi} f^2(x)\,\mathrm{d}x = \int_0^{\pi}|\cos(x)|^2\mathrm{d}x = \int_0^{\pi}\cos^2(x)\,\mathrm{d}x = \frac{1}{2}\int_0^{\pi}(1+\cos(2x))\,\mathrm{d}x$ en utilisant la relation $\cos^2(x) = \dfrac{1}{2}(1+\cos(2x))$.

Soit $\displaystyle \int_0^{\pi} f^2(x)\,\mathrm{d}x = \frac{1}{2}\left[x + \frac{\sin(2x)}{2}\right]_0^{\pi} = \frac{1}{2}\left(\left(\pi + \frac{\sin(2\pi)}{2}\right) - \left(0 + \frac{\sin(0)}{2}\right)\right) = \frac{\pi}{2}$ car $\sin(0) = \sin(2\pi) = 0$.

Donc, on obtient finalement $\displaystyle \frac{1}{2} = \frac{4}{\pi^2} + \frac{1}{2}\sum_{k=1}^{+\infty}\frac{16}{(4k^2-1)^2\pi^2}.$

La proposition est donc fausse.

Question 13

(A) **VRAI**

Le polynôme caractéristique de A est :

$$P_A(\lambda) = \det(A-\lambda I) = \begin{vmatrix} 1-\lambda & 0 & 1 & 0 \\ 1 & -1-\lambda & a & 1 \\ 0 & 0 & -1-\lambda & 0 \\ 0 & 0 & 1 & 1-\lambda \end{vmatrix}.$$

En développant suivant la 2ème colonne, il vient :

$$P_A(\lambda) = (-1-\lambda)\times\begin{vmatrix} 1-\lambda & 1 & 0 \\ 0 & -1-\lambda & 0 \\ 0 & 1 & 1-\lambda \end{vmatrix}.$$

Puis $P_A(\lambda) = (-1-\lambda)\times(1-\lambda)(-1-\lambda)(1-\lambda)$ en développant le déterminant d'ordre 3 selon la règle de Sarrus.

Finalement, on obtient $P_A(\lambda) = (-1-\lambda)^2(1-\lambda)^2 = (1+\lambda)^2(1-\lambda)^2 = (\lambda^2-1)^2$.

(B) **FAUX**

Les valeurs propres de A sont les racines de $P_A(\lambda)$.

Or $P_A(\lambda) = 0 \Leftrightarrow \lambda^2 - 1 = 0 \Leftrightarrow \lambda = -1$ ou $\lambda = 1$.

En définitive, la matrice A admet deux valeurs propres doubles : -1 et 1.

La proposition est donc fausse.

(C) **FAUX**
Cette proposition est immédiatement fausse compte tenu du résultat précédent.

(D) **VRAI**
Effectivement, -1 est valeur propre double selon le résultat de la proposition B.

(E) **FAUX**
Calculons les premiers termes de la matrice A^2 :

$$A^2 = \begin{pmatrix} 1 & 0 & 1 & 0 \\ 1 & -1 & a & 1 \\ 0 & 0 & -1 & 0 \\ 0 & 0 & 1 & 1 \end{pmatrix} \times \begin{pmatrix} 1 & 0 & 1 & 0 \\ 1 & -1 & a & 1 \\ 0 & 0 & -1 & 0 \\ 0 & 0 & 1 & 1 \end{pmatrix} = \begin{pmatrix} 1 & 0 & 0 & 0 \\ 0 & 1 & 2-2a & .. \\ .. & .. & .. & .. \\ .. & .. & .. & .. \end{pmatrix}.$$

Or $2-2a$ n'est pas égal à 0 pour toute valeur de a donc la matrice A^2 n'est pas égale à la matrice identité pour toute valeur de a.
La proposition est fausse.

Question 14

(A) **VRAI**

Calculons $A \times \begin{pmatrix} 2 \\ 1 \\ 0 \\ 0 \end{pmatrix}$: $A \times \begin{pmatrix} 2 \\ 1 \\ 0 \\ 0 \end{pmatrix} = \begin{pmatrix} 1 & 0 & 1 & 0 \\ 1 & -1 & a & 1 \\ 0 & 0 & -1 & 0 \\ 0 & 0 & 1 & 1 \end{pmatrix} \begin{pmatrix} 2 \\ 1 \\ 0 \\ 0 \end{pmatrix} = \begin{pmatrix} 2 \\ 1 \\ 0 \\ 0 \end{pmatrix} = 1 \times \begin{pmatrix} 2 \\ 1 \\ 0 \\ 0 \end{pmatrix}$.

Ce qui prouve que $\begin{pmatrix} 2 \\ 1 \\ 0 \\ 0 \end{pmatrix}$ est un vecteur propre pour la matrice A associé à la valeur propre 1.

Calculons $A \times \begin{pmatrix} -1 \\ 0 \\ 0 \\ 1 \end{pmatrix}$: $A \times \begin{pmatrix} -1 \\ 0 \\ 0 \\ 1 \end{pmatrix} = \begin{pmatrix} 1 & 0 & 1 & 0 \\ 1 & -1 & a & 1 \\ 0 & 0 & -1 & 0 \\ 0 & 0 & 1 & 1 \end{pmatrix} \begin{pmatrix} -1 \\ 0 \\ 0 \\ 1 \end{pmatrix} = \begin{pmatrix} -1 \\ 0 \\ 0 \\ 1 \end{pmatrix} = 1 \times \begin{pmatrix} -1 \\ 0 \\ 0 \\ 1 \end{pmatrix}$.

Ce qui prouve que $\begin{pmatrix} -1 \\ 0 \\ 0 \\ 1 \end{pmatrix}$ est un vecteur propre pour la matrice A associé à la valeur propre 1.

(B) **FAUX**

On peut raisonner, comme ci-dessus, par vérification des vecteurs propres proposés ou alors rechercher le sous-espace propre associé à la valeur propre -1. C'est cette dernière manière de procéder que nous traitons ci-après.

Soit E_{-1} le sous-espace propre associé à la valeur propre -1 : $E_{-1} = \mathrm{Ker}(A+I)$

et $(x,y,z,t)\in E_{-1} \Leftrightarrow \begin{pmatrix} 2 & 0 & 1 & 0 \\ 1 & 0 & a & 1 \\ 0 & 0 & 0 & 0 \\ 0 & 0 & 1 & 2 \end{pmatrix}\begin{pmatrix} x \\ y \\ z \\ t \end{pmatrix} = \begin{pmatrix} 0 \\ 0 \\ 0 \\ 0 \end{pmatrix} \Leftrightarrow \begin{cases} 2x+z=0 \\ x+az+t=0 \\ z+2t=0 \end{cases} \Leftrightarrow \begin{cases} z=-2x \\ (2-2a)x=0. \\ t=x \end{cases}$

Si $a=1$ alors on obtient $\begin{cases} x \text{ quelconque} \\ y \text{ quelconque} \\ z=-2x \\ t=x \end{cases}$. Dans ce cas, $\begin{pmatrix} 0 \\ 1 \\ 0 \\ 0 \end{pmatrix}$ et $\begin{pmatrix} 1 \\ 0 \\ -2 \\ 1 \end{pmatrix}$ sont bien des vecteurs propres indépendants associés à la valeur propre -1.

Si $a \neq 1$ alors on obtient $\begin{cases} x=0 \\ y \text{ quelconque} \\ z=0 \\ t=0 \end{cases}$ et dans ce cas, $\begin{pmatrix} 1 \\ 0 \\ -2 \\ 1 \end{pmatrix}$ n'est pas un vecteur propre associé à la valeur propre -1.

En conclusion, la proposition est fausse : $\begin{pmatrix} 0 \\ 1 \\ 0 \\ 0 \end{pmatrix}$ et $\begin{pmatrix} 1 \\ 0 \\ -2 \\ 1 \end{pmatrix}$ ne sont pas, pour toute valeur de a, des vecteurs propres associés à la valeur propre -1.

(C) **FAUX**

Si $a=0$, nous sommes dans le cas $a \neq 1$ et, selon le travail effectué ci-dessus, $\dim E_{-1} = 1$ alors que -1 est racine double : A n'est donc pas diagonalisable.

(D) **VRAI**

Si $a=1$ alors $A = \begin{pmatrix} 1 & 0 & 1 & 0 \\ 1 & -1 & 1 & 1 \\ 0 & 0 & -1 & 0 \\ 0 & 0 & 1 & 1 \end{pmatrix}$.

Et $A^2 = \begin{pmatrix} 1 & 0 & 1 & 0 \\ 1 & -1 & 1 & 1 \\ 0 & 0 & -1 & 0 \\ 0 & 0 & 1 & 1 \end{pmatrix} \times \begin{pmatrix} 1 & 0 & 1 & 0 \\ 1 & -1 & 1 & 1 \\ 0 & 0 & -1 & 0 \\ 0 & 0 & 1 & 1 \end{pmatrix} = \begin{pmatrix} 1 & 0 & 0 & 0 \\ 0 & 1 & 0 & 0 \\ 0 & 0 & 1 & 0 \\ 0 & 0 & 0 & 1 \end{pmatrix} = I.$

(E) **VRAI**

Soit E_1 le sous-espace propre associé à la valeur propre double 1.

La proposition A nous fournit deux vecteurs propres linéairement indépendants associés à la valeur propre 1 donc $\dim E_1 = 2$.

Donc A est diagonalisable si et seulement si $\dim E_{-1} = 2$.

Or, selon la proposition B, $\dim E_{-1} = 2$ si et seulement si $a = 1$.

On en déduit donc que A est diagonalisable si et seulement si $a = 1$.

Question 15

(A) **VRAI**

Par définition, $D = P_1 \cap P_2$ avec $P_1 : y+z=0$ et $P_2 : x-1=0$.

Donc $M(x\,;y\,;z) \in D \Leftrightarrow \begin{cases} x-1=0 \\ y+z=0 \end{cases} \Leftrightarrow \begin{cases} x=1 \\ y=-z \end{cases} \Leftrightarrow \begin{cases} x=1 \\ y=-t \\ z=t \end{cases}$ avec $t \in \mathbb{R}$.

(B) **VRAI**

P_1 a pour équation $y+z=0$ soit $0x+1y+1z=0$.

Le vecteur $\overrightarrow{n_1}$ de composantes $(0\,;1\,;1)$ est donc normal au plan P_1.

(C) **FAUX**

Le plan P_2 a pour équation $x-1=0$ soit $1x+0y+0z-1=0$.

Le vecteur $\overrightarrow{n_2}$ de composantes $(1\,;0\,;0)$ est donc normal au plan P_2.

Alors $\overrightarrow{n_1}.\overrightarrow{n_2} = 0\times1+1\times0+1\times0 = 0$, ce qui prouve que les plans P_1 et P_2 sont perpendiculaires.

(D) **VRAI**

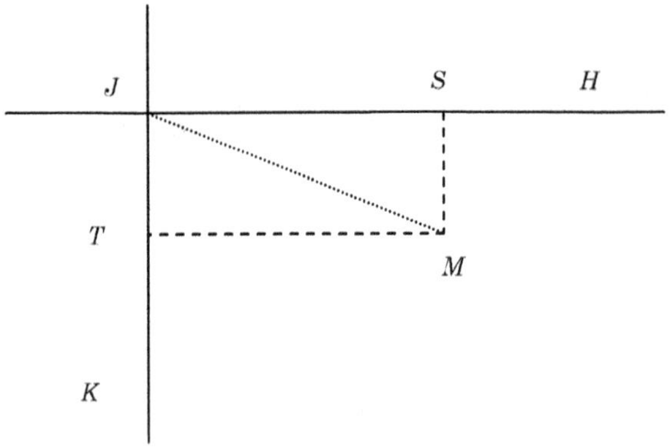

Les plans H et K sont perpendiculaires. Soit Δ la droite intersection de H et K. Dans le plan contenant M et perpendiculaire à la droite intersection de H et K, les triangles MSJ et MTJ sont rectangles (voir figure ci-dessus).

Donc, $MJ^2 = MS^2 + MT^2$ d'où $MJ = \sqrt{MS^2 + MT^2}$.
C'est-à-dire $MJ = \sqrt{d^2(M,H) + d^2(M,K)}$.
La distance d'un point M à l'intersection de deux plans H et K perpendiculaires est donc donnée par $\sqrt{d^2(M,H) + d^2(M,K)}$.

(E) **FAUX**
La droite D est l'intersection de P_1 et P_2 qui sont deux plans perpendiculaires selon la proposition C.
A l'aide du résultat précédent, on peut donc écrire que :
$d^2(M,D) = d^2(M,P_1) + d^2(M,P_2)$.
Or, en utilisant le résultat rappelé dans l'énoncé :

$$d^2(M,P_1) = \left(\frac{|y+z|}{\sqrt{0^2+1^2+1^2}}\right)^2 = \frac{(y+z)^2}{2}$$

et $d^2(M,P_2) = \left(\frac{|x-1|}{\sqrt{1^2+0^2+0^2}}\right)^2 = (x-1)^2$

Donc $d^2(M,D) = \frac{(y+z)^2}{2} + (x-1)^2$.

Question 16

(A) **FAUX**
Le plan P_3 a pour équation $y - z = 0$ donc le vecteur $\overrightarrow{n_3}$ de composantes (0 ; 1 ; -1) est normal à P_3.
Le Plan P_4 a pour équation $x + 1 = 0$ donc le vecteur $\overrightarrow{n_4}$ de composantes (1 ; 0 ; 0) est normal à P_4.

Or $\overrightarrow{n_3}.\overrightarrow{n_4} = 0\times1 + 1\times0 + (-1)\times0 = 0$ donc les plans P_3 et P_4 sont perpendiculaires.
Leur droite d'intersection est la droite Δ.
On peut alors répéter le raisonnement mené à la proposition E de la question 15 et on obtient $d^2(M,\Delta) = d^2(M,P_3) + d^2(M,P_4) = \frac{(y-z)^2}{2} + (x+1)^2$.
La proposition est donc fausse.

(B) **VRAI**
L'ensemble des points $M(x\,;\,y\,;\,z)$ équidistants de D et Δ vérifient $d^2(M,D) = d^2(M,\Delta)$. En reprenant les résultats précédents, on obtient la surface H d'équation $\frac{(y+z)^2}{2} + (x-1)^2 = \frac{(y-z)^2}{2} + (x+1)^2$.

(C) **FAUX**

L'équation de H ne peut être celle d'une sphère.
En effet, on sait que l'équation cartésienne d'une sphère de centre $I(x_I\,;\,y_I\,;\,z_I)$ et de rayon R est $(x-x_I)^2+(y-y_I)^2+(z-z_I)^2=R^2$.
Le développement de cette équation ne peut donner de termes en yz comme il en resterait dans le développement de l'équation de H.
La proposition est donc fausse.

(D) **VRAI**

Les coordonnées des points d'intersection du plan d'équation $z=0$ et de la surface H d'équation $\frac{(y+z)^2}{2}+(x-1)^2=\frac{(y-z)^2}{2}+(x+1)^2$ vérifient l'équation :

$$\frac{y^2}{2}+(x-1)^2=\frac{y^2}{2}+(x+1)^2.$$

Or $\frac{y^2}{2}+(x-1)^2=\frac{y^2}{2}+(x+1)^2 \Leftrightarrow (x-1)^2\text{-}(x+1)^2=0$

$\Leftrightarrow [(x-1)-(x+1)][(x-1)+(x+1)]=0 \Leftrightarrow \text{-}2(2x)=0 \Leftrightarrow x=0.$

En résumé, les coordonnées des points d'intersection vérifient $\begin{cases}x=0\\z=0\end{cases}$.

Les points d'intersection appartiennent donc à l'axe (Oy).

(E) **VRAI**

Les coordonnées des points d'intersection du plan d'équation $x=1$ et de la surface H d'équation $\frac{(y+z)^2}{2}+(x-1)^2=\frac{(y-z)^2}{2}+(x+1)^2$ vérifient l'équation :

$$\frac{(y+z)^2}{2}=\frac{(y-z)^2}{2}+4.$$

Or $\frac{(y+z)^2}{2}=\frac{(y-z)^2}{2}+4 \Leftrightarrow (y+z)^2-(y-z)^2=8$

$\Leftrightarrow [(y+z)-(y-z)][(y+z)+(y-z)]=8 \Leftrightarrow (2z)(2y)=8 \Leftrightarrow yz=2.$

En résumé, les coordonnées des points d'intersection vérifient $\begin{cases}x=1\\yz=2\end{cases}$.

Les points appartiennent bien à une hyperbole.

ENONCE SUJET 2013

Dans les questions 1 et 2, on se propose d'étudier quelques propriétés de la fonction $f_a : x \mapsto \dfrac{(1+x)e^{-x} - \cos(ax)}{x^3}$, où a est un réel fixé. Si f_a admet une limite finie l en 0, on prolongera f_a par continuité en posant $f_a(0) = l$.
Dans les questions 1 et 2, on note DL pour développement limité et $\varepsilon(x)$ représente une fonction qui a pour limite 0 en 0 et qui n'est pas nécessairement la même à chaque item.

Question 1

(A) La fonction f_a est impaire

(B) Pour avoir un DL de f_a à l'ordre 0 au voisinage de 0, il suffit d'avoir un DL de $(1+x)e^{-x}$ à l'ordre 4 au voisinage de 0 et un DL de $\cos(ax)$ à l'ordre 4 au voisinage de 0

(C) Un DL de e^{-x} à l'ordre 4 au voisinage de 0 est $1 - x + \dfrac{x^2}{2} - \dfrac{x^3}{6} + \dfrac{x^4}{24} + x^4\varepsilon(x)$

(D) Un DL de $(1+x)e^{-x}$ à l'ordre 4 au voisinage de 0 est

$$1 - \frac{x^2}{2} + \frac{x^3}{3} - \frac{x^4}{8} + x^4\varepsilon(x)$$

(E) Un DL de $\cos(ax)$ à l'ordre 4 au voisinage de 0 est $1 - \dfrac{ax^2}{2} + \dfrac{ax^4}{4} + x^4\varepsilon(x)$

Question 2

(A) Pour toute valeur de a, la fonction f_a admet une limite finie en 0

(B) Un DL du numérateur de f_a à l'ordre 4 au voisinage de 0 est

$$\left(-\frac{1}{2} + \frac{a^2}{2}\right)x^2 + \frac{x^3}{3} + (3 + a^4)\frac{x^4}{24} + x^4\varepsilon(x)$$

(C) Pour que f_a admette une limite finie en 0, il faut et il suffit que $a^2 = 1$

(D) Pour $a^2 = 1$, la limite de f_a en 0 est $\dfrac{1}{6}$

(E) Pour $a^2 = 1$, la fonction f_a est dérivable en 0 et sa dérivée est $-\dfrac{1}{6}$.

Soient les polynômes $P(t) = -t^5 + t^3$ et $Q(t) = t^2 + t + 1$.
Faire la division euclidienne de P par Q, sous la forme $P(t) = A(t)Q(t) + R(t)$ avec $\deg(R) < 2$.
Utiliser cela pour décomposer puis calculer l'intégrale $I = \displaystyle\int_0^1 \frac{P(t)}{Q(t)}\mathrm{d}t$.

Question 3

(A) On a $A(t) = -t^3 + t^2 + t - 2$
(B) On a $R(t) = t - 2$
(C) On a $\int_0^1 A(t)\mathrm{d}t = \frac{1}{2}$
(D) On a $\int_0^1 \frac{2t+1}{t^2+t+1}\mathrm{d}t = \ln(3)$
(E) On a $I = \frac{11}{6} + \frac{\ln(3)}{2} + \frac{3}{2}\int_0^1 \frac{dt}{t^2+t+1}$

On cherche ici à calculer $J = \int_0^1 \frac{dt}{t^2+t+1}$ et en déduire la valeur de I. On décomposera $Q(t) = t^2 + t + 1$, en un carré en t plus une constante, puis on utilisera un changement de variable $X = at + b$.

Question 4

(A) On a $Q(t) = \left(t + \frac{1}{2}\right)^2 + \frac{1}{2}$
(B) Une primitive de $X \mapsto \frac{1}{X^2+1}$ est $\ln(X^2+1)$
(C) Avec $a = \frac{2}{\sqrt{3}}$, $b = \frac{1}{\sqrt{3}}$ on obtient $J = \frac{2}{\sqrt{3}}\int_{\frac{1}{\sqrt{3}}}^{\sqrt{3}} \frac{dX}{X^2+1}$
(D) On a $\mathrm{Arctan}\left(\frac{1}{\sqrt{3}}\right) = \frac{\pi}{6}$
(E) On a $I = -\frac{17}{12} + \frac{\ln(3)}{2} + \frac{\pi}{2\sqrt{3}}$

Soient	(H) l'équation différentielle homogène :	$y''(t) - 4y'(t) + 5y(t) = 0$
	(E_1) l'équation différentielle :	$y''(t) - 4y'(t) + 5y(t) = 75t - 25$
et	(E_2) l'équation différentielle :	$y''(t) - 4y'(t) + 5y(t) = 40\cos(3t)$.
On cherche ici des solutions y à valeurs réelles.		

Question 5

(A) Il existe des solutions de (H) de la forme e^{rt}, r racine de $r^2 - 4r + 5 = 0$
(B) La solution générale de (H) est $y(t) = e^{2t}(A\cos(t) + B\sin(t))$ avec A, B constantes réelles
(C) L'unique solution polynomiale de (E_1) est $y(t) = 15t + 7$

(D) La solution générale de (E_1) est :

$$15t+7+e^{2t}(A\cos(t)+B\sin(t)) \text{ avec } A,\ B \text{ constantes réelles}$$

(E) Pour a, b réels positifs, il existe une unique solution de (E_1) telle que $y(0)=a$ et $y'(0)=b$

Question 6

(A) Il existe une solution de (E_2) de la forme

$$y(t)=\cos(3t)+e^{2t}(A\cos(t)+B\sin(t))$$

(B) La fonction définie par $y(t)=A\cos(3t)+B\sin(3t)$ est solution de (E_2) si $A=1,\ B=-3$

(C) La fonction $y : t \mapsto -\cos(3t)-3\sin(3t)+e^{2t}(A\cos(t)+B\sin(t))$ est solution de (E_2)

(D) Il n'existe pas de solution de (E_2) vérifiant $y(0)=0$ et $y'(0)=0$

(E) Il existe une solution de (E_2) vérifiant $y(0)=0$, $y(\pi)=0$

On associe à tout point $M(x\ ;\ y)$ du plan P muni du repère orthonormé $(O\ ;\vec{i}\ ;\vec{j})$ son affixe (le nombre complexe $z=x+iy$).
On considère le point A d'affixe -1 et le point O d'affixe 0.
La courbe γ est décrite par le point m d'affixe $z=-1-e^{2i\theta}$ pour $\theta \in \left]\frac{\pi}{2}\ ;\ \frac{3\pi}{2}\right[$.
On définit la transformation $f : \mathbb{C}^* \to \mathbb{C}$ par $Z=f(z)=\dfrac{1}{z^2}$, et la transformation associée F de $P-\{O\}$ associant à m (d'affixe z) le point $M=F(m)$ d'affixe Z.
On se propose d'étudier des propriétés de f, de F et l'image Γ de γ par F.

Calculer $r=|z|=|-1-e^{2i\theta}|$ et $\varphi=\mathrm{Arg}(-1-e^{2i\theta})$ en fonction de θ.
Déterminer les points fixes de f, définis par $u=f(u)$.
On nomme I, J les points fixes de F, dont les affixes vérifient $\mathrm{Re}(u)<0$

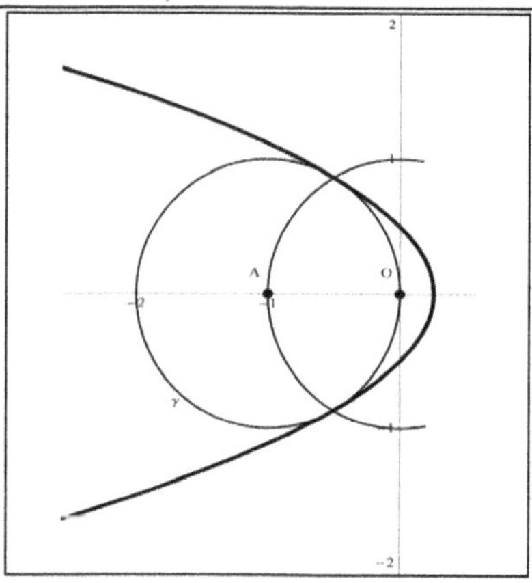

Question 7

(A) La courbe γ est le cercle $C(A\,;1)$, centré en A et de rayon 1, privé du point O

(B) On a $\varphi \in \left]\frac{\pi}{2}\,;\,\frac{3\pi}{2}\right[$ et $\tan(\varphi) = \tan(\theta)$

(C) On a $z = -1 - e^{2i\theta} = 2\cos(\theta)e^{i\theta}$

(D) Les points fixes de f sont 1, $e^{i\frac{\pi}{3}}$, $e^{-i\frac{\pi}{3}}$

(E) Les points I, J sont les intersections de γ et du cercle $C(O\,;1)$

On calculera Z en fonction de θ, puis les coordonnées $(X\,;\,Y)$ de M en fonction de $t = \tan(\theta)$.
En déduire l'équation cartésienne de la courbe Γ et la nature de cette courbe.

Question 8

(A) On a $Z = \dfrac{e^{-2i\theta}}{4\cos^2(\theta)}$

(B) Le point d'affixe $e^{i\frac{2\pi}{3}}$ appartient à la courbe Γ

(C) On a $X = \dfrac{1}{4} + t^2$, $Y = \dfrac{-t}{2}$

(D) L'intersection des courbes γ et Γ est constituée des deux points I et J

(E) L'équation cartésienne de Γ est $X + Y^2 = \dfrac{1}{4}$

On observe que le temps d'attente à la caisse d'un supermarché (en minutes) suit une loi normale de paramètres m et σ. Une étude sur un grand échantillon montre que 15,9% des clients ont une durée d'attente inférieure à 7 minutes, et 2,3% des clients ont une durée d'attente supérieure à 16 minutes.
On appelle T la variable aléatoire qui à chaque client associe son temps d'attente à la caisse.
On donne les valeurs suivantes pour une variable aléatoire Y qui suit une loi normale centrée réduite.

x	0	0,5	1	1,5	2	2,5	3
$P(\{Y \leqslant x\})$	50%	69,1%	84,1%	93,3%	97,7%	99,4%	99,9%

Question 9

(A) $P(\{T \leqslant 7\}) = 15{,}9\%$

(B) $P(\{T \leqslant 16\}) = 2{,}3\%$

(C) Pour une variable aléatoire Y suivant la loi normale centrée réduite, $P(\{Y \leqslant -1\}) = 15{,}9\%$

(D) Les informations données sont insuffisantes pour calculer les valeurs de $(m\ ;\ \sigma)$

(E) m et σ sont solutions du système $\begin{cases} m-\sigma=7 \\ m+2\sigma=16 \end{cases}$

Question 10

(A) On trouve $(m\ ;\ \sigma)=(10\ ;3)$
(B) La probabilité d'attendre plus de 19 minutes est 0,6%
(C) La probabilité d'attendre moins de 4 minutes est 2,3%
(D) La probabilité d'attendre plus de 16 minutes sachant que l'on a déjà attendu 10 minutes est de 4,6%
(E) La probabilité d'attendre moins de 1 minute est de 1%

Soit la fonction f, 2π-périodique telle que $\forall t \in]-\pi\ ;\ \pi[, f(t)=\sin\left(\frac{t}{2}\right)$ et $f(\pi)=0$.

On se propose d'étudier la série de Fourier de f notée

$$S_f(t)=a_0+\sum_{k=1}^{+\infty} a_k\cos(kt)+b_k\sin(kt).$$

Question 11 (option génie électrique)

(A) f est continue sur $\mathbb{R}$
(B) f est C^1 par morceaux sur $]-2\pi\ ;2\pi[$
(C) $\forall t\in\mathbb{R}, f(t)=S_f(t)$
(D) $\forall(a\ ;\ b)\in\mathbb{R}^2$, $\sin(a)\sin(b)=\frac{1}{2}(\sin(a+b)+\sin(a-b))$
(E) $\forall(a\ ;\ b)\in\mathbb{R}^2$, $\cos(a)\cos(b)=\frac{1}{2}(\cos(a+b)+\cos(a-b))$

Question 12 (option génie électrique)

(A) $\forall k\geqslant 1,\ b_k=0$

(B) $\forall k\geqslant 1,\ b_k=\frac{1}{\pi}\left[\frac{\sin\left(k+\frac{1}{2}\right)t}{k+\frac{1}{2}}+\frac{\sin\left(k-\frac{1}{2}\right)t}{k-\frac{1}{2}}\right]_{t=0}^{t=\pi}$

(C) $\forall k\geqslant 1,\ b_k=\frac{8k(-1)^k}{(1-4k^2)\pi}$

(D) $\frac{1}{2\pi}\int_{-\pi}^{+\pi} f^2(t)\,\mathrm{d}t=\frac{1}{2}$

(E) $\sum_{k=1}^{+\infty} b_k^2 = \frac{1}{2}$

Soit la matrice $A = \begin{pmatrix} -1 & 2 & 0 \\ 0 & 1 & 0 \\ -2 & 2 & 1 \end{pmatrix}$.

On considère les suites définies par récurrence par $u_0 = 0$, $v_0 = 1$, $w_0 = 2$, et pour tout $n \in \mathbb{N}$, $\begin{cases} u_{n+1} = -u_n + 2v_n \\ v_{n+1} = v_n \\ w_{n+1} = -2u_n + 2v_n + w_n \end{cases}$.

Dans la suite de la question, on note $U_n = \begin{pmatrix} u_n \\ v_n \\ w_n \end{pmatrix}$.

Question 13 (options génie informatique et génie civil)

(A) Le déterminant de A vaut -1

(B) Le polynôme caractéristique de A est $P_A(x) = (1-x)^3$

(C) Le réel 2 est valeur propre de A

(D) La matrice A est diagonalisable dans $\mathbb{R}$

(E) Pour a réel quelconque, le vecteur $\begin{pmatrix} a \\ -a \\ 0 \end{pmatrix}$ est vecteur propre pour la valeur propre 1

Question 14 (options génie informatique et génie civil)

(A) Pour tout $n \in \mathbb{N}$, on a $U_n = A^n U_0$, où la matrice A est celle donnée dans la question 13

(B) S'il existe une matrice P et une matrice B telles que $A = P^{-1}BP$, alors $\forall n \in \mathbb{N}^*$, $A^n = (P^{-1})^n B P^n$

(C) On a $A^2 = \begin{pmatrix} 2 & 0 & 0 \\ 0 & 1 & 0 \\ 0 & 0 & 1 \end{pmatrix}$

(D) On a $A^n = \begin{pmatrix} (-1)^n & 1-(-1)^n & 0 \\ 0 & 1 & 0 \\ -1+(-1)^n & 1-(-1)^n & 1 \end{pmatrix}$

(E) On a $U_{2013} = \begin{pmatrix} 2 \\ 1 \\ 4 \end{pmatrix}$

Soit le plan affine euclidien muni du repère orthonormé $(O\ ;\vec{i},\vec{j})$.
On considère la courbe Γ d'équation cartésienne $y=\dfrac{1}{x}$ et ayant pour représentation paramétrique $\begin{cases}x=t\\ y=\dfrac{1}{t}\end{cases}$ avec le paramètre $t\in\mathbb{R}^*$.
On considère trois réels a, b, c distincts et non nuls, et trois points de Γ, $A\left(a\ ;\dfrac{1}{a}\right)$, $B\left(b\ ;\dfrac{1}{b}\right)$, $C\left(c\ ;\dfrac{1}{c}\right)$.
Soit H l'orthocentre du triangle (A,B,C), intersection des trois hauteurs.

Question 15 (option génie mécanique)

(A) Γ est une parabole
(B) Γ admet la droite $(x'x)$ comme axe de symétrie
(C) Γ admet l'origine comme centre de symétrie
(D) Γ admet deux asymptotes
(E) Un vecteur directeur de la droite (BC) a pour composantes $(bc\ ;1)$

Question 16 (option génie mécanique)

(A) Un vecteur normal à la droite (BC) a pour composantes $(1\ ;bc)$
(B) Une équation de la hauteur du triangle (A,B,C) issue de A est $abcx-ay=a^2bc-1$
(C) Une équation de la hauteur du triangle (A,B,C) issue de B est $abcx-by=a^2bc+1$
(D) L'orthocentre H du triangle (A,B,C) a pour coordonnées $\left(abc\ ;\dfrac{-1}{abc}\right)$
(E) L'orthocentre H du triangle (A,B,C) est sur Γ

CORRIGE SUJET 2013

Question 1

(A) **FAUX**

La fonction f_a est définie sur $\mathbb{R}$ et $\forall x \in \mathbb{R}, f_a(-x) = \dfrac{(1-x)e^{x} - \cos(-ax)}{(-x)^3}$.

Or $\forall x \in \mathbb{R}$, $\cos(-ax) = \cos(ax)$ et $(-x)^3 = -x^3$ donc $f_a(-x) = -\dfrac{(1-x)e^{x} - \cos(ax)}{x^3}$.

On constate que $f_a(-x) \neq -f_a(x)$ donc la fonction f_a n'est pas impaire.

(B) **FAUX**

Remarquons tout d'abord que la fonction f_a admet un DL à l'ordre 0 au voisinage de 0 si, et seulement si, elle admet une limite finie en 0 et la simple lecture de la suite de l'exercice nous montre que ce n'est pas le cas pour toute valeur de a.
La proposition peut donc déjà être infirmée...
Ensuite, en considérant néanmoins que nous sommes dans ce cas, un DL à l'ordre 4 au voisinage de 0 de $(1+x)e^{-x}$ et de $\cos(ax)$ nous donnerait un DL à l'ordre 4 au voisinage de 0 du numérateur de f_a. Puis, par division par x^3, nous obtiendrions bien le terme de degré 0 du DL de f_a au voisinage de 0 mais pas uniquement celui-ci...

(C) **VRAI**

Le cours nous apprend que $e^u = 1 + u + \dfrac{u^2}{2} + \dfrac{u^3}{6} + \dfrac{u^4}{24} + u^4\varepsilon(u)$ avec $\lim\limits_{u \to 0} \varepsilon(u) = 0$.

En remplaçant u par $-x$, ce qui est licite car $\lim\limits_{x \to 0}(-x) = 0$, on obtient :

$$e^{-x} = 1 - x + \frac{x^2}{2} - \frac{x^3}{6} + \frac{x^4}{24} + x^4\varepsilon(x) \text{ avec } \lim_{x \to 0} \varepsilon(x) = 0.$$

(D) **VRAI**

En multipliant le DL de e^{-x} obtenu ci-dessus par $(1+x)$ et en ne conservant que les termes de degré inférieur ou égal à 4, on obtient successivement :

$$(1+x)e^{-x} = (1+x)\left(1 - x + \frac{x^2}{2} - \frac{x^3}{6} + \frac{x^4}{24} + x^4\varepsilon(x)\right) \text{ avec } \lim_{x \to 0} \varepsilon(x) = 0$$

$$(1+x)e^{-x} = 1 - x + \frac{x^2}{2} - \frac{x^3}{6} + \frac{x^4}{24} + x - x^2 + \frac{x^3}{2} - \frac{x^4}{6} + x^4\varepsilon(x)$$

$$(1+x)e^{-x} = 1 - \frac{x^2}{2} + \frac{x^3}{3} - \frac{x^4}{8} + x^4\varepsilon(x)$$

(E) **FAUX**

On connaît le développement limité en 0 à l'ordre 4 de la fonction $u \mapsto \cos(u)$:

$$\cos(u)=1-\frac{u^2}{2}+\frac{u^4}{24}+u^4\varepsilon(u) \text{ avec } \lim_{u\to 0}\varepsilon(u)=0.$$

Puisque $\lim_{x\to 0}(ax)=0$, on peut utiliser ce développement limité avec $u = ax$.

Ainsi, on obtient : $\cos(ax)=1-\frac{a^2x^2}{2}+\frac{a^4x^4}{24}+x^4\varepsilon(x)$ avec $\lim_{x\to 0}\varepsilon(x)=0$.

La proposition est donc fausse.

Question 2

(A) **FAUX**

Un calcul direct de $\lim_{x\to 0}f_a(x)$ ne permet pas de conclure car on obtient une forme indéterminée du type "$\frac{0}{0}$".

Cependant, prenons - par exemple - la valeur $a = 0$. On a $f_0(x)=\frac{(1+x)e^{-x}-1}{x^3}$.

Et les développements limités obtenus à la question précédente permettent d'écrire : $(1+x)e^{-x}-\cos(ax)=(1+x)e^{-x}-1=-\frac{x^2}{2}+\frac{x^3}{3}-\frac{x^4}{8}+x^4\varepsilon(x)$.

D'où $f_0(x)=-\frac{1}{2x}+\frac{1}{3}-\frac{x}{8}+x\varepsilon(x)$ et par suite, la limite en 0 de $f_0(x)$ est infinie.

La proposition est donc fausse.

(B) **FAUX**

A l'aide des *DL* obtenus à la question précédente, on peut écrire :

$$(1+x)e^{-x}-\cos(ax)=\left(1-\frac{x^2}{2}+\frac{x^3}{3}-\frac{x^4}{8}+x^4\varepsilon(x)\right)-\left(1-\frac{a^2x^2}{2}+\frac{a^4x^4}{24}+x^4\varepsilon(x)\right)$$

$$(1+x)e^{-x}-\cos(ax)=\frac{a^2-1}{2}x^2+\frac{x^3}{3}-\frac{a^4+3}{24}x^4+x^4\varepsilon(x).$$

La proposition est donc fausse.

(C) **VRAI**

A l'aide du *DL* obtenu ci-dessus, on peut écrire :

$$f_a(x)=\frac{(1+x)e^{-x}-\cos(ax)}{x^3}=\frac{a^2-1}{2}\times\frac{1}{x}+\frac{1}{3}-\frac{a^4+3}{24}x+x\varepsilon(x).$$

La présence du terme en $\frac{1}{x}$ implique que la limite en 0 est infinie sauf si le coefficient a^2-1 vaut 0.

Donc pour que f_a admette une limite finie en 0, il faut et il suffit que $a^2=1$.

(D) **FAUX**

Si $a^2 = 1$ alors $f_a(x) = \frac{1}{3} - \frac{1^2+3}{24}x + x\varepsilon(x) = \frac{1}{3} - \frac{1}{6}x + x\varepsilon(x)$ et il vient $\lim\limits_{x\to 0} f_a(x) = \frac{1}{3}$.
La proposition est donc fausse.

(E) **VRAI**

Puisque $\lim\limits_{x\to 0} f_a(x) = \frac{1}{3}$, on peut prolonger f_a par continuité en posant $f_a(0) = \frac{1}{3}$.
Pour étudier la dérivabilité en 0 de f_a, on va étudier la limite en 0 du taux d'accroissement $\frac{f_a(x) - f_a(0)}{x - 0}$.

Pour $a^2 = 1$, $\frac{f_a(x) - f_a(0)}{x - 0} = \frac{\left(\frac{1}{3} - \frac{1}{6}x + x\varepsilon(x)\right) - \frac{1}{3}}{x} = -\frac{1}{6} + \varepsilon(x)$
et donc $\lim\limits_{x\to 0} \frac{f_a(x) - f_a(0)}{x - 0} = -\frac{1}{6}$.

La limite est finie donc f_a est dérivable en 0 et sa dérivée vaut $-\frac{1}{6}$.

Question 3

(A) **VRAI**

La division euclidienne de $P(t) = -t^5 + t^3$ par $Q(t) = t^2 + t + 1$ donne :

$$-t^5 + t^3 = (-t^3 + t^2 + t - 2)(t^2 + t + 1) + t + 2.$$

Ainsi $A(t) = -t^3 + t^2 + t - 2$.

(B) **FAUX**

La division euclidienne donne $R(t) = t + 2$.
La proposition est donc fausse.

(C) **FAUX**

On a $\int_0^1 A(t)\mathrm{d}t = \int_0^1 (-t^3 + t^2 + t - 2)\mathrm{d}t = \left[-\frac{t^4}{4} + \frac{t^3}{3} + \frac{t^2}{2} - 2t\right]_0^1 = -\frac{1}{4} + \frac{1}{3} + \frac{1}{2} - 2$.
Soit $\int_0^1 A(t)\mathrm{d}t = \frac{7}{12} - \frac{24}{12} = -\frac{17}{12}$.

(D) **VRAI**

On a $\int_0^1 \frac{2t+1}{t^2+t+1}\mathrm{d}t = \left[\ln|t^2 + t + 1|\right]_0^1 = \ln(3) - \ln(1) = \ln(3)$ car $\ln(1) = 0$.

(E) **FAUX**

Par définition, $I = \int_0^1 \frac{P(t)}{Q(t)}\mathrm{d}t$. Or la division euclidienne de $P(t)$ par $Q(t)$ donne

$P(t) = A(t)Q(t) + R(t)$ donc $I = \int_0^1 \left(A(t) + \frac{R(t)}{Q(t)}\right)\mathrm{d}t = \int_0^1 A(t)\mathrm{d}t + \int_0^1 \frac{R(t)}{Q(t)}\mathrm{d}t$.

D'où $I = -\frac{17}{12} + \int_0^1 \frac{t+2}{t^2+t+1}\mathrm{d}t$ en tenant compte des résultats précédents.

Posons $K = \int_0^1 \frac{t+2}{t^2+t+1}\mathrm{d}t$; on peut écrire :

$$K = \int_0^1 \frac{\frac{1}{2}(2t+1)+\frac{3}{2}}{t^2+t+1}\mathrm{d}t = \frac{1}{2}\int_0^1 \frac{2t+1}{t^2+t+1}\mathrm{d}t + \frac{3}{2}\int_0^1 \frac{dt}{t^2+t+1}.$$

Soit $K = \frac{1}{2}\ln(3) + \frac{3}{2}\int_0^1 \frac{dt}{t^2+t+1}$ en utilisant le résultat de la proposition D.

Finalement, on obtient $I = -\frac{17}{12} + K = -\frac{17}{12} + \frac{1}{2}\ln(3) + \frac{3}{2}\int_0^1 \frac{dt}{t^2+t+1}$.

Question 4

(A) **FAUX**

On sait que $Q(t) = t^2 + t + 1$.

La forme canonique est donnée par $Q(t) = \left(t+\frac{1}{2}\right)^2 - \frac{1}{4} + 1 = \left(t+\frac{1}{2}\right)^2 + \frac{3}{4}$.

La proposition est donc fausse.

Remarque

On pouvait bien évidemment vérifier par simple développement que l'expression donnée dans le sujet ne convenait pas mais la forme canonique exacte nous sera utile pour la suite.

(B) **FAUX**

Le résultat proposé ne peut convenir ; en effet, la dérivée de $X \mapsto \ln(X^2+1)$ est $X \mapsto \frac{2X}{X^2+1}$ et non $X \mapsto \frac{1}{X^2+1}$.

En fait, il s'agit d'un résultat de cours à connaître : une primitive de $X \mapsto \frac{1}{X^2+1}$ est $X \mapsto \mathrm{Arctan}(X)$.

(C) **VRAI**

Suivons les indications fournies dans l'énoncé en posant $X = at + b$ avec $a = \frac{2}{\sqrt{3}}$ et $b = \frac{1}{\sqrt{3}}$ pour calculer l'intégrale $J = \int_0^1 \frac{dt}{t^2 + t + 1}$.

On pose donc $X = \frac{2}{\sqrt{3}}t + \frac{1}{\sqrt{3}}$.

Transformons les bornes de l'intégrale :

Lorsque $t = 0$, $X = \frac{1}{\sqrt{3}}$ et lorsque $t = 1$, $X = \frac{3}{\sqrt{3}} = \sqrt{3}$.

Transformons l'élément différentiel :

$X = \frac{2}{\sqrt{3}}t + \frac{1}{\sqrt{3}}$ donc $\mathrm{d}X = \frac{2}{\sqrt{3}}\mathrm{d}t$ soit $\mathrm{d}t = \frac{\sqrt{3}}{2}\mathrm{d}X$.

Transformons enfin l'expression de la fonction à intégrer :

$\frac{1}{t^2 + t + 1} = \frac{1}{\left(t + \frac{1}{2}\right)^2 + \frac{3}{4}}$ en utilisant le résultat de la proposition A

$$\frac{1}{t^2 + t + 1} = \frac{1}{\frac{3}{4}} \times \frac{1}{\frac{4}{3}\left(t + \frac{1}{2}\right)^2 + 1}$$

$$\frac{1}{t^2 + t + 1} = \frac{4}{3} \times \frac{1}{\left(\frac{2}{\sqrt{3}}\left(t + \frac{1}{2}\right)\right)^2 + 1}$$

$$\frac{1}{t^2 + t + 1} = \frac{4}{3} \times \frac{1}{\left(\frac{2}{\sqrt{3}}t + \frac{1}{\sqrt{3}}\right)^2 + 1}$$

$$\frac{1}{t^2 + t + 1} = \frac{4}{3} \times \frac{1}{X^2 + 1}$$

Il vient alors $J = \int_{\frac{1}{\sqrt{3}}}^{\sqrt{3}} \left(\frac{4}{3} \times \frac{1}{X^2 + 1}\right) \times \frac{\sqrt{3}}{2}\mathrm{d}X$ soit $J = \frac{2}{\sqrt{3}} \int_{\frac{1}{\sqrt{3}}}^{\sqrt{3}} \frac{1}{X^2 + 1}\mathrm{d}X$.

(D) **VRAI**

On a $\tan\left(\frac{\pi}{6}\right) = \frac{\sin\left(\frac{\pi}{6}\right)}{\cos\left(\frac{\pi}{6}\right)} = \frac{\frac{1}{2}}{\frac{\sqrt{3}}{2}} = \frac{1}{\sqrt{3}}$ donc $\mathrm{Arctan}\left(\frac{1}{\sqrt{3}}\right) = \frac{\pi}{6}$.

(E) **VRAI**

A l'issue de la question 3, nous avons obtenu l'expression suivante pour I :

$$I = -\frac{17}{12} + \frac{1}{2}\ln(3) + \frac{3}{2}\int_0^1 \frac{dt}{t^2+t+1} \text{ soit } I = -\frac{17}{12} + \frac{1}{2}\ln(3) + \frac{3}{2}J.$$

Calculons tout d'abord la valeur de J :

Selon la proposition C, $J = \frac{2}{\sqrt{3}}\int_{\frac{1}{\sqrt{3}}}^{\sqrt{3}} \frac{1}{X^2+1}\mathrm{d}X.$

D'où $J = \frac{2}{\sqrt{3}}\Big[\text{Arctan}(X)\Big]_{\frac{1}{\sqrt{3}}}^{\sqrt{3}} = \frac{2}{\sqrt{3}}\left(\text{Arctan}\left(\sqrt{3}\right) - \text{Arctan}\left(\frac{1}{\sqrt{3}}\right)\right).$

On sait, selon la proposition précédente, que $\text{Arctan}\left(\frac{1}{\sqrt{3}}\right) = \frac{\pi}{6}.$

De plus, le cours (voir chapitre "Fonctions d'une variable réelle") nous apprend que : $\forall x > 0,\ \text{Arctan}(x) + \text{Arctan}\left(\frac{1}{x}\right) = \frac{\pi}{2}.$

On en déduit que $\text{Arctan}\left(\sqrt{3}\right) = \frac{\pi}{2} - \text{Arctan}\left(\frac{1}{\sqrt{3}}\right) = \frac{\pi}{2} - \frac{\pi}{6} = \frac{\pi}{3}.$

Il vient alors $J = \frac{2}{\sqrt{3}}\left(\frac{\pi}{3} - \frac{\pi}{6}\right) = \frac{2}{\sqrt{3}} \times \frac{\pi}{6} = \frac{\pi}{3\sqrt{3}}.$

Revenons maintenant à I : $I = -\frac{17}{12} + \frac{1}{2}\ln(3) + \frac{3}{2} \times \frac{\pi}{3\sqrt{3}} = -\frac{17}{12} + \frac{1}{2}\ln(3) + \frac{\pi}{2\sqrt{3}}.$

Remarque

Pour obtenir la valeur de $\text{Arctan}\left(\sqrt{3}\right)$, on pouvait aussi remarquer que :

$$\sqrt{3} = \frac{\frac{\sqrt{3}}{2}}{\frac{1}{2}} = \frac{\sin\left(\frac{\pi}{3}\right)}{\cos\left(\frac{\pi}{3}\right)} = \tan\left(\frac{\pi}{3}\right).$$

Donc $\text{Arctan}\left(\sqrt{3}\right) = \frac{\pi}{3}.$

Question 5

(A) **FAUX**

L'équation caractéristique associée à (H) est $r^2 - 4r + 5 = 0$.

Le discriminant est $\Delta = -4 < 0$ et les solutions de l'équation caractéristique sont donc deux nombres complexes conjugués.

Ainsi, il n'existe pas de solutions de (H) à valeurs réelles de la forme e^{rt} avec r racine de $r^2 - 4r + 5 = 0$.

(B) **VRAI**

Les solutions de l'équation caractéristique associée à (H) sont les nombres complexes conjugués $r_1 = \dfrac{4-i\sqrt{4}}{2} = 2-i$ et $r_2 = \overline{r_1} = 2+i$.

Selon le cours, les solutions réelles de (H) sont les fonctions définies par :
$y(t) = e^{2t}(A\cos(t) + B\sin(t))$ avec A et B constantes réelles.

(C) **VRAI**

Soit y un polynôme de degré n.
Alors $\deg(y') = n-1$, $\deg(y'') = n-2$ et donc $\deg(y''-4y'+5y) = n$.
Or $\deg(75t-25) = 1$ donc si l'équation (E_1) admet des solutions polynomiales alors ces polynômes sont de degré 1.

On pose donc $y(t) = at+b$ avec a et b constantes réelles.
On a alors : $y'(t) = a$ et $y''(t) = 0$.
Ainsi, on peut écrire :
y est solution de $(E_1) \Leftrightarrow 0-4a+5(at+b) = 75t-25 \Leftrightarrow 5at+(5b-4a) = 75t-25$.

Par identification, on obtient $\begin{cases} 5a = 75 \\ 5b-4a = -25 \end{cases} \Leftrightarrow \begin{cases} a = 15 \\ b = 7 \end{cases}$ d'où $y(t) = 15t+7$.

En conclusion, (E_1) admet une et une seule solution polynomiale définie par $y(t) = 15t+7$.

(D) **VRAI**

Selon le cours, on sait que pour obtenir la solution générale de (E_1), il suffit d'ajouter une solution particulière de (E_1) aux solutions de l'équation homogène (H).
Ainsi, en utilisant les résultats précédents (propositions B et C), on peut affirmer que la solution générale de (E_1) est :

$$y(t) = 15t+7+e^{2t}(A\cos(t)+B\sin(t)) \text{ avec } A \text{ et } B \text{ constantes réelles.}$$

(E) **VRAI**

Le cours nous apprend que le problème de Cauchy $\begin{cases} y''(t)-4y'(t)+5y(t) = 75t-25 \\ y(0) = a \\ y'(0) = b \end{cases}$

admet une et une seule solution.

Remarque

Sans utiliser le cours sur le problème de Cauchy, on pouvait résoudre le système $\begin{cases} y(0) = a \\ y'(0) = b \end{cases}$ et ainsi montrer qu'on définissait une et une seule solution de (E_1).

Question 6

(A) **FAUX**
Soit la fonction y définie par $y(t) = \cos(3t) + e^{2t}(A\cos(t) + B\sin(t))$.
Le terme $e^{2t}(A\cos(t) + B\sin(t))$ correspond aux solutions de l'équation homogène (H) associée à (E_2).
Ainsi, la fonction y est solution de (E_2) si, et seulement si, le terme $y_0(t) = \cos(3t)$ est une solution particulière de (E_2).
Or $y'_0(t) = -3\sin(3t)$ et $y''_0(t) = -9\cos(3t)$.
Donc $y''_0 - 4y'_0 + 5y_0 = -9\cos(3t) + 12\sin(3t) + 5\cos(3t) = -4\cos(3t) + 12\sin(3t)$.
On a $y''_0 - 4y'_0 + 5y_0 \neq 40\cos(3t)$ donc y_0 n'est pas une solution particulière de (E_2) et par conséquent, y n'est pas une solution de (E_2).

(B) **FAUX**
Soit $y(t) = A\cos(3t) + B\sin(3t)$.
On a : $y'(t) = -3A\sin(3t) + 3B\cos(3t)$ et $y''(t) = -9A\cos(3t) - 9B\sin(3t)$.

Ainsi, on obtient :

$$\begin{aligned} &y''(t) - 4y'(t) + 5y(t) \\ &= -9A\cos(3t) - 9B\sin(3t) + 12A\sin(3t) - 12B\cos(3t) + 5A\cos(3t) + 5B\sin(3t) \\ &= (-4A - 12B)\cos(3t) + (12A - 4B)\sin(3t). \end{aligned}$$

Donc y est solution de $(E_2) \Leftrightarrow \begin{cases} -4A - 12B = 40 \\ 12A - 4B = 0 \end{cases} \Leftrightarrow \begin{cases} A = -1 \\ B = -3 \end{cases}$.
La proposition est donc fausse.

(C) **VRAI**
Selon la proposition précédente, la fonction $t \mapsto -\cos(3t) - 3\sin(3t)$ est une solution particulière de (E_2).
De plus, nous connaissons les solutions de l'équation homogène associée (H) : ce sont les fonctions définies par $t \mapsto e^{2t}(A\cos(t) + B\sin(t))$ avec A et B constantes réelles.
Ainsi, on en déduit que la solution générale de (E_2) est :
$-\cos(3t) - 3\sin(3t) + e^{2t}(A\cos(t) + B\sin(t))$ avec A et B constantes réelles.

(D) **FAUX**
Le problème posé est un problème de Cauchy donc il admet une et une seule solution.
La proposition est donc fausse.

Remarque

On peut aussi infirmer cette proposition en résolvant le système $\begin{cases} y(0)=0 \\ y'(0)=0 \end{cases}$.

Ce système admet une et une seule solution.

(E) **FAUX**

Le problème posé n'est pas un problème de Cauchy donc il ne nous est pas possible de répondre aussi rapidement qu'à la proposition précédente.

Nous savons que la solution générale de (E_2) est :

$y(t) = -\cos(3t) - 3\sin(3t) + e^{2t}(A\cos(t) + B\sin(t))$ avec A et B constantes réelles.

Donc $\begin{cases} y(0)=0 \\ y(\pi)=0 \end{cases} \Leftrightarrow \begin{cases} -1+A=0 \\ 1-Ae^{2\pi}=0 \end{cases} \Leftrightarrow \begin{cases} A=1 \\ A=e^{-2\pi} \end{cases}$.

Or $e^{-2\pi} \neq 1$ donc le système n'admet pas de solution.

Donc, il n'existe pas de solution de (E_2) vérifiant $y(0)=0$ et $y(\pi)=0$.

Question 7

(A) **VRAI**

Le point m a pour affixe $z = -1 - e^{2i\theta}$ et le point A a pour affixe -1.

Alors $Am = \left|(-1-e^{2i\theta})-(-1)\right| = \left|-e^{i2\theta}\right| = \left|e^{i2\theta}\right| = 1$.

On en déduit que m appartient au cercle $C(A\,;1)$ de centre A et de rayon 1.

De plus, l'énoncé indique que $\theta \in \left]\frac{\pi}{2}\,;\frac{3\pi}{2}\right[$.

D'où $2\theta \in]\pi\,;3\pi[$ et par suite $e^{i2\theta} \neq -1$ soit $z = -1 - e^{2i\theta} \neq 0$.

En conclusion, la courbe γ décrite par m est le cercle $C(A\,;1)$ privé du point O.

(B) **VRAI**

Soit $z = -1 - e^{2i\theta}$ et $\varphi = \text{Arg}(z)$.

On peut écrire : $z = -1 - (\cos(2\theta) + i\sin(2\theta)) = (-1-\cos(2\theta)) - i\sin(2\theta)$.

Alors $\tan(\varphi) = \dfrac{-\sin(2\theta)}{-1-\cos(2\theta)} = \dfrac{\sin(2\theta)}{1+\cos(2\theta)}$.

Or $\sin(2\theta) = 2\sin(\theta)\cos(\theta)$ et $1+\cos(2\theta) = 2\cos^2(\theta)$ donc $\tan(\varphi) = \dfrac{\sin(\theta)}{\cos(\theta)} = \tan(\theta)$.

De la relation $\tan(\varphi) = \tan(\theta)$, on déduit que $\varphi = \theta + k\pi$ avec $k \in \mathbb{Z}$.

On sait également que $\theta \in \left]\frac{\pi}{2}\,;\frac{3\pi}{2}\right[$.

Prenons, par exemple, $\theta = \pi$.

On a dans ce cas $\varphi = \pi$ car alors $z = -1 - e^{2i\pi} = -1 - 1 = -2$.

D'où $k = 0$ et par suite $\varphi = \theta$.

Ainsi $\varphi \in \left]\frac{\pi}{2} ; \frac{3\pi}{2}\right[$.

(C) **FAUX**

On sait que $\begin{cases} \theta \in \left]\frac{\pi}{2} ; \frac{3\pi}{2}\right[\\ \varphi \in \left]\frac{\pi}{2} ; \frac{3\pi}{2}\right[\\ \tan(\varphi) = \tan(\theta) \end{cases}$.

On en déduit que θ est un argument de $z = -1 - e^{i2\theta}$.

De plus, on peut écrire : $z = -1 - (\cos(2\theta) + i\sin(2\theta)) = (-1 - \cos(2\theta)) - i\sin(2\theta)$.

D'où $|z|^2 = (-1 - \cos(2\theta))^2 + (-\sin(2\theta))^2 = 1 + \cos^2(2\theta) + 2\cos(2\theta) + \sin^2(2\theta)$.

Soit $|z|^2 = 2 + 2\cos(2\theta)$ car $\cos^2(2\theta) + \sin^2(2\theta) = 1$.

Puis $|z|^2 = 2(1 + \cos(2\theta)) = 4\cos^2(\theta)$ car $1 + \cos(2\theta) = 2\cos^2(\theta)$.

Alors $|z| = 2|\cos(\theta)|$.

Mais on sait que $\cos(\theta) < 0$ car $\theta \in \left]\frac{\pi}{2} ; \frac{3\pi}{2}\right[$ donc finalement, $|z| = -2\cos(\theta)$.

En conclusion, on a $z = -1 - e^{i2\theta} = -2\cos(\theta)e^{i\theta}$.

La proposition est donc fausse.

(D) **FAUX**

Selon la proposition précédente, $z = -2\cos(\theta)e^{i\theta}$.

Ainsi les points fixes de f sont définis par :

$$f(z) = z \Leftrightarrow \frac{1}{z^2} = z \Leftrightarrow \frac{1}{4\cos^2(\theta)e^{2i\theta}} = -2\cos(\theta)e^{i\theta} \Leftrightarrow -8\cos^3(\theta)e^{i3\theta} = 1e^{i0}$$

D'où $\begin{cases} -8\cos^3(3\theta) = 1 \\ 3\theta = 0 + k2\pi \text{ avec } k \in \mathbb{Z} \end{cases}$ soit $\begin{cases} -8\cos^3(3\theta) = 1 \\ \theta = k\frac{2\pi}{3} \text{ avec } k \in \mathbb{Z} \end{cases}$.

On remarque que θ ne prend que 3 valeurs distinctes.

Sachant que $\theta \in \left]\frac{\pi}{2} ; \frac{3\pi}{2}\right[$, on a $\theta = 0$ (valeur obtenue pour $k = 0$), $\theta = \frac{2\pi}{3}$ (valeur obtenue pour $k = 1$) et $\theta = \frac{4\pi}{3}$ (valeur obtenue pour $k = 2$).

Mais la valeur $\theta = 0$ est à écarter car alors $-8\cos^3(3\theta) = -8\cos^3(0) = -8 \neq = 1$.

Les deux valeurs restantes de θ vérifient bien $-8\cos^3(3\theta) = 1$.

Donc les deux points fixes de f sont les nombres complexes :

$$z_1 = -2\cos\left(\frac{2\pi}{3}\right)e^{i\frac{2\pi}{3}} = -2\times\left(-\frac{1}{2}\right)e^{i\frac{2\pi}{3}} = \cos\left(\frac{2\pi}{3}\right) + i\sin\left(\frac{2\pi}{3}\right) = -\frac{1}{2} + \frac{i\sqrt{3}}{2}$$

Et $z_2 = -2\cos\left(\frac{4\pi}{3}\right)e^{i\frac{4\pi}{3}} = -2\times\left(-\frac{1}{2}\right)e^{i\frac{4\pi}{3}} = \cos\left(\frac{4\pi}{3}\right) + i\sin\left(\frac{4\pi}{3}\right) = -\frac{1}{2} - \frac{i\sqrt{3}}{2} = \overline{z_1}$.

Remarque
Il était ici très rapide d'infirmer cette proposition en remarquant que $z = 1$ ne pouvait être un point fixe de f car le point m de coordonnées (1 ; 0) n'appartient pas à la courbe γ (cercle de centre A et de rayon 1).

(E) **VRAI**
Soit I le point d'affixe z_1 et J le point d'affixe z_2.
Par définition, I et J appartiennent à γ.
De plus, $|z_1| = |z_2| = 1$ donc I et J appartiennent au cercle $C(O\,;1)$, centré en O et de rayon 1.
En conclusion, I et J sont bien les intersections de γ et du cercle $C(O\,;1)$.

Question 8

(A) **VRAI**
Selon la proposition D de la question précédente, on a $\frac{1}{z^2} = \frac{1}{4\cos^2(\theta)e^{2i\theta}}$.
Donc on a bien $Z = \frac{1}{z^2} = \frac{1}{4\cos^2(\theta)e^{2i\theta}} = \frac{e^{-2i\theta}}{4\cos^2(\theta)}$ car $e^{-2i\theta} = \frac{1}{e^{2i\theta}}$.

(B) **VRAI**
Soit $\theta = \frac{2\pi}{3}$. On a bien $\theta \in \left]\frac{\pi}{2}\,;\frac{3\pi}{2}\right[$ et $Z = \frac{e^{-4i\frac{\pi}{3}}}{4\cos^2\left(\frac{2\pi}{3}\right)} = \frac{e^{-4i\frac{\pi}{3}}}{4\times\left(-\frac{1}{2}\right)^2} = e^{i\frac{2\pi}{3}}$.
Donc le point d'affixe $e^{i\frac{2\pi}{3}}$ appartient à Γ.

(C) **FAUX**
On sait que $Z = X + iY = \frac{e^{-2i\theta}}{4\cos^2(\theta)} = \frac{\cos(-2\theta)}{4\cos^2(\theta)} + i\frac{\sin(-2\theta)}{4\cos^2(\theta)}$.

D'où $\begin{cases} X = \frac{\cos(-2\theta)}{4\cos^2(\theta)} = \frac{\cos(2\theta)}{4\cos^2(\theta)} \\ Y = \frac{\sin(-2\theta)}{4\cos^2(\theta)} = -\frac{\sin(2\theta)}{4\cos^2(\theta)} \end{cases}$ car $\cos(-2\theta) = \cos(2\theta)$ et $\sin(-2\theta) = -\sin(2\theta)$.

Or $\cos(2\theta) = 2\cos^2(\theta) - 1$ et $\sin(2\theta) = 2\sin(\theta)\cos(\theta)$ donc il vient :

$$\begin{cases} X = \frac{2\cos^2(\theta)}{4\cos^2(\theta)} - \frac{1}{4}\times\frac{1}{\cos^2(\theta)} \\ Y = -\frac{1}{2}\times\frac{\sin(\theta)}{\cos(\theta)} = -\frac{1}{2}\tan(\theta) \end{cases}.$$

En posant $t = \tan(\theta)$, on a $\frac{1}{\cos^2(\theta)} = 1 + \tan^2(\theta) = 1 + t^2$.

D'où $\begin{cases} X = \frac{1}{2} - \frac{1}{4}(1+t^2) = \frac{1}{4} - \frac{1}{4}t^2 \\ Y = -\frac{1}{2}t \end{cases}$.

La proposition est donc fausse.

(D) **VRAI**

Les affixes des points d'intersection de γ et Γ vérifient $f(z) = z$.
Les points d'intersection de γ et Γ sont donc I et J les points fixes de F.

(E) **VRAI**

On a $X = \frac{1}{4} - \frac{1}{4}t^2$ soit $X = \frac{1}{4} - Y^2$ car $Y = -\frac{1}{2}t$.

Ainsi une équation cartésienne de Γ est $X + Y^2 = \frac{1}{4}$.

Question 9

(A) **VRAI**

Par lecture de l'énoncé, on a directement : $P(\{T \leqslant 7\}) = 15{,}9\%$.

(B) **FAUX**

Par lecture de l'énoncé, on a : $P(\{T \geqslant 16\}) = 2{,}3\%$.
La proposition est donc fausse.

(C) **VRAI**

Si Y est une variable aléatoire suivant la loi normale centrée réduite, alors $P(\{Y \leqslant -1\}) = 1 - P(\{Y \leqslant 1\}) = 1 - 0{,}841 = 0{,}159 = 15{,}9\%$.

(D) **FAUX**

T suit la loi normale $\mathcal{N}(m,\sigma)$ donc $Y = \dfrac{T-m}{\sigma}$ suit la loi normale centrée réduite $\mathcal{N}(0,1)$.

Ainsi, la donnée de l'énoncé $P(\{T \leqslant 7\}) = 15{,}9\%$ est équivalente à $P\left(\left\{Y \leqslant \frac{7-m}{\sigma}\right\}\right) = 15{,}9\%$.
Or, selon la proposition précédente, $P(\{Y \leqslant -1\}) = 15{,}9\%$.
On en déduit donc que $\dfrac{7-m}{\sigma} = -1$.

L'énoncé indique également que $P(\{T \geqslant 16\}) = 2{,}3\%$. Cette donnée est équivalente à $P\left(\left\{Y \geqslant \frac{16-m}{\sigma}\right\}\right) = 2{,}3\%$ soit $P\left(\left\{Y \leqslant \frac{16-m}{\sigma}\right\}\right) = 97{,}7\%$.

Or, on sait que $P(\{Y \leqslant 2\}) = 97{,}7\%$.
On en déduit donc que $\frac{16-m}{\sigma} = 2$.

On dispose donc de deux équations pour déterminer m et σ ; les informations sont donc suffisantes.

(E) **VRAI**

Selon la proposition précédente, m et σ vérifient le système $\begin{cases} \frac{7-m}{\sigma} = -1 \\ \frac{16-m}{\sigma} = 2 \end{cases}$.

Ce système est équivalent à $\begin{cases} m - \sigma = 7 \\ m + 2\sigma = 16 \end{cases}$.

Question 10

(A) **VRAI**

Selon la proposition précédente, m et σ vérifient $\begin{cases} m - \sigma = 7 \\ m + 2\sigma = 16 \end{cases}$.
Par différence, on obtient $3\sigma = 9$ soit $\sigma = 3$.
Puis il vient $m = 7 + \sigma = 7 + 3 = 10$.

(B) **FAUX**

La variable aléatoire T suit donc la loi normale $\mathcal{N}(10{,}3)$ et $Y = \frac{T-10}{3}$ suit la loi normale centrée réduite $\mathcal{N}(0{,}1)$.

On cherche $P(\{T \geqslant 19\})$:
$P(\{T \geqslant 19\}) = 1 - P(\{T \leqslant 19\}) = 1 - P\left(\left\{Y \leqslant \frac{19-10}{3}\right\}\right) = 1 - P(Y \leqslant 3) = 1 - 0{,}999 = 0{,}1\%$.
La proposition est donc fausse.

(C) **VRAI**
On cherche $P(\{T \leqslant 4\})$:
$P(\{T \leqslant 4\}) = P\left(\left\{Y \leqslant \frac{4-10}{3}\right\}\right) = P(\{Y \leqslant -2\}) = 1 - P(\{Y \leqslant 2\}) = 1 - 0{,}977 = 2{,}3\%$.

(D) **VRAI**
La probabilité d'attendre plus de 16 minutes sachant que l'on a déjà attendu 10 minutes est donnée par $P(\{T \geqslant 16\}/\{T \geqslant 10\})$
Par définition, $P(\{T \geqslant 16\}/\{T \geqslant 10\}) = \frac{P(\{T \geqslant 16\} \cap \{T \geqslant 10\})}{P(\{T \geqslant 10\})}$.

Or $\{T \geqslant 16\} \cap \{T \geqslant 10\} = \{T \geqslant 16\}$ donc $P(\{T \geqslant 16\}/\{T \geqslant 10\}) = \dfrac{P(\{T \geqslant 16\})}{P(\{T \geqslant 10\})}$.

Selon l'énoncé, on sait que $P(\{T \geqslant 16\}) = 0{,}023$.
Et on a $P(\{T \geqslant 10\}) = 1 - P(\{T \leqslant 10\}) = 1 - P(\{Y \leqslant 0\}) = 1 - 0{,}5 = 0{,}5$.

Ainsi, on a finalement : $P(\{T \geqslant 16\}/\{T \geqslant 10\}) = \dfrac{0{,}023}{0{,}5} = 0{,}046 = 4{,}6\%$.

(E) **FAUX**

On cherche $P(\{T \leqslant 1\})$:

$P(\{T \leqslant 1\}) = P\left(\left\{Y \leqslant \dfrac{1-10}{3}\right\}\right) = P(\{Y \leqslant -3\}) = 1 - P(\{Y \leqslant 3\}) = 1 - 0{,}999 = 0{,}1\%$.

La proposition est donc fausse.

Question 11

(A) **FAUX**

Voici ci-dessous la courbe représentative de f sur $[-3\pi\ ;\ 3\pi]$:

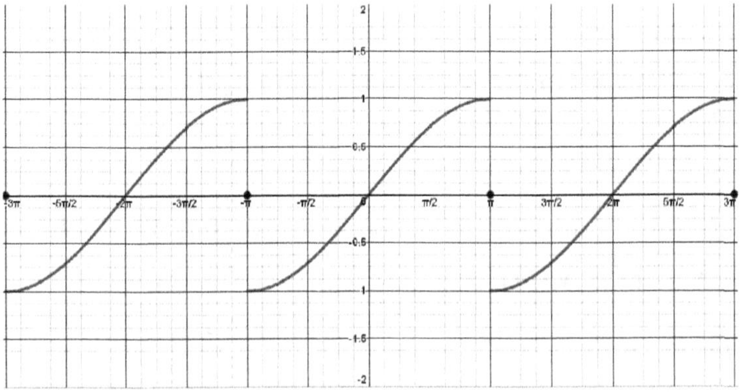

Choisissons, par exemple, la valeur $t = \pi$ et étudions la continuité de f en ce point.
On a :

$\lim\limits_{\substack{t \to \pi \\ t < \pi}} f(t) = \sin\left(\dfrac{\pi}{2}\right) = 1$; $\lim\limits_{\substack{t \to \pi \\ t > \pi}} f(t) = \lim\limits_{\substack{t \to -\pi \\ t > -\pi}} f(t) = \sin\left(-\dfrac{\pi}{2}\right) = -1$; $f(\pi) = 0$.

Ainsi, f n'est pas continue en π.
La proposition est donc fausse.

(B) **VRAI**

Effectivement, f est C^1 par morceaux sur $]-2\pi\ ;\ 2\pi[$.
Le graphe de f présenté à la proposition précédente est convaincant : la courbe représentative de f ne va pas à l'infini et n'admet pas de tangente verticale.

(C) **VRAI**

La fonction f est 2π-périodique et de classe C^1 par morceaux sur $\mathbb{R}$ selon la proposition précédente. Elle satisfait donc aux conditions de Dirichlet.
On en déduit donc :

- qu'en tout point t où f est continue c'est-à-dire, pour tout $t \neq (2k+1)\pi$ avec $k \in \mathbb{Z}$, $S_f(t) = f(t)$
- qu'en tout point de discontinuité de f, c'est-à-dire pour tout $t = (2k+1)\pi$ avec $k \in \mathbb{Z}$, $S_f(t) = \dfrac{f(t^+)+f(t^-)}{2} = \dfrac{-1+1}{2} = 0$.

Mais $f((2k+1)\pi) = 0$ donc on a également $S_f(t) = f(t)$ pour $t = (2k+1)\pi$.

En conclusion, $\forall t \in \mathbb{R}, f(t) = S_f(t)$.

(D) **FAUX**

Le cours nous apprend (voir formulaire de trigonométrie) que :

$\forall (a,b) \in \mathbb{R}^2$, $\sin(a)\sin(b) = \dfrac{1}{2}(\cos(a-b) - \cos(a+b))$.

La proposition est donc fausse.

(E) **VRAI**

Il s'agit là encore d'un résultat de cours à connaître (voir formulaire de trigonométrie).

Question 12

(A) **FAUX**

Nous allons montrer que f est impaire.
Pour cela, il suffit de le montrer pour la restriction de f à l'intervalle $]-\pi\,;\,\pi[$.

$\forall t \in]-\pi\,;\,\pi[, f(-t) = \sin\left(-\dfrac{t}{2}\right) = -\sin\left(\dfrac{t}{2}\right) = -f(t)$ car la fonction sin est impaire.

La fonction f est donc impaire donc pour tout entier $k \geqslant 0$, les coefficients a_k du développement en série de Fourier de f sont nuls.
Les coefficients b_k avec $k \geqslant 1$ ne peuvent être eux aussi tous nuls car sinon f serait la fonction nulle, ce qui n'est pas le cas.
La proposition est donc fausse.

(B) **FAUX**

Sachant que f est impaire et que $\omega = \dfrac{2\pi}{T} = \dfrac{2\pi}{2\pi} = 1$, on peut calculer les coefficients b_k de la manière suivante : $\forall k \geqslant 1$, $b_k = \dfrac{4}{T}\displaystyle\int_0^{\frac{T}{2}} f(t)\sin(kt)\,dt$.

Ainsi, $\forall k \geqslant 1$, $b_k = \dfrac{2}{\pi}\displaystyle\int_0^{\pi} \sin\left(\dfrac{t}{2}\right)\sin(kt)\,dt$.

Selon la proposition D de la question 11, on sait que :
$\sin(a)\sin(b) = \frac{1}{2}(\cos(a-b)-\cos(a+b))$.

Donc $\forall k \geqslant 1,\ b_k = \frac{2}{\pi} \times \frac{1}{2}\int_0^{\pi}\left(\cos\left(k-\frac{1}{2}\right)t-\cos\left(k+\frac{1}{2}\right)t\right)\mathrm{d}t$.

Soit $\forall k \geqslant 1,\ b_k = \frac{1}{\pi}\left[\frac{\sin\left(k-\frac{1}{2}\right)t}{k-\frac{1}{2}} - \frac{\sin\left(k+\frac{1}{2}\right)t}{k+\frac{1}{2}}\right]_0^{\pi}$.

La proposition est donc fausse.

(C) **VRAI**

Poursuivons les calculs précédents :

$\forall k \geqslant 1,\ b_k = \frac{1}{\pi}\left(\frac{\sin\left(k-\frac{1}{2}\right)\pi}{k-\frac{1}{2}} - \frac{\sin\left(k+\frac{1}{2}\right)\pi}{k+\frac{1}{2}}\right)$ car $\sin(0) = 0$.

Rappelons quelques résultats à connaître :

$$\sin\left(x-\frac{\pi}{2}\right) = -\cos(x)\ ;\ \sin\left(x+\frac{\pi}{2}\right) = \cos(x)\ ;\ \cos(n\pi) = (-1)^n \text{ avec } n \in \mathbb{Z}.$$

Ainsi,on a : $\sin\left(k-\frac{1}{2}\right)\pi = \sin\left(k\pi-\frac{\pi}{2}\right) = -\cos(k\pi) = -(-1)^k$

et $\sin\left(k+\frac{1}{2}\right)\pi = \sin\left(k\pi+\frac{\pi}{2}\right) = \cos(k\pi) = (-1)^k$

D'où :

$\forall k \geqslant 1,\ b_k = \frac{1}{\pi}\left(\frac{-(-1)^k}{k-\frac{1}{2}} - \frac{(-1)^k}{k+\frac{1}{2}}\right)$

$\forall k \geqslant 1,\ b_k = \frac{1}{\pi}\,\frac{\left(-(-1)^k\left(k+\frac{1}{2}\right)-(-1)^k\left(k-\frac{1}{2}\right)\right)}{k^2-\frac{1}{4}}$

$\forall k \geqslant 1,\ b_k = \frac{4}{\pi} \times \frac{(-1)^k\left(-k-\frac{1}{2}-k+\frac{1}{2}\right)}{4k^2-1}$

$\forall k \geqslant 1,\ b_k = \frac{4}{\pi} \times \frac{(-1)^k(-2k)}{4k^2-1}$

$\forall k \geqslant 1,\ b_k = \frac{8k(-1)^k}{(1-4k^2)\pi}$.

(D) **VRAI**

Soit $I = \frac{1}{2\pi}\int_{-\pi}^{\pi} f^2(t)\,\mathrm{d}t = \frac{1}{2\pi}\int_{-\pi}^{\pi}\sin^2\left(\frac{t}{2}\right)\mathrm{d}t$

Or $\sin^2(x) = \frac{1}{2}(1-\cos(2x))$ donc on peut écrire $I = \frac{1}{4\pi}\int_{-\pi}^{\pi}(1-\cos(t))\mathrm{d}t$.

Il vient alors $I = \frac{1}{4\pi}\Big[t-\sin(t)\Big]_{-\pi}^{\pi} = \frac{1}{4\pi}\{(\pi-\sin(\pi))-(-\pi-\sin(-\pi))\}$.

Soit $I = \frac{1}{4\pi}\times 2\pi = \frac{1}{2}$ car $\sin(-\pi) = \sin(\pi) = 0$.

(E) **FAUX**
L'égalité de Parseval s'écrit dans le cas général :

$$a_0{}^2 + \frac{1}{2}\sum_{k=1}^{+\infty}(a_k{}^2 + b_k{}^2) = \frac{1}{T}\int_{\alpha}^{\alpha+T} f^2(t)\mathrm{d}t \quad \text{avec } \alpha \text{ réel quelconque.}$$

Etant donné que $T = 2\pi$ et $\forall k \geqslant 0$, $a_k = 0$, l'égalité de Parseval appliquée à la fonction f peut ici s'écrire : $\frac{1}{2}\sum_{k=1}^{+\infty} b_k{}^2 = \frac{1}{2\pi}\int_{-\pi}^{\pi} f^2(t)\mathrm{d}t$.

A l'aide du résultat précédent, on obtient : $\frac{1}{2}\sum_{k=1}^{+\infty} b_k{}^2 = \frac{1}{2}$ soit $\sum_{k=1}^{+\infty} b_k{}^2 = 1$.

La proposition est donc fausse.

Question 13

(A) **VRAI**

On a $\det(A) = \begin{vmatrix} -1 & 2 & 0 \\ 0 & 1 & 0 \\ -2 & 2 & 1 \end{vmatrix} = -1$ en développant, par exemple, selon la règle de Sarrus.

(B) **FAUX**
Par définition, le polynôme caractéristique de A est donné par :

$P_A(x) = \det(A - xI) = \begin{vmatrix} -1-x & 2 & 0 \\ 0 & 1-x & 0 \\ -2 & 2 & 1-x \end{vmatrix} = (-1-x)(1-x)^2$ en développant selon la règle de Sarrus.

(C) **FAUX**
Les valeurs propres de A sont les racines de $P_A(x)$.
Or $P_A(x) = 0 \Leftrightarrow (-1-x) = 0$ ou $(1-x)^2 = 0$.
Les valeurs propres de A sont donc : -1 (valeur propre double) et 1 (valeur propre simple).
La proposition est donc fausse.

(D) **VRAI**
Soit E_{-1} le sous-espace propre associé à la valeur propre -1 et E_1 le sous-espace propre associé à la valeur propre 1.
-1 étant valeur propre simple, $\dim(E_{-1}) = 1$ donc A sera diagonalisable si, et seulement si, $\dim(E_1) = 2$.
Or $E_1 = \text{Ker}(A - I)$ et

$$(x,y,z) \in E_1 \Leftrightarrow \begin{pmatrix} -2 & 2 & 0 \\ 0 & 0 & 0 \\ -2 & 2 & 0 \end{pmatrix}\begin{pmatrix} x \\ y \\ z \end{pmatrix} = \begin{pmatrix} 0 \\ 0 \\ 0 \end{pmatrix} \Leftrightarrow -2x + 2y = 0 \Leftrightarrow -x + y = 0.$$

Donc $\dim(E_1) = 2$ (E_1 est le plan vectoriel d'équation $-x + y = 0$).
Ainsi, la matrice A est bien diagonalisable.

(E) **FAUX**
Nous avons établi que $(x,y,z) \in E_1 \Leftrightarrow -x + y = 0 \Leftrightarrow y = x$.

Le vecteur $\begin{pmatrix} a \\ -a \\ 0 \end{pmatrix}$ ne vérifie pas la relation $y = x$ donc ce vecteur n'est pas un vecteur propre pour la valeur propre 1.

Question 14

(A) **VRAI**
Les relations de récurrence de l'énoncé définissant les suites (u_n), (v_n) et (w_n) peuvent se traduire par la relation matricielle $U_{n+1} = AU_n$.

Par récurrence sur l'entier n, on obtient rapidement $U_n = A^n U_0$ avec $U_0 = \begin{pmatrix} 0 \\ 1 \\ 2 \end{pmatrix}$.

(B) **FAUX**
On peut rapidement infirmer cette proposition en exhibant une seule valeur de n pour laquelle la relation proposée dans l'énoncé est fausse.
Par exemple, pour $n = 2$, on a $A^2 = A \times A = P^{-1}BP \times P^{-1}BP$.
Or $P^{-1}P = I$ donc $A^2 = P^{-1}B^2P \neq (P^{-1})^2 BP^2$: la relation est fausse pour $n = 2$.
La proposition est donc fausse.

Remarque
La relation exacte est : $\forall\, n \in \mathbb{N}^*$, $A^n = P^{-1}B^nP$, relation qu'il est facile de montrer par récurrence.

(C) **FAUX**

On a : $A^2 = A \times A = \begin{pmatrix} -1 & 2 & 0 \\ 0 & 1 & 0 \\ -2 & 2 & 1 \end{pmatrix} \times \begin{pmatrix} -1 & 2 & 0 \\ 0 & 1 & 0 \\ -2 & 2 & 1 \end{pmatrix} = \begin{pmatrix} 1 & 0 & 0 \\ 0 & 1 & 0 \\ 0 & 0 & 1 \end{pmatrix} = I.$

La proposition est donc fausse.

(D) **VRAI**

Selon la proposition précédente, $A^2 = I$.

On en déduit que $A^{2n} = (A^2)^n = I^n = I$ puis $A^{2n+1} = A \times A^{2n} = A \times I = A$.

Finalement, $A^n = I$ si n est pair et $A^{2n+1} = A$ si n est impair.

Or, pour n pair, $(-1)^n = 1$ donc $\begin{pmatrix} (-1)^n & 1-(-1)^n & 0 \\ 0 & 1 & 0 \\ -1+(-1)^n & 1-(-1)^n & 1 \end{pmatrix} = \begin{pmatrix} 1 & 0 & 0 \\ 0 & 1 & 0 \\ 0 & 0 & 1 \end{pmatrix} = I$

Et pour n impair, $(-1)^n = -1$ donc $\begin{pmatrix} (-1)^n & 1-(-1)^n & 0 \\ 0 & 1 & 0 \\ -1+(-1)^n & 1-(-1)^n & 1 \end{pmatrix} = \begin{pmatrix} -1 & 2 & 0 \\ 0 & 1 & 0 \\ -2 & 2 & 1 \end{pmatrix} = A$

En conclusion, on a bien $A^n = \begin{pmatrix} (-1)^n & 1-(-1)^n & 0 \\ 0 & 1 & 0 \\ -1+(-1)^n & 1-(-1)^n & 1 \end{pmatrix}$.

Remarque

On pouvait aussi obtenir l'expression de A^n par une méthode plus classique.
On détermine une base de vecteurs propres et on utilise la diagonalisation de la matrice A : si P est la matrice de passage et D la matrice diagonale, on a :
$A = PDP^{-1}$ d'où $A^n = PD^nP^{-1}$.
Mais cette méthode est beaucoup plus coûteuse en calculs...

(E) **VRAI**

Selon la proposition A, on sait que : $\forall n \in \mathbb{N}$, $U_n = A^n U_0$.

Donc $U_{2013} = A^{2013} U_0$ avec $A^{2013} = A$ car 2013 est impair et $U_0 = \begin{pmatrix} 0 \\ 1 \\ 2 \end{pmatrix}$.

On obtient $U_{2013} = \begin{pmatrix} -1 & 2 & 0 \\ 0 & 1 & 0 \\ -2 & 2 & 1 \end{pmatrix} \begin{pmatrix} 0 \\ 1 \\ 2 \end{pmatrix} = \begin{pmatrix} 2 \\ 1 \\ 4 \end{pmatrix}$.

Question 15

(A) **FAUX**

Γ a pour équation cartésienne $y = \dfrac{1}{x}$ donc Γ est une hyperbole dont on connaît bien l'allure :

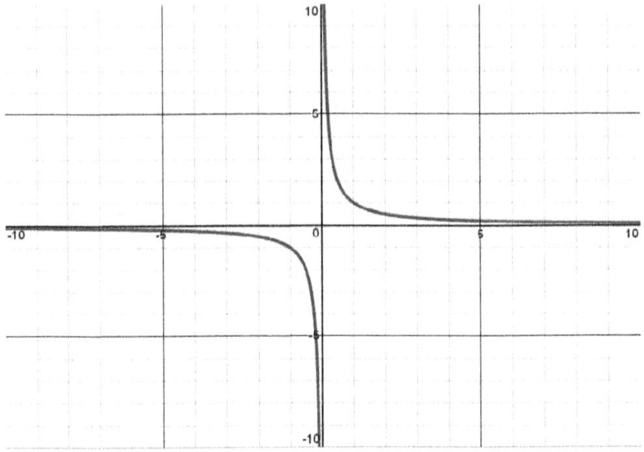

(B) **FAUX**

La proposition est bien évidemment fausse : Γ n'admet pas l'axe des abscisses comme axe de symétrie.

(C) **VRAI**

Là encore, il s'agit d'un résultat bien connu.

La fonction inverse est impaire donc Γ admet l'origine du repère comme centre de symétrie.

(D) **VRAI**

La courbe Γ admet l'axe des abscisses (d'équation $y = 0$) et l'axe des ordonnées (d'équation $x = 0$) comme asymptotes.

(E) **FAUX**

On a : $\overrightarrow{BC}\left(c-b\ ;\ \frac{1}{c}-\frac{1}{b}\right)$ soit $\overrightarrow{BC}\left(c-b\ ;\ \frac{b-c}{bc}\right)$.

Le vecteur $\overrightarrow{BC}$ est un vecteur directeur de la droite (BC).

Et $\vec{u} = \dfrac{bc}{b-c}\,\overrightarrow{BC}(-bc\ ;1)$ est également un vecteur directeur de (BC) car il est colinéaire à $\overrightarrow{BC}$.

Par contre le vecteur de composantes $(bc\ ;1)$ n'est pas colinéaire à $\overrightarrow{BC}$ donc il ne peut être un vecteur directeur de (BC).

Question 16

(A) **VRAI**

On sait selon la question précédente que $\vec{u}(-bc\ ;\ 1)$ est un vecteur directeur de (BC). Posons $\vec{n}(1\ ;\ bc)$.
Alors $\vec{u}.\vec{n} = -bc\times 1 + 1\times bc = 0$ donc $\vec{n}$ est bien un vecteur normal à (BC).

(B) **VRAI**

Le vecteur $\vec{u}(-bc\ ;\ 1)$ est un vecteur normal à la hauteur du triangle (A,B,C) issue de A donc une équation cartésienne de cette hauteur est $-bcx + y + \alpha = 0$ avec $\alpha \in \mathbb{R}$.
De plus les coordonnées de A vérifient cette équation donc $-abc + \dfrac{1}{a} + \alpha = 0$ soit
$\alpha = abc - \dfrac{1}{a} = \dfrac{a^2bc-1}{a}$.
Une équation de la hauteur du triangle (A,B,C) issue de A est donc :
$-bcx + y + \dfrac{a^2bc-1}{a} = 0$ soit $-abcx + ay = -a^2bc + 1$ soit encore $abcx - ay = a^2bc - 1$.

(C) **FAUX**

On peut obtenir très rapidement une équation de la hauteur du triangle (A,B,C) issue de B à partir de celle de la hauteur issue de A car b et a ont des rôles symétriques.
Il suffit donc de permuter a et b dans l'équation obtenue à la proposition précédente.
Ainsi, une équation de la hauteur du triangle (A,B,C) issue de B est $abcx - by = ab^2c - 1$.

(D) **FAUX**

L'orthocentre H du triangle (A,B,C) est par définition l'intersection des trois hauteurs.
Donc les coordonnées de H vérifient $\begin{cases} abcx - ay = a^2bc - 1 \\ abcx - by = ab^2c - 1 \end{cases}$.
Par différence des deux lignes, on obtient : $(b-a)y = a^2bc - ab^2c$.
Soit $(b-a)y = abc(a-b)$ d'où $y = \dfrac{abc(a-b)}{b-a} = -abc$.
Alors $abcx = ay + a^2bc - 1 = a(-abc) + a^2bc - 1 = -1$ d'où $x = \dfrac{-1}{abc}$.
Ainsi, $H\left(\dfrac{-1}{abc}\ ;\ -abc\right)$.
La proposition est donc fausse.

(E) **VRAI**

On remarque que $y_H = \frac{1}{x_H}$ donc l'orthocentre H du triangle (A, B, C) est sur Γ.

ENONCE SUJET 2012

On considère les fonctions h et F définies par :

$$h(x) = x + \arctan(x) \text{ et } F(x) = \int_x^{2x} \frac{1}{h(t)} \mathrm{d}t.$$

Question 1

(A) La fonction h est continue et strictement croissante de $\mathbb{R}$ vers $\mathbb{R}$
(B) La fonction h est paire
(C) La fonction F est définie sur $\mathbb{R}^*$
(D) La fonction F est impaire
(E) F est dérivable sur $\mathbb{R}^*$ et sa dérivée peut s'écrire :

$$F'(x) = \frac{2\arctan(x) - \arctan(2x)}{(2x + \arctan(2x))(x + \arctan(x))}$$

On veut comparer $F(x)$ à $\int_x^{2x} \frac{1}{t} \mathrm{d}t$ pour $x > 0$.

Etudier les variations de $g(t) = \frac{1}{t} + \frac{1}{h(t)}$ sur $[0 ; +\infty[$.

Question 2

(A) La dérivée de $k(x) = 2\arctan(x) - \arctan(2x)$ est $k'(x) = \frac{1 + 7x^2}{(1 + x^2)(1 + 4x^2)}$
(B) Sur $]0 ; +\infty[$, F est strictement croissante
(C) Pour tout $t \in]0 ; +\infty[$, on a : $\frac{t\arctan(t)}{t + \arctan(t)} \leqslant \frac{\pi}{2}$
(D) Pour $x \in]0 ; +\infty[$, $\left| F(x) - \int_x^{2x} \frac{1}{t} \mathrm{d}t \right| > \frac{\pi}{2} \int_x^{2x} \frac{1}{t^2} \mathrm{d}t$
(E) $\lim_{x \to +\infty} F(x) = \ln(2)$

Soit la fraction rationnelle $f(x) = \frac{x - 1}{(x + 1)(x^2 + 2x + 2)}$.

Calculer sa décomposition en éléments simples $f(x) = \frac{a}{x + 1} + \frac{bx + c}{x^2 + 2x + 2}$.

En déduire une primitive $F(x)$ de $f(x)$, puis la valeur de l'intégrale $I = \int_0^{+\infty} f(x) \mathrm{d}x$.

On utilisera la forme canonique : $x^2 + 2x + 2 = (x + 1)^2 + 1$.

Question 3

(A) On a $a = -2$, $b = 2$, $c = 1$

(B) Une primitive de $\dfrac{1}{x^2+2x+2}$ est $\text{Arctan}\left(x+\dfrac{1}{2}\right)$

(C) Une primitive est $F(x) = \text{Arctan}(x+1)+\ln\left(\dfrac{x^2+2x+2}{(x+1)^2}\right)$

(D) On a $\text{Arctan}(1) = \dfrac{\pi}{3}$

(E) On a $I = \dfrac{\pi}{4} - \ln(2)$

On veut calculer par récurrence sur n l'intégrale $J_n = \displaystyle\int_0^1 x^n\sqrt{1-x}\,\mathrm{d}x$.

Intégrer par parties pour obtenir une relation de la forme $J_n = a_n J_{n-1}$.
Calculer J_0 et J_3.

Question 4

(A) Une primitive de $\sqrt{1-x}$ est $\dfrac{2}{3}(1-x)\sqrt{1-x}$

(B) On a $J_0 = \dfrac{2}{3}$

(C) Pour tout $n \geqslant 1$, on a $a_n = \dfrac{2n}{2n+3}$

(D) On a $J_3 = \dfrac{16}{315}$

(E) On a la forme générale $J_n = \dfrac{2^{2n+2}n!(n+1)!}{(2n+3)!}$

Soient (H) l'équation différentielle homogène : $y''(t)-y'(t)-2y(t)=0$
(E_1) l'équation différentielle : $y''(t)-y'(t)-2y(t)=2t^2$
(E_2) l'équation différentielle : $y''(t)-y'(t)-2y(t)=9e^{2t}$

Question 5

(A) La solution générale de (H) est $y(t) = Ae^{-2t}+Be^{t}$
(B) La seule solution de (H) vérifiant $y(0) = y(1) = 0$ est la fonction nulle
(C) La seule solution de (H) vérifiant $y(0) = 1$ et $y(\ln(2)) = 4$ est $y(t) = e^{2t}$
(D) Il n'existe pas de solution y de (H) telle que $\displaystyle\lim_{t\to+\infty} y(t) = 1$
(E) La seule fonction polynôme solution de (E_1) est $y_1(t) = t^2+t+1$

Question 6

(A) La derivée seconde de te^{2t} est $(2t+2)e^{2t}$
(B) Il existe une solution de (E_2) de la forme $(At+B)e^{2t}$
(C) Toutes les solutions de (E_2) sont de la forme $Ate^{2t}+Be^{-t}$
(D) La solution de (E_2) telle que $y(0)=y'(0)=0$ est $y(t)=e^{-t}-e^{2t}+3te^{2t}$
(E) Il existe une unique solution y de (E_2) telle que $y(0)=0$ et $\lim_{t\to+\infty} y(t)=0$

On cherche l'unique nombre complexe $d=u+iv$ avec u,v réels positifs, tels que $d^2=12+16i$. En déduire les équations satisfaites par u et v, puis une équation du second degré admettant u^2 comme solution (on posera $U=u^2$). En déduire les deux racines complexes z_1, z_2 du polynôme $R(z)=z^2-(2+6i)z-11+2i$.

Question 7

(A) On a $u^2-v^2=12$ et $uv=8$
(B) u^2 est la solution positive de l'équation $U^2-12U+64=0$
(C) On a $u=4$, $v=3$
(D) Les racines de $R(z)$ s'écrivent $\dfrac{1+4i\pm d}{2}$
(E) $z_1=1+2i$, $z_2=3+4i$

Dans cet exercice, le polynôme $R(z)$ est le même qu'à la question 7. Soit le polynôme $P(z)=z^3-(5+6i)z^2-(5-20i)z+33-6i$. Montrer qu'il possède une racine réelle simple z_0, la calculer. On note A_0, A_1, A_2 les points du plan d'affixe z_0, z_1, z_2 dans le repère orthonormé $(O\,;\vec{i},\vec{j})$.

Question 8

(A) On a $z_0^3-5z_0^2-5z_0+33=0$ et $-6z_0^2+20z_0-6=0$
(B) On a $z_0=\dfrac{1}{3}$
(C) On a $P(z)=(z-z_0)R(z)$
(D) La distance $d(A_1,A_2)$ vaut $d(A_1,A_2)=3\sqrt{5}$
(E) Le triangle $A_0A_1A_2$ est isocèle

L'urne A contient 7 boules vertes et 3 boules bleues, l'urne B contient 2 boules vertes et 8 boules bleues. On tire au hasard une boule (tirage équiprobable) dans l'urne A et on la met dans l'urne B. Puis on tire au hasard une boule de l'urne B et on la met dans l'urne A.
On appelle V l'événement : "La boule tirée de l'urne A (et mise dans l'urne B) est verte", v l'événement : "La boule tirée de l'urne B (et mise dans l'urne A) est verte".
$\overline{V}$ et $\overline{v}$ sont les événements contraires.
La probabilité de réaliser les événements F et G est notée $P(F \cap G)$.
La probabilité conditionnelle d'un événement F sachant que G s'est réalisé (parfois notée $P_G(F)$) est ici notée $P(F|G)$.

Question 9

(A) $P(V) = \frac{7}{10}$

(B) $P(v|V) = \frac{4}{10}$

(C) $P(v) = \frac{9}{11}$

(D) $P(\overline{v}) = \frac{83}{110}$

(E) $P(V \cap v) = \frac{21}{110}$

Question 10

(A) $P(V|v) = \frac{7}{9}$

(B) $P(\overline{V} \cap \overline{v}) = \frac{21}{110}$

(C) La probabilité qu'après avoir transféré une boule de A vers B, puis de B vers A, le contenu de A reste inchangé est $P(\overline{V} \cap \overline{v}) + P(V \cap v) = \frac{48}{110}$.

(D) $P(V \cap \overline{v}) = \frac{12}{110}$

(E) La probabilité qu'après avoir transféré une boule de A vers B, puis de B vers A, le contenu de A soit de 6 boules vertes et de 4 boules bleues est $\frac{56}{110}$.

On considère la fonction $f : \mathbb{R} \to \mathbb{R}$, impaire, de période 2π, et définie par $f(t) = -1$ sur $]0\,;1[$ et $f(t) = 0$ sur $[1\,;\pi]$.

On note sa série de Fourier $S(t) = a_0 + \sum_{k=1}^{+\infty}\left(a_k\cos(kt) + b_k\sin(kt)\right)$.

Calculer les coefficients de Fourier, comparer $f(t)$ et $S(t)$. Calculer $S\left(\frac{1}{2}\right)$.

Question 11 (option génie électrique)

(A) On a $\forall n \in \mathbb{N},\ a_n = 0$

(B) On a $b_n = -\frac{4}{n}\sin^2(n)$

(C) La série $S(t)$ converge en tout t vers $f(t)$

(D) On a $\sum_{n=1}^{+\infty}\frac{1}{n}\sin^3\left(\frac{n}{2}\right) = \frac{\pi}{4}$.

(E) La formule de Parseval donne $\sum_{n=1}^{+\infty}\frac{1}{n^2}\sin^4\left(\frac{n}{2}\right) = \frac{\pi}{16}$

Dans cette question, f est la même fonction qu'à la question 11.
Soit F définie par $F(t) = \int_{-\pi}^{t} f(u)\,\mathrm{d}u$.

Examiner ses propriétés (symétrie, périodicité) et la calculer pour $t \in [0\,;\pi]$.
Exprimer ses coefficients de Fourier (A_0, A_n, B_n) en fonction de ceux de $f(t)$ (utiliser une intégration par parties).

Question 12 (option génie électrique)

(A) On a $F(t) = 1 - t$ sur $[0\,;1]$ et $F(t) = 0$ sur $[1\,;\pi]$

(B) On a $A_0 = 0$ car $\int_{-\pi}^{\pi} f(t)\,\mathrm{d}t = 0$

(C) On a pour $n \geqslant 1$, $A_n = \frac{4}{\pi n^2}\sin^2\left(\frac{n}{2}\right)$

(D) La fonction $F(t)$ est 2π-périodique car $\int_{-\pi}^{\pi} f(t)\,\mathrm{d}t = 0$

(E) En calculant la série de Fourier en 0, on trouve $\frac{\pi}{4} - \frac{1}{8} = \sum_{n=1}^{+\infty}\frac{1}{n^2}\sin^2\left(\frac{n}{2}\right)$

On considère la suite $(F_n)_{n\in\mathbb{N}}$, définie par $F_0=0$, $F_1=1$, et pour tout n, avec $n \geqslant 2$, $F_n = F_{n-1}+F_{n-2}$.

Soit la matrice $A=\begin{pmatrix}1 & 1\\ 1 & 0\end{pmatrix}$. On notera $U_n=\begin{pmatrix}F_{n+1}\\ F_n\end{pmatrix}$.

On note φ le nombre réel $\varphi=\dfrac{1+\sqrt{5}}{2}$.

Question 13 (options génie informatique et génie civil)

(A) Le polynôme caractéristique de A est $P_A(\lambda)=\lambda^2-\lambda-1$

(B) $\dfrac{1}{\varphi}=1-\varphi$

(C) Les valeurs propres de A sont φ et $\dfrac{1}{\varphi}$

(D) $\begin{pmatrix}\varphi\\ 1\end{pmatrix}$ est un vecteur propre de la matrice A associé à la valeur propre φ

(E) $\begin{pmatrix}1\\ \varphi\end{pmatrix}$ est un vecteur propre de la matrice A

On pose $P=\begin{pmatrix}\varphi & 1\\ 1 & -\varphi\end{pmatrix}$.

Question 14 (options génie informatique et génie civil)

(A) On a $U_{n+1}=AU_n$

(B) $P^{-1}=\dfrac{1}{\varphi+2}P$

(C) $A=P\begin{pmatrix}\varphi & 0\\ 0 & 1-\varphi\end{pmatrix}P^{-1}$

(D) Il existe deux constantes α, β telles que $\forall n\in\mathbb{N}$, $F_n=\alpha\varphi^n+\beta(\varphi-1)^n$

(E) $\forall n\in\mathbb{N}^*$, $A^n=\begin{pmatrix}F_{n+1} & F_n\\ F_n & -F_{n-1}\end{pmatrix}$

Soient deux nombres réels a, b avec $a \geqslant b > 0$.
On considère la courbe C de représentation paramétrique $\begin{cases} x(t) = a\cos(t) \\ y(t) = b\sin(t) \end{cases}$.
Un point de cette courbe est noté $M(t)$. La tangente en $M(t)$ à C est notée $T(t)$.

Question 15 (option génie mécanique)

(A) La courbe C est une parabole
(B) Une équation de $T(t)$ est $bx\cos(t) + ay\sin(t) = 1$
(C) Le point d'intersection des droites $T(t)$ et $T\left(t+\frac{\pi}{2}\right)$ a pour coordonnées :
$\left(a\sqrt{2}\cos\left(t+\frac{\pi}{4}\right) ; b\sqrt{2}\sin\left(t+\frac{\pi}{4}\right)\right)$
(D) Les droites $T(t)$ et $T\left(t+\frac{\pi}{2}\right)$ sont orthogonales
(E) L'ensemble E des points de coordonnées $\left(a\sqrt{2}\cos\left(t+\frac{\pi}{4}\right) ; b\sqrt{2}\sin\left(t+\frac{\pi}{4}\right)\right)$ se déduit de C par une homothétie de centre O et de rapport $\sqrt{2}$

Soit l'espace affine euclidien à trois dimensions muni du repère orthonormé $(O ; \vec{i}, \vec{j}, \vec{k})$. On considère la droite D contenant O et ayant pour vecteur directeur $\vec{i}$, le point A de coordonnées $(0 ; 1 ; 0)$ et la droite Δ contenant A et de vecteur directeur $\vec{k}$.
On note S la surface regroupant tous les points M équidistants des droites D et Δ.

Question 16 (option génie mécanique)

(A) La distance au carré d'un point $M(x ; y ; z)$ à la droite D est $d^2(M,D) = y^2 + z^2$
(B) La distance au carré d'un point $M(x ; y ; z)$ à la droite Δ est $d^2(M,\Delta) = (x-1)^2 + y^2$
(C) L'ensemble des points de l'espace à même distance de D et de Δ est la surface S d'équation $x^2 - z^2 - 2y + 1 = 0$
(D) L'intersection de la surface S avec le plan d'équation $z = 0$ est une parabole
(E) L'intersection de la surface S avec le plan d'équation $x = 1$ est une hyperbole

CORRIGE SUJET 2012

Question 1

(A) **VRAI**
La fonction h est continue et strictement croissante de $\mathbb{R}$ vers $\mathbb{R}$ comme somme de deux fonctions $x \mapsto x$ et $x \mapsto \arctan(x)$ continues et strictement croissantes sur $\mathbb{R}$.

Remarque
Pour montrer que h est strictement croissante sur $\mathbb{R}$, il était également possible de montrer que : $\forall x \in \mathbb{R}, f'(x) > 0$. Ce qui est évident car : $\forall x \in \mathbb{R}, f'(x) = 1 + \frac{1}{1+x^2}$.

(B) **FAUX**
La fonction h est impaire comme somme de deux fonctions impaires $x \mapsto x$ et $x \mapsto \arctan(x)$.
La proposition est donc fausse.

(C) **VRAI**
On a montré que h est continue et strictement croissante de $\mathbb{R}$ vers $\mathbb{R}$.
De plus $h(0) = 0 + \arctan(0) = 0 + 0 = 0$.
On en déduit que la fonction $\frac{1}{h}$ est continue sur $\mathbb{R}_-^*$ et sur $\mathbb{R}_+^*$.
Considérons $x \neq 0$, alors l'intervalle d'extrémités x et $2x$ est inclus dans $\mathbb{R}_-^*$ ou $\mathbb{R}_+^*$.
Donc la fonction $\frac{1}{h}$ est continue sur l'intervalle d'extrémités x et $2x$ et donc
$F(x) = \int_x^{2x} \frac{1}{h(t)} \mathrm{d}t$ est définie.
En conclusion, la fonction F est définie sur $\mathbb{R}^*$.

(D) **FAUX**
On a : $\forall x \in \mathbb{R}^*, F(-x) = \int_{-x}^{-2x} \frac{1}{h(t)} \mathrm{d}t$.
Effectuons le changement de variable $u = -t$:

- Changement des bornes :
Quand $t = -x$, on a $u = x$ et quand $t = -2x$, on a $u = 2x$.

- Changement de l'expression de la fonction :
$\frac{1}{h(t)} = \frac{1}{h(-u)} = -\frac{1}{h(u)}$ car h est impaire.

- Changement de l'élément différentiel :

On a $t = -u$ donc par différentiation, on obtient $\mathrm{d}t = -\mathrm{d}u$.

Ainsi, $F(-x) = \int_x^{2x} -\frac{1}{h(u)}(-\mathrm{d}u) = \int_x^{2x} \frac{1}{h(u)}\mathrm{d}u = F(x)$, ce qui prouve que F est paire.
La proposition est donc fausse.

(E) **VRAI**

On sait que la fonction $\frac{1}{h}$ est continue sur $\mathbb{R}_-^*$ et sur $\mathbb{R}_+^*$ donc elle admet des primitives sur $\mathbb{R}_-^*$ et sur $\mathbb{R}_+^*$.
Notons P une primitive de $\frac{1}{h}$ sur $\mathbb{R}_+^*$.

Soit $x > 0$. Comme $[x\,;2x] \subset \mathbb{R}_+^*$, $F(x) = P(2x) - P(x)$.
La fonction P étant dérivable sur $\mathbb{R}_+^*$, on peut en déduire (composée de fonctions dérivables) que F est dérivable sur $\mathbb{R}_+^*$.
De plus : $\forall x \in \mathbb{R}_+^*$, $F'(x) = 2P'(2x) - P'(x) = 2 \times \frac{1}{h(2x)} - \frac{1}{h(x)}$.
Soit : $\forall x \in \mathbb{R}_+^*$, $F'(x) = \frac{2}{2x + \arctan(2x)} - \frac{1}{x + \arctan(x)}$.
Soit : $\forall x \in \mathbb{R}_+^*$, $F'(x) = \frac{(2x + 2\arctan(x)) - (2x + \arctan(2x))}{(2x + \arctan(2x))(x + \arctan(x))}$.
Soit : $\forall x \in \mathbb{R}_+^*$, $F'(x) = \frac{2\arctan(x) - \arctan(2x)}{(2x + \arctan(2x))(x + \arctan(x))}$.

En considérant une primitive de $\frac{1}{h}$ sur $\mathbb{R}_-^*$, on montre le même résultat pour $x < 0$.

Question 2

(A) **FAUX**
Soit k définie par $k(x) = 2\arctan(x) - \arctan(2x)$.
La fonction k est dérivable sur $\mathbb{R}$ comme composée de fonctions dérivables sur $\mathbb{R}$.
Et : $\forall x \in \mathbb{R}$, $k'(x) = 2 \times \frac{1}{1 + x^2} - \frac{2}{1 + (2x)^2}$; on rappelle que $\arctan'(u) = \frac{u'}{1 + u^2}$.
Soit : $\forall x \in \mathbb{R}$, $k'(x) = \frac{(2 + 8x^2) - (2 + 2x^2)}{(1 + x^2)(1 + 4x^2)} = \frac{6x^2}{(1 + x^2)(1 + 4x^2)}$.
La proposition est donc fausse.

(B) **VRAI**
On sait que : $\forall x \in \mathbb{R}_+^*$, $F'(x) = \frac{2\arctan(x) - \arctan(2x)}{(2x + \arctan(2x))(x + \arctan(x))}$.
Pour $x > 0$, on a $\arctan(x) > 0$ et par suite, $(2x + \arctan(2x))(x + \arctan(x)) > 0$.

On en déduit que, pour $x>0$, le signe de $F'(x)$ est le même que celui de $2\arctan(x)-\arctan(2x)=k(x)$.

Or, selon la proposition précédente, $k'(x)=\dfrac{6x^2}{(1+x^2)(1+4x^2)}$.

Il vient que : $\forall x\in\mathbb{R}$, $k'(x)>0$ d'où k est strictement croissante sur $\mathbb{R}$.
Ainsi, pour $x>0$, $k(x)>k(0)$. Or $k(0)=0$ donc on a : $\forall x>0$, $k(x)>0$.

Finalement, on obtient : $\forall x>0$, $F'(x)>0$ et donc F est strictement croissante sur $]0\,;+\infty[$.

(C) **VRAI**

On sait que : $\forall t>0$, $0<\arctan(t)<\dfrac{\pi}{2}$

Ainsi : $\forall t>0$, $0<t\arctan(t)<\dfrac{t\pi}{2}$ et $0<t<t+\arctan(t)<t+\dfrac{\pi}{2}$.

On en déduit : $\forall t>0$, $\dfrac{t\arctan(t)}{t+\arctan(t)}<\dfrac{\frac{t\pi}{2}}{t}$.

Soit : $\forall t>0$, $\dfrac{t\arctan(t)}{t+\arctan(t)}<\dfrac{\pi}{2}$.

(D) **FAUX**

Pour $x>0$, on a : $F(x)-\displaystyle\int_x^{2x}\frac{1}{t}\,\mathrm{d}t=\int_x^{2x}\frac{1}{t+\arctan(t)}\,\mathrm{d}t-\int_x^{2x}\frac{1}{t}\,\mathrm{d}t$.

Soit : $F(x)-\displaystyle\int_x^{2x}\frac{1}{t}\,\mathrm{d}t=\int_x^{2x}\left(\frac{1}{t+\arctan(t)}-\frac{1}{t}\right)\mathrm{d}t=\int_x^{2x}\frac{-\arctan(t)}{t(t+\arctan(t))}\,\mathrm{d}t$.

Ainsi : $\left|F(x)-\displaystyle\int_x^{2x}\frac{1}{t}\,\mathrm{d}t\right|=\left|\int_x^{2x}\frac{-\arctan(t)}{t(t+\arctan(t))}\,\mathrm{d}t\right|\leqslant\int_x^{2x}\left|\frac{-\arctan(t)}{t(t+\arctan(t))}\right|\mathrm{d}t$ en utilisant les propriétés de l'intégrale.

Or $t>0$ donc $\arctan(t)>0$ et par suite $\left|\dfrac{-\arctan(t)}{t(t+\arctan(t))}\right|=\dfrac{\arctan(t)}{t(t+\arctan(t))}$.

Donc : $\forall x>0$, $\left|F(x)-\displaystyle\int_x^{2x}\frac{1}{t}\,\mathrm{d}t\right|\leqslant\int_x^{2x}\frac{\arctan(t)}{t(t+\arctan(t))}\,\mathrm{d}t$.

Utilisons maintenant le résultat de la proposition précédente :

On sait que : $\dfrac{t\arctan(t)}{t+\arctan(t)}<\dfrac{\pi}{2}$ donc en divisant par t^2 (strictement positif), on obtient : $\dfrac{\arctan(t)}{t(t+\arctan(t))}<\dfrac{\pi}{2t^2}$.

Il vient alors : pour $x>0$, $\left|F(x)-\displaystyle\int_x^{2x}\frac{1}{t}\,\mathrm{d}t\right|<\frac{\pi}{2}\int_x^{2x}\frac{1}{t^2}\,\mathrm{d}t$.

La proposition est donc fausse.

(E) **VRAI**

Selon la proposition précédente, on a : pour $x > 0$, $\left|F(x) - \int_x^{2x} \frac{1}{t}\,\mathrm{d}t\right| < \frac{\pi}{2}\int_x^{2x} \frac{1}{t^2}\,\mathrm{d}t$.

Or $\int_x^{2x} \frac{1}{t^2}\mathrm{d}t = \left[-\frac{1}{t}\right]_x^{2x} = -\frac{1}{2x} + \frac{1}{x}$ donc $\left|F(x) - \int_x^{2x} \frac{1}{t}\,\mathrm{d}t\right| < \frac{\pi}{2}\left(\frac{1}{x} - \frac{1}{2x}\right)$.

Or $\lim\limits_{x \to +\infty}\left(\frac{\pi}{2}\left(\frac{1}{x} - \frac{1}{2x}\right)\right) = 0$ donc $\lim\limits_{x \to +\infty} F(x) = \int_x^{2x} \frac{1}{t}\,\mathrm{d}t = \left[\ln(t)\right]_x^{2x}$.

Soit $\lim\limits_{x \to +\infty} F(x) = \ln(2x) - \ln(x) = \ln\left(\frac{2x}{x}\right) = \ln(2)$.

Question 3

(A) **FAUX**

Soit $f(x) = \dfrac{x-1}{(x+1)(x^2+2x+2)}$.

L'énoncé nous donne la forme de la décomposition en éléments simples de cette fraction rationnelle :

$$f(x) = \frac{x-1}{(x+1)(x^2+2x+2)} = \frac{a}{x+1} + \frac{bx+c}{x^2+2x+2}.$$

Déterminons le coefficient a :
Pour cela, on multiplie les deux membres par $(x+1)$ puis on donne à x la valeur -1.
Ainsi : $-2 = a$.

Déterminons le coefficient b :
Pour cela, on multiplie les deux membres par x puis on fait tendre x vers $+\infty$.
Ainsi : $0 = a + b$ soit $b = -a = 2$.

Déterminons le coefficient c :
Pour cela, donnons à x la valeur 0.
Ainsi : $-\frac{1}{2} = a + \frac{c}{2}$ soit $c = -1 - 2a = -1 + 4 = 3$.

En conclusion, on a : $f(x) = \dfrac{-2}{x+1} + \dfrac{2x+3}{x^2+2x+2}$.

Remarque
Pour infirmer la proposition de l'énoncé, il était suffisant et plus rapide de vérifier (après une réduction au même dénominateur) que la décomposition proposée ne convenait pas. Mais la décomposition exacte nous sera utile pour la suite.

(B) **FAUX**

On peut écrire : $\dfrac{1}{x^2+2x+2}=\dfrac{1}{1+(x+1)^2}$.

On reconnaît alors la forme $\dfrac{u'}{1+u^2}$ en posant $u=x+1$.

Or $\text{Arctan}'(u)=\dfrac{u'}{1+u^2}$ donc une primitive de $\dfrac{1}{x^2+2x+2}$ est $\text{Arctan}(x+1)$.

La proposition est donc fausse.

(C) **VRAI**

Selon la proposition A, on peut écrire $f(x)=\dfrac{-2}{x+1}+\dfrac{2x+3}{x^2+2x+2}$.

Soit $f(x)=\dfrac{-2}{x+1}+\dfrac{2x+2}{x^2+2x+2}+\dfrac{1}{x^2+2x+2}$.

Une primitive de f est donc la fonction F définie par :

$$F(x)=-2\ln|x+1|+\ln|x^2+2x+2|+\text{Arctan}(x+1).$$

Or x^2+2x+2 est un polynôme du 2nd degré strictement positif pour tout x réel (en effet, $\Delta<0$).

Donc : $F(x)=\ln\left(\dfrac{1}{(x+1)^2}\right)+\ln(x^2+2x+2)+\text{Arctan}(x+1)$.

Soit $F(x)=\ln\left(\dfrac{x^2+2x+2}{(x+1)^2}\right)+\text{Arctan}(x+1)$.

(D) **FAUX**

On sait que $\tan\left(\dfrac{\pi}{4}\right)=1$ donc $\text{Arctan}(1)=\dfrac{\pi}{4}$.

La proposition est donc fausse.

(E) **VRAI**

Soit $I=\displaystyle\int_0^{+\infty}f(x)\,\mathrm{d}x$.

Posons $J=\displaystyle\int_0^X f(x)\,\mathrm{d}x$ avec X réel strictement positif.

On a : $J=F(X)-F(0)=\text{Arctan}(X+1)+\ln\left(\dfrac{X^2+2X+2}{(X+1)^2}\right)-\text{Arctan}(1)-\ln(2)$.

Soit $J=\text{Arctan}(X+1)+\ln\left(\dfrac{X^2+2X+2}{(X+1)^2}\right)-\dfrac{\pi}{4}-\ln(2)$.

Or $\displaystyle\lim_{X\to+\infty}\text{Arctan}(X+1)=\dfrac{\pi}{2}$ et $\displaystyle\lim_{X\to+\infty}\ln\left(\dfrac{X^2+2X+2}{(X+1)^2}\right)=\ln(1)=0$

donc $\displaystyle\lim_{X\to+\infty}\int_0^X f(x)\,\mathrm{d}x=\dfrac{\pi}{2}-\dfrac{\pi}{4}-\ln(2)=\dfrac{\pi}{4}-\ln(2)$.

Cette limite est finie donc $I = \int_0^{+\infty} f(x)\,\mathrm{d}x$ converge vers $\frac{\pi}{4} - \ln(2)$.

Question 4

(A) **FAUX**

Soit $h(x) = (1-x)\sqrt{1-x} = (1-x)^{\frac{3}{2}}$.

On a $h'(x) = \frac{3}{2} \times (-1) \times (1-x)^{\frac{1}{2}} = -\frac{3}{2}\sqrt{1-x}$ car la dérivée de u^n est $nu'u^{n-1}$.

On en déduit qu'une primitive de $\sqrt{1-x}$ est $-\frac{2}{3}h(x) = -\frac{2}{3}(1-x)\sqrt{1-x}$.

La proposition est donc fausse.

(B) **VRAI**

Par définition, $J_0 = \int_0^1 x^0\sqrt{1-x}\,\mathrm{d}x = \int_0^1 \sqrt{1-x}\,\mathrm{d}x$.

A l'aide du résultat précédent, on obtient directement $J_0 = \left[-\frac{2}{3}(1-x)\sqrt{1-x}\right]_0^1$

soit $J_0 = 0 + \frac{2}{3} = \frac{2}{3}$.

(C) **VRAI**

Soit $J_n = \int_0^1 x^n\sqrt{1-x}\,\mathrm{d}x$.

Effectuons une intégration par parties.

On pose : $\begin{cases} u(x) = x^n \\ v'(x) = \sqrt{1-x} \end{cases}$. Alors $\begin{cases} u'(x) = nx^{n-1} \\ v(x) = -\frac{2}{3}(1-x)\sqrt{1-x} \end{cases}$.

D'où $J_n = \left[-\frac{2}{3}x^n(1-x)\sqrt{1-x}\right]_0^1 + \frac{2}{3}n\int_0^1 (x^{n-1} - x^n)\sqrt{1-x}\,\mathrm{d}x$

Soit $J_n = (0-0) + \frac{2}{3}n\int_0^1 (x^{n-1} - x^n)\sqrt{1-x}\,\mathrm{d}x$.

Soit $J_n = \frac{2}{3}n\left(\int_0^1 x^{n-1}\sqrt{1-x}\,\mathrm{d}x - \int_0^1 x^n\sqrt{1-x}\,\mathrm{d}x\right)$.

Soit $J_n = \frac{2}{3}n(J_{n-1} - J_n) = \frac{2}{3}nJ_{n-1} - \frac{2}{3}nJ_n$.

Ainsi, on obtient : $J_n\left(1 + \frac{2}{3}n\right) = \frac{2}{3}nJ_{n-1}$.

D'où $J_n = \frac{2n}{2n+3}J_{n-1}$.

(D) **FAUX**

En utilisant la relation de récurrence obtenue à la relation précédente, on obtient successivement :

$J_3 = \dfrac{2\times 3}{2\times 3+3} J_2 = \dfrac{2}{3} J_2.$

$J_2 = \dfrac{2\times 2}{2\times 2+3} J_1 = \dfrac{4}{7} J_1.$

$J_1 = \dfrac{2\times 1}{2\times 1+3} J_0 = \dfrac{2}{5} J_0.$

D'où $J_3 = \dfrac{2}{3}\times\dfrac{4}{7}\times\dfrac{2}{5} J_0.$

Or $J_0 = \dfrac{2}{3}$ donc $J_3 = \dfrac{2}{3}\times\dfrac{4}{7}\times\dfrac{2}{5}\times\dfrac{2}{3} = \dfrac{32}{315}.$

La proposition est donc fausse.

(E) **VRAI**

Soit $P(n)$ la propriété : $\forall n \in \mathbb{N},\ J_n = \dfrac{2^{2n+2} n!(n+1)!}{(2n+3)!}.$

Pour $n = 0$, on a $J_0 = \dfrac{2}{3}$ et $\dfrac{2^{2n+2} n!(n+1)!}{(2n+3)!} = \dfrac{2^2\times 1\times 1}{3!} = \dfrac{4}{6} = \dfrac{2}{3}.$

La propriété est donc vraie pour $n = 0$.

Soit $n \in \mathbb{N}$ fixé. On suppose que $J_n = \dfrac{2^{2n+2} n!(n+1)!}{(2n+3)!}.$

La relation de récurrence établie à la proposition C nous permet d'écrire :

$$J_{n+1} = \frac{2(n+1)}{2(n+1)+3} J_n$$

En tenant compte de l'hypothèse de récurrence, on a alors :

$$J_{n+1} = \frac{2(n+1)}{2n+5} \times \frac{2^{2n+2} n!(n+1)!}{(2n+3)!}.$$

Soit $J_{n+1} = \dfrac{2^{2n+3}(n+1)!(n+1)!}{(2n+5)(2n+3)!}$ car $(n+1)n! = (n+1)!$.

En multipliant le numérateur et le dénominateur par $(2n+4)$, on obtient :

$$J_{n+1} = \frac{2^{2n+3}(2(n+2))(n+1)!(n+1)!}{(2n+5)(2n+4)(2n+3)!}.$$

Soit $J_{n+1} = \dfrac{2^{2n+4}(n+2)!(n+1)!}{(2n+5)!}$ ce qui montre que la propriété est héréditaire.

En conclusion, selon le principe de récurrence, on peut affirmer que :

$$\forall n \in \mathbb{N},\ J_n = \frac{2^{2n+2} n!(n+1)!}{(2n+3)!}.$$

Question 5

(A) **FAUX**

L'équation caractéristique associée à (H) est $r^2 - r - 2 = 0$.
Elle admet $r_1 = -1$ et $r_2 = 2$ pour racines.
La solution générale de (H) est donc définie par : $y(t) = Ae^{-t} + Be^{2t}$ avec A et B réels.
La proposition est donc fausse.

(B) **VRAI**

La solution générale de (H) est : $y(t) = Ae^{-t} + Be^{2t}$ avec A et B réels.
Alors $\begin{cases} y(0) = 0 \\ y(1) = 0 \end{cases} \Leftrightarrow \begin{cases} Ae^0 + Be^0 = 0 \\ Ae^{-1} + Be^2 = 0 \end{cases} \Leftrightarrow \begin{cases} A + B = 0 \\ Ae^{-1} + Be^2 = 0 \end{cases} \Leftrightarrow \begin{cases} B = -A \\ A(e^{-1} - e^2) = 0 \end{cases} \Leftrightarrow \begin{cases} A = 0 \\ B = 0 \end{cases}$.
La seule solution de (H) vérifiant $y(0) = y(1) = 0$ est donc la fonction nulle.

(C) **VRAI**

La solution générale de (H) est : $y(t) = Ae^{-t} + Be^{2t}$ avec A et B réels.
Alors $\begin{cases} y(0) = 1 \\ y(\ln(2)) = 4 \end{cases} \Leftrightarrow \begin{cases} Ae^0 + Be^0 = 1 \\ Ae^{-\ln(2)} + Be^{2\ln(2)} = 4 \end{cases} \Leftrightarrow \begin{cases} A + B = 1 \\ \frac{A}{2} + 4B = 4 \end{cases}$ car $e^{-\ln(2)} = \frac{1}{e^{\ln(2)}} = \frac{1}{2}$ et $e^{2\ln(2)} = e^{\ln(2^2)} = e^{\ln(4)} = 4$.
D'où $\begin{cases} y(0) = 1 \\ y(\ln(2)) = 4 \end{cases} \Leftrightarrow \begin{cases} B = 1 - A \\ \frac{A}{2} + 4 - 4A = 4 \end{cases} \Leftrightarrow \begin{cases} B = 1 - A \\ -\frac{7}{2}A = 0 \end{cases} \Leftrightarrow \begin{cases} A = 0 \\ B = 1 \end{cases}$.
La seule solution de (H) vérifiant $y(0) = 1$ et $y(\ln(2)) = 4$ est la fonction y définie par $y(t) = e^{2t}$.

(D) **VRAI**

La solution générale de (H) est : $y(t) = Ae^{-t} + Be^{2t}$ avec A et B réels.
Or $\lim_{t \to +\infty} e^{-t} = 0$ et $\lim_{t \to +\infty} e^{2t} = +\infty$ donc $\lim_{t \to +\infty} y(t) = \begin{cases} +\infty \text{ si } B > 0 \\ -\infty \text{ si } B < 0 \\ 0 \text{ si } B = 0 \end{cases}$.
Il n'existe donc pas de solution y de (H) telle que $\lim_{t \to +\infty} y(t) = 1$.

(E) **FAUX**

Soit y une fonction polynôme de degré n solution de (E_1) : $y''(t) - y'(t) - 2y(t) = 2t^2$.
On a $\deg(y') = n - 1$ et $\deg(y'') = n - 2$ et par suite, $\deg(y'' - y' - 2y) = n$.
Or $\deg(2t^2) = 2$ donc on a $n = 2$.
Posons alors $y(t) = at^2 + bt + c$ avec a, b et c réels.
On a successivement :
$y'(t) = 2at + b$
$y''(t) = 2a$

En remplaçant dans (E_1), il vient : $2a-2at-b-2at^2-2bt-2c=2t^2$.
Soit $-2at^2-(2a+2b)t+2a-b-2c=2t^2$.

Par identification, on a : $\begin{cases}-2a=2\\2a+2b=0\\2a-b-2c=0\end{cases} \Leftrightarrow \begin{cases}a=-1\\b=1\\c=-\dfrac{3}{2}\end{cases}$.

D'où $y(t)=-t^2+t-\dfrac{3}{2}$.

La seule fonction polynôme solution de (E_1) est donc définie par $y(t)=-t^2+t-\dfrac{3}{2}$.

Remarque
Pour infirmer la proposition, on pouvait se contenter de vérifier que la fonction y_1 proposée dans l'énoncé n'est pas solution de (E_1).

Question 6

(A) **FAUX**
Soit $f(t)=te^{2t}$.
Alors $f'(t)=1\times e^{2t}+t\times 2e^{2t}=(1+2t)e^{2t}$.
Puis $f''(t)=2\times e^{2t}+(1+2t)\times 2e^{2t}=(4t+4)e^{2t}$.
La proposition est donc fausse.

(B) **VRAI**
Soit $g(t)=(At+B)e^{2t}$ avec A et B réels.
On peut écrire : $g(t)=Ate^{2t}+Be^{2t}$.
Posons $u(t)=Ate^{2t}$ et $v(t)=Be^{2t}$.

A l'aide des résultats précédents, on a :
$u''(t)-u'(t)-2u(t)=A(4t+4)e^{2t}-A(1+2t)e^{2t}-2Ate^{2t}$
$u''(t)-u'(t)-2u(t)=A(4t+4-1-2t-2t)e^{2t}$
$u''(t)-u'(t)-2u(t)=3Ae^{2t}$

De plus, $v''(t)-v'(t)-2v(t)=0$ car $v(t)=Be^{2t}$ est une solution de (H) (obtenue avec $A=0$).

D'où $g''(t)-g'(t)-2g(t)=3Ae^{2t}$.
On en déduit que g est solution de (E_2) : $y''(t)-y'(t)-2y(t)=9e^{2t}$ si, et seulement si $A=3$.
Il existe donc bien des solutions de (E_2) de la forme $(At+B)e^{2t}$, il s'agit des fonctions définies par $t\mapsto(3t+B)e^{2t}$ avec B réel.

(C) **FAUX**
On sait déjà que la solution générale de (H) est $y(t) = Ae^{-t} + Be^{2t}$ avec A et B réels.
De plus, selon la proposition précédente, la fonction $t \mapsto 3te^{2t}$ est une solution particulière de (E_2) (obtenue avec $B = 0$).

Donc la solution générale de (E_2) est : $y(t) = 3te^{2t} + Ae^{-t} + Be^{2t}$ avec A et B réels.

Soit $y(t) = (3t + B)e^{2t} + Ae^{-t}$.
La proposition est donc fausse.

(D) **VRAI**
Les solutions de (E_2) sont de la forme $y(t) = (3t + B)e^{2t} + Ae^{-t}$ avec A et B réels.
Alors, $y'(t) = 3 \times e^{2t} + (3t + B) \times 2e^{2t} - Ae^{-t} = (3 + 2B + 6t)e^{2t} - Ae^{-t}$.
Donc $\begin{cases} y(0) = 0 \\ y'(0) = 0 \end{cases} \Leftrightarrow \begin{cases} B + A = 0 \\ 3 + 2B - A = 0 \end{cases} \Leftrightarrow \begin{cases} B = -A \\ 3 - 2A - A = 0 \end{cases} \Leftrightarrow \begin{cases} A = 1 \\ B = -1 \end{cases}$.
Finalement, on obtient : $y(t) = (3t - 1)e^{2t} + e^{-t} = e^{-t} - e^{2t} + 3te^{2t}$.

(E) **FAUX**
Les solutions de (E_2) sont de la forme $y(t) = (3t + B)e^{2t} + Ae^{-t}$ avec A et B réels.
La condition $y(0) = 0$ implique $B = -A$.
Alors, $y(t) = (3t - A)e^{2t} + Ae^{-t}$ avec A réel.

De plus, on sait que $\lim\limits_{t \to +\infty} (3t - A)e^{2t} = +\infty$ et $\lim\limits_{t \to +\infty} Ae^{-t} = 0$ donc $\lim\limits_{t \to +\infty} y(t) = +\infty$.

Il n'existe donc pas de solution y de (E_2) telle que $y(0) = 0$ et $\lim\limits_{t \to +\infty} y(t) = 0$.

Question 7

(A) **VRAI**
L'énoncé indique que $d = u + iv$ est tel que $d^2 = 12 + 16i$.
D'où $(u + iv)^2 = 12 + 16i$ soit, en développant, $u^2 - v^2 + i2uv = 12 + 16i$.
Par identification des parties réelle et imaginaire, on obtient : $\begin{cases} u^2 - v^2 = 12 \\ uv = 8 \end{cases}$.

(B) **FAUX**
Posons $U = u^2$. On a $U > 0$.
Alors $\begin{cases} u^2 - v^2 = 12 \\ uv = 8 \end{cases} \Leftrightarrow \begin{cases} U - v^2 - 12 = 0 \\ v = \dfrac{8}{u} \end{cases} \Leftrightarrow U - \dfrac{64}{u^2} - 12 = 0 \Leftrightarrow U - \dfrac{64}{U} - 12 = 0$
$\Leftrightarrow U^2 - 12U - 64 = 0$.

$U = u^2$ est donc la solution positive de l'équation $U^2 - 12U - 64 = 0$.

(C) **FAUX**

Le discriminant Δ de l'équation $U^2 - 12U - 64 = 0$ est $\Delta = 400 > 0$.
L'équation admet donc deux solutions U_1 et U_2.

On a : $U_1 = \frac{12 - \sqrt{400}}{2 \times 1} < 0$ et $U_2 = \frac{12 + \sqrt{400}}{2 \times 1} = 16$.

Puisque U est la solution positive de l'équation $U^2 - 12U - 64 = 0$, on a $u^2 = U = 16$ et par suite $u = 4$ car u est un réel positif.

D'où $v = \frac{8}{u} = 2$.

La proposition est donc fausse.

Remarque

On pouvait très rapidement remarquer que les valeurs de u et v proposées par l'énoncé ne peuvent convenir car elles ne vérifient pas la relation $uv = 8$.

(D) **FAUX**

Soit $R(z) = z^2 - (2+6i)z - 11 + 2i$.
Le discriminant associé à l'équation $R(z) = 0$ est $\Delta = (-(2+6i))^2 - 4 \times 1 \times (-11 + 2i)$.
Après calculs, on obtient $\Delta = 12 + 16i$.
Selon les propositions précédentes, le nombre $d = u + iv = 4 + 2i$ est une racine carrée de $\Delta = 12 + 16i$ donc les racines de $R(z)$ s'écrivent $\frac{2+6i \pm d}{2}$.

La proposition est donc fausse.

(E) **FAUX**

Les racines z_1 et z_2 de $R(z)$ s'écrivent $\frac{2+6i \pm d}{2}$ avec $d = 4 + 2i$.

On a donc $z_1 = \frac{2+6i-4-2i}{2} = -1 + 2i$ et $z_2 = \frac{2+6i+4+2i}{2} = 3 + 4i$.

La proposition est donc fausse.

Remarque

Pour infirmer cette proposition, on pouvait se contenter de vérifier que la valeur $z_1 = 1 + 2i$ proposée par l'énoncé ne vérifie pas l'équation $R(z) = 0$.
Il était encore plus rapide de remarquer, qu'avec les valeurs des racines proposées par l'énoncé, on a $z_1 + z_2 = 4 + 6i$. Or le cours nous apprend que la somme des solutions d'une équation du 2nd degré $az^2 + bz + c = 0$ vaut $\frac{-b}{a}$ soit ici $2 + 6i$.

Les valeurs de z_1 et z_2 proposées ne peuvent donc convenir.

Question 8

(A) **VRAI**
Supposons que le polynôme $P(z)=z^3-(5+6i)z^2-(5-20i)z+33-6i$ admette une racine réelle z_0.
Alors on peut écrire $P(z_0)=z_0^3-5z_0^2-5z_0+33+i(-6z_0^2+20z_0-6)$.
Puisque z_0 est réel, $z_0^3-5z_0^2-5z_0+33$ et $-6z_0^2+20z_0-6$ sont également des réels qui représentent respectivement la partie réelle et la partie imaginaire de $P(z_0)$.
Si z_0 est une racine de $P(z)$ alors $P(z_0)=0$ donc la partie réelle et imaginaire de $P(z_0)$ sont nulles soit $\begin{cases} z_0^3-5z_0^2-5z_0+33=0 \\ -6z_0^2+20z_0-6=0 \end{cases}$.

(B) **FAUX**
L'équation $-6z_0^2+20z_0-6=0$ est une équation du second degré qui admet 3 et $\frac{1}{3}$ pour racines.
Or $\frac{1}{3}$ n'est pas solution de l'équation $z_0^3-5z_0^2-5z_0+33=0$
car $\left(\frac{1}{3}\right)^3-5\left(\frac{1}{3}\right)^2-5\left(\frac{1}{3}\right)+33=\frac{832}{27}\neq 0$.
Et 3 est solution de l'équation $z_0^3-5z_0^2-5z_0+33=0$ car $3^3-5\times3^2-5\times3+33=0$.
Donc si $P(z)$ possède une racine réelle z_0 alors on a $z_0=3$.

Réciproquement, on a :
$P(3)=3^3-(5+6i)\times3^2-(5-20i)\times3+33-6i=27-(45+54i)-(15-60i)+33-6i$.
Soit $P(3)=60-60-60i+60i=0$.

En conclusion, le polynôme $P(z)$ admet une racine réelle z_0 et $z_0=3$.

(C) **VRAI**
En posant la division euclidienne de $P(z)$ par $(z-3)$, on obtient :
$z^3-(5+6i)z^2-(5-20i)z+33-6i=(z-3)(z^2-(2+6i)z-11+2i)$.
Soit $z^3-(5+6i)z^2-(5-20i)z+33-6i=(z-3)R(z)$.

Remarque
On pouvait aussi développer $(z-3)R(z)$ et vérifier qu'on retrouve bien $P(z)$.

(D) **FAUX**
On a $d(A_1,A_2)=|z_2-z_1|$.
Or $z_2-z_1=(3+4i)-(-1+2i)=4+2i$ donc $d(A_1,A_2)=\sqrt{4^2+2^2}=\sqrt{20}=2\sqrt{5}$.
La proposition est donc fausse.

(E) **VRAI**

On a $d(A_0,A_1) = |z_1 - z_0|$.

Or $z_1 - z_0 = (-1+2i) - 3 = -4+2i$ donc $d(A_0,A_1) = \sqrt{(-4)^2+2^2} = \sqrt{20} = 2\sqrt{5}$.

Ainsi $d(A_0,A_1) = d(A_1,A_2)$: le triangle $A_0A_1A_2$ est isocèle.

Question 9

(A) **VRAI**

Nous sommes en situation d'équiprobabilité.

Décrivons le tirage dans l'urne A puis dans l'urne B par un arbre :

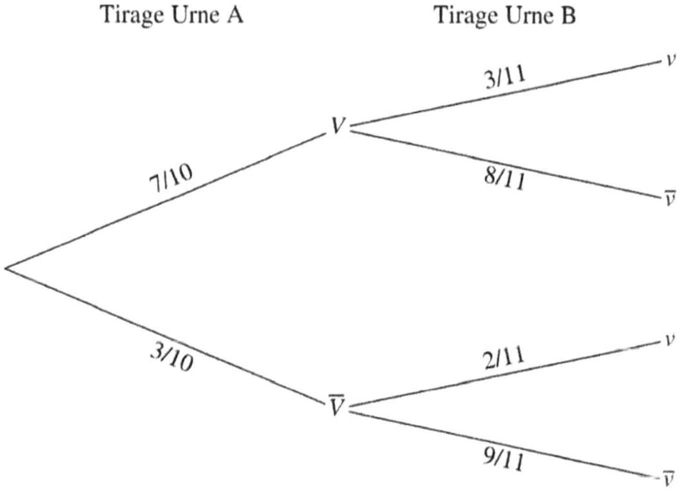

On obtient directement $P(V) = \dfrac{7}{10}$.

(B) **FAUX**

Grâce à l'arbre pondéré, on obtient directement $P(v|V) = \dfrac{3}{11}$.

La proposition est donc fausse.

(C) **FAUX**

On a $P(v) = P(V \cap v) + P(\overline{V} \cap v) = P(V) \times P(v|V) + P(\overline{V}) \times P(v|\overline{V})$: il s'agit de la formule des probabilités totales.

Ainsi, on obtient $P(v) = \dfrac{7}{10} \times \dfrac{3}{11} + \dfrac{3}{10} \times \dfrac{2}{11} = \dfrac{27}{110}$.

La proposition est donc fausse.

(D) **VRAI**

On sait, selon le cours, que $P(\bar{v}) = 1 - P(v)$ donc $P(\bar{v}) = 1 - \frac{27}{110} = \frac{83}{110}$.

(E) **VRAI**

Selon la formule des probabilités composées, $P(V \cap v) = P(V)P(v|V)$ soit $P(V \cap v) = \frac{7}{10} \times \frac{3}{11} = \frac{21}{110}$.

Remarque

Ce résultat se lisait également directement sur la 1ère branche de l'arbre.

Question 10

(A) **FAUX**

Par définition, $P(V|v) = \frac{P(V \cap v)}{P(v)}$.

D'où $P(V|v) = \frac{\frac{21}{110}}{\frac{27}{110}} = \frac{21}{27} = \frac{7}{9}$.

(B) **VRAI**

Selon la formule des probabilités composées, $P(\bar{V} \cap \bar{v}) = P(\bar{V})P(\bar{v}|\bar{V})$ soit $P(\bar{V} \cap \bar{v}) = \frac{3}{10} \times \frac{9}{11} = \frac{27}{110}$.

Remarque

Ce résultat se lisait également directement sur la dernière branche de l'arbre.

(C) **VRAI**

Pour que le contenu de l'urne A reste inchangé après avoir transféré une boule de A vers B puis une boule de B vers A, il faut avoir obtenu une boule verte à chaque tirage ($V \cap v$) ou une boule bleue à chaque tirage ($\bar{V} \cap \bar{v}$).

On cherche donc $P(V \cap v) + P(\bar{V} \cap \bar{v})$.

Et selon les résultats précédents, $P(V \cap v) + P(\bar{V} \cap \bar{v}) = \frac{21}{110} + \frac{27}{110} = \frac{48}{110}$.

(D) **FAUX**

Selon la formule des probabilités composées, $P(V \cap \bar{v}) = P(V)P(\bar{v}|V)$ soit $P(V \cap \bar{v}) = \frac{7}{10} \times \frac{8}{11} = \frac{56}{110}$.

Remarque
Ce résultat se lisait également directement sur la deuxième branche de l'arbre.

(E) **VRAI**
Pour que le contenu de A soit de 6 boules vertes et de 4 boules bleues après avoir transféré une boule de A vers B puis une boule de B vers A, il faut avoir tiré une boule verte de l'urne A puis une boule bleue de l'urne B.
La probabilité cherchée est donc $P(V \cap \bar{v})$, probabilité qui vaut $\frac{56}{110}$ selon la question précédente.

Question 11

(A) **VRAI**
f est impaire donc $\forall n \in \mathbb{N}$, $a_n = 0$.

(B) **FAUX**
f est impaire donc $\forall n \geqslant 1$, $b_n = \frac{4}{T}\int_0^{\frac{T}{2}} f(t)\sin(n\omega t)\mathrm{d}t$ avec $\omega = \frac{2\pi}{T} = \frac{2\pi}{2\pi} = 1$.
Ainsi, pour $n \geqslant 1$, on a $b_n = \frac{2}{\pi}\int_0^{\pi} f(t)\sin(nt)\mathrm{d}t$ soit $b_n = \frac{2}{\pi}\int_0^{1}(-1\times\sin(nt))\mathrm{d}t$ car $f(t) = \begin{cases} -1 & \text{pour } t \in]0\,;1[\\ 0 & \text{pour } t \in [1\,;\pi] \end{cases}$.
Il vient $b_n = \frac{2}{\pi}\left[\frac{\cos(nt)}{n}\right]_0^1 = \frac{2}{n\pi}(\cos(n) - \cos(0)) = \frac{2}{n\pi}(\cos(n) - 1)$.
Or le formulaire de trigonométrie nous apprend que $1 - \cos(2x) = 2\sin^2(x)$ donc on peut écrire $\cos(n) - 1 = -2\sin^2\left(\frac{n}{2}\right)$.
Finalement, on a : $\forall n \geqslant 1$, $b_n = -\frac{4}{n\pi}\sin^2\left(\frac{n}{2}\right)$.
La proposition est donc fausse.

(C) **FAUX**
Voici la représentation graphique de f sur $[-\pi\,;\pi]$:

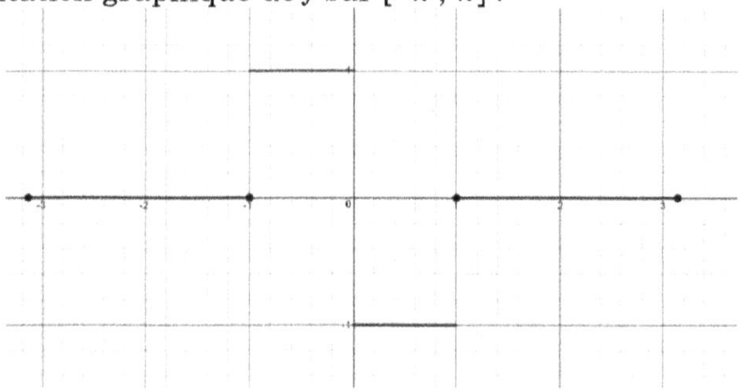

La fonction f est 2π-périodique et de classe C^1 par morceaux sur $\mathbb{R}$ donc :
- $S(t)$ converge vers $f(t)$ en tout point t_0 où f est continue
- $S(t)$ converge vers $\dfrac{f(t_0^+)+f(t_0^-)}{2}$ en tout point t_0 où f n'est pas continue.

Ainsi, la série de $S(t)$ ne converge pas en tout t vers $f(t)$.
Par exemple, pour $t = 1$, la série de Fourier converge vers $\dfrac{-1+0}{2} = -\dfrac{1}{2}$ alors que $f(1) = 0$.
La proposition est donc fausse.

(D) **VRAI**
En tenant compte des résultats précédents, le développement en série de Fourier de f s'écrit : $S(t) = \sum\limits_{n=1}^{+\infty} b_n \sin(nt) = \sum\limits_{n=1}^{+\infty} -\dfrac{4}{n\pi}\sin^2\left(\dfrac{n}{2}\right)\sin(nt)$.

Pour $t = \dfrac{1}{2}$, on a $S\left(\dfrac{1}{2}\right) = f\left(\dfrac{1}{2}\right)$ car f est continue en $\dfrac{1}{2}$.

Or $f\left(\dfrac{1}{2}\right) = -1$ et $S\left(\dfrac{1}{2}\right) = \sum\limits_{n=1}^{+\infty} -\dfrac{4}{n\pi}\sin^2\left(\dfrac{n}{2}\right)\sin\left(\dfrac{n}{2}\right) = -\dfrac{4}{\pi}\sum\limits_{n=1}^{+\infty}\dfrac{1}{n}\sin^3\left(\dfrac{n}{2}\right)$.

Donc on peut écrire : $-\dfrac{4}{\pi}\sum\limits_{n=1}^{+\infty}\dfrac{1}{n}\sin^3\left(\dfrac{n}{2}\right) = -1$ soit $\sum\limits_{n=1}^{+\infty}\dfrac{1}{n}\sin^3\left(\dfrac{n}{2}\right) = \dfrac{\pi}{4}$.

(E) **FAUX**
L'égalité de Parseval s'écrit dans le cas général :

$$a_0^2 + \frac{1}{2}\sum_{n=1}^{+\infty}(a_n^2 + b_n^2) = \frac{1}{T}\int_\alpha^{\alpha+T} f^2(t)\,dt \quad \text{avec } \alpha \text{ réel quelconque}$$

Or ici $\forall n \in \mathbb{N}$, $a_n = 0$ et $T = 2\pi$ donc on peut écrire :

$$\frac{1}{2\pi}\int_{-\pi}^{\pi} f^2(t)\,dt = \frac{1}{2}\sum_{n=1}^{+\infty} b_n^2.$$

Or f est impaire donc f^2 est paire et alors $\int_{-\pi}^{\pi} f^2(t)\,dt = 2\int_0^{\pi} f^2(t)\,dt$.

La relation de Parseval devient alors :

$$\frac{1}{\pi}\int_0^{\pi} f^2(t)\,dt = \frac{1}{2}\sum_{n=1}^{+\infty} b_n^2.$$

Or $\dfrac{1}{\pi}\int_0^{\pi} f^2(t)\,dt = \dfrac{1}{\pi}\int_0^1 (-1)^2 dt = \dfrac{1}{\pi}\Big[t\Big]_0^1 = \dfrac{1}{\pi}$

et $\frac{1}{2}\sum_{n=1}^{+\infty} b_n{}^2 = \frac{1}{2}\sum_{n=1}^{+\infty}\left(-\frac{4}{n\pi}\sin^2\left(\frac{n}{2}\right)\right)^2 = \frac{1}{2}\sum_{n=1}^{+\infty}\frac{16}{n^2\pi^2}\sin^4\left(\frac{n}{2}\right)$.

Il vient donc : $\frac{1}{2}\sum_{n=1}^{+\infty}\frac{16}{n^2\pi^2}\sin^4\left(\frac{n}{2}\right) = \frac{1}{\pi}$ soit $\sum_{n=1}^{+\infty}\frac{1}{n^2}\sin^4\left(\frac{n}{2}\right) = \frac{\pi}{8}$.

La proposition est donc fausse.

Question 12

(A) **VRAI**

En utilisant la définition de la fonction f de la question précédente, on obtient :

• Si $t \in [0\,;1]$ alors $F(t) = \int_{-\pi}^{t} f(u)\,\mathrm{d}u = \int_{-\pi}^{-1} 0\,\mathrm{d}u + \int_{-1}^{0} 1\,\mathrm{d}u + \int_{0}^{t} (-1)\,\mathrm{d}u$.

Soit $F(t) = 0 + \Big[u\Big]_{-1}^{0} + \Big[-u\Big]_{0}^{t} = (0-(-1)) + (-t) = 1-t$.

• Si $t \in [1\,;\pi]$ alors $F(t) = \int_{-\pi}^{t} f(u)\,\mathrm{d}u = \int_{-\pi}^{-1} 0\,\mathrm{d}u + \int_{-1}^{0} 1\,\mathrm{d}u + \int_{0}^{1} (-1)\,\mathrm{d}u + \int_{1}^{t} 0\,\mathrm{d}u$.

Soit $F(t) = 0 + \Big[u\Big]_{-1}^{0} + \Big[-u\Big]_{0}^{1} + 0 = (0-(-1)) + (-1+0) = 0$.

(B) **FAUX**

Examinons la parité de F en calculant $F(t) - F(-t)$ pour $t \in [0\,;\pi]$:

$F(t) - F(-t) = \int_{-\pi}^{t} f(u)\,\mathrm{d}u - \int_{-\pi}^{-t} f(u)\,\mathrm{d}u$.

Or f est impaire donc $\int_{-\pi}^{-t} f(u)\,\mathrm{d}u = -\int_{t}^{\pi} f(u)\,\mathrm{d}u$.

Ainsi, $F(t) - F(-t) = \int_{-\pi}^{t} f(u)\,\mathrm{d}u + \int_{t}^{\pi} f(u)\,\mathrm{d}u$.

Soit $F(t) - F(-t) = \int_{-\pi}^{\pi} f(u)\,\mathrm{d}u$ en utilisant la relation de Chasles.

Or $\int_{-\pi}^{\pi} f(u)\,\mathrm{d}u = 2\pi \times a_0$ et on sait que $\forall n \in \mathbb{N}$, $a_n = 0$ (cf proposition A de la question 11).

Donc on obtient : $F(t) - F(-t) = 0$ soit $F(-t) = F(t)$ et on en déduit que F est paire.

Le graphe de F sur $[-\pi\,;\pi]$ est donné page suivante.

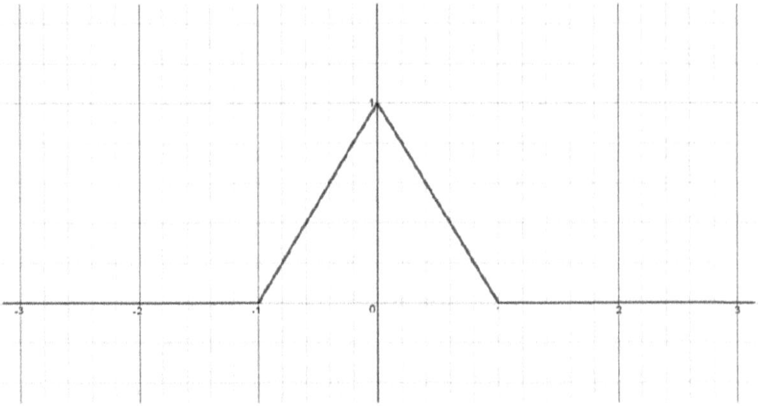

Montrons maintenant que F est périodique de période 2π :
$\forall t \in [0 ; \pi], f(t+2\pi)-f(t)=0$ car f est périodique de période 2π.
Ainsi, $\forall t \in [0 ; \pi]$, $F(t+2\pi)-F(t)$ est une constante C.
En particulier, pour $t=0$: $F(2\pi)-F(0)=C$ soit $\int_0^{2\pi} f(u)\,\mathrm{d}u = C$.

Or on sait que $\int_0^{2\pi} f(u)\,\mathrm{d}u = 2\pi \times a_0 = 0$ donc on a $C=0$.

Et par suite, $\forall t \in [0 ; \pi]$, $F(t+2\pi)-F(t)=0$ soit $F(t+2\pi)=F(t)$ ce qui prouve que F est périodique de période 2π.

Ainsi, puisque F est paire et périodique de période $T=2\pi$, on a :

$$A_0 = \frac{2}{T}\int_0^{\frac{T}{2}} F(t)\,\mathrm{d}t = \frac{1}{\pi}\int_0^{\pi} F(t)\,\mathrm{d}t \text{ soit } A_0 = \frac{1}{\pi}\int_0^{1}(1-t)\,\mathrm{d}t.$$

On obtient $A_0 = \frac{1}{\pi}\left[t-\frac{t^2}{2}\right]_0^1 = \frac{1}{\pi}\left(1-\frac{1}{2}\right) = \frac{1}{2\pi}$.
La proposition est donc fausse.

(C) **VRAI**

Selon la proposition B de la question 11, pour $n \geqslant 1$, on a $b_n = \frac{2}{\pi}\int_0^{\pi} f(t)\sin(nt)\,\mathrm{d}t$.

Effectuons une intégration par parties :
On pose $\begin{cases} u = \sin(nt) \\ v' = f(t) \end{cases}$. Alors $\begin{cases} u' = n\cos(nt) \\ v = F(t) \end{cases}$.

D'où $b_n = \frac{2}{\pi}\left(\left[F(t)\sin(nt)\right]_0^{\pi} - n\int_0^{\pi} F(t)\cos(nt)\,\mathrm{d}t\right)$.

Soit $b_n = \frac{2}{\pi}\left((F(\pi)\sin(\pi)-F(0)\sin(0)) - n\times\frac{\pi}{2}A_n\right)$ car F étant paire et périodique de période 2π, on a $A_n = \frac{4}{2\pi}\int_0^{\pi} F(t)\cos(nt)\,\mathrm{d}t = \frac{2}{\pi}\int_0^{\pi} F(t)\cos(nt)\,\mathrm{d}t$.

D'où $b_n = \frac{2}{\pi}\left(-\frac{n\pi}{2}A_n\right) = -nA_n$.

Soit, pour $n \geqslant 1$, $A_n = \frac{-b_n}{n}$.

Or selon la proposition B de la question 11, on a : $b_n = \frac{-4}{n\pi}\sin^2\left(\frac{n}{2}\right)$.

Donc : $\forall n \geqslant 1$, $A_n = \frac{4}{n^2\pi}\sin^2\left(\frac{n}{2}\right)$.

(D) **VRAI**

Ce résultat a déjà été montré pour pouvoir traiter les propositions B et C ci-dessus.

Remarque

On peut s'étonner du positionnement tardif de cette proposition, son résultat étant nécessaire pour traiter les propositions précédentes.

(E) **VRAI**

La fonction F est paire donc, pour $n \geqslant 1$, $B_n = 0$.

A l'aide des résultats précédents pour A_0 et A_n, le développement en série de Fourier de F s'écrit :

$$A_0 + \sum_{n=1}^{+\infty} A_n\cos(nt) = \frac{1}{2\pi} + \sum_{n=1}^{+\infty}\frac{4}{\pi n^2}\sin^2\left(\frac{n}{2}\right)\cos(nt).$$

La fonction F est 2π-périodique et de classe C^1 par morceaux sur $\mathbb{R}$ donc elle satisfait aux conditions de Dirichlet.

De plus, F est continue en 0 donc la série de Fourier de F converge vers $F(0)$ en 0.

Ainsi, on peut écrire :

$$\frac{1}{2\pi} + \sum_{n=1}^{+\infty}\frac{4}{\pi n^2}\sin^2\left(\frac{n}{2}\right)\cos(0) = F(0) = 1$$

Soit $\frac{4}{\pi}\sum_{n=1}^{+\infty}\frac{1}{n^2}\sin^2\left(\frac{n}{2}\right) = 1 - \frac{1}{2\pi}$ c'est-à-dire $\sum_{n=1}^{+\infty}\frac{1}{n^2}\sin^2\left(\frac{n}{2}\right) = \frac{\pi}{4} - \frac{1}{8}$.

Question 13

(A) **VRAI**

Le polynôme caractéristique de A est défini par $P_A(\lambda) = \det(A - \lambda I)$ où I est la matrice unité d'ordre 2.

Ainsi, $P_A(\lambda) = \begin{vmatrix} 1-\lambda & 1 \\ 1 & -\lambda \end{vmatrix} = (1-\lambda)(-\lambda) - 1$ soit $P_A(\lambda) = \lambda^2 - \lambda - 1$.

(B) **FAUX**

On a d'une part $\frac{1}{\varphi} = \frac{2}{1+\sqrt{5}} = \frac{2(1-\sqrt{5})}{(1+\sqrt{5})(1-\sqrt{5})}$.

Or $(1+\sqrt{5})(1-\sqrt{5}) = 1^2-\sqrt{5}^2 = 1-5 = -4$ donc $\frac{1}{\varphi} = \frac{1-\sqrt{5}}{-2} = -\frac{1}{2}+\frac{\sqrt{5}}{2}$.

Et d'autre part, $1-\varphi = 1-\left(\frac{1}{2}+\frac{\sqrt{5}}{2}\right) = \frac{1}{2}-\frac{\sqrt{5}}{2}$.

Ainsi $\frac{1}{\varphi} \neq 1-\varphi$: la proposition est fausse.

La relation exacte est $\frac{1}{\varphi} = \varphi-1$.

(C) **FAUX**

Les valeurs propres de A sont les racines de $P_A(\lambda)$.
Or $P_A(\lambda) = 0 \Leftrightarrow \lambda^2-\lambda-1 = 0$.

Cette équation du 2nd degré admet $\lambda_1 = \frac{1-\sqrt{5}}{2}$ et $\lambda_2 = \frac{1+\sqrt{5}}{2}$ pour solutions.

On remarque que $\lambda_2 = \varphi$ et $\lambda_1 = 1-\varphi$.
Les valeurs propres de A sont donc φ et $1-\varphi$.
La proposition est fausse.

(D) **VRAI**

Calculons $A\begin{pmatrix}\varphi\\1\end{pmatrix}$:

$A\begin{pmatrix}\varphi\\1\end{pmatrix} = \begin{pmatrix}1&1\\1&0\end{pmatrix}\begin{pmatrix}\varphi\\1\end{pmatrix} = \begin{pmatrix}\varphi+1\\\varphi\end{pmatrix}$.
Or $\varphi+1 = \varphi^2$ car φ est une racine de $P_A(\lambda) = \lambda^2-\lambda-1$.

Donc on a : $A\begin{pmatrix}\varphi\\1\end{pmatrix} = \begin{pmatrix}\varphi^2\\\varphi\end{pmatrix}$ soit $A\begin{pmatrix}\varphi\\1\end{pmatrix} = \varphi\begin{pmatrix}\varphi\\1\end{pmatrix}$ et cette dernière relation prouve que $\begin{pmatrix}\varphi\\1\end{pmatrix}$ est un vecteur propre de A associé à la valeur propre φ.

(E) **FAUX**

Le vecteur $\begin{pmatrix}1\\\varphi\end{pmatrix}$ n'est pas colinéaire au vecteur $\begin{pmatrix}\varphi\\1\end{pmatrix}$ car $\varphi^2 \neq 1$.

Donc si le vecteur $\begin{pmatrix}1\\\varphi\end{pmatrix}$ est un vecteur propre de A, il ne peut être associé qu'à la valeur propre $1-\varphi$.
Déterminons alors l'espace propre $E_{1-\varphi} = \text{Ker}(A-(1-\varphi)I)$:

$(x,y) \in E_{1-\varphi} \Leftrightarrow \begin{pmatrix}1-(1-\varphi) & 1\\ 1 & -(1-\varphi)\end{pmatrix}\begin{pmatrix}x\\y\end{pmatrix} = \begin{pmatrix}0\\0\end{pmatrix} \Leftrightarrow \begin{cases}\varphi x+y = 0\\ x-(1-\varphi)y = 0\end{cases}$.

On remarque alors que $\begin{pmatrix} 1 \\ \varphi \end{pmatrix}$ ne vérifie pas le système donc $\begin{pmatrix} 1 \\ \varphi \end{pmatrix}$ n'est pas un vecteur propre pour la matrice A.

Continuons le travail amorcé pour déterminer un vecteur propre de A relatif à la valeur propre $1\text{-}\varphi$:
En choisissant $x = 1$, on obtient $y = -\varphi$ grâce à la 1ère équation du système.
Et la 2ème équation est alors vérifiée : $x-(1-\varphi)y = 1-(1-\varphi)(-\varphi) = -(\varphi^2-\varphi-1) = 0$ car φ est racine du polynôme caractéristique $P_A(\lambda) = \lambda^2-\lambda-1$.
Ainsi, $\begin{pmatrix} 1 \\ -\varphi \end{pmatrix}$ est un vecteur propre de A associé à la valeur propre $1-\varphi$.

Remarque
On pouvait également prouver que $\begin{pmatrix} 1 \\ \varphi \end{pmatrix}$ n'est pas un vecteur propre de A associé à la valeur propre $1\text{-}\varphi$ en montrant que $A\begin{pmatrix} 1 \\ \varphi \end{pmatrix} \neq (1-\varphi)\begin{pmatrix} 1 \\ \varphi \end{pmatrix}$.

Question 14

(A) **VRAI**
La vérification est immédiate.
En effet, $U_{n+1} = \begin{pmatrix} F_{n+2} \\ F_{n+1} \end{pmatrix}$ et $AU_n = \begin{pmatrix} 1 & 1 \\ 1 & 0 \end{pmatrix}\begin{pmatrix} F_{n+1} \\ F_n \end{pmatrix} = \begin{pmatrix} F_{n+1}+F_n \\ F_{n+1} \end{pmatrix} = \begin{pmatrix} F_{n+2} \\ F_{n+1} \end{pmatrix}$.

(B) **VRAI**
Soit $P = \begin{pmatrix} \varphi & 1 \\ 1 & -\varphi \end{pmatrix}$.
La matrice P est inversible car $\det(P) = -\varphi^2-1 = -(\varphi^2+1) \neq 0$.
En utilisant le résultat de cours sur l'inversion d'une matrice carrée d'ordre 2, on a directement :

$$P^{-1} = \frac{-1}{\varphi^2+1}\begin{pmatrix} -\varphi & -1 \\ -1 & \varphi \end{pmatrix} = \frac{1}{\varphi^2+1}\begin{pmatrix} \varphi & 1 \\ 1 & -\varphi \end{pmatrix} = \frac{1}{\varphi^2+1}P.$$

Or $\varphi^2-\varphi-1 = 0$ car φ est racine de $P_A(\lambda) = \lambda^2-\lambda-1$ donc $\varphi^2 = \varphi+1$ et par suite, $\varphi^2+1 = \varphi+2$.
On obtient bien $P^{-1} = \frac{1}{\varphi+2}P$.

(C) **VRAI**
La matrice A d'ordre 2 admet 2 valeurs propres distinctes donc elle est diagonalisable.
Elle est donc semblable à la matrice $\begin{pmatrix} \varphi & 0 \\ 0 & 1-\varphi \end{pmatrix}$ et on a : $A = P\begin{pmatrix} \varphi & 0 \\ 0 & 1-\varphi \end{pmatrix}P^{-1}$.

(D) **FAUX**

Supposons que la relation proposée par l'énoncé soit exacte.

Supposons donc qu'il existe deux constantes α et β telle que :

$$\forall n \in \mathbb{N},\ F_n = \alpha\varphi^n + \beta(\varphi - 1)^n.$$

Alors, pour $n = 0$, on obtient : $F_0 = \alpha + \beta$ soit $\beta = -\alpha$ car on sait que $F_0 = 0$.

Et pour $n = 1$, on obtient : $F_1 = \alpha\varphi + \beta(\varphi - 1)$ soit $\alpha\varphi + \beta(\varphi - 1) = 1$ car on sait que $F_1 = 1$. En remplaçant β par $-\alpha$, il vient $\alpha\varphi - \alpha(\varphi - 1) = 1$ soit $\alpha = 1$.

Alors $\beta = -\alpha = -1$.

En conclusion, la relation se réécrit : $\forall n \in \mathbb{N},\ F_n = \varphi^n - (\varphi - 1)^n$.

Cette relation donne : $F_2 = \varphi^2 - (\varphi - 1)^2 = \varphi^2 - (\varphi^2 - 2\varphi + 1) = 2\varphi - 1$.

Or la définition de la suite (F_n) donne $F_2 = F_1 + F_0 = 1 + 0 = 1$.

Donc si la relation de l'énoncé était exacte, on aurait $2\varphi - 1 = 1$ soit $\varphi = 1$, ce qui est absurde car $\varphi = \dfrac{1+\sqrt{5}}{2}$.

La relation proposée par l'énoncé est donc fausse.

Remarque

Déterminons la relation exacte :

La relation $U_{n+1} = AU_n$ donne par récurrence $U_n = A^n U_0$ soit $\begin{pmatrix} F_{n+1} \\ F_n \end{pmatrix} = A^n \begin{pmatrix} F_1 \\ F_0 \end{pmatrix}$.

Notons $V_1 = \begin{pmatrix} \varphi \\ 1 \end{pmatrix}$ et $V_2 = \begin{pmatrix} 1 \\ -\varphi \end{pmatrix}$ les vecteurs constituant la base des vecteurs propres.

Le vecteur $\begin{pmatrix} F_1 \\ F_0 \end{pmatrix}$ se décompose sur la base des vecteurs propres, autrement dit il existe deux constantes α et β telles que $\begin{pmatrix} F_1 \\ F_0 \end{pmatrix} = \alpha V_1 + \beta V_2$.

D'où $\begin{pmatrix} F_{n+1} \\ F_n \end{pmatrix} = \alpha A^n V_1 + \beta A^n V_2$.

Le vecteur V_1 étant un vecteur propre de la matrice A associé à la valeur propre φ, on a $AV_1 = \varphi V_1$ et, par récurrence, $A^n V_1 = \varphi^n V_1$.

De même, on a $A^n V_2 = (1 - \varphi)^n V_2$.

Ainsi, on peut écrire : $\begin{pmatrix} F_{n+1} \\ F_n \end{pmatrix} = \alpha\varphi^n V_1 + \beta(1-\varphi)^n V_2 = \alpha\varphi^n \begin{pmatrix} \varphi \\ 1 \end{pmatrix} + \beta(1-\varphi)^n \begin{pmatrix} 1 \\ -\varphi \end{pmatrix}$.

Il vient alors $F_n = \alpha\varphi^n - \beta\varphi(1 - \varphi)^n$.

(E) **FAUX**

Supposons la relation de l'énoncé exacte.

Alors on aurait $A^2 = \begin{pmatrix} F_3 & F_2 \\ F_2 & -F_1 \end{pmatrix}$.

Or $F_1 = 1$, $F_2 = F_1 + F_0 = 1+0 = 1$ et $F_3 = F_2 + F_1 = 1+1 = 2$.
Donc on aurait $A^2 = \begin{pmatrix} 2 & 1 \\ 1 & -1 \end{pmatrix}$.
Or un calcul direct de A^2 donne : $A^2 = \begin{pmatrix} 1 & 1 \\ 1 & 0 \end{pmatrix}\begin{pmatrix} 1 & 1 \\ 1 & 0 \end{pmatrix} = \begin{pmatrix} 2 & 1 \\ 1 & 1 \end{pmatrix}$.

La proposition est donc fausse.

Remarque
On peut montrer par récurrence que la relation exacte est :
$\forall n \in \mathbb{N}^*, A^n = \begin{pmatrix} F_{n+1} & F_n \\ F_n & F_{n-1} \end{pmatrix}$.

Question 15

(A) **FAUX**
On a : $\frac{x^2}{a^2} + \frac{y^2}{b^2} = \cos^2(t) + \sin^2(t)$ soit $\frac{x^2}{a^2} + \frac{y^2}{b^2} = 1$.
L'équation cartésienne de la courbe C est celle d'une ellipse.
La proposition est donc fausse.

(B) **FAUX**
On a : $\begin{cases} x'(t) = -a\sin(t) \\ y'(t) = b\cos(t) \end{cases}$.
Pour tout $t \in \mathbb{R}$, le vecteur $(x'(t)\,;\,y'(t))$ est non nul car $\sin(t)$ et $\cos(t)$ ne peuvent être simultanément nuls.
Tous les points $M(t)$ de la courbe C sont donc réguliers et le vecteur $(x'(t)\,;\,y'(t))$ est alors un vecteur directeur de la tangente au point $M(t)$.
On obtient une équation cartésienne de la tangente à C en $M(t)$ en écrivant :
$\begin{vmatrix} x - x(t) & x'(t) \\ y - y(t) & y'(t) \end{vmatrix} = 0 \Leftrightarrow (x - a\cos(t)) \times b\cos(t) - (y - b\sin(t)) \times (-a\sin(t)) = 0$
$\Leftrightarrow bx\cos(t) - ab\cos^2(t) + ay\sin(t) - ab\sin^2(t) = 0$
$\Leftrightarrow bx\cos(t) + ay\sin(t) = ab\left(\cos^2(t) + \sin^2(t)\right)$
$\Leftrightarrow bx\cos(t) + ay\sin(t) = ab$
La proposition est donc fausse.

(C) **VRAI**
Selon la proposition précédente, $T(t)$ a pour équation $b\cos(t)x + a\sin(t)y = ab$.
On en déduit que $T\left(t + \frac{\pi}{2}\right)$ a pour équation $b\cos\left(t + \frac{\pi}{2}\right)x + a\sin\left(t + \frac{\pi}{2}\right)y = ab$.
Or $\cos\left(t + \frac{\pi}{2}\right) = -\sin(t)$ et $\sin\left(t + \frac{\pi}{2}\right) = \cos(t)$.
Donc une équation de $T\left(t + \frac{\pi}{2}\right)$ est $-b\sin(t)x + a\cos(t)y = ab$.

Les points d'intersection de $T(t)$ et $T\left(t+\frac{\pi}{2}\right)$ vérifient donc :

$$\begin{cases} b\cos(t)x+a\sin(t)y=ab \\ -b\sin(t)x+a\cos(t)y=ab \end{cases}.$$

Le déterminant de ce système est :

$$\begin{vmatrix} b\cos(t) & a\sin(t) \\ -b\sin(t) & a\cos(t) \end{vmatrix} = ab\cos^2(t)+ab\sin^2(t)=ab\left(\cos^2(t)+\sin^2(t)\right)=ab$$

Ce déterminant est non nul, le système est donc de Cramer et il admet une unique solution $(x\,;\,y)$ avec :

$$x=\frac{1}{ab}\begin{vmatrix} ab & a\sin(t) \\ ab & a\cos(t) \end{vmatrix}=\frac{1}{ab}\left(a^2b\cos(t)-a^2b\sin(t)\right)=a(\cos(t)-\sin(t)).$$

$$y=\frac{1}{ab}\begin{vmatrix} b\cos(t) & ab \\ -b\sin(t) & ab \end{vmatrix}=\frac{1}{ab}\left(ab^2\cos(t)+ab^2\sin(t)\right)=b(\cos(t)+\sin(t)).$$

Or $\cos(t)-\sin(t)=\sqrt{2}\left(\frac{\sqrt{2}}{2}\cos(t)-\frac{\sqrt{2}}{2}\sin(t)\right)=\sqrt{2}\left(\cos\left(\frac{\pi}{4}\right)\cos(t)-\sin\left(\frac{\pi}{4}\right)\sin(t)\right)$

soit $\cos(t)-\sin(t)=\sqrt{2}\cos\left(t+\frac{\pi}{4}\right)$.

Et $\cos(t)+\sin(t)=\sqrt{2}\left(\frac{\sqrt{2}}{2}\cos(t)+\frac{\sqrt{2}}{2}\sin(t)\right)=\sqrt{2}\left(\sin\left(\frac{\pi}{4}\right)\cos(t)+\cos\left(\frac{\pi}{4}\right)\sin(t)\right)$

soit $\cos(t)+\sin(t)=\sqrt{2}\sin\left(t+\frac{\pi}{4}\right)$.

Donc on a $\begin{cases} x=a\sqrt{2}\cos\left(t+\frac{\pi}{4}\right) \\ y=b\sqrt{2}\sin\left(t+\frac{\pi}{4}\right) \end{cases}$.

Le point d'intersection des droites $T(t)$ et $T\left(t+\frac{\pi}{2}\right)$ a pour coordonnées :

$\left(a\sqrt{2}\cos\left(t+\frac{\pi}{4}\right);\ b\sqrt{2}\sin\left(t+\frac{\pi}{4}\right)\right)$.

(D) **FAUX**

Une équation cartésienne de $T(t)$ est : $b\cos(t)x+a\sin(t)y=ab$.

Un vecteur normal à $T(t)$ est donc $\vec{n_1}\begin{pmatrix} b\cos(t) \\ a\sin(t) \end{pmatrix}$.

Une équation cartésienne de $T\left(t+\frac{\pi}{2}\right)$ est : $-b\sin(t)x+a\cos(t)y=ab$.

Un vecteur normal à $T\left(t+\frac{\pi}{2}\right)$ est donc $\vec{n_2}\begin{pmatrix} -b\sin(t) \\ a\cos(t) \end{pmatrix}$.

Alors $\vec{n_1}.\vec{n_2}=-b^2\cos(t)\sin(t)+a^2\cos(t)\sin(t)=\left(a^2-b^2\right)\cos(t)\sin(t)$.

Le produit scalaire de $\vec{n_1}$ par $\vec{n_2}$ n'est donc pas nul pour toute valeur de t.

Les droites $T(t)$ et $T\left(t+\frac{\pi}{2}\right)$ ne sont donc pas orthogonales pour toute valeur de t.

La proposition est donc fausse.

(E) **VRAI**

L'ensemble E est l'ensemble des points de coordonnées $\begin{cases} x(t) = a\sqrt{2}\cos\left(t+\frac{\pi}{4}\right) \\ y(t) = b\sqrt{2}\sin\left(t+\frac{\pi}{4}\right) \end{cases}$.

On a alors $\dfrac{x^2}{\left(a\sqrt{2}\right)^2} + \dfrac{y^2}{\left(b\sqrt{2}\right)^2} = \cos^2\left(t+\frac{\pi}{4}\right) + \sin^2\left(t+\frac{\pi}{4}\right)$.

Soit $\dfrac{x^2}{\left(a\sqrt{2}\right)^2} + \dfrac{y^2}{\left(b\sqrt{2}\right)^2} = 1$.

L'équation cartésienne de E est donc celle d'une ellipse.

En comparant avec l'équation cartésienne de C : $\dfrac{x^2}{a^2} + \dfrac{y^2}{b^2} = 1$, on s'aperçoit que E se déduit de C par une homothétie de centre O et de rapport $\sqrt{2}$.

Question 16

(A) **VRAI**

D est la droite passant par $O(0\,;0\,;0)$ et de vecteur directeur $\vec{i}(1\,;0\,;0)$ donc la distance d'un point $M(x\,;\,y\,;\,z)$ à D est donnée, selon le cours, par :

$$d(M,D) = \frac{\left\|\overrightarrow{OM} \wedge \vec{i}\right\|}{\left\|\vec{i}\right\|}.$$

Or $\overrightarrow{OM} \wedge \vec{i} = (0\,;\,z\,;\,-y)$ d'où $\left\|\overrightarrow{OM} \wedge \vec{i}\right\| = \sqrt{z^2+(-y)^2} = \sqrt{y^2+z^2}$.

Et $\left\|\vec{i}\right\| = 1$.

Il vient donc : $d^2(M,D) = y^2+z^2$.

(B) **FAUX**

Δ est la droite passant par $A(0\,;1\,;0)$ et de vecteur directeur $\vec{k}$ donc la distance d'un point $M(x\,;\,y\,;\,z)$ à Δ est donnée, selon le cours, par :

$$D(M,\Delta) = \frac{\left\|\overrightarrow{AM} \wedge \vec{k}\right\|}{\left\|\vec{k}\right\|}.$$

Or $\overrightarrow{AM} \wedge \vec{k} = (y-1\,;\,-x\,;\,0)$ d'où $\left\|\overrightarrow{AM} \wedge \vec{k}\right\| = \sqrt{(y-1)^2+(-x)^2} = \sqrt{x^2+(y-1)^2}$.

Et $\left\|\vec{k}\right\| = 1$.

Il vient donc : $d^2(M,\Delta) = x^2+(y-1)^2$.

La proposition est donc fausse.

(C) **VRAI**

On a d'une part $d^2(M,D) = y^2+z^2$ et d'autre part $d^2(M,\Delta) = x^2+(y-1)^2$.

Donc l'ensemble des points $M(x\,;\,y\,;\,z)$ de l'espace équidistants de D et Δ a pour équation $x^2+(y-1)^2 = y^2+z^2$ soit $x^2+y^2-2y+1 = y^2+z^2$ soit $x^2-z^2-2y+1=0$.

(D) **VRAI**

L'intersection de la surface S avec le plan d'équation $z = 0$ a pour équation

$$\begin{cases} x^2 - z^2 - 2y + 1 = 0 \\ z = 0 \end{cases} \text{ soit } \begin{cases} x^2 - 2y + 1 = 0 \\ z = 0 \end{cases} \text{ soit } \begin{cases} y = \frac{1}{2}x^2 + \frac{1}{2} \\ z = 0 \end{cases}.$$

On obtient bien une parabole.

(E) **FAUX**

L'intersection de la surface S avec le plan d'équation $x = 1$ a pour équation

$$\begin{cases} x^2 - z^2 - 2y + 1 = 0 \\ x = 1 \end{cases} \text{ soit } \begin{cases} 1 - z^2 - 2y + 1 = 0 \\ x = 1 \end{cases} \text{ soit } \begin{cases} y = -\frac{1}{2}z^2 + 1 \\ x = 1 \end{cases}.$$

L'ensemble cherché n'est donc pas une hyperbole.
La proposition est fausse.

Achevé d'imprimer en janvier 2017
sur les presses numériques de l'Imprimerie Maury S.A.S.
Z.I. des Ondes – 12100 Millau
N° d'éditeur : 2017_0468 – N° d'imprimeur : L16/55383N
Dépôt légal : janvier 2017

Imprimé en France